教育部高等学校化工类专业教学指导委员会推荐教材

国际工程教育认证系列教材

荣 获
中国石油和化学工业
优秀教材一等奖

化工安全基本原理与应用

李 涛 魏永明 彭阳峰 主编

化学工业出版社
·北京·

内容简介

《化工安全基本原理与应用》以危险化学品安全使用与防火防爆技术为重点基础知识，介绍了化工生产特点与化工过程安全管理的要素，以及采用科学的方法对化工实验室安全、压力容器、化学反应过程热风险、化工单元操作和化工工艺过程进行风险辨识分析与评价。全书共10章：绪论；化工过程安全管理；防火防爆技术；危险化学品安全基础知识；化工实验室安全；风险辨识、分析与评价；压力容器；化学反应过程热风险；化工单元操作安全防范；化工工艺过程安全。本书采用了最新安全相关法律法规，反映了化工安全理论及应用的最新发展动向。

《化工安全基本原理与应用》为高等学校化学工程与工艺及相关专业本科生教材，也可供石油与化工、制药及轻工等行业从事安全管理、科研开发和工程设计的人员及相关专业研究生参考。

图书在版编目（CIP）数据

化工安全基本原理与应用 / 李涛，魏永明，彭阳峰主编. —北京：化学工业出版社，2022.10（2024.5 重印）
ISBN 978-7-122-41463-2

Ⅰ. ①化… Ⅱ. ①李… ②魏… ③彭… Ⅲ. ①化工安全－高等学校－教材 Ⅳ. ①TQ086

中国版本图书馆 CIP 数据核字（2022）第 085869 号

责任编辑：徐雅妮　　文字编辑：胡艺艺　陈小滔
责任校对：王　静　　装帧设计：关　飞

出版发行：化学工业出版社（北京市东城区青年湖南街 13 号　邮政编码 100011）
印　　刷：北京云浩印刷有限责任公司
装　　订：三河市振勇印装有限公司
787mm×1092mm 1/16　印张 19¼　字数 485 千字　2024 年 5 月北京第 1 版第 2 次印刷

购书咨询：010-64518888　　售后服务：010-64518899
网　　址：http://www.cip.com.cn
凡购买本书，如有缺损质量问题，本社销售中心负责调换。

定　　价：59.00 元

序

化工是工程学科的一个分支，是研究如何运用化学、物理、数学和经济学原理，对化学品、材料、生物质、能源等资源进行有效利用、生产、转化和运输的学科。化学工业是美好生活的缔造者，是支撑国民经济发展的基础性产业，在全球经济中扮演着重要角色，处在制造业的前端，提供基础的制造业材料，是所有技术进步的“物质基础”，几乎所有的行业都依赖于化工行业提供的产品支撑。化学工业由于规模体量大、产业链条长、资本技术密集、带动作用广、与人民生活息息相关等特征，受到世界各国的高度重视。化学工业的发达程度已经成为衡量国家工业化和现代化的重要标志。

我国于 2010 年成为世界第一化工大国，主要基础大宗产品产量长期位居世界首位或前列。近些年，科技发生了深刻的变化，经济、社会、产业正在经历巨大的调整和变革，我国化工行业发展正面临高端化、智能化、绿色化等多方面的挑战，提升科技创新能力，推动高质量发展迫在眉睫。

党的二十大报告提出要坚持教育优先发展、科技自立自强、人才引领驱动，加快建设教育强国、科技强国、人才强国，坚持为党育人、为国育才。建设教育强国，龙头是高等教育。高等教育是社会可持续发展的强大动力。培养经济社会发展需要的拔尖创新人才是高等教育的使命和战略任务。建设教育强国,要加强教材建设和管理，牢牢把握正确政治方向和价值导向，用心打造培根铸魂、启智增慧的精品教材。教材建设是国家事权，是事关未来的战略工程、基础工程，是教育教学的关键要素、立德树人的基本载体，直接关系到党的教育方针的有效落实和教育目标的全面实现。为推动我国化学工业高质量发展，通过技术创新提升国际竞争力，化工高等教育必须进一步深化专业改革、全面提高课程和教材质量、提升人才自主培养能力。

教育部高等学校化工类专业教学指导委员会（简称“化工教指委”）主要职责是以人才培养为本，开展高等学校本科化工类专业教学的研究、咨询、指导、评估、服务等工作。高等学校本科化工类专业包括化学工程与工艺、资源循环科学与工程、能源化学工程、化学工程与工业生物工程、精细化工等，培养化工、能源、信息、材料、环保、生物、轻工、制药、食品、冶金和军工等领域从事科学研究、技术开发、工程设计和生产管理等方面的专业人才，对国民经济的发展具有重要的支撑作用。

2008 年起“化工教指委”与化学工业出版社共同组织编写出版面向应用型人才培养、突出工程特色的“教育部高等学校化学工程与工艺专业教学指导分委员会推荐教材”，包括国家级精品课程、省级精品课程的配套教材，出版后被全国高校广泛选用，并获得中国石油和化学工业优秀教材一等奖。

2018 年以来，新一届“化工教指委”组织学校与作者根据新时代学科发展与教学改革，持续对教材品种与内容进行完善、更新，全面准确阐述学科的基本理论、基础知识、基本方法和学术体系，全面反映化工学科领域最新发展与重大成果，有机融入课程思政元素，对接国家战略需求，厚植家国情怀，培养责任意识和工匠精神，并充分运用信息技术创新教材呈现形式，使教材更富有启发性、拓展性，激发学生学习兴趣与创新潜能。

希望“教育部高等学校化工类专业教学指导委员会推荐教材”能够为培养理论基础扎实、工程意识完备、综合素质高、创新能力强的化工类人才，发挥培根铸魂、启智增慧的作用。

教育部高等学校化工类专业教学指导委员会

2023 年 6 月

前言

人类社会发展到今天，正面临着能源资源匮乏、环境污染等挑战，这些问题的解决需要很多部门协同作战，但其方法和手段都离不开化学工业。化学工业已经并正在做出不可替代的贡献，据化学协会国际董事会（ICCA）2019 年报道，化学工业几乎涉及所有的生产行业，通过直接、间接和诱发影响估计为全球国内生产总值（GDP）做出了 5.7 万亿美元（全球 GDP 的 7%）的贡献，并在全球范围内提供了 1.2 亿个工作岗位。

由上述数据可见，化学工业是现代经济社会重要的基础产业和支柱产业，但同时又是一个安全和环境风险较大、能源和资源消耗较高的行业，因此需要化工行业从业者具有较强的安全意识和较扎实、全面的安全知识来消除这些负面特征，否则会导致社会存在“谈化色变”的现象。在未来的化学工业发展过程中，化工行业从业者要时刻秉承习近平总书记提出的“始终把人民群众生命安全放在第一位”的新国家安全观，培养出以造福人类和可持续发展为理念的新一代化学工程师。

为了深入学习贯彻全国教育大会精神，聚焦立德树人的根本任务，坚持“以人为本”，增强化工类专业安全教育实施的针对性和有效性，解决长期以来化工专业安全教育存在的突出问题，“教育部高等学校化工类专业教学指导委员会”分别于 2019 年和 2020 年举办了第一届和第二届“全国高校化工类专业安全教学研讨会”，探讨了化工类专业安全教学的方向，同时两次会议也指出化工类专业安全教学的内容目前还在摸索中，全国各高校已经出版的“化工安全”或“化工过程安全”类教材内容存在较大的差异，有些教材的理论性偏强，比较适合安全工程专业的学生，但不适合普通化工类专业学生。为了促进化工安全教育，还需建设更加丰富的教材品种。

华东理工大学化工学院从十多年前就在化工类专业一年级新生中开设了“化工安全导论”课程，在化工类专业三年级学生中开设了“化工安全概论”课程，并多次组织有关教师讨论化工类专业学生的化工安全课程教学内容，因学生从入学起就陆续学习四大化学实验，为此应该从一年级就学习有关化学品和实验室安全方面的基础知识，但涉及化工单元操作或化工工艺过程的安全知识，则需要有一定的专业基础，宜放到大学三年级学习。

我们在多年化工安全教学实践的基础上，经多次讨论，比较了国内外多本同类教材，编写了本书。本书从安全的角度支撑了工程专业认证中的毕业要求 3（设计/开发解决方案）、毕业要求 4（研究）和毕业要求 6（工程与社会）。同时，在编写过程中，融入了课程思政的理念，使学生通过本书的学习，能建立起化工安全与可持续发展的理念，理解工程职业道德和规范，培养科学精神和工程师的基本素养以及科技报国的家国情怀和使命担当。

本书共分为 10 章。前 5 章阐述了化工生产特点与安全、化工过程安全管理、防火防爆技术、危险化学品安全基础知识和化工实验室安全等内容，是有关化工安全的入门知识；后 5 章介绍了风险辨识及分析与评价、压力容器、化学反应过程热风险、化工单元操作安全防范和化工工艺过程安全等内容，是有关化工安全的专业知识。有关化工安全方面的知识范围很广，本书只是介绍了我们认为化工类专业在校学生在有限的时间内急需学习掌握的内容，以使学生为将来从事化工生产管理或专业的安全管理/服务等工作打下基础。

根据本书内容的编排，推荐在低年级开设 16 学时课程讲授前 5 章，在高年级开设 16 学时课程讲授后 5 章。当然也可以作为一门 32 学时的课程在高年级讲授。此外本书还配套了 PPT 课件、在线课程及其他学习资料以方便师生的教与学。

本书第 1 章由李涛、陈辉编写；第 2 章由陈辉编写；第 3 章由袁萍编写；第 4 章由王评编写；第 5 章由袁萍编写；第 6 章由吕慧编写；第 7 章由李涛、王际童编写；第 8 章由李涛、魏永明编写；第 9 章由杨座国编写；第 10 章由彭阳峰编写。全书由李涛统稿，陶氏化学（中国）投资有限公司徐新良和华东理工大学徐宏勇审阅了全书。

限于编者水平，书中难免存在一些不足之处，敬请广大读者批评指正。

编者

2022 年 10 月

目录

第1章
绪论

化学工业在国民生产中占有十分重要的地位。随着化工的不断发展，新技术、新材料、新产品不断出现，但在发展过程中，潜在的危险因素也随之发生变化，对环境造成污染，对人类健康造成威胁。因此，充分认识化工生产的特点，确保化工生产安全，是化学工业持续、健康发展的重要前提。

本章学习要求

1. 了解化工生产的特点与安全。
2. 掌握化工安全相关的基本概念和基础理论。
3. 了解预防事故的基本措施。

【警示案例】管理缺陷导致硫化氢中毒事故

(1) 事故基本情况

2014年1月1日22时30分许，山东滨化滨阳燃化有限公司储运车间中间原料罐区在切罐作业过程中发生石脑油泄漏，引发硫化氢中毒事故，造成4人死亡，3人受伤，直接经济损失536万元。

(2) 事故原因分析

1）直接原因

事发时抽净管线系统处于敞开状态。操作人员在进行切罐作业时，错误开启了该罐倒油线上的阀门，使高含硫的石脑油通过倒油线串入抽净线，石脑油从抽净线拆开的法兰处泄漏。泄漏的石脑油中的硫化氢挥发，致使现场操作人员及车间后续处置人员硫化氢中毒。

2）间接原因

① 重大工艺变更管理不到位。企业对重大工艺变更，没有进行安全风险分析，缺乏相应的管理制度。

② 硫化氢防护的有关规定执行不到位。储运车间中间原料罐区，在高含硫石脑油进入储罐后，未按规定采取加装有毒气体报警等安全设施设备等措施。

③ 重大危险源管理措施不落实。储运车间中间原料罐区作为重大危险源，未按照规定，采取建立健全安全监测监控体系等措施。

④ 应急救援设施管理和事故处置不到位。应急救援防护器材配备不符合车间、工段实际，参与现场救援的人员能力不足，现场缺乏有效地统一指挥，导致伤亡损失扩大。

⑤ 安全教育培训针对性不强。公司和车间未认真开展硫化氢毒性、应急处置等相关知识教育和培训，员工对硫化氢的危害性认识不足，对岗位安全操作规程不熟悉。

⑥ 安全生产责任制、规章制度和操作规程未严格落实。

1.1 化工生产特点与安全

1.1.1 化工生产特点

1.1.1.1 化工生产的物料绝大多数具有潜在的危险性

化工生产使用的原料、催化剂、燃料、中间产品、半成品和成品种类繁多，且绝大部分是易燃、易爆、有毒、有腐蚀的危险化学品。涉及这些物料的工业过程的各个环节，如反应、分离、储存、运输、使用等都应有特殊的安全要求，实行全过程的安全管理。

1.1.1.2 生产工艺过程复杂、工艺条件苛刻

化工生产一般需经过许多工序和复杂的加工单元。例如炼油生产的催化裂化装置，从原料到汽油、煤油、柴油和润滑油等产品要经过 8 个加工单元，乙烯生产从原料裂解到“三烯三苯”产品出来需要 12 个化学反应和分离单元。

化工生产的工艺条件有时非常苛刻。有些化学反应需在高温、高压下进行，有些化学反应需在低温、高真空度下进行。如轻柴油裂解制乙烯，乙烯再聚合生产聚乙烯树脂。在此生产过程中，轻柴油在裂解炉中的裂解温度为 800℃；裂解气要在深冷（–96℃）条件下进行分离；纯度为 99.99%的乙烯气体在 294MPa 压力下聚合，制成聚乙烯树脂。上述任何一个过程中都有严格的工艺条件，稍有不慎，偏离规定的工艺参数，都有可能导致十分严重的事故。例如用丙烯和空气直接氧化生产丙烯酸的反应，丙烯、空气的物料比就处于危险的爆炸范围附近，且反应温度超过中间产物丙烯醛的自燃点，因此需严格控制工艺条件，稍有偏差，就有发生爆炸的危险。

1.1.1.3 生产规模大型化、生产过程连续性强

现代化生产装置规模越来越大，以求降低单位产品的投资和成本，提高经济效益。例如，乙烯装置的生产能力从 20 世纪 50 年代的 10 万吨每年，发展到 70 年代的 60 万吨每年，至当前的 150 万吨每年。规模的扩大，使生产、储存的危险物料量增多，增加了外泄的危险性，一旦发生事故后果将更为严重，因此更要切实加强安全管理。

1.1.1.4 生产过程自动化程度高

现代化工企业的生产方式已经从过去的手工操作、间歇生产转变为高度自动化、连续化生产；生产设备由敞开式变为密闭式；生产装置由室内走向露天；生产操作由分散控制变为集中控制。因此，要加强对自动化控制系统和仪器仪表的维护，以防发生因检测或控制失效而导致的事故。

1.1.2 化工生产安全

由化工生产的特点可以看出，与其他行业相比，化工生产潜在的不安全因素更多，事故发生的可能性更大，事故造成的后果更严重。因此，安全在化工生产中尤为重要。

化工生产事故主要有火灾事故、爆炸事故和中毒事故。一旦发生化工生产事故，常会造成人身伤亡、经济损失和环境污染，给社会带来灾难性的破坏。因此，化工生产安全具有特殊的意义。

1.1.3 安全教育的重要性和必要性

安全教育在工作、学习和生活中尤为重要和必要。

1.1.3.1 安全教育的重要性

（1）加强管理，保障安全

安全管理主要包括对人的安全管理和对物的安全管理两个主要方面，安全管理的关键是对人的管理。人不仅是事故的受害者，往往还是事故的引发者。通过安全教育，加强安全管理，提高人遵守安全规章的自觉性，服从管理，从而保障安全。

（2）遵纪守法，平安人生

通过安全教育，了解国家法律法规、标准和规章制度。由不自觉的遵纪守法，慢慢成为自觉行动时，平安人生就有保障。

（3）提高安全意识和素质，减少事故

安全状态来自安全意识，安全意识来自安全知识，安全知识来自安全教育。加强安全教育与学习，提高安全意识和素质，就能减少违章，发现和督促安全隐患整改，从而减少、避免安全事故的发生。

总之，通过安全教育，实现从“要我安全”到“我要安全”和“我会安全”。

1.1.3.2 安全教育的必要性

安全教育内容一般包括：安全意识教育、安全知识教育和安全技能教育。

美国著名心理学家马斯洛（Abraham H. Maslow 1908—1970）的需要层次理论核心是人通过“自我实现”，满足多层次的需要系统，达到“高峰体验”，重新找回自己的价值，实现完美人格。他认为人作为一个有机整体，具有多种动机和需要，人类的需要是分层次的，如图 1-1 所示，由低到高，包括：生理需要、安全需要、社交需要（包含爱与被爱，归属与领导）、尊重需要和自我实现需要。

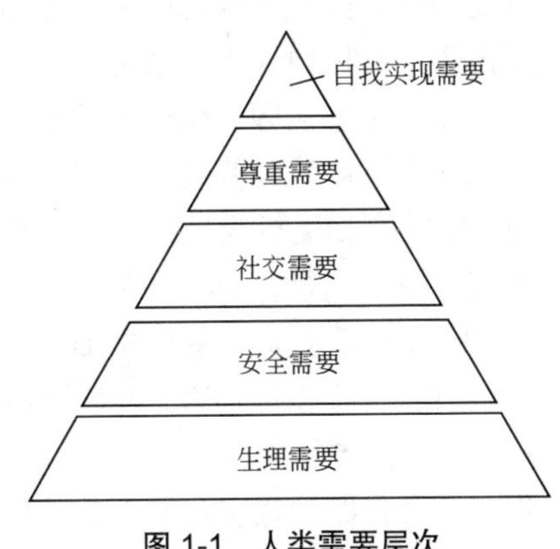

图 1-1 人类需要层次

（1）生理需要

生理上的需要（低级的）是人们最原始、最基本的需要，如吃饭、穿衣、住宅、医疗等等。若不满足，则有生命危险。这就是说，它是最强烈的不可避免的最底层需要，也是推动人们行动的强大动力。

（2）安全需要

安全的需要（低级）要求劳动安全、职业安全、生活稳定、希望免于灾难、希望未来有保障等。安全需要比生理需要高一级，当生理需要得到满足以后就要保障这种需要。每一个在现实中生活的人，都会产生安全感的欲望、自由的欲望、防御实力的欲望。

（3）社交需要

社交的需要（高级）也叫归属与爱的需要，是指个人渴望得到家庭、团体、朋友、同事的关怀、爱护与理解，是对友情、信任、温暖、爱情的需要。社交的需要比生理和安全需要更细微、更难捉摸。它与个人性格、经历、生活区域、民族、生活习惯、宗教信仰等都有关系，这种需要是难以察觉、无法度量的。

（4）尊重需要

尊重的需要（高级）可分为自尊、他尊和权力欲三类，包括自我尊重、自我评价以及尊重别人。尊重的需要很少能够得到完全的满足，但基本上的满足就可产生推动力。

（5）自我实现需要

自我实现需要是最高等级的需要，是超越性的，追求真、善、美，将最终导向完美人格的塑造。满足这种需要就要求完成与自己能力相称的工作，最充分地发挥自己的潜在能力，成为所期望的人物。这是一种创造的需要。有自我实现需要的人，似乎在竭尽所能，使自己趋于完美。自我实现意味着充分地、活跃地、忘我地、集中全力地、全神贯注地体验生活。

需要层次论第一次系统研究了人的需要与动机结构，指明了安全是人的本能需要，对于研究人的安全行为方面具有重大的参考价值。需要指出的是马斯洛的需要层次理论受时代发展的限制，存在一定的缺陷，该理论忽视人的主观能动性，脱离社会实践性，带有一定机械主义色彩。

在大学阶段，安全教育的必要性主要反映在以下三方面。

（1）提高自我保护、自我防范能力的需要

安全的需要是人的本能需要，安全知识与安全技能教育，有利于自我保护意识、自我防范能力的提高。“自我保护”遵循“四不伤害”原则，即不伤害自己、不伤害他人、不被他人伤害、保护他人不受伤害。

（2）依法治国、依法治校的需要

安全意识教育首先是法律法规、校纪校规教育。国家颁发了一系列与安全相关的法律法规，学校有相关行为规范。通过必要的安全教育，让大学生了解法律法规、规章制度、行为规范，提高安全意识。

（3）适应社会治安的需要

当前，社会办大学、大学扩招以及大学管理社会化，使得大学安全问题复杂化，大学生的安全事故屡屡发生。安全教育是适应社会治安的需要，是提高大学生综合素质、增强安全防范及自我保护意识和能力的重要措施。

1.2 安全相关概念

1.2.1 安全的概念

安全的概念可归纳为两种：绝对安全和相对安全。

《现代汉语词典》中的安全是指没有危险，平安。这可以称之为绝对安全。

相对安全观认为，安全是一个相对的概念，绝对的无风险、无危险在理论上是不存在的。美国劳伦斯认为安全是被判断为不超过允许极限的危险性，也就是损害概率在允许范围内的通用术语。在职业健康安全管理体系规范中，安全定义为免除了不可接受的损害风险的状态。因此，采取措施将不可接受的风险降低至可接受的程度，就达到相对安全的状态。

基于相对安全观，在化工生产领域，安全具有下述含义：

① 安全不是瞬间的结果，而是对某个过程状态的动态描述；

② 安全是相对的，没有绝对的安全；

③ 构成安全问题的矛盾双方是安全与危险，并非安全与事故。因而，衡量一个生产系统是否安全，不应仅仅依靠事故指标；

④ 不同的时代，不同的生产领域，可接受的损失水平是不同的，因而衡量系统安全的标准也是不同的。

1.2.2 危险及其有害因素

危险是指生产活动过程中，人或物遭受损失的可能性超出了可接受范围的一种状态。危险与安全一样，也是与生产过程共存的一种连续性的过程状态。危险不仅包含了隐患，还包含了安全与不安全矛盾激化后表现出来的事故结果。

危险和有害因素：根据《生产过程危险和有害因素分类与代码》（GB/T 13861—2022），危险和有害因素是指可对人造成伤亡、影响人的身体健康甚至导致疾病的因素。

1.2.3 危险有害因素的辨识

危险有害因素辨识的前期准备中，需要了解项目的危险有害特征。一般认为，工程项目危险有害特征是行业、设备装置和工艺过程危险有害特征的综合特征。考察项目的危险有害特征是危险有害因素辨识的基础。以行业、设备装置和工艺过程为线索，把握最基本的危险有害特征。还应当关注消防安全、防爆安全、机械安全、电气安全、职业危害等内容，并将危险有害特征细分为多种要素，才能全面辨识危险有害因素。

1.2.3.1 危险有害因素的分类

（1）按导致事故和职业危害的原因分类

依据 GB/T 13861—2022《生产过程危险和有害因素分类与代码》的规定，将生产过程中的危险和有害因素分为四大类：人的因素、物的因素、环境因素和管理因素。

1）人的因素

① 心理、生理性危险和有害因素

② 行为性危险和有害因素

2）物的因素

① 物理性危险和有害因素

② 化学性危险和有害因素

③ 生物性危险和有害因素

3）环境因素

① 室内作业场所环境不良

② 室外作业场所环境不良

③ 地下（含水下）作业环境不良

④ 其他作业环境不良

4）管理因素

① 职业安全卫生管理机构设置和人员配备不健全

② 职业安全卫生责任制不完善或未落实

③ 职业安全卫生管理制度不完善或未落实

④ 职业安全卫生投入不足

⑤ 应急管理缺陷

⑥ 其他管理因素缺陷

（2）按照事故类别进行分类

按照 GB 6441—1986《企业职工伤亡事故分类》进行。综合考虑起因物、导致事故的原因、致伤物和伤害方式等，分为 20 类：物体打击、车辆伤害、机械伤害、起重伤害、触电、淹溺、灼烫、火灾、高处坠落、坍塌、冒顶片帮、透水、放炮、火药爆炸、瓦斯爆炸、锅炉爆炸、容器爆炸、其他爆炸、中毒和窒息和其他伤害。

（3）按照职业病危害因素类别进行分类

参照卫生部颁发的《职业病危害因素分类目录》，将危害因素分为粉尘、放射性物质、化学物质、物理因素、生物因素、其他因素等 6 类。

1.2.3.2 危险有害因素辨识方法

常用的危险有害因素辨识方法有直观经验分析方法和系统安全分析方法。

（1）直观经验分析方法

直观经验分析方法适用于有可供参考先例、有以往经验可以借鉴的系统。

① 对照、经验法：是对照有关标准、法规、检查表或依靠分析人员的观察分析能力，借助于经验判断能力进行分析的方法。

② 类比法：是利用相同或相似工程或作业条件的经验和劳动安全卫生的统计资料来类推、分析评价对象的危险、有害因素。

③ 案例法：收集整理国内外相同或相似工程发生事故的原因和后果，对评价对象的危险、有害因素进行分析的方法。

（2）系统安全分析方法

系统安全分析方法常用于复杂、没有事故经验的新开发系统。常用的系统安全分析方法有事故树、事件树等。

1.3 事故的预防

1.3.1 事故及其特性

1.3.1.1 事故的定义

事故是指违反人们意愿，暂时或永久性中止有目的活动，同时造成人员伤亡或财产损失或环境污染的意外事件。事故有自然事故和人为事故。自然事故指由自然灾害造成的事故，如地震、洪水、台风等。人为事故是由于人为因素造成的事故。根据事故发生率的统计，自然事故后果惨重，但发生次数不多，而人为事故每时每刻都在发生。人为事故占事故的绝大多数。人为事故既然是人为因素引起的，原则上是可以预防的。

人为事故既然是可以预防的，那么，我们就需要了解影响事故发生的主要因素，才能有针对性地采取有效的预防措施。通常，我们认为，引发事故的四要素为人的不安全行为（Man）、物的不安全状态（Matter）、危险性的环境（Media）、较差的管理（Manage）。

1.3.1.2 事故的特性

事故之所以可以预防，是因为事故具有一定的特性和规律，认识和掌握这些规律，才能事先采取有效措施加以控制，预防事故的发生。

一般来说，事故具有如下特性。

（1）因果性

事故的因果性是指一切事故的发生都是由一定原因引起的，导致事故的原因是多方面的，这些原因就是潜在的危险因素。因果关系具有继承性，即第一阶段的结果可能是第二阶段的原因，又会引起第二阶段的结果。因果的继承性说明事故原因是多层次的，有的和事故有直接的联系，有的则是间接联系，这些不利因素相互作用，促成事故的发生。

事故的因果类型主要有三种：连锁型、多因致果型和复合型。

连锁型如图 1-2 所示，一个因素促成下一个因素发生，下一个因素又促成再下一个因素发生，最终导致事故发生。多因致果型（集中型）如图 1-3 所示。复合型即某些因素连锁，某些因素集中，互相交叉、复合造成事故。

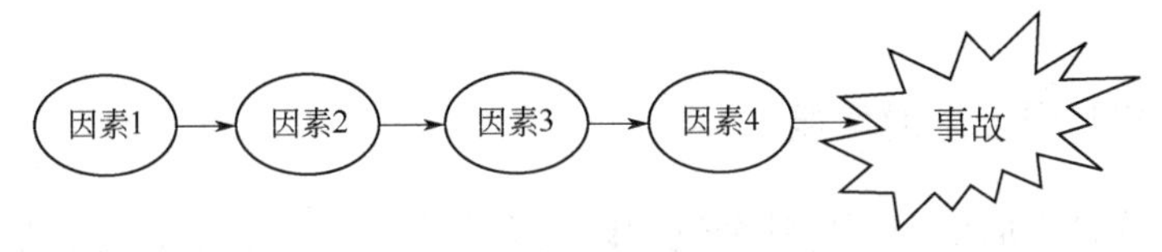

图 1-2 连锁型

（2）偶然性、必然性和规律性

事故的偶然性是指事故的发生是随机的。同样的前因事件，随着时间的推移，出现的后果并不一定完全相同，也就是说是否产生人员伤亡、财产损失的后果以及后果大小如何都是难以预测的。反复发生的同样事件并不一定产生相同的后果。

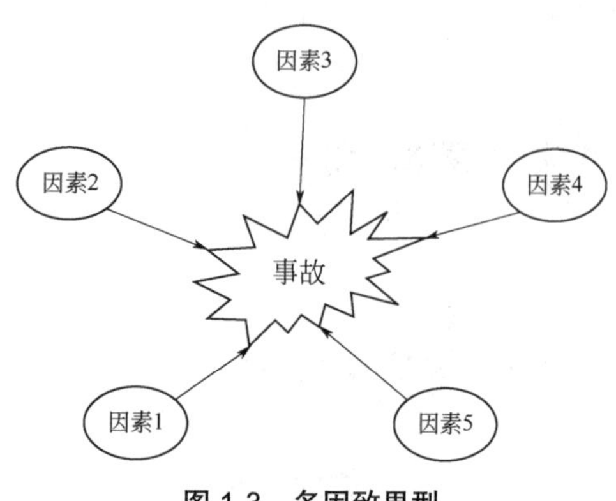

图 1-3　多因致果型

偶然当中有必然，必然性存在于偶然性中。事故的因果性决定了事故的必然性，既有必然，就有规律可循，因而必然性中包含着规律性。

对大量随机事件常采用数理统计分析的方法研究，从中可找出事故发生、发展的规律。

【案例】事故法则

美国安全工程师海因里希（Heinrich）曾统计了 55 万起机械事故，其中死亡、重伤事故 1666 件，轻伤 48334 件，其余则为无伤害事故。从而得出一个重要结论，即在机械事故中，死亡与重伤、轻伤和无伤害事故的比例为 1 : 29 : 300，其比例关系可用图 1-4 表示。这个比例关系说明，在机械生产过程中，每发生 330 起意外事件，有 300 起未产生伤害，有 29 起引起轻伤，有 1 起导致重伤或死亡。国际上把这一法则称为事故法则。

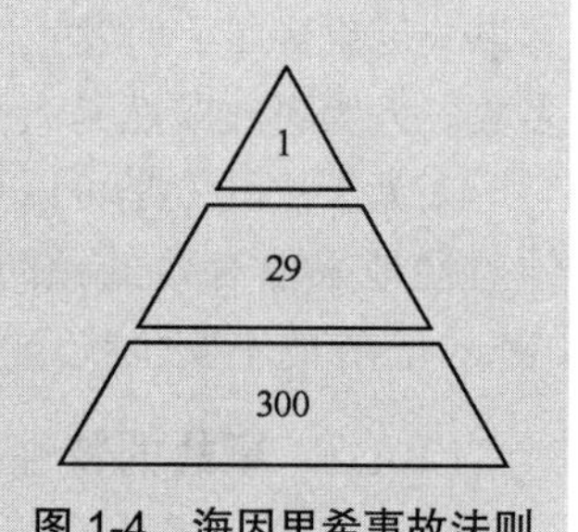

图 1-4　海因里希事故法则

这个统计规律告诉人们，在进行同一项活动中，无数次意外事件必然导致重大伤亡事故的发生。因此，要重视事故的隐患和未遂事故，把事故消灭在萌芽状态，预防事故的发生。

（3）潜在性、再现性和预测性

事故往往是突然发生的，然而导致事故发生的因素，即所谓隐患或潜在危险是早就存在的，只是未被发现或未受到重视而已。只要这些危险因素未消除，一旦条件成熟，就会显现而酿成事故，这就是事故的潜在性。

只要导致事故发生的因素未消除，就会再次出现类似的事故，这就是事故的再现性。人们根据对过去事故所积累的经验和知识，以及对事故规律的认识，使用科学的方法和手段可以对未来可能发生的事故进行预测。事故预测的目的在于预防事故。

1.3.2　事故归因理论

1.3.2.1　事故归因理论的发展

事故归因理论是人们认识事故整个过程以及进行事故预防工作的重要理论依据。归纳起来，主要经历了三个历史时期。

单一因素归因理论。在 20 世纪初，开始使用蒸汽动力和电动机械，大量的工业生产事故发生，而企业主态度消极，法庭总是袒护企业主。法庭判决的原则是，大多数工业伤害事故都是由工人的不安全行为引起的，工人理应承受工作中通常可能的一切危险。1919 年，英国的格林伍德（M. Greenwood）和伍兹（H. H. Woods）把许多伤亡事故的发生次数按照泊松分布、偏倚分布和非均分布等进行统计分析，研究发现，事故的发生主要是由人的因素引起的。在此基础上，1939 年法默（Farmer）和查姆勃（Chamber）提出了事故频发倾向理论。1931 年，海因里希提出了事故因果连锁理论。这些理论都强调事故中人的因素，即事故的发生是由于工厂里存在个别容易发生事故的人，或者主要是人的原因造成事故的发生。

人物合一归因理论。第二次世界大战后，科学技术飞跃进步。人们对所谓的事故原因提出了新的见解。越来越多的人认为，不能把事故的责任简单地说成是工人的不注意，应该注重机械的、物质的危险性质在事故致因中的重要地位。于是，在事故预防工作中比较强调实现生产条件、机械设备的安全。博德的现代因果连锁理论、轨迹交叉论、能量意外释放论是这一时期较典型的事故归因理论，这些理论认为，事故中既有人的因素，又有物的因素，即人的不安全行为和物的不安全状态是事故的直接原因。

系统归因理论。20 世纪 50 年代以后，科学技术进步的一个显著特征是设备、工艺和产品越来越复杂。战略武器的研制、宇宙开发和核电站建设等使得作为现代先进科学技术标志的复杂系统相继问世。这些复杂系统往往由数以万计的元件、部件组成，元件、部件之间以非常复杂的关系相连接，在被研究制造或使用过程中往往涉及高能量，系统中微小的差错就会导致灾难性的事故。人们在开发研制、使用和维护这些复杂系统的过程中，逐渐萌发了系统安全的基本思想。这一理论把人、机械（物）和环境作为一个系统，研究它们之间的相互作用、反馈和调整，从中发现事故的原因。

1.3.2.2 事故频发倾向理论

1939 年，Farmer 和 Chamber 等人在前人对伤亡事故统计分析的基础上提出事故频发倾向理论。事故频发倾向者是指个别容易发生事故的稳定的个人，他们的存在是事故发生的主要原因。因此，人员选择成了预防事故的主要措施。这一理论的缺点是将人的性格特征作为事故频繁发生的唯一因素。

事故频发倾向者可通过心理测试来判别。例如，日本 YG 性格测验曾用于日本的公务员考试。

1.3.2.3 海因里希的因果连锁理论

海因里希曾调查美国 75000 件工业伤害事故，发现 98%的事故是可以预防的。在可预防的事故中，以人的不安全行为为主要原因的占 88%，以物的不安全状态为主要原因的占 10%。海因里希认为事故的主要原因是由于人的不安全行为或者物的不安全状态造成的，但是二者为孤立原因，没有一起事故是由于人的不安全行为及物的不安全状态共同引起的。因此，研究结论是：几乎所有的工业伤害事故都是由于人的不安全行为造成的。1931 年，海因里希在《工业事故预防》中第一次提出了事故因果连锁理论，阐述导致伤亡事故的各种原因因素与伤害的关系，认为伤亡事故的发生不是一个孤立的事件，尽管伤害可能在某瞬间突然发生，却是一系列事件相继发生的结果。遗传及环境使人的性格存在缺点，人的缺点会产生不安全行为或使物有不安全状态，人的不安全行为或物的不安全状态导致事故的发生，事故会致人受伤害。

海因里希借助于多米诺骨牌形象地描述了这 5 个因素的连锁关系，如图 1-5所示。

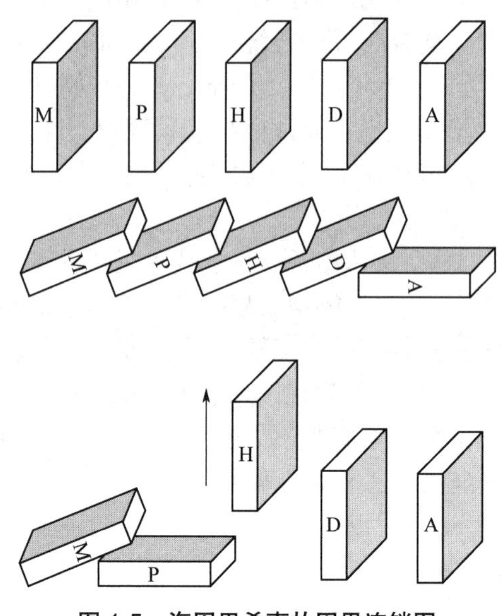

图 1-5　海因里希事故因果连锁图

（1）遗传及社会环境（M）

遗传及社会环境是造成人缺点的原因。遗传因素可能使人具有鲁莽、固执、粗心等不良性格；社会环境可能妨碍教育，助长不良性格的发展。这是事故因果链上最基本的因素。

（2）人的缺点（P）

人的缺点是由遗传和社会环境因素所造成，是使人产生不安全行为或使物产生不安全状态的主要原因。这些缺点既包括各类不良性格，也包括缺乏安全生产知识和技能等后天的不足。

（3）人的不安全行为和物的不安全状态（H）

人的缺点产生不安全行为或促成物的不安全状态。例如，在起重机的吊荷下停留、不发信号就启动机器、打闹或拆除安全防护装置等都属于人的不安全行为；没有防护的传动齿轮、裸露的带电体或照明不良等属于物的不安全状态。

（4）事故（D）

由于人的不安全行为或物的不安全状态导致失去控制的事件。

（5）伤害（A）

直接由于事故而产生的人身伤害。

多米诺骨牌形象地描述这种事故因果连锁关系。在多米诺骨牌系列中，一颗骨牌被碰倒了，则将发生连锁反应，其余的几颗骨牌相继被碰倒。如果移去连锁中的一颗骨牌，则连锁被破坏，事故过程被中止。但海因里希的因果连锁理论有明显的不足，事故原因的关系过于简单化、绝对化。事实上，各块骨牌之间的连锁不是绝对的，而是随机的。前面的牌倒下了，后面的牌可能倒下，也可能不倒下。而且这一理论也过多地考虑了人的因素。但尽管如此，由于这一理论的形象化和在事故致因研究中的先导作用，使其有着重要的历史地位。后来，博德、亚当斯等人都在此基础上进行了进一步的修改和完善，使因果连锁的思想得以进一步发扬光大，收到了较好的效果。

1.3.2.4 博德的现代事故因果连锁理论

早期的事故频发倾向理论、海因里希事故连锁理论等强调人的性格、遗传特征是事故的根本原因。二战后，人们逐渐认识到管理因素作为背后原因在事故致因中的重要作用。博德认为，人的性格、遗传特征不应是影响人的行为的主要因素，事故的直接原因是人的不安全行为、物的不安全状态；间接原因包括个人因素及与工作有关的因素；根本原因是管理的缺陷，即管理上存在的问题或缺陷是导致间接原因存在的原因，间接原因的存在又导致直接原因存在，最终导致事故发生。

博德等人在海因里希模型基础上提出了现代事故因果连锁理论，把 5 块骨牌依次改为：管理失误（M）、工作条件/个人原因（P）、人的不安全行为和物的不安全状态（H）、事故（D）、伤亡（A），如图 1-6 所示。

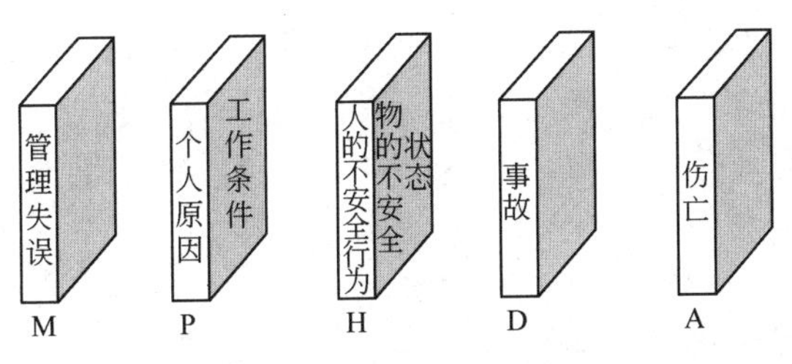

图 1-6 博德现代因果连锁图

（1）控制不足——管理

事故因果连锁中一个最重要的因素是安全管理。控制是管理机能（计划、组织、指导协调及控制）中的一种。安全管理中的控制是指损失控制，包括对人的不安全行为、物的不安全状态的控制。它是安全管理工作的核心。

管理系统是随着生产的发展而不断变化、完善的，十全十美的管理系统并不存在。由于管理上的欠缺，使得能够导致事故的基本原因出现。

（2）基本原因——起源

基本原因包括个人原因及与工作有关的原因。为了从根本上预防事故，必须查明事故的基本原因，并针对查明的基本原因采取对策。个人原因包括缺乏知识或技能、动机不正确、身体上或精神上的问题。工作方面的原因包括操作、使用方法等不当，温度、压力、湿度、粉尘、有毒有害气体、蒸汽、通风、噪声、照明、周围的状况（如容易滑倒的地面、障碍物、不可靠的支持物、有危险的物体）等生产条件或环境因素存在不足。只有找出这些基本原因才能有效地控制事故的发生。

所谓起源论，是在于找出问题的基本的、背后的原因，而不仅停留在表面的现象上。只有这样，才能实现有效地控制。

（3）直接原因——征兆

事故的直接原因是指人的不安全行为或物的不安全状态。直接原因不过是基本原因的征兆，是一种表面现象。在实际工作中，如果只抓住了作为表面现象的直接原因而不追究其背后隐藏的基本原因，就永远不能从根本上杜绝事故的发生。

（4）事故——接触

这里的事故被看作是人体或物体与超过其承受阈值的能量接触，或人体与妨碍正常生理活动的物质的接触。因此，防止事故就是防止接触。可以通过对装置、材料、工艺等的改进来防止能量的释放，或者操作者提高识别和回避危险的能力，佩戴个人防护用具等来防止接触。

（5）伤害、损坏——损失

人员伤害及财物损坏统称为损失。伤害包括了工伤、职业病，以及对人员精神方面、神经方面或全身性的不利影响。在许多情况下，可以采取恰当的措施使事故造成的损失最大限度地减少。例如，对受伤人员的迅速抢救，对设备进行抢修以及平日对人员进行应急训练等。

【事故案例】

2013 年上海翁牌冷藏实业有限公司发生重大氨泄漏事故，造成 15 人死亡，7 人重伤，18 人轻伤。事故造成直接经济损失约 2510 万元。事故发生后，事故调查组展开调查，查明事故直接原因为上海翁牌冷藏实业有限公司违规采用热氨融霜方式，导致发生液锤现象（在有压管道中，液体流速发生急剧变化所引起的压强大幅度波动的现象），压力瞬间升高，致使存有严重焊接缺陷的单冻机回气集管管帽脱落，导致氨泄漏。间接原因是公司违规设计、违规施工和违规生产，公司管理人员及特种作业人员无证上岗，未对临时员工进行安全三级教育，未告知作业场所存在的危险因素等。调查还发现，当地区政府、工业园区、区质量技监局、区安全监管局、区规土局以及区公安消防支队存在履职不力等问题。

用博德的现代因果连锁理论分析事故原因，内容如下所示。

管理失误：违规设计、违规施工和违规生产；未对临时员工进行安全三级教育，未告知作业场所存在的危险因素等。

个人原因/工作条件：工人缺乏知识；存在液氨危险物质。

不安全行为：严重违规采用热氨融霜；不安全状态：存在严重焊接缺陷的单冻机回气集管。

事故：发生液锤现象，回气集管管帽脱落，氨泄漏。

伤亡：15 人死亡，7 人重伤，18 人轻伤。

1.3.2.5 轨迹交叉理论

随着归因理论的发展，人们对人和物两种因素在事故致因中地位的认识发生了很大的变化。约翰逊（W. G. Johnson）认为，许多人由于缺乏有关失误方面的知识，把由人失误造成的不安全状态看作是不安全行为。一起伤亡事故的发生，除了人的不安全行为之外，一定存在某种不安全状态，并且不安全状态对事故发生的作用更大些。斯奇巴（Skiba）提出，生产操作人员与机械设备两种因素都对事故的发生有影响，并且机械设备的危险状态对事故的发生作用更大些，只有两种因素同时出现，才能发生事故。轨迹交叉理论，强调人的因素和物的因素在事故致因中占有同样重要的地位。

轨迹交叉理论从事故发展运动的角度提出观点，将事故的发生发展过程描述为事故致因因素导致事故的运动轨迹：基本原因 → 间接原因 → 直接原因 → 事故 → 伤害。管理缺陷是造成事故的间接原因，也是本质的原因；直接原因导致的运动轨迹分为人的因素运动轨迹和物的因素运动轨迹。人的因素运动轨迹与物的因素运动轨迹的交点就是事故发生的时间和空间，即人的不安全行为和物的不安全状态发生在同一时间和空间，或者说人的不安全行为与物的不安全状态相通，则将在此时间、空间发生事故。根据轨迹交叉理论所做出的事故模型如图 1-7所示。

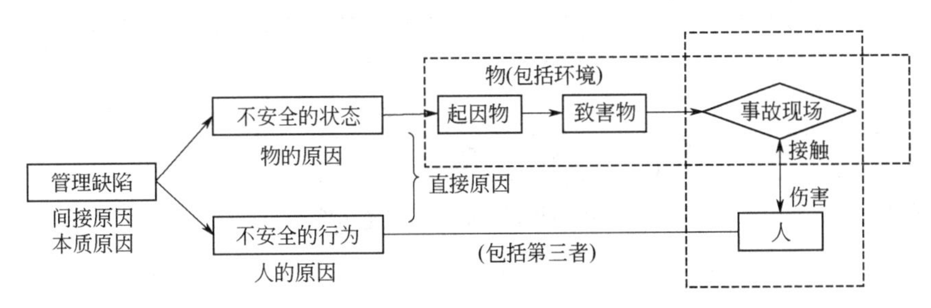

图 1-7 轨迹交叉理论事故模型

（1）人的因素运动轨迹

人的原因造成不安全行为，追踪其更深层次的背景原因，可以表示为：先天遗传因素、社会环境影响、教育培训情况 → 身体、生理、心理状况、知识、技能情况 → 人的不安全行为。

（2）物的因素运动轨迹

在这一轨迹中，在各个阶段都可能产生不安全状态，可以表示为：设计情况→设备制造、物料选择、环境配置情况→维修、养护、保管、使用状况→物的不安全状态。按照这一理论预防事故，可从三个方面考虑。

① 防止人、物运动轨迹的时空交叉。

② 控制人的不安全行为，切断轨迹交叉中人的因素的运动轨迹。

可采取的方法如职业适应性选择，选择适合该职业的人员，特别是从事特种作业的职工的选择以及职业禁忌症的问题，避免因职工生理、心理素质的欠缺而造成工作失误；创造良好的行为环境和工作环境；加强培训、教育，提高职工的安全素质等。

③ 控制物的不安全状态，切断轨迹交叉中物的因素的运动轨迹。

如采用可靠性高、结构完整性强的系统和设备，大力推广保险系统、防护系统和信号系统及高度自动化和遥控装置。这样，即使人为失误，构成人的因素运动轨迹，也会因安全闭锁等可靠性高的安全系统的作用，控制住物的因素运动轨迹的发展，可完全避免伤亡事故的发生。

1.3.2.6 能量意外释放理论

1961 年吉布森（Gibson）提出了事故是一种不正常的或不希望的能量释放，意外释放的各种形式的能量是构成伤害的直接原因。因此，应该通过控制能量，或控制达及人体的能量载体来预防伤害事故。在吉布森研究基础上，1966 年美国运输部安全局局长哈登（Haddon）完善了能量意外释放理论。

哈登把造成伤害事故的原因分为两种：一种伤害是由施加了超过局部或全身性的损伤阈值的能量而产生的。当施加于人体的能量超过该阈值时，就会对人体造成损伤。大多数伤害都属于此类。如当人体接触 36V 电压时，由于在人体可以承受的阈值之内，所以人体就不会遭到伤害或伤害极其轻微；当人体接触到 220V 电压时，由于超过了人体可承受的阈值，人体就会遭到伤害，轻则灼伤，重则死亡。另一种伤害则是由影响局部或全身性能量交换引起的。如因机械原因溺水或化学原因引起的窒息（CO中毒）等。

根据能量意外释放理论，预防伤害事故就是防止能量或危险物质的意外释放，防止人体与过量的能量或危险物质接触。哈登认为，为了预防能量转移于人体可用屏蔽防护系统。能量意外释放理论示意图见图1-8。

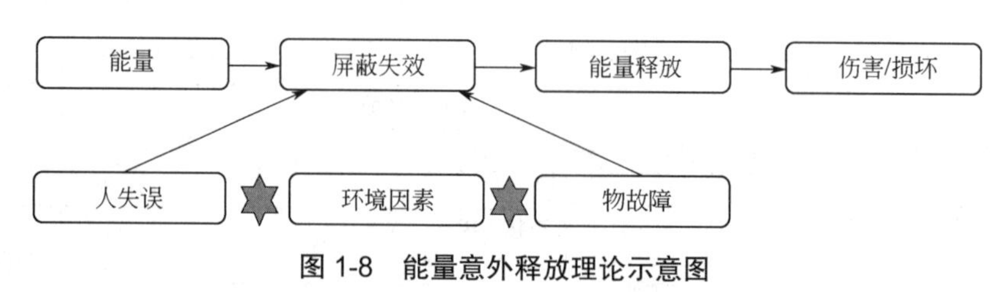

图1-8　能量意外释放理论示意图

1.3.2.7　系统安全理论

所谓系统就是由相互作用和相互依赖的若干部分组成的有机整体。系统安全是指在系统生命周期内应用系统安全工程和管理方法，辨识系统中的危险源，并采取控制措施使其危险性最小，从而使系统在规定的性能、时间和成本范围内达到最佳的安全程度。系统安全的基本原则是在一个新系统的构思阶段就必须考虑其安全性问题，制定并开始执行安全工作规划——系统安全活动，并把系统安全活动贯穿于系统生命周期。

系统安全理论的主要观点中区别于传统安全理论的创新概念主要体现在以下几方面。

① 在事故归因理论方面，改变了人们只注重操作人员的不安全行为而忽略硬件的故障在事故归因中作用的传统观念，开始考虑如何通过改善物的系统的可靠性来提高复杂系统的安全性，从而避免事故。

② 没有任何一种事物是绝对安全的，任何事物中都潜伏着危险因素。通常所说的安全或危险只不过是一种主观的判断。能够造成事故的潜在危险因素称作危险源，来自某种危险源的造成人员伤害或物质损失的可能性叫作危险。危险源是一些可能出问题的事物或环境因素，而危险表征潜在的危险源造成伤害或损失的机会，可以用概率来衡量。

③ 不可能根除一切危险源和危害，但可以减少来自现有危险源的危险性，应减少总的危险性而不是只彻底去消除几种选定的危险源。

④ 由于人的认识能力有限，有时不能完全认识危险源和危险，即使认识了现有的危险源，随着生产技术的发展，新技术、新工艺、新材料和新能源的出现，又会产生新的危险源。由于受技术、资金、劳动力等因素的限制，对于认识了的危险源也不可能完全根除。由于不能全部根除危险源，只能把危险降低到可接受的程度，即可接受的危险。安全工作的目标就是控制危险源，努力把事故发生概率降到最低，万一发生事故时，把伤害和损失控制在较轻的程度上。

拓展阅读　安全理论的形成与演变（请扫描右边二维码获取）

1.3.3 预防事故的对策措施

事故和其他事物一样，也有其发生、发展及消除的过程。事故的发展可以归纳为孕育阶段、生长阶段和损失阶段。孕育阶段是事故发生的最初阶段；生长阶段是由于基础原因存在，出现人的不安全行为、物的不安全状态和管理缺陷，构成事故隐患的阶段，此时事故处于萌芽状态；损失阶段是危险因素被某些偶然事件触发而发生事故，造成人员伤亡和经济损失的阶段。事故的预防，就是要将事故消灭在孕育阶段和生长阶段。

根据事故的致因理论，造成事故的直接原因有人的不安全行为、物的不安全状态及其背景原因管理缺陷。要预防事故的发生，必须从这三个方面进行控制，即采取安全工程技术、安全管理和安全教育措施，并将三者有机结合，才能有效预防事故的发生。技术措施主要是提高工艺过程、机械设备本身的安全可靠程度，控制物的不安全状态，由于人的差错难以控制，所以技术措施是预防事故的根本措施；安全管理是保证人们按照一定方式从事工作，并为采取技术措施提供依据和方案，同时还要对安全防护设施加强维护保养，保证性能正常；安全教育是提高人们安全素质，掌握安全技术知识、操作技能和安全管理方法的手段，没有安全教育就谈不上采取安全工程技术措施和安全管理措施。安全工程技术（Engineering）、安全教育（Education）、安全管理（Enforcement）措施又称为“3E”措施，是防止事故发生的三根支柱。

1.3.3.1 安全工程技术措施

安全工程技术措施指为了消除生产过程各种不安全因素，防止伤害和职业性危害，改善劳动条件和保证安全生产而在工艺、设备、控制等各方面采取的一些技术措施。安全工程技术措施包括预防事故发生和减少事故损失两个方面。在制订安全工程技术对策措施时，要遵循如下原则。

（1）安全工程技术措施等级顺序

当劳动安全工程技术措施（简称安全技术措施）与经济效益发生矛盾时，应优先考虑安全技术措施上的要求，并应按下列安全技术措施等级顺序选择安全技术措施。

① 直接安全技术措施。生产设备本身应具有本质安全性能，不出现任何事故和危害。

② 间接安全技术措施。若不能或不完全能实现直接安全技术措施时，必须为生产设备设计出一种或多种安全防护装置，最大限度地预防、控制事故或危害的发生。

③ 指示性安全技术措施。间接安全技术措施也无法实现或实施时，须采用检测报警装置、警示标志等措施，警告、提醒作业人员注意，以便采取相应的对策措施或紧急撤离危险场所。

④ 若间接、指示性安全技术措施仍然不能避免事故、危害发生，则应采用安全操作规程、安全教育、培训和个体防护用品等措施来预防、减弱系统的危险、危害程度。

（2）根据安全技术措施等级顺序的要求应遵循的具体原则

① 消除。通过合理的设计和科学的管理，尽可能从根本上消除危险、有害因素，如采用无害化工艺技术，生产中以无害物质代替有害物质、实现自动化作业、遥控技术等。

② 预防。当消除危险、有害因素有困难时，可采取预防性技术措施，预防危险、危害的发生，如使用安全阀、安全屏护、漏电保护装置、安全电压、熔断器、防爆膜等。

③ 减弱。在无法消除危险、有害因素和难以预防的情况下，可采取减少危险、危害的措施，如局部通风排毒装置、生产中以低毒性物质代替高毒性物质、降温措施、避雷装置、消除静电装置、减振装置、消声装置等。

④ 隔离。在无法消除、预防、减弱的情况下，应将人员与危险、有害因素隔开和将不能共存的物质分开，如遥控作业、安全罩、防护屏、隔离操作室、安全距离、事故发生时的自救装置（如防护服、各类防毒面具）等。

⑤ 联锁。当操作者失误或设备运行一旦达到危险状态时，应通过联锁装置终止危险、危害发生。

⑥ 警告。在易发生故障和危险性较大的地方，配置醒目的安全色、安全标志，必要时设置声、光或声光组合报警装置。安全色分为红、蓝、黄、绿四色，分别表示禁止或停止、指令、警告、提示。

1.3.3.2 安全教育措施

安全教育的内容包括安全思想政治教育、安全技术知识和安全技能教育以及安全管理知识教育。安全教育不仅在企业里进行，而且也要在学校开展，使学生系统地掌握安全知识，了解各种危害因素发生事故的原理及防止方法，学会保护自己、保护他人、保护设备财产不受损失。在开发新技术、新产品时既要研究正常的生产过程，也要考虑可能出现的异常情况，并探索控制危险的方法和手段。只有保证新技术、新产品在技术上先进，生产时可靠，才能使之得以应用。

1.3.3.3 安全管理措施

在事故归因理论中，管理缺陷是最本质的原因。安全管理措施主要是认真贯彻执行国家有关安全生产的方针、政策、法律、法规；要树立“安全第一、预防为主”的指导思想，把安全工作放在一切工作的首位；建立健全安全组织机构，完善各项安全管理规章制度，编制和实施安全技术措施，组织安全检查和宣传教育等。

思考题

1. 相对安全的含义是什么？
2. 事故四要素是指哪些方面？
3. 什么是危险有害因素？
4. 预防事故的“3E”措施是指哪三个方面？
5. 根据安全技术措施等级顺序的要求，制订安全对策措施应遵循的具体原则是什么？

第 2 章

化工过程安全管理

安全生产管理是管理的重要组成部分，是安全科学的分支。所谓安全生产管理，就是针对人们在生产过程中的安全问题，运用有效的资源，发挥人们的智慧，通过努力，进行有关决策、计划、组织和控制等活动，实现生产过程中人与机器设备、物料、环境的和谐，达到安全生产的目标。理论和实践都告诉我们：要落实安全生产，管理是关键。我国是危险化学品生产、使用、进出口和消费大国。从我国化工行业的现实情况来说，化工过程的安全管理尤其重要。

过程安全管理（PSM）起源于 20 世纪 70 年代，经过 40 多年的发展，已成为欧美发达国家化工行业所共同遵循的安全生产行业体系。我国于 21 世纪初开始引入该管理体系，2013 年安监总局（现应急管理部）发布了《关于加强化工过程安全管理的指导意见》后，该体系的运用和研究工作在国内石油化工行业得到了快速的发展。

本章学习要求

1. 了解安全管理基本特征及基本方法。
2. 掌握安全管理原理与原则。
3. 了解化工安全生产管理相关法律知识。
4. 了解化工生产应急管理。

【警示案例】变更管理缺失导致事故

（1）事故基本情况

坐落于英国 Flixborough 镇的 Nypro 公司是一家以生产己内酰胺和硫酸铵肥料为主的工厂，该公司环己烷车间有 6 座串联式的氧化反应槽，以环己烷为原料制成己内酰胺。

1974 年 3 月 27 日傍晚，反应系统中的 5 号氧化反应槽的碳钢外壳发现 150cm 长的裂纹，造成环己烷外泄，其原因为硝酸类物质产生的应力腐蚀。经检验，氧化反应槽的内衬、外壳皆产生相当程度的破裂，不适合再参与反应过程，因此决定拆下 5 号氧化反应槽，以便检修。

第二天早上，经厂务会讨论，为了让该车间继续运行，决定将第 5 号氧化反应槽搬离，并在 4 号和 6 号氧化反应槽间连接一管线暂时以 5 座氧化反应槽维持生产。

在安装 4 号和 6 号氧化反应槽间连接管线时，施工人员仅在现场地面上以粉笔画了简单的修复工程图样，并没有预先规划并绘制正规的设计工程图，也未进行必要的工程应力详细核算，于3月30日2时完成全部修复作业。修复后经试漏检测即恢复生产。但到5月29日又发现泄漏。其位置为下部液面计处。于是将整个反应系统的压力降低至0.15MPa，并降低温度使之冷却，停工2天执行部分修复工作。于6月1日4时再度开工。不久环己烷的循环部分又发生泄漏，因此停止加热，再度进行修补，至早上5时才开工。在6月1日7时换班时，值班主管未将这一情况对下一班值班人员交代清楚，因此值班人员并未注意压力变化情况。

到6月1日下午，开始有可燃性气体外泄，但并无人员警觉或注意到。将近16时，空气中弥漫着大量的可燃性气体，并向外扩散。2分钟后，可能在氢气2车间遇点火源着火，随即发生了爆炸。环己烷蒸气云的爆炸造成2个替代的伸缩接头破裂，而连接4号和6号氧化反应槽的三曲旁通管因爆炸而扭曲变形掉落在地面。

（2）事故原因分析

① 维修过程无详细的规划；

② 工厂的人事管理及生产工艺变更管理不良；

③ 值班人员交代不清。

2.1 安全管理概述

2.1.1 安全管理及基本特征

所谓管理就是“对组织的有限资源进行有效整合，以达到既定目标的动态创造性活动”——芮明杰。也可以理解成“决策就是管理”——西蒙（1978年诺贝尔经济学奖获得者）。管理是一个过程，管理者在其中发挥重要的作用，即管理者的职能。法约尔提出管理活动的五种要素，这五种要素实际上就是管理的五种职能，并形成一个完整的管理过程：计划、组织、指挥、协调、控制。管理具有五个特性：动态性、科学性、艺术性、创造性和经济性。

安全管理（Safety Management）定义：安全管理是管理科学的一个重要分支，是为实现安全目标而进行的有关决策、计划、组织和控制等方面的活动。安全管理是运用现代安全管理原理、方法和手段，分析和研究各种不安全因素，从技术上、组织上和管理上采取有力的措施，解决和消除各种不安全因素，防止事故的发生。

安全管理是现代社会安全生活的必由之路。安全管理的理论主要有系统原理、人本原理、预防原理、强制原理等。安全管理的方法主要有任务管理法、人本管理法、目标管理法、系统管理法、PDCA循环法等。

现代安全管理的特征有以下几个方面。

（1）强调以人为本的安全管理

管理者必须时刻牢记保障生命安全是安全管理工作的首要任务，体现以人为本的科学的安全价值观。

（2）强调系统的安全管理

要从组织机构的整体出发，实行全员、全过程、全方位、全天候的安全管理，使组织机构整体的安全水平持续提高。

① 全员参与安全管理。实现安全必须坚持群众路线，切实做到专业管理与群众管理相结合，在充分发挥专业安全管理人员作用的同时，运用各种管理方法吸引全员参与安全管理，充分调动和发挥全员的积极性。安全责任制的实施可为全员参与安全管理提供制度上的保证。

② 全过程实施安全管理。系统安全的基本原则是从一个新系统的规划、设计阶段起，就要涉及安全问题，并且一直贯穿于整个系统生命周期。因此，在生产的全过程都要实施安全管理，识别、评价、控制可能出现的危险因素。

③ 全方位实施安全管理。任何有人类活动的地方，都会存在不安全因素，都有发生事故的可能性。因此，在任何时段，开展任何活动，都要考虑安全问题，实施安全管理。安全管理不仅仅是安全管理部门的专有责任。单位各部门都对安全负有各自的职责，要做到分工明确、齐抓共管。

④ 全天候实施安全管理

无论什么时间什么天气，安全管理始终不能放松。

（3）计算机的应用

计算机的普及与应用加快了安全信息管理的处理和流通速度，并使安全管理逐渐由定性走向定量，使先进的安全管理技能、管理经验、方法、措施得以迅速推广。

2.1.2 安全管理方法

安全管理的基本对象是人员，还涉及设备设施、物料、环境、财务、信息等各个方面。安全管理的内容包括安全管理机构、安全管理人员、安全档案、安全责任制、安全管理规章制度、安全教育培训、安全检查以及事故管理、应急预案等。在进行安全管理时，一般可以依据法律法规、规章制度、行为规范（指南）等。

任何管理，都要选择、运用相应的管理方法。安全管理方法是为实现安全目的而采取的手段、方式、途径和程序的总和，也就是运用安全管理原理，实现安全目的的方式。在管理的实践过程中，管理学家根据管理实际工作中的应用问题提出了许多通用的管理方法，其中有任务管理法、人本管理法、目标管理法、系统管理法等。这些通用管理方法对于各种管理活动都是适用的，是管理方法中主要和重要的组成部分。

管理方法多种多样。美国质量管理专家休哈特博士首先提出了PDCA循环，该方法后经戴明采纳、宣传，获得普及，所以又称戴明环。PDCA循环实际上是一种有效进行任何一项工作的合乎逻辑的基本方法（工作程序），特别是在安全管理中得到了广泛的应用。PDCA取自Plan（计划）、Do（执行）、Check（检查）和Act（处理）的第一个字母，PDCA循环就是按照这样的顺序进行管理，并且循环不止地进行下去的科学程序。

针对安全生产管理，PDCA的含义具体如下。

① 计划（P）：工作计划、策划、职责、目标。包括危险源识别、法律法规识别、目标指标和方案制订。

② 执行（D）：明确职责、资源保证（能力、意识，消防、安全监控、防盗、防雷设施等）、编写文件、信息交流和沟通、执行的符合性、记录、重点运行控制［消防安全、防盗

抢（财产和资金）、交通安全、信息安全］、应急准备和响应（预案文件的演练和执行）。

③ 检查（C）：日常工作检查、安全检查、目标及指标完成情况的定期验证、安全管理绩效的检查、法律法规符合性评价、对不合格项的整改、事故的调查和处理。

④ 处理（A）：制订安全对策措施，持续改进。

在PDCA循环中，A是一个循环的关键。以上四个过程不是运行一次就结束，而是周而复始地进行，一个循环结束了，解决一些问题，未解决的问题进入下一个循环，这样阶梯式上升。

2.2 安全管理原理与原则

安全管理遵循管理的普遍规律，既服从管理的基本原理与原则，又有其特殊的原理与原则。安全管理原理从管理的共性出发，对管理中安全工作的实质内容进行科学分析、综合、抽象以概括出安全管理规律。安全原则是指在生产管理原理的基础上，指导安全生产活动的通用规则。

2.2.1 系统原理及其原则

2.2.1.1 系统原理的含义

系统原理是现代管理学的一个最基本原理。其内容是运用系统理论、观点和方法，对管理活动进行充分的系统分析，以达到管理的优化目标，即用系统论的观点、理论和方法认识和处理管理中出现的问题。

所谓系统是由相互作用和相互依赖的若干部分组成的有机整体。任何管理对象都可以作为一个系统。系统可以分为若干子系统，子系统又可以分为若干个要素，即系统是由要素组成的。按照系统的观点，管理系统具有6个特征，即集合性、相关性、目的性、整体性、层次性和适应性。

① 集合性。系统是由两个或两个以上可以相互区别的要素（或子系统）组成的，单个要素不能构成系统，完全相同的要素，数量虽多亦不能构成系统。

② 相关性。构成系统的各要素之间、要素与子系统之间、系统与环境之间都存在着相互联系、相互依赖、相互作用的特殊关系，这些关系使系统有机地联系在一起，发挥其特定功能。如计算机系统就是由运算、储存、控制、输入、输出等各个硬件和操作系统、软件包等子系统通过特定的关系有机地结合在一起而形成的具有特定功能的系统。

③ 目的性。人工系统和复合系统都具有明确目的，即系统表现出的某种特定功能。这种目的必须是系统的整体目的，不是构成系统要素或子系统的局部目的。通常情况下，一个系统可能有多重目的性。任何系统都是为完成某种任务或实现某种目的而发挥其特定功能的，没有目标就不能称其为系统。要达到系统的既定目标，就必须赋予系统规定的功能，这就需要在系统的整个生命周期，即系统的规划、设计、试验、制造和使用等阶段，对系统采取最优规划、最优设计、最优控制、最优管理等优化措施。

④ 整体性。从整体观点出发，系统是由两个或两个以上的要素（元件或子系统）组成的整体。构成系统的各要素虽然具有不同的性能，但它们通过综合、统一（而不是简单的拼

凑）形成的整体就具备了新的特定功能，系统作为一个整体才能发挥其应有功能。

⑤ 层次性。系统是有层次的，一个复杂的系统由许多子系统组成，子系统可能又分成许多子系统，而这个复杂的系统本身又是一个更大系统的组成部分。如生命体有细胞、组织、器官、系统和生物体几个层次；企业有个人、班组、车间、厂部等几个层次。系统的结构与功能都是指相应层次上的结构与功能，而不能代表高层次和低层次上的结构与功能。一般来说，层次越多，系统越复杂。

⑥ 适应性。系统具有随外部环境变化相应进行自我调节以适应新环境的能力。系统与环境要进行各种形式的交换，受到环境的制约与限制，环境的变化会直接影响到系统的功能及目的。系统必须在环境变化时，对自身功能作出相应调整，使环境变化不致影响系统目的的实现。没有环境适应性的系统，是没有生命力的。

任何一个系统都处于一定的环境之中。一方面，系统从环境中获取必要的物质、能量和信息，经过系统的加工、处理和转化，产生新的物质、能量和信息，然后再提供给环境；另一方面，环境也会对系统产生干扰或限制，即约束条件。环境特性的变化往往能够引起系统特性的变化，系统要实现预定的目标或功能，必须能够适应外部环境的变化。研究系统时，必须重视环境对系统的影响。

安全管理系统是管理的一个子系统，包括各级安全管理人员、安全防护设备与设施、安全管理规章制度、安全规范和规程以及安全管理信息等。安全管理必须实行全员参与、全过程、全方位、全天候四全管理。

2.2.1.2 运用系统原理的原则

① 动态相关性原则。动态相关性原则告诉我们，构成管理系统的各要素是运动和发展的，它们相互联系又相互制约。显然，如果管理系统的各要素都处于静止状态，就不会发生事故。

② 整分合原则。高效的现代安全管理必须在整体规划下明确分工，在分工基础上有效综合，这就是整分合原则。运用该原则，要求管理者在制订整体目标和进行宏观决策时，必须将安全纳入其中，在考虑所有过程或活动时，都必须将安全作为一项重要内容考虑。

③ 反馈原则。反馈是控制过程中对控制机构的反作用。成功、高效的管理离不开灵活、准确、快速的反馈。内部条件和外部环境在不断变化，所以必须及时捕获、反馈各种安全信息，以便及时采取行动。

④ 封闭原则。在任何一个管理系统内部，管理手段、管理过程等必须构成一个连续封闭的回路，才能形成有效的管理活动，这就是封闭原则。封闭原则告诉我们，在所有过程或活动中，各管理机构之间、各种管理制度和方法之间必须具有紧密的联系，形成相互制约的回路，才能确保安全管理有效。

2.2.2 人本原理及其原则

2.2.2.1 人本原理的含义

人本原理把人的因素放在首位，体现以人为本的指导思想。以人为本有两层含义：一是一切管理活动都是以人为本展开的，人既是管理的主体，又是管理的客体，每个人都处在一定的管理层面上，离开人就无所谓管理；二是管理活动中，作为管理对象的要素和管理系统各环节，都需要由人来掌管、运作、推动和实施。

2.2.2.2 运用人本原理的原则

① 动力原则。推动管理活动的基本力量是人，管理必须有能够激发人的工作能力的动力，这就是动力原则。对于管理系统，有三种动力：物质动力、精神动力和信息动力。

② 能级原则。现代管理认为，单位和个人都具有一定的能量，并且可以按照能量的大小顺序排列，形成管理的能级，就像原子中电子的能级一样。在管理系统中，建立一套合理的能级，根据单位和个人能量的大小安排其工作，发挥不同能级的能量，保证结构的稳定性和管理的有效性，这就是能级原则。

③ 激励原则。管理中的激励就是利用某种外部诱因的刺激，调动人的积极性和创造性。以科学的手段激发人的内在潜力，使其充分发挥积极性、主动性和创造性，这就是激励原则。

④ 行为原则。需要与动机是人的行为的基础，人类的行为规律是需要决定动机，动机产生行为，行为指向目标，目标完成则需要得到满足，于是又产生新的需要、动机、行为，以实现新的目标。安全管理的重点是防止人的不安全行为。

2.2.3 预防原理及其原则

2.2.3.1 预防原理的含义

安全管理工作应该做到预防为主，通过有效的管理和技术手段，减少和防止人的不安全行为和物的不安全状态，从而使事故发生的概率降到最低，这就是预防原理。在可能发生人身伤害、设备或设施损坏以及环境破坏的场合，应事先采取措施，防止事故发生。

2.2.3.2 运用预防原理的原则

① 偶然损失原则。事故后果以及后果的严重程度，都是随机的、难以预测的。反复发生的同类事故并不一定产生完全相同的后果，这就是事故损失的偶然性。偶然损失原则告诉我们，无论事故损失的大小，都必须做好预防工作。

② 因果关系原则。事故的发生是许多因素互为因果、连续发生的最终结果，只要诱发事故的因素存在，发生事故是必然的，只是或迟或早而已，这就是因果关系原则。

③ “3E”原则。造成人的不安全行为和物的不安全状态的原因可归结为四个方面：技术原因、教育原因、身体与态度原因以及管理原因。针对这四方面的原因，可以采取三种防止对策——工程技术（Engineering）对策、教育（Education）对策、管理（Enforcement）对策，简称预防事故“3E”原则。

④ 本质安全化原则。从一开始和本质上实现安全化，从根本上消除事故发生的可能性，从而达到预防事故发生的目的，这就是本质安全化原则。

本质安全：通过设计等手段使生产或生产系统本身具有安全性，即使在误操作或发生故障的情况下，也不会造成事故。本质安全是“预防为主”的根本体现，也是安全的最高境界。实际上，由于技术、资金和人们对事故的认识等原因，目前还不能做到本质安全，只能将其作为追求的目标和一种理想状态。本质安全化原则不仅可以应用于设备、设施，还可以应用于建设项目。

2.2.4 强制原理及其原则

2.2.4.1 强制原理的含义

采取强制管理的手段控制人的意愿和行为，使个人的活动、行为等受到安全管理要求的约束，从而实现有效的安全管理，这就是强制原理。所谓强制就是要求绝对服从，不必经被管理者同意便可采取控制行动。

2.2.4.2 运用强制原理的原则

① 安全第一原则。安全第一就是要求在进行生产和其他工作时把安全工作放在首要位置。当生产和其他工作与安全发生矛盾时，要以安全为主，生产和其他工作要服从于安全，这就是安全第一原则。

② 监督原则。监督原则是指在安全工作中，为了使与安全有关的法律法规得到落实，必须明确安全的监督职责，对守法情况和执法情况进行监督。

2.3 化工安全生产管理相关法律知识

2.3.1 《中华人民共和国安全生产法》介绍

2.3.1.1 《中华人民共和国安全生产法》立法的重要意义

《中华人民共和国安全生产法》(以下简称《安全生产法》)的建立具有重要意义，具体表现在如下几点：

① 有利于全面加强我国安全生产法律法规体系建设；

② 有利于保障人民群众生命和财产安全；

③ 有利于依法规范生命经营单位的安全生产工作；

④ 有利于各级人民政府加强安全生产的领导；

⑤ 有利于安全生产监督管理部门和有关部门依法行政，加强监督管理；

⑥ 有利于提高从业人员的安全素质；

⑦ 有利于增强全体公民的安全法律意识；

⑧ 有利于制裁各种安全违法行为。

2.3.1.2 《安全生产法》的立法目的及发布、实施、修正

《安全生产法》总则第一条指出立法目的：为了加强安全生产工作，防止和减少生产安全事故，保障人民群众生命和财产安全，促进经济社会持续健康发展，制定本法。

《安全生产法》的发布、实施及修正：a. 2002 年 6 月 29 日，《中华人民共和国安全生产法》发布，并于 2002 年 11 月 1 日实施；b. 2009 年 8 月 27 日，《全国人民代表大会常务委员

会关于修改部分法律的决定》中对《安全生产法》进行修正；c. 2014 年 8 月，《全国人民代表大会常务委员会关于修改〈中华人民共和国安全生产法〉的决定》中对《安全生产法》进行修正，并于 2014 年 12 月 1 日实施；d. 2021 年 6 月 10 日，《全国人民代表大会常务委员会关于修改〈中华人民共和国安全生产法〉的决定》由中华人民共和国第十三届全国人民代表大会常务委员会第二十九次会议通过，自 2021 年 9 月 1 日起实施。

2.3.1.3 《安全生产法》主要内容介绍

在此简要介绍《安全生产法》中一些安全生产管理相关规定。

（1）安全生产总方针

2014 年修正后的《安全生产法》的第三条：安全生产工作应当以人为本，坚持安全发展，坚持安全第一、预防为主、综合治理的方针，强化和落实生产经营单位的主体责任，建立生产经营单位负责、职工参与、政府监管、行业自律和社会监督的机制。

2021 年修正后的第三条：安全生产工作坚持中国共产党的领导。安全生产工作应当以人为本，坚持人民至上、生命至上，把保护人民生命安全摆在首位，树牢安全发展理念，坚持安全第一、预防为主、综合治理的方针，从源头上防范化解重大安全风险。安全生产工作实行管行业必须管安全、管业务必须管安全、管生产经营必须管安全，强化和落实生产经营单位主体责任与政府监管责任，建立生产经营单位负责、职工参与、政府监管、行业自律和社会监督的机制。

“安全第一、预防为主、综合治理”，即安全生产总方针。2014 年修正后，明确了“以人为本，坚持安全发展”，这对于坚守红线意识，正确处理重大险情和事故应急救援中“保财产”还是“保人命”问题等方面，具有重大现实意义。第三条还明确了各方的安全生产职责，即“强化和落实生产经营单位的主体责任，建立生产经营单位负责、职工参与、政府监管、行业自律和社会监督的机制”。

（2）生产经营单位安全生产责任制度

《安全生产法》第四条确定了以生产经营单位作为主体、以依法生产经营为规范、以安全生产责任制为核心的安全生产管理制度。

2021 年修正后的第四条规定：生产经营单位必须遵守本法和其他有关安全生产的法律、法规，加强安全生产管理，建立健全全员安全生产责任制和安全生产规章制度，加大对安全生产资金、物资、技术、人员的投入保障力度，改善安全生产条件，加强安全生产标准化、信息化建设，构建安全风险分级管控和隐患排查治理双重预防机制，健全风险防范化解机制，提高安全生产水平，确保安全生产。

第四条还规定：平台经济等新兴行业、领域的生产经营单位应当根据本行业、领域的特点，建立健全并落实全员安全生产责任制，加强从业人员安全生产教育和培训，履行本法和其他法律、法规规定的有关安全生产义务。

具体来说：

① 确定了生产经营单位在安全生产中的主体地位；

② 规定了依法进行安全生产管理是生产经营单位的行为准则；

③ 强调了加强管理、建章立制、改善安全生产条件是生产经营单位确保安全生产的必要措施；

④ 明确了确保安全生产是建立、健全安全生产责任制的根本目的；

⑤ 针对平台经济等新兴行业、领域的生产经营单位提出了安全生产义务。

（3）建设项目安全设施“三同时”的规定

《安全生产法》第三十一条规定：生产经营单位新建、改建、扩建工程项目（以下统称建设项目）的安全设施，必须与主体工程同时设计、同时施工、同时投入生产和使用。安全设施投资应当纳入建设项目概算。这就是安全设施“三同时”制度。

2.3.1.4 其他化工安全生产相关法律法规及规章制度

（1）安全生产单行法律

1）《中华人民共和国矿山安全法》

《中华人民共和国矿山安全法》是为了保障矿山生产安全，防止矿山事故，保护矿山职工人身安全，促进采矿业的发展，制定的法律。由中华人民共和国第七届全国人民代表大会常务委员会第二十八次会议于1992年11月7日通过，自1993年5月1日起施行。2009年8月27日，根据《全国人民代表大会常务委员会关于修改部分法律的决定》修正。

2）《中华人民共和国消防法》

《中华人民共和国消防法》于1998年4月29日第九届全国人民代表大会常务委员会第二次会议通过，2008年10月28日第十一届全国人民代表大会常务委员会第五次会议修订，根据2019年4月23日第十三届全国人民代表大会常务委员会第十次会议《关于修改〈中华人民共和国建筑法〉等八部法律的决定》第一次修正，根据2021年4月29日第十三届全国人民代表大会常务委员会第二十八次会议《关于修改〈中华人民共和国道路交通安全法〉等八部法律的决定》第二次修正。本法自2009年5月1日起施行。

《中华人民共和国消防法》是为了预防火灾和减少火灾危害，加强应急救援工作，保护人身、财产安全，维护公共安全而制定的法律。分总则、火灾预防、消防组织、灭火救援、监督检查、法律责任、附则7章共计74条。

3）《中华人民共和国道路交通安全法》

《中华人民共和国道路交通安全法》于2003年10月28日第十届全国人民代表大会常务委员会第五次会议通过，根据2007年12月29日第十届全国人民代表大会常务委员会第三十一次会议《关于修改〈中华人民共和国道路交通安全法〉的决定》第一次修正，根据2011年4月22日第十一届全国人民代表大会常务委员会第二十次会议《关于修改〈中华人民共和国道路交通安全法〉的决定》第二次修正，根据2021年4月29日第十三届全国人民代表大会常务委员会第二十八次会议《关于修改〈中华人民共和国道路交通安全法〉等八部法律的决定》第三次修正。自2004年5月1日起施行。《中华人民共和国道路交通安全法》是为了维护道路交通秩序，预防和减少交通事故，保护人身安全，保护公民、法人和其他组织的财产安全及其他合法权益，提高通行效率而制定的法律。分总则、车辆和驾驶人、道路通行条件、道路通行规定、交通事故处理、执法监督、法律责任、附则8章共计124条。

4）《中华人民共和国突发事件应对法》

《中华人民共和国突发事件应对法》由中华人民共和国第十届全国人民代表大会常务委员会第二十九次会议于2007年8月30日通过，自2007年11月1日起施行。

（2）安全生产相关法律

安全生产相关法律主要有：《中华人民共和国刑法》《中华人民共和国行政处罚法》《中华人民共和国行政许可法》《中华人民共和国劳动法》《中华人民共和国职业病防治法》《中华人民共和国劳动合同法》。

（3）安全生产行政法规

安全生产行政法规主要有：《安全生产许可证条例》《煤矿安全监察条例》《国务院关于预防煤矿生产安全事故的特别规定》《建设工程安全生产管理条例》《危险化学品安全管理条例》《烟花爆竹安全管理条例》《民用爆炸物品安全管理条例》《特种设备安全监察条例》《使用有毒物品作业场所劳动保护条例》《生产安全事故报告和调查处理条例》《工伤保险条例》。

（4）安全生产部门规章

安全生产部门规章主要有：《注册安全工程师职业资格制度规定》《注册安全工程师管理规定》《生产经营单位安全培训规定》《特种作业人员安全技术培训考核管理规定》《用人单位劳动防护用品管理规范》《职业病危害项目申报办法》《安全生产事故隐患排查治理暂行规定》《生产安全事故应急预案管理办法》《生产安全事故信息报告和处置办法》《建设项目安全设施"三同时"监督管理暂行办法》。

（5）安全生产标准体系

1）安全标准的定义

标准：对一定范围内的重复性事物和概念所作的统一规定，最终表现为一种文件。安全标准：在生产工作场所或者领域，为改善劳动条件和设施，规范生产作业行为，保护劳动者免受各种伤害，保障劳动者人身安全与健康，实现安全生产和作业的准则和依据。

2）安全标准的作用

① 是安全生产法律体系的重要组成部分；

② 是保障企业安全生产的重要技术规范；

③ 是安全监管检查和依法行政的重要依据；

④ 是规范市场准入的必要条件。

3）安全标准的范围

2004年10月18日，国家安全生产监督管理局（国家煤矿安全监察局）（现应急管理部）局务会议审议通过《安全生产行业标准管理规定》，于2004年11月1日由国家安全生产监督管理局、国家煤矿安全监察局令第14号公布，自2004年12月1日起施行。安全行业标准（AQ）主要由国家安全生产监督管理总局负责，在《安全生产行业标准管理规定》中明确规定下列事项应当制定相应的安全生产标准：

① 劳动防护用品和矿山安全仪器仪表的品种、规格、质量、等级及劳动防护用品的设计、生产、检验、包装、储存、运输、使用的安全要求；

② 为实施矿山、危险化学品、烟花爆竹安全管理而规定的有关技术术语、符号、代号、代码、文件格式、制图方法等通用技术语言和安全技术要求；

③ 生产、经营、储存、运输、使用、检测、检验、废弃等方面的安全技术要求；

④ 工矿商贸安全生产规程；

⑤ 生产经营单位的安全生产条件；

⑥ 应急救援的规则、规程、标准等技术规范；

⑦ 安全评价、评估、培训考核的标准、通则、导则、规则等技术规范；

⑧ 安全中介机构的服务规范与规则、标准；

⑨ 安全生产监督管理和煤矿安全监察工作的有关技术要求；

⑩ 法律、行政法规规定的其他安全技术要求。

4）标准化组织

世界最大、最权威的国际标准化机构主要有三个：

ISO：国际标准化组织。制定的标准占 68%。

IEC：国际电工委员会。制定的标准占 18.5%。

ITU：国际电信联盟。与其他组织制定的标准占 13.5%。

中华人民共和国国家标准化管理委员会是中华人民共和国国务院授权履行行政管理职能、统一管理全国标准化工作的主管机构，正式成立于 2001 年 10 月。

5）安全标准的种类

目前，安全标准可以分为五种，分别为基础标准、管理标准、技术标准、方法标准和产品标准。

6）安全生产标准体系

① 煤矿安全生产标准体系包括综合管理安全标准系统、井工开采安全标准系统、露天开采安全标准系统、职业危害安全标准系统；

② 非煤矿山安全生产标准体系包括固体矿山、石油天然气、冶金、建材、有色等领域；

③ 危险化学品安全生产标准体系包括通用基础、安全技术、安全管理；

④ 烟花爆竹安全生产标准体系包括基础标准、管理标准、原辅材料使用标准、作业场所标准、技术工艺标准、设备设施标准等；

⑤ 个体防护装备安全生产标准体系。

7）化工安全相关标准

现行的常用化工安全相关标准有：

GB 6944—2012

《危险货物分类和品名编号》

GB 12268—2012

《危险货物品名表》

GB 12463—2009

《危险货物运输包装通用技术条件》

GB/T 191—2008

《包装储运图示标志》

GB 13690—2009

《化学品分类和危险性公示通则》

GB 15258—2009

《化学品安全标签编写规定》

GB/T 17519—2013

《化学品安全技术说明书编写指南》

GB 18218—2018

《危险化学品重大危险源辨识》

GBZ 230—2010

《职业性接触毒物危害程度分级》

GB 50016—2014

《建筑设计防火规范（2018 年版）》

GB 50160—2008

《石油化工企业设计防火标准（2018 年版）》

GB 50351—2014

《储罐区防火堤设计规范》

GB 15603—1995

《常用化学危险品贮存通则》

GB 30871—2014

《化学品生产单位特殊作业安全规范》

GB 50650—2011

《石油化工装置防雷设计规范》

GB 30000.2～29—2013

《化学品分类和标签规范》

GB/T 29639—2020

《生产经营单位生产安全事故应急预案编制导则》

由于标准的不断更新，请登录全国标准信息公共服务平台及时查询相关国家标准的状态。

2.3.2 化工过程安全管理简介

化工过程安全管理（Process Safety Management，PSM）是通过对化工工艺危害和风险的识别、分析、评价和处理，从而避免与化工工艺相关的伤害和事故的管理流程。过程安全管理关注从过程设计开始的化工过程自身的安全。通过对化工过程整个生命周期中各个环节的管理，从根本上减少或消除事故隐患，从而降低发生重大事故的风险。

二十世纪七十年代以来，化工生产中安全事故频发，推动了欧洲过程安全管理的立法。

1976年7月，意大利塞维索（Seveso）的伊克梅萨（Icmesa）化工厂一反应釜由于反应放热失控，引起压力过高，导致安全阀失灵而形成爆炸。泄漏物中含有剧毒化学品二噁英，造成严重的环境污染。据称有3.7万人中毒受害，时隔多年后，当地畸形儿出生率大为增加。

1982年，欧洲首次颁布了82/501/EEC《某些工业活动的重大事故危害》的指令，即“Seveso Ⅰ指令”。1996年，欧洲颁布了96/82/EC《涉及危险物料的重大事故危害控制》的指令，取代“Seveso Ⅰ指令”，即“Seveso Ⅱ指令”。2003年和2012年又先后修订，形成了现行的“Seveso Ⅲ指令”。

1984年12月美国联合碳化物公司设在印度博帕尔市的农药厂由于工人失误，剧毒异氰酸酯外泄。造成了2.5万人直接死亡、55万人间接死亡，另外有20多万人永久残疾的人间惨剧。

1992年，美国职业安全健康署（OSHA）发布了《高危险化学品的过程安全管理》强制标准（标准号 29CFR1910.119）。该标准旨在防止有毒、具有反应活性、可燃或爆炸性化学品的灾害性泄漏或将此类泄漏的危害后果降到最低限度。

该标准共有14个要素，分别是：工艺安全信息、工艺危害分析、操作程序、变更管理、培训、承包商、投产前安全检查、机械完整性、事故调查、动火作业许可、应急预案与响应、符合性审计、商业机密和员工参与。工艺安全管理系统的14个基本要素的含义分别如下所示。

① 工艺安全信息（Process Safety Information）：工厂应该有书面的工艺安全信息资料，如危险化学品的危害信息、工艺技术和工艺设备相关的信息。

② 工艺危害分析（Process Hazard Analysis）：工厂需要对工艺系统开展工艺危害分析，并且至少每隔五年重新确认一次工艺危害分析的有效性。

③ 变更管理（Management of Change）：工厂需要建立必要的程序来管理工艺设施或操作程序的变更，防范变更产生潜在危害和导致工艺安全事故。

④ 投产前安全检查（Pre-Startup Safety Review）：对于新建项目或工艺系统的重大变更，在系统投入运行之前，需要进行必要的安全检查，确保装置或设施的安全投产和可持续发展。

⑤ 操作程序（Operating Procedures）：工厂应该有书面的操作程序，并且操作人员应该容易获得这些程序。操作程序应该说明工艺系统中存在的危害、安全和健康注意事项、安全操作范围、安全保护系统及其功能等等。

⑥ 培训（Training）：工厂应该为员工提供基本的工艺知识培训和相关操作程序的培训。

⑦ 机械完整性（Mechanical Integrity）：工厂需要建立机械完整性有关的书面程序并

加以落实，以确保工艺设备（特别是安全保护装置和关键仪表控制系统）的完整性和可靠性。

⑧ 动火作业许可（Hot Work Permit）：在工艺区域内动火作业时，需要遵守动火作业许可证制度。

⑨ 承包商（Contractors）：承包商和工厂都应沟通协调并采取必要的管理措施，以实现承包商在工厂作业期间的安全生产。

⑩ 应急预案与响应（Emergency Planning and Response）：工厂需要根据工艺系统的特点，编制适当的应急预案，并开展必要的培训和演练，以提升员工的应急反应意识和能力。

⑪ 事故调查（Incident Investigation）：工厂应该对事故或未遂事故进行调查，找出事故原因，并提出和落实相应的改进措施，防止发生类似的事故。

⑫ 商业机密（Trade Secrets）：工厂需要确保相关人员可以获得执行工艺安全工作所需要的信息和资料。

⑬ 符合性审计（Compliance Audits）：这个要素是为了评估"我们到底做得有多好"，以便通过持续改进，不断完善工艺安全管理系统。通常，工厂至少每三年需要进行一次符合性审计。

⑭ 员工参与（Employee Participation）：工厂应该有书面的计划，规定员工或员工代表如何参与工艺安全管理系统各个要素的工作。

2022 年 10 月，我国应急管理部发布《化工过程安全管理导则》（AQ/T 3034—2022），于 2023 年 4 月 1 日起实施，包含 20 个相互关联的管理要素，分别为：①安全领导力；②安全生产责任制；③安全生产合规性管理；④安全生产信息管理；⑤安全教育、培训和能力建设；⑥风险管理；⑦装置安全规划与设计；⑧装置首次开车安全；⑨安全操作；⑩设备完好性管理；⑪安全仪表管理；⑫重大危险源安全管理；⑬作业许可；⑭承包商安全管理；⑮变更管理；⑯应急准备与响应；⑰事故事件管理；⑱本质更安全；⑲安全文化建设；⑳体系审核与持续改进。

2.3.3 HSE 管理体系和安全评价简介

2.3.3.1 HSE 管理体系

HSE 管理体系是石油及化工方面安全管理的一个科学先进的管理体系。

(1) HSE 管理体系的发展历程

二十世纪八十年代后期，国际上石油石化行业发生了几起重大的事故，如 1988 年英国北海油田的帕玻尔 • 阿尔法平台的火灾爆炸、1989 年埃克森石油公司 Valdez 油轮触礁漏油等事故。这些事故引起石油界的深刻反思。

1991 年，在荷兰海牙召开了第一届油气勘探、开发的健康、安全、环保国际会议，HSE 这一完整的概念逐步为大家所接受。1991 年，壳牌石油公司发布了健康、安全和环境（HSE）方针指南。1992 年，正式出版安全管理体系标准 EP92-01100，1994 年正式颁布健康、安全与环境管理体系导则。

1994 年，油气开发的安全、环保国际会议在印度尼西亚的雅加达召开，由于这次会议由 SPE（美国石油工程师协会）发起，并得到 IPICA（国际石油工业保护协会）和 AAPG（美国石油地质工作者协会）的支持，影响面很大，全球各大石油公司和服务厂商积极参与，HSE 的活动在全球范围内迅速展开。

1996年，ISO/TC67的SC6分委会发布ISO/CD 14690《石油和天然气工业健康、安全与环境管理体系》，成为HSE管理体系在国际石油业普遍推行的里程碑，HSE管理体系在全球范围内进入了一个蓬勃发展时期。

1997年6月，中国石油天然气总公司参照ISO/CD 14690制定了三个企业标准：《石油天然气工业健康、安全与环境管理体系》（SY/T 6276—1997）、《石油地震队健康、安全与环境管理规范》（SY/T 6280—1997）、《石油天然气钻井健康、安全与环境管理指南》（SY/T 6283—1997）。2001年2月，中国石油化工集团有限公司发布了十个HSE文件。HSE管理模式开始在我国的石油天然气行业、石化行业得到推广，同时也对我国各行业的工业安全管理产生影响。

（2）HSE管理体系概述

HSE管理体系可简单地用HSEMS（Health Safety and Environment Management System）表示。

HSE管理体系是三位一体管理体系。H（健康）是指人身体上没有疾病，在心理上保持一种完好的状态；S（安全）是指在劳动生产过程中，努力改善劳动条件、克服不安全因素，使劳动生产在保证劳动者健康、企业财产不受损失、人民生命安全的前提下顺利进行；E（环境）是指与人类密切相关的、影响人类生活和生产活动的各种自然力量或作用的总和，它不仅包括各种自然因素的组合，还包括人类与自然因素间作用形成的生态关系的组合。由于健康、安全与环境的管理在实际工作过程中有着密不可分的联系，因此把健康（Health）、安全（Safety）和环境（Environment）整合成整体的管理体系，是现代石油化工企业的必然趋势。

HSE管理体系是指实施安全、环境与健康管理的组织机构、职责、做法、程序、过程和资源等而构成的整体。该体系由许多要素构成，这些要素通过先进、科学的运行模式有机地融合在一起，相互关联、相互作用，形成一套结构化动态管理系统。从功能上讲，它是一种事前进行风险分析，确定其自身活动可能发生的危害和后果，从而采取有效的防范手段和控制措施防止其发生，以便减少可能引起的人员伤害、财产损失和环境污染的有效管理模式。它突出强调了事前预防和持续改进，具有高度自我约束、自我完善、自我激励机制，因此是一种现代化的管理模式，是现代企业制度之一。

（3）HSE管理体系的管理模式结构特点

HSE管理体系的管理模式结构特点如下。

① 按戴明模式建立。HSE管理体系是一个持续循环和不断改进的结构，即“计划—实施—检查—持续改进”的结构。

② 由若干个要素组成。关键要素有：领导和承诺，方针和战略目标，组织机构、资源和文件，风险评估和管理，规划，实施和监测，评审和审核，等等。

③ 各要素不是孤立的。这些要素中，领导和承诺是核心；方针和战略目标是方向；组织机构、资源和文件作为支持；规划、实施和监测等是循环链过程。

（4）HSE管理体系的基本要素

图2-1是HSE管理体系的流程。HSE管理体系基本要素及相关部分可划分为三大块：核心和条件部分、循环链部分、辅助方法和工具部分。

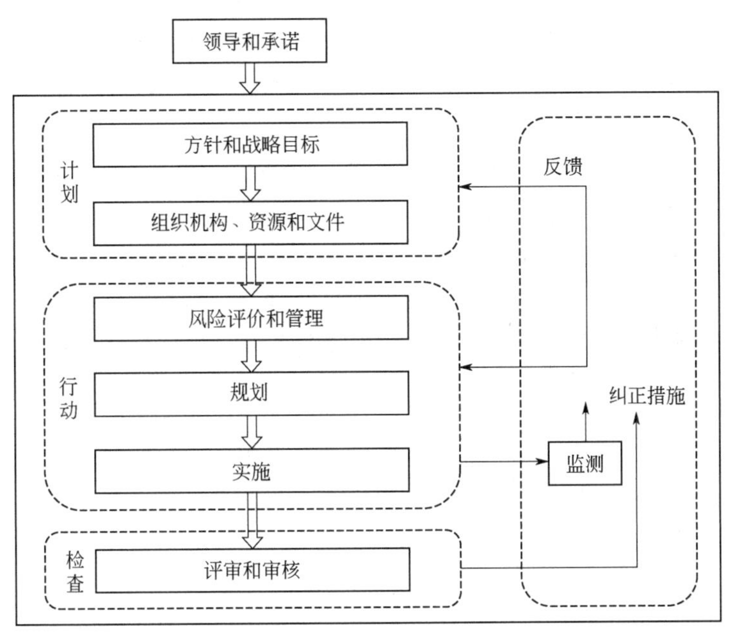

图 2-1 HSE 管理体系的流程

1）核心和条件部分

① 领导和承诺：这是 HSE 管理体系的核心，承诺是 HSE 管理的基本要求和动力，自上而下的承诺和企业 HSE 文化的培育是体系成功实施的基础。

② 组织机构、资源和文件：良好的 HSE 表现所需的人员组织、资源和文件是体系实施和不断改进的支持条件。它有七个二级要素。这一部分虽然也参与循环，但通常具有相对的稳定性，是做好 HSE 工作必不可少的重要条件，通常由高层管理者或相关管理人员制定和决定。

2）循环链部分

① 方针和战略目标：对 HSE 管理的意向和原则的公开声明，体现了组织对 HSE 的共同意图、行动原则和追求。

② 规划：具体的 HSE 行动计划，包括了计划变更和应急反应计划。该要素有五个二级要素。

③ 风险评估和管理：对 HSE 关键活动、过程和设施的风险的确定和评价，及风险控制措施的制定。该要素有六个二级要素。

④ 实施和监测：对 HSE 责任和活动的实施和监测及必要时所采取的纠正措施。该要素有六个二级要素。

⑤ 评审和审核：对体系、过程、程序的表现、效果及适应性的定期评价。该要素有两个二级要素。

⑥ 纠正与改进：不作为单独要素列出，而是贯穿于循环过程的各要素中。

循环链是戴明 PDCA 模式的体现，企业的安全、健康和环境方针、目标通过这一过程来实现。除 HSE 方针和战略目标由高层领导制定外，其他内容通常由企业的作业单位或生产单位为主体来制定和运行。

3）辅助方法和工具部分

辅助方法和工具是为有效实施管理体系而设计的一些分析、统计方法。由以上分析可以看出：

① 各要素有一定的相对独立性，分别构成了核心、基础条件、循环链的各个环节；

② 各要素又是密切相关的，任何一个要素的改变必须考虑到对其他要素的影响，以保证体系的一致性；

③ 各要素都有深刻的内涵，大部分有多个二级要素。

（5）HSE 管理体系的管理目的

① 满足政府对健康、安全和环境的法律、法规要求；

② 为企业提出的总方针、总目标以及各方面具体目标的实现提供保证；

③ 减少事故发生，保证员工的健康与安全，保护企业的财产不受损失；

④ 保护环境，满足可持续发展的要求；

⑤ 提高原材料和能源利用率，保护自然资源，增加经济效益；

⑥ 减少医疗、赔偿、财产损失费用，降低保险费用；

⑦ 满足公众的期望，保持良好的公共和社会关系；

⑧ 维护企业的名誉，增强市场竞争能力。

2.3.3.2 安全评价

安全评价近年来在我国得到了健康快速的发展。作为现代安全管理模式，它体现了安全生产以人为本和预防为主的理念，是保证生产经营单位安全生产的重要技术手段。实践证明，推行安全评价是贯彻落实“安全第一、预防为主”安全生产管理方针、坚持科学发展观、实现科技兴安战略的有效途径之一。

2.3.3.2.1 安全评价概述

（1）安全评价的产生、发展及现状

1）国外安全评价概况

20 世纪 30 年代，随着保险业的发展需要，安全评价技术逐步发展起来。保险公司为客户承担各种风险，必然要收取一定的费用，而收取费用的多少是由所承担风险的大小决定的。因此产生了一个衡量风险程度的问题，这个衡量风险程度的过程就是当时的美国保险协会所从事的风险评价。

安全评价技术在 20 世纪 60 年代得到了很大的发展。1962 年 4 月美国公布了第一个有关系统安全的说明书“空军弹道导弹系统安全工程”。1969 年 7 月美国国防部批准颁布了最具有代表性的系统安全军事标准《系统安全大纲要点》（MIL-STD-882），该标准规定了系统安全工程的概念，以及设计、分析、综合等基本原则。该标准于 1977 年修订为 MIL-STD-882A，1984 年又修订为 MIL-STD-882B，该标准对系统整个生命周期内的安全要求、安全工作项目都作了具体规定。MIL-STD-882 系统安全标准从开始实施就对世界安全和防火领域产生了巨大影响，迅速被日本、英国和其他欧洲国家引进使用。1974 年美国原子能委员会在没有核电站事故先例的情况下，应用系统安全工程分析方法，提出了著名的《核电站风险报告》（WASH-1400），并被后来发生的核电站事故所证实。此后，系统安全工程方法陆续推广到航空、航天、核工业、石油、化工等领域，在当今安全科学中占有非常重要的地位。

1964 年美国道（DOW）化学公司根据化工生产的特点，首先开发出《火灾、爆炸危险指数评价法》，用于对化工装置进行安全评价，该方法 1993 年已经发展到第七版。

随着安全评价技术的发展，安全评价已在现代安全管理中占有十分重要的地位。

2）国内安全评价概况

20世纪80年代初期，我国引入了安全系统工程，受到许多大中型生产经营单位和行业管理部门的高度重视。1987年机械电子部首先提出了在机械行业内开展机械工厂安全评价，并于1988年1月1日颁布了第一个部颁安全评价标准《机械工厂安全性评价标准》，1997年又对其进行了修订。该标准的颁布实施标志着我国机械工业安全管理工作进入了一个新的阶段。1988年，国内一些较早实施建设项目“三同时”的省、市，根据劳动部[1988]48号文的有关规定，开始了建设项目安全预评价实践。经过几年的实践，在初步取得经验的基础上，1996年10月，劳动部颁发了第3号令，规定六类建设项目必须进行劳动安全卫生预评价。与之配套的规章、标准还有劳动部第10号令、第11号令和部颁标准《建设项目（工程）劳动安全卫生预评价导则》（LD/T 106—1998）。

2002年6月29日，中华人民共和国主席令第70号颁布了《中华人民共和国安全生产法》，规定生产经营单位的建设项目必须实施“三同时”。同时规定矿山建设项目和用于生产、储存危险物品的建设项目应进行安全条件论证和安全评价。2002年1月26日中华人民共和国国务院令第344号发布了《危险化学品安全管理条例》，在规定了对危险化学品各环节管理和监督的同时，提出了“生产、储存、使用剧毒化学品的单位，应当对本单位的生产、储存装置每年进行一次安全评价；生产、储存、使用其他危险化学品的单位，应当对本单位的生产、储存装置每两年进行一次安全评价”的要求。《中华人民共和国安全生产法》和《危险化学品安全管理条例》的颁布，进一步推动了安全评价工作向更广、更深的方向发展。

2007年，经国家安全生产监督管理总局批准颁发了《安全评价通则》（AQ 8001—2007）、《安全预评价导则》（AQ 8002—2007）、《安全验收评价导则》（AQ 8003—2007）三个安全生产行业标准，于2007年4月1日开始实施。

2021年修订的《安全生产法》中的第三十二条、第七十二条和第九十二条都提到安全评价。

第三十二条：矿山、金属冶炼建设项目和用于生产、储存、装卸危险物品的建设项目，应当按照国家有关规定进行安全评价。

第七十二条：承担安全评价、认证、检测、检验职责的机构应当具备国家规定的资质条件，并对其作出的安全评价、认证、检测、检验结果的合法性、真实性负责。资质条件由国务院应急管理部门会同国务院有关部门制定。

承担安全评价、认证、检测、检验职责的机构应当建立并实施服务公开和报告公开制度，不得租借资质、挂靠、出具虚假报告。

第九十二条：承担安全评价、认证、检测、检验职责的机构出具失实报告的，责令停业整顿，并处三万元以上十万元以下的罚款；给他人造成损害的，依法承担赔偿责任。

承担安全评价、认证、检测、检验职责的机构租借资质、挂靠、出具虚假报告的，没收违法所得；违法所得在十万元以上的，并处违法所得二倍以上五倍以下的罚款，没有违法所得或者违法所得不足十万元的，单处或者并处十万元以上二十万元以下的罚款；对其直接负责的主管人员和其他直接责任人员处五万元以上十万元以下的罚款；给他人造成损害的，与生产经营单位承担连带赔偿责任；构成犯罪的，依照刑法有关规定追究刑事责任。

对有前款违法行为的机构及其直接责任人员，吊销其相应资质和资格，五年内不得从事安全评价、认证、检测、检验等工作；情节严重的，实行终身行业和职业禁入。

（2）安全评价定义

安全评价，国外也称为风险评价或危险评价，它既需要安全评价理论的支撑，又需要理论与实际经验的结合，二者缺一不可。《安全评价通则》（AQ 8001—2007）中明确表述，安全评价以实现安全为目的，应用安全系统工程原理和方法，辨识与分析工程、系统、生产经营活动中的危险、有害因素，预测发生事故或造成职业危害的可能性及其严重程度，提出科学、合理、可行的安全对策措施建议，做出评价结论的活动。安全评价可针对一个特定的对象，也可针对一定区域范围。

（3）安全评价的目的、意义

1）安全评价的目的

安全评价的目的是查找、分析和预测工程、系统存在的危险、有害因素及可能导致的危险、危害后果和程度，提出合理可行的安全对策措施，指导危险源监控和事故预防，以达到最低事故率、最少损失和最优的安全投资效益。

安全评价要达到的目的包括以下几个方面。

① 促进实现本质安全化生产。系统地从工程、系统设计、建设、运行等过程对事故和事故隐患进行科学分析，针对事故和事故隐患发生的各种可能原因事件和条件，提出消除危险的最佳技术措施方案。特别是从设计上采取相应措施，实现生产过程的本质安全化，做到即使发生误操作或设备故障时，也不会因此导致重大事故发生。

② 实现全过程安全控制。在设计之前进行安全评价，可避免选用不安全的工艺流程和危险的原材料以及不合适的设备、设施，或当必须采用时，提出降低或消除危险的有效方法。在设计之后进行安全评价，可查出设计中的缺陷和不足，及早采取改进和预防措施。在系统建成以后运行阶段进行系统安全评价，可了解系统的现实危险性，为进一步采取降低危险性的措施提供依据。

③ 建立系统安全的最优方案，为决策提供依据。通过安全评价分析系统存在的危险源及其分布部位和数目、事故的概率、事故严重度，预测其后果，提出应采取的安全对策措施等，决策者可以根据评价结果选择系统安全最优方案和管理决策。

④ 为实现安全技术、安全管理的标准化和科学化创造条件。通过对设备、设施或系统在生产过程中的安全性是否符合有关技术标准、规范和相关规定的评价，对照技术标准、规范找出存在问题和不足，以实现安全技术和安全管理的标准化、科学化。

2）安全评价分类和评价内容

按照安全生产行业标准《安全评价通则》（AQ 8001—2007），安全评价按照实施阶段的不同，分为安全预评价、安全验收评价、安全现状评价。

① 安全预评价。安全预评价是在项目建设前，根据建设项目可行性研究报告的内容，分析和预测该建设项目可能存在的危险、有害因素的种类和程度，提出合理可行的安全对策措施及建议。

② 安全验收评价。在建设项目竣工验收之前，试生产运行正常后，对建设项目的设施、设备、装置的实际运行情况及安全状况进行的安全评价，是为安全验收进行的技术准备。

安全验收评价主要包括危险、有害因素的辨识与分析，符合性评价和危险危害程度的评价，安全对策措施及建议，安全验收评价结论等内容。

③ 安全现状评价。针对系统、工程（某一个生产经营单位的总体或局部生产经营活动）的安全现状进行的评价。

安全评价主要内容包括：概括评价结果；从风险管理角度给出评价对象在评价时与国家有关安全生产的法律法规、标准、规范的符合性结论；给出事故发生的可能性和严重程度的预测性结论以及采取安全对策措施后的安全状态等。

3）安全评价的意义

安全评价的意义在于可有效地预防事故发生，减少财产损失、人员伤亡。安全评价与日常安全管理和安全监督监察工作不同，安全评价从技术带来的负效应出发，分析、论证和评估由此产生的损失和伤害的可能性、影响范围、严重程度及应采取的对策措施等。

① 安全评价是安全生产管理的一个必要组成部分。“安全第一、预防为主”是我国安全生产基本方针，作为预测、预防事故重要手段的安全评价，在贯彻安全生产方针中有着十分重要的作用，通过安全评价可确认生产经营单位是否具备了安全生产条件。

② 有助于政府安全监督管理部门对生产经营单位的安全生产实行宏观控制。安全预评价可有效地提高工程安全设计的质量和投产后的安全可靠程度；投产时的安全验收评价将根据国家有关技术标准、规范对设备、设施和系统进行符合性评价，可提高安全达标水平；系统运转阶段的安全技术、安全管理、安全教育等方面的安全状况综合评价，可客观地对生产经营单位的安全水平做出结论，使生产经营单位不仅了解可能存在的危险性，而且明确如何改进安全状况，同时也为安全监督管理部门了解生产经营单位安全生产现状、实施宏观控制提供基础资料；专项安全评价可为生产经营单位和政府安全监督管理部门提供管理依据。

③ 有助于安全投资的合理选择。安全评价不仅能确认系统的危险性，而且还能进一步考虑危险性发展为事故的可能性及事故造成损失的严重程度，进而计算事故造成的危害，即风险率，并以此说明系统危险可能造成负效益的大小，以便合理地选择控制、消除事故发生的措施，确定安全措施投资的多少，从而使安全投入和可能减少的负效益达到合理的平衡。

④ 有助于提高生产经营单位的安全管理水平。安全评价可以使生产经营单位安全管理变事后处理为事先预测、预防。传统安全管理方法的特点是凭经验进行管理，多为事故发生后再进行处理的“事后过程”。通过安全评价，可以预先识别系统的危险性，分析生产经营单位的安全状况，全面地评价系统及各部分的危险程度和安全管理状况，促使生产经营单位达到规定的安全要求。

安全评价可以使生产经营单位安全管理变纵向单一管理为全面系统管理，安全评价使生产经营单位所有部门都能按照要求认真评价本系统的安全状况，将安全管理范围扩大到生产经营单位各个部门、各个环节，使生产经营单位的安全管理实现全员、全面、全过程、全时空的系统化管理。

系统安全评价可以使生产经营单位安全管理变经验管理为目标管理。仅凭经验、主观意志和思想意识进行安全管理，没有统一的标准、目标。安全评价可以使生产经营单位各部门、全体职工明确各自的安全指标要求，在明确的目标下，统一步调，分头进行，从而使安全管理工作做到科学化、统一化、标准化。

⑤ 有助于生产经营单位提高经济效益。安全预评价可减少项目建成后由于安全要求引起的调整和返工建设，安全验收评价可将一些潜在事故消除在设施开工运行前，安全现状综合评价可使生产经营单位较好地了解可能存在的危险并为安全管理提供依据。生产经营单位安全生产水平的提高无疑可提高经济效益，使生产经营单位真正实现安全、生产和经济的同步增长。

2.3.3.2.2 安全评价原理和原则

（1）安全评价原理

安全评价涉及的领域、种类、方法、手段种类繁多，而且评价系统的属性、特征及事件的随机性千变万化，各不相同，究其思维方式却是一致的，可归纳为以下四个基本原理，即相关性原理、类推原理、惯性原理和量变到质变原理。

1）相关性原理

相关性是指一个系统，其属性、特征与事故和职业危害存在着因果的相关性。这是系统因果评价方法的理论基础。有因才有果，这是事物发展变化的规律。事物的原因和结果之间存在着类似函数的密切关系。若研究、分析各个系统之间的依存关系和影响程度就可以探求其变化的特征和规律，并可以预测其未来状态的发展变化趋势。

事故的发生有其原因因素，而且往往不是由单一原因因素造成的，而是由若干个原因因素耦合在一起，当出现符合事故发生的充分与必要条件时，事故就必然会立即爆发；多一个原因因素不需要，少一个原因因素事故就不会发生。而每一个原因因素又由若干个二次原因因素构成；依次类推……消除一次、二次或三次等原因因素，破坏发生事故的充分与必要条件，事故就不会产生，这就是采取技术、管理、教育等方面的安全对策措施的理论依据。在评价系统中，找出事故发展过程中的相互关系，借鉴历史、同类情况的数据、典型案例等，建立起接近真实情况的数学模型，则评价会取得较好的效果，而且越接近真实情况，效果越好，评价得越准确。

2）类推原理

“类推”亦称“类比”。类推推理是人们经常使用的一种逻辑思维方法，常用作推出一种新知识的方法。它是根据两个或两类对象之间存在的某些相同或相似的属性，从一个已知对象具有某个属性来推出另一个对象具有此种属性的一种推理。它在人们认识世界和改造世界的活动中有着非常重要的作用，在安全生产、安全评价中同样也有着特殊的意义和重要的作用。

其基本模式如下所示。

若 A、B 表示两个不同对象，A 有属性 P_1，P_2，…，P_m，P_n，B 有属性 P_1，P_2，…，P_m，则对象 A 与 B 的推理可用如下公式表示：

A 有属性 P_1，P_2，…，P_m，P_n；

B 有属性 P_1，P_2，…，P_m；

所以，B 也有属性 P_n（$n>m$）。

类比推理的结论是或然性的。所以，在应用时要注意提高其结论可靠性，方法有：

① 要尽量多地列举两个或两类对象所共有或共缺的属性；

② 两个类比对象所共有或共缺的属性愈接近本质，则推出的结论愈可靠；

③ 两个类比对象共有或共缺的属性与类推的属性之间具有本质和必然的联系，则推出结论的可靠性就高。

类比推理常常被人们用来类比同类装置或类似装置的职业安全的经验、教训，采取相应的对策措施防患于未然，实现安全生产。

3）惯性原理

任何事物在发展过程中，从过去到现在以及延伸至将来，都具有一定的延续性，这种延续性称为惯性。利用惯性可以研究事物或一个评价系统的未来发展趋势。如从一个单位过去的安全生产状况、事故统计资料找出安全生产及事故发展变化趋势，以推测其未来安全状态。

利用惯性原理进行评价时应注意以下两点。

① 惯性的大小。惯性越大，影响越大；反之，则影响越小。例如，一个生产经营单位如果疏于管理，违章作业、违章指挥、违反劳动纪律严重，事故就多，若任其发展则会愈演愈烈，而且有加速的态势，惯性越来越大。对此，必须要立即采取相应对策措施，破坏这种格局，使这种不良惯性中止或改变方向，才能防止事故的发生。

② 一个系统的惯性是这个系统的各个内部因素之间互相联系、互相影响、互相作用，按照一定的规律发展变化的一种状态趋势。因此，只有当系统是稳定的，受外部环境和内部因素的影响产生的变化较小时，其内在联系和基本特征才可能延续下去，该系统所表现的惯性发展结果才基本符合实际。但是，绝对稳定的系统是没有的，因为事物发展的惯性在受外力作用时，可加速或减速甚至改变方向。这样就需要对一个系统的评价进行修正，即在系统主要方面不变而其他方面有所偏离时，就应根据其偏离程度对所出现的偏离现象进行修正。

4）量变到质变原理

任何一个事物在发展变化过程中都存在着从量变到质变的规律。同样，在一个系统中，许多有关安全的因素也都存在着量变到质变的规律；在评价一个系统的安全时，也都离不开从量变到质变的原理。

因此，在安全评价中，考虑各种危险、有害因素，对人体的危害，以及对采用的评价方法进行等级划分时，均需要应用量变到质变的原理。

上述原理是人们经过长期研究和实践总结出来的。在实际评价工作中，人们综合应用基本原理指导安全评价，并创造出各种评价方法，进一步在各个领域中加以运用。

掌握评价的基本原理可以建立正确的思维程序，对于评价人员开拓思路、合理选择和灵活运用评价方法都是十分必要的。世界上没有一成不变的事物，评价对象的发展不是过去状态的简单延续，评价的事件也不会是已有的类似事件的机械再现，相似不等于相同。因此，在评价过程中，还应对客观情况进行具体细致的分析，以提高评价结果的准确程度。

（2）安全评价的原则

安全评价是落实“安全第一、预防为主”方针的重要技术保障，是安全生产监督管理的重要手段。安全评价工作以国家有关安全的方针、政策和法律、法规、标准为依据，运用定量和定性的方法对建设项目或生产经营单位存在的职业危险、有害因素进行识别、分析和评价，提出预防、控制、治理对策措施，为建设单位或生产经营单位减少事故发生的风险，为政府主管部门进行安全生产监督管理提供科学依据。

安全评价是关系到被评价项目能否符合国家规定的安全标准、能否保障劳动者安全与健康的关键性工作。由于这项工作不但具有较复杂的技术性，而且还有很强的政策性，因此，要做好这项工作，必须以被评价项目的具体情况为基础，以国家安全法规及有关技术标准为依据，用严肃的科学态度、认真负责的精神、强烈的责任感和事业心，全面、仔细、深入地开展和完成评价任务。在工作中必须自始至终遵循科学性、公正性、合法性和针对性原则。

1）合法性

安全评价是国家以法规形式确定下来的一种安全管理制度，安全评价机构和评价人员必须进行资质核准和资格注册，只有取得了认可的单位才能依法进行安全评价工作。政策、法规、标准是安全评价的依据，政策性是安全评价工作的灵魂。所以，承担安全评价工作的单位必须严格执行国家及地方颁布的有关安全的方针、政策、法规和标准等；在具体评价过程中，全面、仔细、深入地剖析评价项目或生产经营单位在执行产业政策、安全生产和劳动保护政策等方面存在的问题，力争为项目决策、设计和安全运行提出符合政策、法规、标准要求的评价结论和建议，为安全生产监督管理提供科学依据。

2）科学性

安全评价涉及学科范围广，影响因素复杂多变。安全预评价在实现项目的本质安全上有预测性、预防性；安全现状综合评价在整个项目上具有全面的现实性；安全验收评价在项目的可行性上具有较强的客观性；专项安全评价在技术上具有较强的针对性。为保证安全评价能准确地反映被评价项目的客观实际和结论的正确性，在开展安全评价的全过程中，必须依据科学的方法、程序，以严谨的科学态度全面、准确、客观地进行工作，提出科学的对策措施，作出科学的结论。

危险、有害因素产生危险、危害后果需要一定条件和触发因素，要根据内在的客观规律分析危险、有害因素的种类、危险程度，产生的原因及出现危险、危害的条件及其后果，才能为安全评价提供可靠的依据。现有的评价方法均有其局限性。评价人员应全面、仔细、科学地分析各种评价方法的原理、特点、适用范围和使用条件，必要时，还应用多种评价方法进行评价，进行分析综合，使其互为补充、互相验证，提高评价的准确性，避免局限和失真；评价时，切忌生搬硬套、主观臆断、以偏概全。

从收集资料、调查分析、筛选评价因子、测试取样、数据处理、模式计算和权重值的给定，直至提出对策措施、作出评价结论与建议等，在每个环节都必须严守科学态度，用科学的方法和可靠的数据，按科学的工作程序一丝不苟地完成各项工作，努力在最大程度上保证评价结论的正确性和对策措施的合理性、可行性和可靠性。

受一系列不确定因素的影响，安全评价在一定程度上存在误差。评价结果的准确性直接影响到决策的正确性、安全设计的完善性、运行的安全性和可靠性。因此，对评价结果进行验证十分重要。为不断提高安全评价的准确性，评价单位应有计划、有步骤地对同类装置、国内外的安全生产经验、相关事故案例和预防措施以及评价后的实际运行情况进行考察、分析、验证，利用建设项目建成后的事后评价进行验证，并运用统计方法对评价误差进行统计和分析，以便改进原有的评价方法和修正评价的参数，不断提高评价的准确性、科学性。

3）公正性

评价结论是评价项目的决策依据、设计依据以及项目能否安全运行的依据，也是国家安全生产监督管理部门进行安全监督管理的执法依据。因此，对于安全评价的每一项工作都要做到客观和公正。既要防止受评价人员主观因素的影响，又要排除外界因素的干扰，避免出现不合理、不公正。

评价的正确与否直接涉及被评价项目能否安全运行；涉及国家财产和声誉会不会受到破坏和影响；涉及被评价单位的财产是否会受到损失，生产能否正常进行；涉及周围单位及居民是否会受到影响；涉及被评价单位职工乃至周围居民的安全和健康。安全评价有时会涉及一些部门、集团、个人的某些利益。在评价时，必须以国家和劳动者的总体利益为重，要充分考虑劳动者在劳动过程中的安全与健康，要依据有关标准、法规和经济技术的可行性提出明确的要求和建议。因此，评价单位和评价人员必须严肃、认真、实事求是地进行公正的评价。

4）针对性

进行安全评价时，首先应针对被评价项目的实际情况和特征，收集有关资料，对系统进行全面地分析；其次要对众多的危险、有害因素及单元进行筛选，针对主要的危险、有害因素及重要单元应进行重点评价，并辅以重大事故后果和典型案例进行分析、评价；另外，由于各类评价方法都有特定适用范围和使用条件，要有针对性地选用评价方法；最后要从实际的经济、技术条件出发，提出有针对性的、操作性强的对策措施，对被评价项目作出客观、公正的评价结论。

2.3.3.2.3 安全评价程序

安全评价程序主要包括：准备阶段，危险、有害因素识别与分析，定性、定量评价，提出安全对策措施，形成安全评价结论及建议，编制安全评价报告。

（1）准备阶段

明确被评价对象和范围，收集国内外相关法律法规、技术标准及工程、系统的技术资料。

（2）危险、有害因素识别与分析

根据被评价的工程、系统的情况，识别和分析危险、有害因素，确定危险、有害因素存在的部位和存在的方式、事故的发生途径及变化规律。

（3）定性、定量评价

在危险、有害因素识别与分析的基础上，划分评价单元，选择合理的评价方法，对工程、系统发生事故的可能性和严重程度进行定性、定量评价。

（4）提出安全对策措施

根据定性、定量评价结果，提出消除或减弱危险、有害因素的技术和管理措施及建议。

（5）形成安全评价结论及建议

简要地列出主要危险、有害因素的评价结果，指出工程、系统应重点防范的重大危险因素，明确生产经营者应重视的重要安全措施。

（6）编制安全评价报告

依据安全评价的结果编制相应的安全评价报告。

2.3.3.2.4 安全评价方法概述

（1）安全评价方法分类

1）按评价结果的量化程度分类

按评价结果的量化程度可分为：定性安全评价方法、定量安全评价方法。

① 定性安全评价方法。定性安全评价方法主要是根据经验和直观判断能力对生产系统的工艺、设备、设施、环境、人员和管理等方面的状况进行定性的分析，安全评价的结果是一些定性的指标。

属于定性安全评价方法的有：安全检查表、专家现场询问观察法、作业条件危险性评价法（格雷厄姆-金尼法或 LEC 法）、故障类型和影响分析、危险可操作性研究等。

定性安全评价方法的优点有：容易理解、便于掌握，评价过程简单。但是存在以下缺点：往往依靠经验，带有一定的局限性，安全评价结果有时会因参加评价人员的经验和经历等有相当大的差异；同时不同类型的对象之间安全评价结果缺乏可比性等。目前定性安全评价方法在国内外企业安全管理工作中被广泛使用。

② 定量安全评价方法。定量安全评价方法是运用基于大量的实验结果和广泛的事故资料统计分析获得的指标或规律（数学模型），对生产系统的工艺、设备、设施、环境、人员和管理等方面的状况进行定量的计算，安全评价的结果是一些定量的指标，如事故发生的概率、事故的伤害（或破坏）范围、定量的危险性、事故致因因素的关联度或重要度等。

按照安全评价给出的定量结果的类别不同，定量安全评价方法还可以分为：概率风险评价法、伤害（或破坏）范围评价法和危险指数评价法。

2）按照安全评价的逻辑推理过程分类

① 归纳推理评价法。归纳推理评价法是从事故原因推论结果的评价方法，即从最基本危险、有害因素开始，逐渐分析出导致事故发生的直接因素，最终分析到可能的事故。

② 演绎推理评价法。演绎推理评价法是从结果推论事故原因的评价方法，即从事故开始，推论导致事故发生的直接因素，再分析与直接因素相关的间接因素，最终分析和查找出导致事故发生的最基本危险、有害因素。

3）按照安全评价要达到的目的分类

① 事故致因因素安全评价法。事故致因因素安全评价法是采用逻辑推理的方法，由事故推论最基本危险、有害因素或由最基本危险、有害因素推论事故的评价方法，该类方法适用于识别系统的危险、有害因素和分析事故，一般属于定性安全评价方法。

② 危险性分级安全评价法。危险性分级安全评价法是通过定性或定量分析给出系统危险性的安全评价方法，该类方法适用于系统的危险性分级，可以是定性安全评价方法，也可以是定量安全评价方法。

③ 事故后果安全评价法。事故后果安全评价法可以直接给出定量的事故后果，给出的事故后果可以是系统事故发生的概率、事故的伤害（或破坏）范围、事故的损失或定量的系统危险性等。

（2）安全评价方法选择

任何一种安全评价方法都有其适用条件和范围，在安全评价中合理选择安全评价方法十分重要，如果选择了不适用的安全评价方法，不仅浪费工作时间，影响评价工作的正常开展，而且可能导致评价结果严重失真，使安全评价失败。

在进行安全评价时，应该在认真分析并熟悉被评价系统的前提下，选择适用的安全评价方法。安全评价方法的选择应遵循充分性、适应性、系统性、针对性和合理性等原则。

1）充分性原则

充分性是指在选择安全评价方法之前，应充分分析被评价系统，掌握足够多的安全评价方法，充分了解各种安全评价方法的优缺点、适用条件和范围，同时为开展安全评价工作准备充分的资料。

2）适应性原则

适应性是指选择的安全评价方法应该适用于被评价系统。被评价系统可能是由多个子系统构成的复杂系统，对于各子系统评价重点可能有所不同，各种安全评价方法都有其适用条件和范围，应根据系统和子系统、工艺性质和状态，选择适用的安全评价方法。

3）系统性原则

安全评价方法要获得可信的安全评价结果，必须建立真实、合理和系统的基础数据，被评价的系统应该能够提供所需的系统化数据和资料。

4）针对性原则

针对性是指所选择的安全评价方法应该能够提供所需的结果。由于评价目的不同，需要安全评价提供的结果也不相同。因此，应该选用能够给出所要求结果的安全评价方法。

5）合理性原则

在满足安全评价目的、能够提供所需安全评价结果的前提下，应该选择计算过程最简单、所需基础数据最少和最容易获取的安全评价方法，使安全评价工作量和所获得的评价结果都是合理的。

（3）常用安全评价方法简介

1）安全检查

安全检查（Safety Review，SR）可以说是第一个安全评价方法，它有时也称为“工艺安全审查”“设计审查”“损失预防审查”。它可以用于建设项目的任何阶段。

工作内容有： 对现有装置（在役装置）进行评价时，主要包括巡视检查、日常安全检查或专业安全检查，如当工艺尚处于设计阶段时，项目设计小组可以对一套图纸进行审查。

评价目的： 辨识可能导致事故，引起伤害、重大财产损失或对公共环境产生重大影响的装置条件或操作规程，提高整个装置的安全可靠程度。

安全检查完成后，评价人员对亟待改进的地方应提出具体的整改措施和建议。

2）安全检查表分析法

安全检查表分析（Safety Checklist Analysis，SCA）是最基础、最简便、应用最为广泛的安全评价方法。安全检查表是由对工艺、设备和操作情况熟悉并富有安全技术、安全管理经验的人员，通过对分析对象进行详尽分析和充分讨论，列出检查单元和部位、检查项目、检查要求、各项赋分标准、评定系统等级分值等标准的表格。

安全检查表基本上属于定性评价方法，可以适用于不同行业。从类型上来看，可以划分为定性、半定量和否决型检查表。

进行安全评价时，可运用半定量安全检查表逐项检查、赋分，从而确定评价系统的安全等级。当安全检查表用于设计、维修、环境、管理等方面查找缺陷或隐患时，可利用定性安全检查表。

3）危险指数评价法

危险指数（Risk Rank，RR）评价法是一种评价人员通过几种工艺现状及运行的固有属性，以作业现场危险度、事故概率和事故严重度为基础，对不同作业现场的危险性进行鉴别，进行比较计算，确定工艺危险特性和重要性大小，并根据评价结果，确定进一步评价的对象或进行危险性排序的安全评价方法。危险指数评价可以运用在工程项目的可行性研究、设计、运行、报废等各个阶段，作为确定工艺操作危险性的依据。

此类方法使用起来可繁可简，形式多样，既可定性，又可定量。常用的危险指数评价法有危险度评价法，道化学火灾、爆炸危险指数法，ICI蒙德法，化工厂危险程度分级法等。

道化学火灾、爆炸危险指数法评价的目的是：

① 客观地量化潜在火灾、爆炸和反应性事故的预期损失；

② 找出可能导致事故发生或使事故扩大的设备；

③ 向管理部门通报潜在的火灾、爆炸危险性；

④ 使工程技术人员了解各部分可能的损失和减少损失的途径。

道化学火灾、爆炸危险指数法评价过程的依据包括：以往事故统计资料、装置的工艺条件、物质的潜在能和现行安全措施的状况。

道化学火灾、爆炸危险指数法评价程序如下：

① 求取单元内的物质系数MF。

② 按单元的工艺条件，选用适当的危险系数。计算一般工艺危险系数 F_1 和特殊工艺危险系数 F_2。

③ 计算工艺单元危险系数：$F_3=F_1\times F_2$。

④ 计算火灾、爆炸危险指数：F&EI=F_3×MF。

⑤ 计算安全措施补偿系数。C_1为工艺控制补偿系数；C_2为物质隔离补偿系数；C_3为防火措施补偿系数；总补偿系数 $C=C_1\times C_2\times C_3$。

⑥ 计算暴露区面积：暴露区面积 $=\pi R^2$。

⑦ 计算暴露区内财产价值：更换价值 = 原成本×0.82×增长系数。

⑧ 求出基本最大可能财产损失（基本 MPPD），应用安全措施补偿系数乘以基本 MPPD，确定实际 MPPD。

⑨ 根据实际最大可能财产损失，确定最大可能工作日损失（MPDO）。

⑩ 用最大可能工作日损失（MPDO）确定停产损失。

4）预先危险性分析

预先危险性分析（Preliminary Hazard Analysis，PHA）也称初始危险分析，是一种起源于美国军用标准的安全计划的方法。该方法是在每项工作开始之前，特别是在设计的开始阶段，对危险物质和重要装置的主要区域等进行分析，包括设计、施工和生产前对系统中存在的危险性类别、出现条件和导致事故的后果进行概略的分析。

预先危险性分析可以达到以下目的：大体识别与系统有关的主要危险；分析产生危险的原因；预测事故发生对人员和系统的影响；判别已识别的危险等级，提出消除或控制危险的对策措施。

5）故障树分析

故障树（Fault Tree）又称事故树，它是一种描述事故因果关系的具有方向的“树”，是安全系统工程中重要的分析方法之一，是一种演绎的推理方法。它能对各种系统的危险性进行识别评价，既可用于定性分析，又能进行定量分析，具有简明、形象化的特点，体现了以系统工程方法研究安全问题的系统性、准确性和预测性。故障树作为安全分析、评价和事故预测的一种先进的科学方法，已得到国内外的公认，并被广泛采用。

故障树分析（Fault Tree Analysis，FTA）不仅能分析出事故的直接原因，而且能深入提示事故的潜在原因，因此在工程或设备的设计阶段、事故查询或编制新的操作方法时，都可以使用 FTA 对它们的安全性作出评价。

6）事件树分析

事件树分析（Event Tree Analysis，ETA）是用来分析普通设备故障或过程波动（称为初始事件）导致事故发生的可能性的方法。事故是典型设备故障或工艺异常（称为初始事件）所引发的结果。与故障树分析不同，事件树分析使用的是归纳法，而不是演绎法。

事件树分析适合用来分析那些产生不同后果的初始事件。事件树强调的是事故可能发生的初始原因以及初始事件对事件后果的影响，事件树的每一个分支都表示一个独立的事故序列，对一个初始事件而言，每一个独立事故序列都清楚地界定了安全功能之间的功能关系。

7）危险和可操作性研究

危险和可操作性研究（Hazard and Operability Study，HAZOP）是一种定性的安全评价方法。其基本过程是以关键词为引导，找出过程中工艺状态的变化，即可能出现的偏差，然后分析偏差产生的原因、后果及可采取的安全对策措施。

危险和可操作性研究是基于这样一种原理，即背景各异的专家们若在一起工作，就能够在创造性、系统性和风格上互相影响和启发，能够发现和鉴别更多的问题，要比他们独立工作并分别提供工作结果更为有效。

这种方法同样可以用于整个工程或系统项目生命周期的各个阶段。

8）故障类型和影响分析

故障类型和影响分析（Failure Mode Effects Analysis，FMEA）是对系统各组成部分或元件进行分析的重要方法，根据系统可以划分为子系统、设备和元件的特点，按实际需要对系统进行分割，然后分析各自可能发生的故障类型及其产生的影响，以便采取相应的对策措施，提高系统的安全可靠性。

故障类型和影响分析可直接导出事故或对事故有重要影响的单一故障模式，在故障类型和影响分析中，不直接确定人的影响因素，但像人的失误操作影响通常作为某一设备的故障模式表示出来。但一个 FMEA 不能有效地分析引起事故的详尽的设备故障组合。

2.4 化工生产应急管理

2.4.1 应急管理概述

应急管理是针对特重大事故灾害的危险问题提出的。应急管理是指政府及其他公共机构在突发事件的事前预防、事发应对、事中处置和善后恢复过程中，通过建立必要的应对机制，采取一系列必要措施，应用科学、技术、规划与管理等手段，保障公众生命、健康和财产安全，促进社会和谐健康发展的有关活动。危险包括人的危险、物的危险和责任危险三大类。人的危险可分为生命危险和健康危险；物的危险指威胁财产安全的火灾、雷电、台风、洪水等事故灾难；责任危险是产生于法律上的损害赔偿责任，一般又称为第三者责任险。其中，危险是由意外事故、意外事故发生的可能性及蕴藏意外事故发生可能性的危险状态构成。

2018 年 4 月 16 日，中华人民共和国应急管理部正式挂牌。此次挂牌成立，将 13 个部门和单位进行了整合和统一，这对于保障人民的生命财产安全、维护社会的长治久安、促进国家治理能力和治理体系的现代化建设，起到重要的作用。

随着 2006 年 1 月 8 日国务院发布的《国家突发公共事件总体应急预案》出台，我国应急预案框架体系初步形成。是否已制定应急能力及防灾减灾应急预案，标志着社会、企业、社区、家庭安全文化的基本素质的程度。作为公众中的一员，我们每个人都应具备一定的安全减灾文化素养及良好的心理素质和应急管理知识。

《国家突发公共事件总体应急预案》提出了六项工作原则，即以人为本，减少危害；居安思危，预防为主；统一领导，分级负责；依法规范，加强管理；快速反应，协同应对；依靠科技，提高素质。

事故应急管理的内涵，包括预防、准备、响应和恢复四个阶段。尽管在实际情况中，这些阶段往往是重叠的，但他们中的每一部分都有自己单独的目标，并且成为下个阶段内容的一部分。

“居安思危，预防为主”是应急管理的指导方针。应急管理工作内容概括起来叫作“一案三制”。

“一案”是指应急预案，就是根据发生和可能发生的突发事件，事先研究制订的应对计划和方案。应急预案包括各级政府总体预案、专项预案和部门预案，以及基层单位的预案和大型活动的单项预案。

“三制”是指应急工作的管理体制、运行机制和法制。

一要建立健全和完善应急预案体系。就是要建立“纵向到底，横向到边”的预案体系。所谓“纵”，就是按垂直管理的要求，从国家到省到市、县、乡镇各级政府和基层单位都要制订应急预案，不可断层；所谓“横”，就是所有种类的突发公共事件都要有部门管，都要制订专项预案和部门预案，不可或缺。相关预案之间要做到互相衔接，逐级细化。预案的层级越低，各项规定就要越明确、越具体，避免出现“上下一般粗”现象，防止照搬照套。

二要建立健全和完善应急管理体制。主要建立健全集中统一、坚强有力的组织指挥机构，发挥我们国家的政治优势和组织优势，形成强大的社会动员体系。建立健全以事发地党委、政府为主，有关部门和相关地区协调配合的领导责任制，建立健全应急处置的专业队伍、专家队伍，充分发挥人民解放军、武警和预备役民兵的重要作用。

三要建立健全和完善应急运行机制。主要是要建立健全监测预警机制、信息报告机制、应急决策和协调机制、分级负责和响应机制、公众的沟通与动员机制、资源的配置与征用机制、奖惩机制和城乡社区管理机制等等。

四要建立健全和完善应急法制。主要是加强应急管理的法制化建设，把整个应急管理工作建设纳入法制和制度的轨道，按照有关的法律法规来建立健全预案，依法行政，依法实施应急处置工作，要把法治精神贯穿于应急管理工作的全过程。

2.4.2 事故应急管理体系

2.4.2.1 事故应急救援的基本任务及特点

（1）事故应急救援的基本任务

事故应急救援的总目标是通过有效的应急救援行动，尽可能地降低事故的后果，包括人员伤亡、财产损失和环境破坏等。事故应急救援的基本任务包括下述几个方面。

① 立即组织营救受害人员，组织撤离或者采取其他措施保护危害区域内的其他人员。抢救受害人员是应急救援的首要任务。

② 迅速控制事态，并对事故造成的危害进行检测、监测，测定事故的危害区域、危害性质及危害程度。及时控制住造成事故的危险源是应急救援工作的重要任务。

③ 消除危害后果，做好现场恢复。及时清理废墟和恢复基本设施，将事故现场恢复至相对稳定的状态。

④ 查清事故原因，评估危害程度。事故发生后应及时调查事故的发生原因和事故性质，评估出事故的危害范围和危险程度，查明人员伤亡情况，做好事故原因调查，并总结救援工作中的经验和教训。

（2）事故应急救援的特点

事故应急救援具有不确定性和突发性，复杂性和后果、影响易猝变、激化和放大的特点。因此，要求应急救援行动必须做到迅速、准确和有效。

1）不确定性和突发性

不确定性和突发性是各类公共安全事故、灾害与事件的共同特征，大部分事故都是突然爆发，爆发前基本没有明显征兆，而且一旦发生，发展蔓延迅速，甚至失控。因此，要求应急行动必须在极短的时间内在事故的第一现场作出有效反应，在事故产生重大灾难后果之前采取各种有效的防护、救助、疏散和控制事态等措施。

2）应急活动的复杂性

应急活动的复杂性主要表现在：事故、灾害或事件影响因素与演变规律的不确定性和不可预见的多变性；众多来自不同部门参与应急救援活动的单位，在信息沟通、行动协调与指挥、授权与职责、通信等方面的有效组织和管理；应急响应过程中公众的反应和恐慌心理、公众过激等突发行为的复杂性等。

3）后果、影响易猝变、激化和放大

公共安全事故、灾害与事件虽然发生概率小，但后果一般比较严重，能造成广泛的公众影响，应急处理稍有不慎，就可能改变事故、灾害与事件的性质，使平稳、有序、和平状态向动态、混乱和冲突方面发展，引起事故、灾害与事件波及范围扩展，卷入人群数量增加和人员伤亡与财产损失后果加大。猝变、激化和放大造成的失控状态，不但迫使应急呼应升级，甚至可导致社会性危机出现，使公众立即陷入巨大的动荡与恐慌之中。因此，重大事故（件）的处置必须坚决果断，而且越早越好，防止事态扩大。

2.4.2.2 事故应急管理相关法律法规要求

《安全生产法》第二十一条中规定："生产经营单位的主要负责人具有组织制定并实施本单位的生产安全事故应急救援预案的职责。"第二十五条中规定，生产经营单位的安全生产管理机构以及安全生产管理人员履行的职责有："组织或者参与拟订本单位安全生产规章制度、操作规程和生产安全事故应急救援预案"和"组织或者参与本单位应急救援演练"。第八十条中规定："县级以上地方各级人民政府应当组织有关部门制定本行政区域内生产安全事故应急救援预案，建立应急救援体系。"另外，《安全生产法》在第七十九条、八十一条、八十二条、八十五条和九十七条都有应急救援相关规定。

《危险化学品安全管理条例》第六十九条规定："县级以上地方人民政府安全生产监督管理部门应当会同工业和信息化、环境保护、公安、卫生、交通运输、铁路、质量监督检验检疫等部门，根据本地区实际情况，制定危险化学品事故应急预案，报本级人民政府批准。"第七十条规定："危险化学品单位应当制定本单位危险化学品事故应急预案，配备应急救援人员和必要的应急救援器材、设备，并定期组织应急救援演练。危险化学品单位应当将其危险化学品事故应急预案报所在地设区的市级人民政府安全生产监督管理部门备案。"

《国务院关于特大安全事故行政责任追究的规定》第七条中规定："市（地、州）、县（市、区）人民政府必须制定本地区特大安全事故应急处理预案。"

于2007年8月30日由中华人民共和国第十届全国人民代表大会常务委员会第二十九次会议通过的《中华人民共和国突发事件应对法》自2007年11月1日起施行，该法明确规定了突发事件的预防与应急准备、监测与预警、应急处置与救援、事后恢复与重建等活动中，政府、单位及个人的权利与义务。

《中华人民共和国职业病防治法》《中华人民共和国消防法》等法律和法规中都有关于应急救援的相关条款。

2.4.2.3　安全生产应急管理体系

按照《全国安全生产应急救援体系总体规划方案》的要求，全国安全生产应急管理体系主要由组织体系、运行机制、法律法规体系以及支持保障系统等部分构成，见图 2-2。

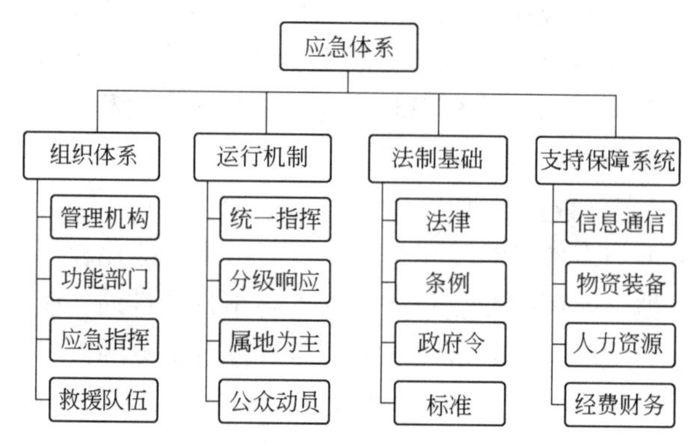

图 2-2　安全生产应急救援体系基本框架

① 组织体系是全国安全生产应急管理体系的基础，主要包括应急管理的领导决策层、管理与协调指挥系统以及应急救援队伍。

② 运行机制是全国安全生产应急管理体系的重要保障，目标是实现统一领导、分级管理，条块结合、以块为主，分级响应、统一指挥，资源共享、协同作战，一专多能、专兼结合，防救结合、平战结合，以及动员公众参与，以切实加强安全生产应急管理体系内部的应急管理，明确和规范响应程序。

③ 法制基础是安全法律法规体系，也是开展各项应急活动的依据。与应急有关的法律法规主要包括由立法机关通过的法律，政府和有关部门颁布的规章、规定以及与应急救援活动直接有关的标准或管理办法等。

④ 支持保障系统是安全生产应急管理体系的有机组成部分，是体系运转的物质条件和手段，主要包括通信信息系统、培训演练系统、技术支持系统、物资与装备保障系统等。同时，应急管理体系还包括与其建设相关的资金、政策支持等，以保障应急管理体系建设和体系正常运行。

2.4.3　事故应急预案编制与演练

2.4.3.1　事故应急预案的作用

① 应急预案确定了应急救援的范围和体系，使应急管理不再无据可依、无章可循。

② 应急预案有利于作出及时的应急响应，降低事故后果。

③ 应急预案是各类突发重大事故的应急基础。

④ 应急预案建立了与上级单位和部门应急救援体系的衔接。

⑤ 应急预案有利于提高风险防范意识。

2.4.3.2 事故应急预案体系

应急预案是针对可能发生的事故，为最大程度减少事故损害而预先制定的应急准备工作方案。《生产经营单位生产安全事故应急预案编制导则》（GB/T 29639—2020）中规定：生产经营单位应急预案分为综合应急预案、专项应急预案和现场处置方案。生产经营单位应根据有关法律、法规和相关标准，结合本单位组织管理体系、生产规模和可能发生的事故特点，科学合理确立本单位的应急预案体系，并注意与其他类别应急预案相衔接。

（1）综合应急预案

综合应急预案是生产经营单位为应对各种生产安全事故而制定的综合性工作方案，是本单位应对生产安全事故的总体工作程序、措施和应急预案体系的总纲。

（2）专项应急预案

专项应急预案是生产经营单位为应对某一种或者多种类型生产安全事故，或者针对重要生产设施、重大危险源、重大活动防止生产安全事故而制定的专项工作方案。

专项应急预案与综合应急预案中的应急组织机构、应急响应程序相近时，可不编写专项应急预案，相应的应急处置措施并入综合应急预案。

（3）现场处置方案

现场处置方案是生产经营单位根据不同生产安全事故类型，针对具体场所、装置或者设施所制定的应急处置措施。现场处置方案重点规范事故风险描述、应急工作职责、应急处置措施和注意事项，应体现自救互救、信息报告和先期处置的特点。

事故风险单一、危险性小的生产经营单位，可只编制现场处置方案。

2.4.3.3 应急预案编制程序

按照《生产经营单位生产安全事故应急预案编制导则》（GB/T 29639—2020），生产经营单位应急预案编制程序包括成立应急预案编制工作组、资料收集、风险评估、应急资源调查、应急预案编制、桌面推演、应急预案评审和批准实施 8 个步骤。

（1）成立应急预案编制工作组

结合本单位职能和分工，成立以单位有关负责人为组长，单位相关部门人员（如生产、技术、设备、安全、行政、人事、财务人员）参加的应急预案编制工作组，明确工作职责和任务分工，制订工作计划，组织开展应急预案编制工作。预案编制工作组中应邀请相关救援队伍以及周边相关企业、单位或社区代表参加。

（2）资料收集

应急预案编制工作组应收集下列相关资料：

① 适用的法律法规、部门规章、地方性法规和政府规章、技术标准及规范性文件；

② 企业周边地质、地形、环境情况及气象、水文、交通资料；

③ 企业现场功能区划分、建（构）筑物平面布置及安全距离资料；

④ 企业工艺流程、工艺参数、作业条件、设备装置及风险评估资料；

⑤ 本企业历史事故与隐患、国内外同行业事故资料；

⑥ 属地政府及周边企业、单位应急预案。

（3）风险评估

开展生产安全事故风险评估，撰写评估报告（编制大纲参见附录 A），其内容包括但不限于：

① 辨识生产经营单位存在的危险有害因素，确定可能发生的生产安全事故类别；

② 分析各种事故类别发生的可能性、危害后果和影响范围；

③ 评估确定相应事故类别的风险等级。

（4）应急资源调查

全面调查和客观分析本单位以及周边单位和政府部门可请求援助的应急资源状况，撰写应急资源调查报告（编制大纲参见附录B），其内容包括但不限于：

① 本单位可调用的应急队伍、装备、物资、场所；

② 针对生产过程及存在的风险可采取的监测、监控、报警手段；

③ 上级单位、当地政府及周边企业可提供的应急资源；

④ 可协调使用的医疗、消防、专业抢险救援机构及其他社会化应急救援力量。

（5）应急预案编制

应急预案编制应当遵循以人为本、依法依规、符合实际、注重实效的原则，以应急处置为核心，体现自救互救和先期处置的特点，做到职责明确、程序规范、措施科学，尽可能简明化、图表化、流程化。

应急预案编制工作包括但不限下列：

① 依据事故风险评估及应急资源调查结果，结合本单位组织管理体系、生产规模及处置特点，合理确立本单位应急预案体系；

② 结合组织管理体系及部门业务职能划分，科学设定本单位应急组织机构及职责分工；

③ 依据事故可能的危害程度和区域范围，结合应急处置权限及能力，清晰界定本单位的响应分级标准，制定相应层级的应急处置措施；

④ 按照有关规定和要求，确定事故信息报告、响应分级与启动、指挥权移交、警戒疏散方面的内容，落实与相关部门和单位应急预案的衔接。

（6）桌面推演

按照应急预案明确的职责分工和应急响应程序，结合有关经验教训，相关部门及其人员可采取桌面演练的形式，模拟生产安全事故应对过程，逐步分析讨论并形成记录，检验应急预案的可行性，并进一步完善应急预案。

（7）应急预案评审

1）评审形式

应急预案编制完成后，生产经营单位应按法律法规有关规定组织评审或论证。参加应急预案评事的人员可包括有关安全生产及应急管理方面的、有现场处置经验的专家。应急预案论证可通过推演的方式开展。

2）评审内容

应急预案评审内容主要包括：风险评估和应急资源调查的全面性、应急预案体系设计的针对性、应急组织体系的合理性、应急响应程序和措施的科学性、应急保障措施的可行性、应急预案的衔接性。

3）评审程序

应急预案评审程序包括下列步骤：

① 评审准备。成立应急预案评审工作组，落实参加评审的专家，将应急预案、编制说明、风险评估、应急资源调查报告及其他有关资料在评审前送达参加评审的单位或人员。

② 组织评审。评审采取会议审查形式，企业主要负责人参加会议，会议由参加评审的专家共同推选出的组长主持，按照议程组织评审；表决时，应有不少于出席会议专家人数的三分之二同意方为通过；评审会议应形成评审意见（经评审组组长签字），附参加评审会议的专家签字表。表决的投票情况应以书面材料记录在案，并作为评审意见的附件。

③ 修改完善。生产经营单位应认真分析研究，按照评审意见对应急预案进行修订和完善。评审表决不通过的，生产经营单位应修改完善后按评审程序重新组织专家评审，生产经营单位应写出根据专家评审意见的修改情况说明，并经专家组组长签字确认。

（8）批准实施

通过评审的应急预案，由生产经营单位主要负责人签发实施。

2.4.3.4 应急预案演练

根据我国应急管理部发布的行业标准《生产安全事故应急演练基本规范》（AQ/T 9007—2019），应急演练是指针对可能发生的事故情景，依据应急预案而模拟开展的应急活动。

（1）应急演练的目的

① 检验预案：发现应急预案中存在的问题，提高应急预案的针对性、实用性和可操作性；

② 完善准备：完善应急管理标准制度，改进应急处置技术，补充应急装备和物资，提高应急能力；

③ 磨合机制：完善应急管理部门、相关单位和人员的工作职责，提高协调配合能力；

④ 宣传教育：普及应急管理知识，提高参演和观摩人员风险防范意识和自救互救能力；

⑤ 锻炼队伍：熟悉应急预案，提高应急人员在紧急情况下妥善处置事故的能力。

（2）应急演练工作原则

① 符合相关规定：按照国家相关法律法规、标准及有关规定组织开展演练；

② 依据预案演练：结合生产面临的风险及事故特点，依据应急预案组织开展演练；

③ 注重能力提高：突出以提高指挥协调能力、应急处置能力和应急准备能力组织开展演练；

④ 确保安全有序：在保证参演人员、设备设施及演练场所安全的条件下组织开展演练。

（3）应急演练的分类

按照演练形式划分，应急演练可分为桌面演练和实战演练。

① 桌面演练是针对事故情景，利用图纸、沙盘、流程图、计算机模拟、视频会议等辅助手段，进行交互式讨论和推演的应急演练活动。

② 实战演练是针对事故情景，选择（或模拟）生产经营活动中的设备、设施、装置或场所，利用各类应急器材、装备、物资，通过决策行动、实际操作，完成真实应急响应的过程。

按照演练内容划分，应急演练可分为单项演练和综合演练。

① 单项演练是针对应急预案中某一项应急响应功能开展的演练活动。

② 综合演练是针对应急预案中多项或全部应急响应功能开展的演练活动。

按照目的与作用划分，应急演练可分为检验性演练、示范性演练和研究性演练。

① 检验性演练是指为检验应急预案的可行性、应急准备的充分性、应急机制的协调性及相关人员的应急处置能力而组织的演练。

② 示范性演练是指为检验和展示综合应急救援能力，按照应急预案开展的具有较强指导宣教意义的规范性演练。

③ 研究性演练是指为探讨和解决事故应急处置的重点、难点问题，试验新方案、新技术、新装备而组织的演练。

（4）应急演练基本流程

应急演练基本流程包括计划、准备、实施、评估总结、持续改进五个阶段。

① 计划阶段：包括需求分析、明确任务和制定计划。

② 准备阶段：包括成立演练组织机构、编制文件（工作方案、脚本、评估方案、保障方案、观摩手册、宣传方案）、根据演练工作需要做好工作保障。

③ 实施阶段：包括现场检查、对参演人员进行演练简介和说明、启动演练、执行演练、演练记录、结束，以及在应急演练实施过程中，出现特殊或意外情况，短时间不能妥善处理或解决时，应急演练的中断。

④ 评估总结阶段：包括评估、撰写演练总结报告及演练资料归档。

⑤ 持续改进阶段：包括应急预案修订完善、应急管理工作改进。

以上应急演练的基本流程详见《生产安全事故应急演练基本规范》（AQ/T 9007—2019）。

思考题

1. 什么是安全管理？安全管理的依据是什么？
2. 简述安全管理的主要具体内容。
3. 安全管理原理有哪些？简述各原理的原则。
4. 基本的安全管理方法有哪些？
5. 何为“安全三同时”制度？
6. 我国《化工过程安全管理导则》（AQ/T 3034—2022）包含哪几个管理要素？
7. 何为 HSE 管理体系？为何实施 HSE 管理体系？
8. 简述 HSE 管理体系的管理模式结构特点。
9. 安全评价的目的、意义及内容有哪些？
10. 简述安全评价原理和安全评价方法的选择应遵循的原则。
11. 简述事故应急救援的总目标、基本任务及特点。

第3章
防火防爆技术

统计资料表明，工业企业发生的爆炸事故中，化工企业占三分之一。由于化工生产涉及的原料、中间体、产品很多都是易燃、易爆、有毒、有腐蚀性的物质，很多化工生产过程存在高温、高压等特点，与其他行业相比，化工生产潜在的不安全因素更多，危害性更大。若化工工艺与设备设计不合理、设备制造不合格、操作不当或管理不善，火灾爆炸事故风险将大大增加。因此，在化工企业的生产过程中，必须高度重视火灾爆炸的危险性，采取各种安全防范措施，防止火灾和爆炸事故的发生，创造一个安全的生产环境。

本章学习要求

1. 掌握燃烧的基础知识。
2. 掌握爆炸的基础知识。
3. 掌握防火防爆技术措施。
4. 掌握基本消防技术。
5. 了解常见初起火灾的扑救。

【警示案例】违章作业引发粉尘爆炸事故

（1）事故基本情况

2014年4月16日10时左右，江苏省南通市如皋市东陈镇双马化工有限公司（以下简称双马公司）硬脂酸造粒塔正常生产过程中，维修工人在造粒塔底锥形料仓外加装气体振荡器及补焊雾化水管支撑架时，发生硬脂酸粉尘爆炸事故，造成8人死亡，9人受伤。

（2）事故原因分析

1）直接原因

在1号造粒塔正常生产状态下，没有采取停车清空物料的措施，维修人员直接在塔体底部锥体上进行焊接作业，致使造粒系统内的硬脂酸粉尘发生爆炸，继而引发连续爆炸，造成整个车间燃烧，导致厂房倒塌。

2）间接原因

① 危险作业安全管理缺失。

② 变更管理制度不落实。

③ 技术力量不足、人员素质偏低。

④ 违规设计、施工和安装。

⑤ 对硬脂酸粉尘的燃爆特性认知不足。

3.1 燃烧的基础知识

3.1.1 燃烧及其特征

燃烧是一种复杂的物理化学过程，属氧化还原反应，是可燃物质与氧化剂作用发生的放热反应，有新物质生成。一切燃烧反应都是氧化还原反应，但氧化还原反应并不都是燃烧反应。燃烧过程中放出大量的热，同时发出光。灯泡通电后发光发热，但这不属于燃烧。所以，燃烧的主要特征是：

① 是一个剧烈的氧化还原反应，有新物质生成；

② 放出大量的热；

③ 发出光。

放热、发光、生成新物质，这就是燃烧的三个特征。

3.1.2 燃烧条件

燃烧必须具备三个条件，也称为燃烧的“三要素”。

（1）可燃物质

通常把所有物质分为可燃物质、难燃物质和不可燃物质三类。

可燃物质是指在点火源作用下能被点燃，并且当点火源移去后能继续燃烧直至燃尽的物质；难燃物质为在点火源作用下能被点燃，当点火源移去后不能维持继续燃烧的物质；不可燃物质是指在正常情况下不能被点燃的物质。

可燃物质能与空气、氧气或其他氧化剂发生剧烈氧化反应，按物理状态可分为气态、液态和固态三类。化工生产中使用的原料、中间体和产品很多都是可燃物质。气态如氢气、一氧化碳、乙炔等；液态如汽油、甲醇、乙醇、苯等；固态如煤、木炭等。这些可燃物质都是易于被氧化的物质，所以，可燃物质是防火防爆的主要研究对象。

（2）助燃物质

凡是具有较强的氧化能力，能与可燃物质发生化学反应并引起燃烧的物质均称为助燃物质。例如：空气、氧气、氯气、氟、溴或者其他具有氧化性的物质。

（3）点火源

凡能提供一定的温度和热量，引起可燃物质燃烧的能源均可称为点火源。常见的点火源有明火、电火花、静电火花、炽热物体、化学反应热、高温表面、撞击、摩擦等。可燃物质、助燃物质和点火源是导致燃烧的三要素，缺一不可，是燃烧的必要条件。经典的燃烧学用燃烧三角形来表示燃烧的三个条件，如图 3-1所示。

人们通过试验发现，有些物质在含氧不足的情况下也能燃烧，有时三个条件都具备的情况下不一定能燃烧，究其原因是自由基在起作用。自由基也是不可缺少的燃烧条件之一，故有燃烧四面体之称（或称燃烧的“四要素”），如图 3-2所示。

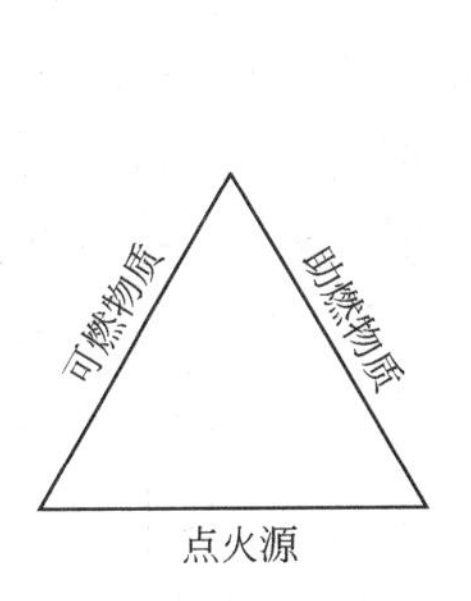

图 3-1　燃烧三角形

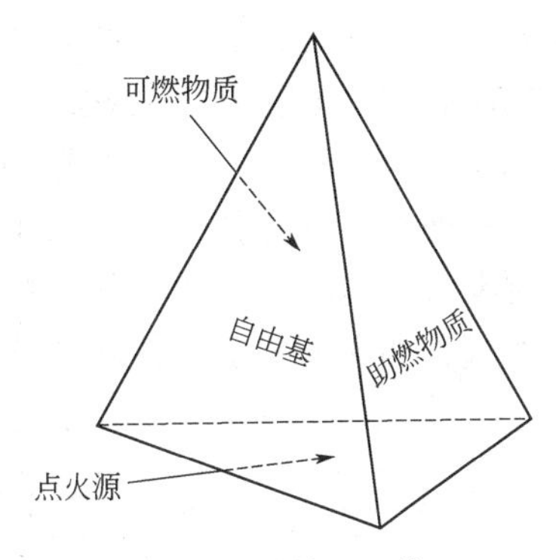

图 3-2　燃烧四面体

所以，具备了燃烧的必要条件，并不意味着燃烧必然会发生，燃烧还必须具备以下四个充分条件：

① 一定的可燃物质浓度；

② 一定的助燃物质含量；

③ 一定的着火温度；

④ 未受抑制的链式反应（存在自由基）。

在燃烧过程中，当各要素的数值发生改变时，也会使燃烧速度改变甚至停止燃烧。如降低可燃气体的比例，降低助燃物质的含量，或是点火源不具备足够的温度和热量，燃烧就会减慢或终止。因此，对于已经进行着的燃烧，若消除“三要素”或“四要素”中的一个条件，或使其数量有足够的减少，就能实现灭火，这就是灭火的基本原理。例如氢气在空气中的含量（体积分数）小于 4%时就不能被点燃；空气中氧的含量降到 16%～14%时，木柴的燃烧立即停止；飞溅的火星可以点燃油棉丝，但火星如果溅落在大块的木柴上，它会很快熄灭，不能引起木柴燃烧，因为这种点火源虽然有超过木柴着火的温度，但却缺乏足够的热量。

3.1.3　燃烧过程

自然界的一切物质，在一定的温度和压力下，分别以气态、液态和固态这三种状态存在。可燃物质的燃烧都有一个过程，可燃物质的状态不同，其燃烧过程也不同。

（1）气体的燃烧

一般来说，气体的燃烧比较简单，最易燃烧，只要达到其氧化分解所需的热量便能迅速燃烧，而且燃烧速度比较快，在极短的时间内就能全部燃尽。

（2）液体的燃烧

可燃液体的燃烧并不是液相与空气直接反应而燃烧，而是先蒸发为蒸气，或者由液体热分解产生可燃气体，蒸气或可燃气体再与空气混合而燃烧。所以，多数液体呈气相燃烧。

（3）固体的燃烧

不同化学组成的固体燃烧过程有所不同。有些固体，若是简单物质，如硫、磷及石蜡等，受热时经过熔化、蒸发，与空气混合而燃烧；若是复杂物质，如煤、沥青、木材等，则是先受热分解出可燃气体和蒸气，然后与空气混合而燃烧即气相燃烧。在蒸发、分解过程中会留下若干固体残渣，燃烧可在气-固相界面进行，即呈固相燃烧，也称为表面燃烧。绝大多数可燃物质的燃烧是气相燃烧，并产生火焰。有的可燃固体如焦炭等不能成为气态物质，为固相燃烧，在燃烧时呈炽热状态，而不呈现火焰，只呈现光和热。

综上所述，根据可燃物质燃烧时的状态不同，燃烧过程有气相燃烧和固相燃烧两种情况。气相燃烧是指在燃烧反应过程中，可燃物质和助燃物质均为气体，这种燃烧的特点是有火焰产生。气相燃烧是一种最基本的燃烧形式。固相燃烧是指在燃烧反应过程中，可燃物质为固态，特征是燃烧时没有火焰产生，只呈现光和热，如焦炭的燃烧。一些物质的燃烧既有气相燃烧，也有固相燃烧，如煤的燃烧。各种可燃物质的燃烧过程可参考图 3-3。

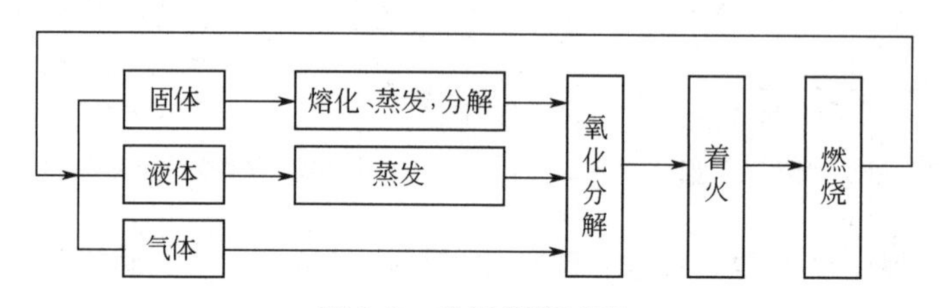

图 3-3　物质燃烧过程

无论是哪一种可燃物质的燃烧，燃烧过程都经历氧化分解、着火、燃烧等阶段，都要放出大量的热。放出的热量又加热了可燃物质，使其未燃烧部分达到燃点，再发生燃烧，使燃烧持续下去，直至三个条件中有一个或一个以上丧失，燃烧才会停止。

物质在燃烧时，温度随时间的增加而升高，如图 3-4 所示。

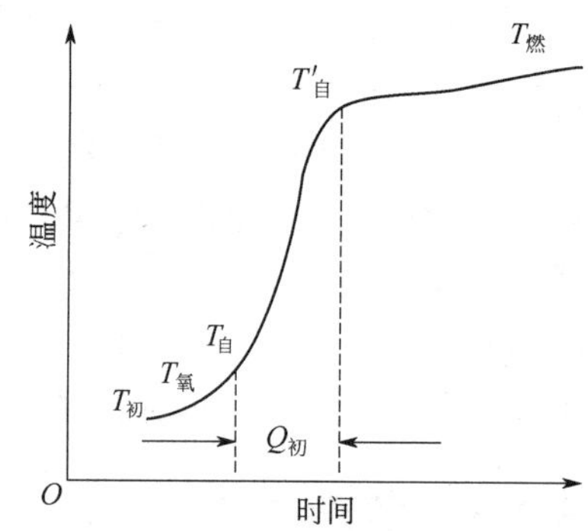

图 3-4　燃烧时间与温度变化的关系

$T_{初}$ 为可燃物质开始加热时的温度。最初一段时间，加热的大部分热量用于熔化或分解，可燃物质温度上升较缓慢，到 $T_{氧}$（氧化开始温度）时，可燃物质开始氧化。由于温度尚低，故氧化速度不快，氧化所产生的热量，还不足以弥补系统向外界所放热量，如果此时停止加热，仍不能引起燃烧。如继续加热，则温度上升很快，到 $T_{自}$ 氧化产生的热量和系统向外界散失的热量相等。若温度再稍升高，超过这种平衡状态，即使停止加热，温度亦能自行上升，到 $T'_{自}$ 出现火焰而燃烧起来。$T_{自}$ 为理论上的自燃点，$T'_{自}$ 为开始出现火焰的温度，即通常测得的自燃点。$T_{自}$ 到 $T'_{自}$ 这一段延滞时间称为诱导期。

诱导期在安全上有实用价值。在可燃气体存在的车间中使用的防爆照明，当灯罩破裂或密封性丧失时，即使能自动切断电路熄灭，但灼热的灯丝自 3000℃降到室温还需要一定的时间，爆炸的可能性取决于可燃气体的诱导期。对于诱导期较长的甲烷或汽油蒸气（数秒），普通灯丝不致有危险，但对于诱导期很短的氢（0.01s）就需要寻求冷却得特别快的特殊材料作灯丝，才能保证安全。

3.1.4　燃烧类型

根据燃烧的起因不同，燃烧可分为着火、闪燃和自燃三类。

（1）着火与燃点

可燃物质在有足够助燃物质（如充足的空气、氧气）的情况下，由点火源作用引起的持续燃烧现象，称为着火。

使可燃物质发生持续燃烧的最低温度，称为**燃点**或着火点。

燃点越低，越容易着火。在燃点时燃烧的不仅是蒸气，还有液体。一些可燃物质的燃点见表 3-1。

表 3-1 一些可燃物质的燃点

物质名称	CAS	燃点/℃	物质名称	CAS	燃点/℃
赤磷	7723-14-0	260	聚丙烯	9003-07-0	420（粉云）
石蜡	8002-74-2	245	醋酸	64-19-7	463
硝酸纤维素	9004-70-0	170	高密度聚乙烯	9002-88-4	450（粉云）
硫黄	7704-34-9	232	聚氯乙烯	9002-86-2	780（粉云）
吡啶	110-86-1	482	甲基丙烯酸甲酯	80-62-6	435
甲醇	67-56-1	385	合成樟脑	76-22-2	466

控制可燃物质的温度在燃点以下是预防火灾的措施之一。在火场上，如果有两种燃点不同的物质处在相同的条件下，受到点火源作用时，燃点低的物质首先着火。用冷却法灭火，其原理就是将燃烧物质的温度降到燃点以下，使燃烧停止。

（2）闪燃和闪点

可燃液体的蒸气（包括可升华固体的蒸气）与空气混合后，遇到明火而引起瞬间（延续时间少于 5s）燃烧，这种现象称为闪燃。发生闪燃现象的最低温度，称为该液体的**闪点**。一些可燃液体的闪点见表 3-2。可燃液体之所以会发生一闪即灭的闪燃现象，是因为它在闪点下蒸发速度较慢，不足以产生新的气体和蒸气，仅仅能使生成的气体和蒸气燃烧，而不能使可燃物质本身燃烧。因此，当点火源移去后，燃烧也就停止。如果可燃物质的温度低于闪点，即使有点火源的暂时作用，也不会有燃烧的危险。但如果可燃物质超过闪点，则一经点火源的作用，就能引起气体和蒸气着火，并且在一定条件下发生火灾。

因此，液体的闪点是引起火灾的最低温度。闪燃往往是着火先兆，可燃液体的闪点越低，越易着火，火灾危险性越大。在防火技术中，可以根据可燃液体的闪点来区分各种液体的火灾危险性。

表 3-2 一些可燃液体的闪点

液体名称	CAS	闪点/℃	液体名称	CAS	闪点/℃
苯	71-43-2	–11	甲苯	108-88-3	4
乙苯	100-41-4	15	1,2-二甲苯	95-47-6	30
硝基苯	98-95-3	88	1,2-二氯苯	95-50-1	65
苯酚	108-95-2	79	乙二醇	107-21-1	110
丙三醇	56-81-5	160	1,4-丁二醇	110-63-4	135
丙酮	67-64-1	–17	乙醚	60-29-7	–45
乙酸	64-19-7	40	乙酸乙酯	141-78-6	–4
吡啶	110-86-1	20	呋喃	110-00-9	–35

闪点的测定方法有：闭口杯法和开口杯法。闭口杯法和开口杯法的区别是仪器不同、加热和引火条件不同。闭口杯法中的试剂在密闭油杯中加热，只在点火的瞬间才打开杯盖。开口杯法中的试剂是在敞口杯中加热，蒸发的气体可以自由向空气中扩散，不易聚积达到爆炸下限的浓度。因此测得的开口闪点较闭口闪点高。一般相差 10～30℃，油品越重，闪点越高，差别也越大。一般来说重质油测开口闪点，轻质油测闭口闪点。大致是以 170℃为分界线，170℃以下用闭口杯法，170℃以上用开口杯法。

可燃液体的闪点与燃点是有区别的。在闪点时，移去点火源后闪燃即熄灭，而在燃点时，移去点火源后物质还能继续燃烧。

（3）自燃和自燃点

可燃物质受热升温而不需明火作用就能自行着火燃烧的现象，称为自燃。可燃物质发生自燃的最低温度，称为**自燃点**。一些可燃物质的自燃点见表 3-3。

自燃点越低，则火灾危险性越大。

物质自燃有受热自燃和自热燃烧两种类型。受热自燃，是指可燃物质在外部热源作用下，温度升高，达到其自燃点而自行燃烧的现象。在化工生产中，可燃物质由于接触高温表面、加热或烘烤、撞击或摩擦等，都可能导致自燃。自热燃烧，是指在无外部热源的影响下，其内部发生物理、化学或生化变化而产生热量，并不断积累使物质温度升高，达到其自燃点而燃烧的现象。引起物质自燃的原因有氧化热、分解热、聚合热、吸附热、发酵热等。

表 3-3　一些可燃物质的自燃点

物质名称	CAS	自燃点/℃	物质名称	CAS	自燃点/℃
氯乙烷	75-00-3	519	丙烷	74-98-6	450
异戊烷	78-78-4	420	环己烷	110-82-7	268
丙烯	115-07-1	460	1,3-丁二烯	106-99-0	420
乙炔	74-86-2	305	二氯甲烷	75-09-2	605
一氯甲烷	74-87-3	632	1,2-二氯乙烷	107-06-2	440
一氯乙烷	75-00-3	519	氯苯	108-90-7	590
溴乙烷	74-96-4	511	苯酚	108-95-2	715
硝基苯	98-95-3	482			

3.1.5　氧指数

氧指数（Oxygen Index，OI），又称临界氧浓度（COC）或极限氧浓度（LOC），是指在规定的条件下，材料在氧氮混合气流中进行有焰燃烧所需的最低氧浓度（氧浓度以体积分数表示）。氧指数越高，材料越不易燃烧，表示材料的阻燃性能越好；氧指数越低，表示材料越容易燃烧，材料的阻燃性能越差。

一般认为氧指数<22 属易燃材料，氧指数在 22～27 之间属可燃材料，氧指数>27 属难燃材料。所以，氧指数是用来对固体材料可燃性进行评价和分类的一个特性指标。

材料的氧指数可按规定的测试标准测定，我国的国家标准 GB/T 2406.2—2009 规定了材料氧指数的测定方法。

3.1.6 最小点火能

最小点火能（Minimum Ignition Energy）是指能够引起粉尘云（或可燃气体与空气的混合物）燃烧（或爆炸）的最小火花能量，亦称为最小火花引燃能或者临界点火能。部分可燃气体的最小点火能见表 3-4。

混合气体的浓度对点火能量有较大的影响，通常可燃气体浓度高于化学计量浓度时，所需要的点火能量为最小。当点火源的能量小于最小能量，可燃物质就不能着火。所以最小点火能也是一个衡量可燃气体、蒸气、粉尘燃烧爆炸危险性的重要参数。对于释放能量很小的撞击摩擦火花、静电火花，其能量是否大于最小点火能，是判定其能否作为点火源引发火灾爆炸事故的重要条件。

表 3-4 部分可燃气体的最小点火能

可燃气体	体积分数/%	最小点火能/mJ		可燃气体	体积分数/%	最小点火能/mJ	
		空气中	氧气中			空气中	氧气中
二硫化碳	6.25	0.015		丙烷	4.02	0.310	
氢	29.50	0.019	0.0013	乙醛	7.72	0.376	
乙炔	7.73	0.020	0.0003	丁烷	3.42	0.380	
乙烯基乙炔	4.02	0.082		丁酮	3.67	0.530	
乙烯	6.52	0.096	0.0010	四氢呋喃	3.67	0.540	
环氧乙烷	7.72	0.105		苯	2.71	0.550	
丙炔	4.97	0.152		乙酸乙烯酯	4.44	0.700	
1,3-丁二烯	3.67	0.170		氨	21.80	0.770	
环氧丙烷	4.97	0.190		丙酮	4.97	1.150	
甲醇	12.24	0.215		三乙胺	2.10	1.150	
呋喃	4.44	0.225		异辛烷	1.65	1.350	
甲烷	8.50	0.280		甲苯	2.27	2.500	
丙烯	4.44	0.282		吡咯	3.83	3.400	
乙烷	6.00	0.310	0.031	乙腈	7.02	6.000	

3.2 爆炸的基础知识

3.2.1 爆炸及其特征

物质由一种状态迅速地转变为另一种状态，在瞬间以机械功的形式释放出大量气体和能量的现象称为爆炸。爆炸是物质的一种剧烈的物理、化学变化，由于物质状态的急剧变化，一般来说，爆炸发生时具有以下特征：

① 爆炸过程进行得很快——速度快；

② 爆炸点附近压力急剧升高——压力高；

③ 发出或大或小的声响——有响声；

④ 周围介质或物质震动遭破坏——破坏大。

上述所谓“瞬间”，就是说爆炸发生于极短的时间内。例如乙炔罐里的乙炔与氧气混合发生爆炸时，大约是在 0.01s 内完成的，反应同时释放出大量热量和二氧化碳、水蒸气等气体，使罐内压力升高 10～13 倍，其爆炸威力可以使罐体升空 20～30m。这种克服地心引力将重物举高一段距离所做的功，就是所说的机械功。

燃烧和爆炸都是氧化反应，无论是固体、液体或气体，爆炸性混合物都可以在一定条件下进行燃烧，当条件发生变化，燃烧就可能转变成爆炸。

在化工生产中，一旦发生爆炸，会使周围建筑物或者装置发生震动或遭受破坏，造成人身和财产的巨大损失，使生产受到严重影响。

3.2.2 爆炸的分类

按照爆炸能量来源的不同，爆炸可分为物理爆炸、化学爆炸和核爆炸三大类，化工企业主要涉及前两种爆炸类型。

（1）物理爆炸

物理爆炸是由物理因素（如温度、体积、压力等）变化而引起的爆炸现象。在物理爆炸的前后，爆炸物质的化学成分不改变。锅炉的爆炸就是典型的物理爆炸，其原因是过热的水迅速蒸发出大量蒸汽，使蒸气压力不断升高，气压超过锅炉的极限强度发生爆炸。

又如氧气钢瓶受热升温，引起气体压力增高，当气压超过钢瓶的极限强度时即发生爆炸。发生物理爆炸时，气体或蒸汽等介质潜藏的能量在瞬间释放出来，会造成巨大的破坏和伤害。

（2）化学爆炸

化学爆炸是指物质在短时间内完成化学反应，同时产生大量气体和能量而引起的爆炸现象。化学爆炸前后，物质的性质和化学成分均发生了根本的变化。化学爆炸必须有一定的条件：首先是具有易燃易爆性物质，如氢气、一氧化碳、甲烷、乙炔、汽油蒸气以及悬浮在空气中的煤粉和各种金属粉末；其次是爆炸性物质与空气或氧气混合程度达到了一定的爆炸范围；再次是有点火源的作用。具备以上三个条件，化学爆炸才能发生。

化学爆炸按爆炸时所产生的化学变化，可分为三类：简单分解爆炸、复杂分解爆炸和爆炸性混合物爆炸。

1）简单分解爆炸

引起简单分解爆炸的爆炸物在爆炸时并不一定发生燃烧反应，爆炸所需的热量，是由爆炸物质本身分解产生的。属于这一类的物质有叠氮铅、乙炔银、乙炔铜、碘化氮、氯化氮等。这类物质是非常危险的，受轻微震动即引起爆炸。

如叠氮铅的分解爆炸：

$$PbN_6 \longrightarrow Pb + 3N_2\uparrow \qquad + Q$$

2）复杂分解爆炸

这类爆炸性物质的危险性较简单分解爆炸物低，所有炸药均属于此类。这类物质爆炸时伴有燃烧现象。燃烧所需的氧由本身分解供给。各种氮及氯的氧化物、苦味酸（2,4,6-三硝基苯酚）等都是属于这一类。

如硝化甘油的爆炸反应：

$$4C_3H_5(ONO_2)_3 \longrightarrow 12CO_2\uparrow + 10H_2O + 6N_2\uparrow + O_2\uparrow$$

1978 年 4 月 16 日德国瓦萨格化学股份有限公司的霍尔滕（Haltern）工厂的硝化甘油洗涤工房发生强烈爆炸事故。事故中 3 人死亡，7 人受伤。

3）爆炸性混合物爆炸

爆炸性混合物指的是在大气条件下，气体、蒸气、薄雾、粉尘或纤维状的易燃物质与空气混合，点燃后，燃烧在整个范围内快速传播形成爆炸的混合物。

如一氧化碳与空气混合的爆炸反应

$$2CO + O_2 + 3.76N_2 \longrightarrow 2CO_2 + 3.76N_2 \qquad + Q$$

这类爆炸实际上是在点火源作用下的一种瞬间燃烧反应。爆炸性混合物可以是气态、液态、固态或多相系统。

这类物质爆炸需要一定条件，如爆炸性物质的含量、氧气含量及激发能源等。因此其危险性虽较前二类低，但极普遍，造成的危害性也较大。

爆炸性混合物的危险性，是由它的爆炸极限、传爆能力、引燃温度和最小点燃电流决定的。

根据爆炸性混合物的危险性并考虑实际生产过程的特点，一般将爆炸性混合物分为三类：

Ⅰ类——矿井甲烷；

Ⅱ类——工业气体（如工厂爆炸性气体、蒸气、薄雾）；

Ⅲ类——工业粉尘（如爆炸性粉尘、易燃纤维）。

在分类的基础上，各种爆炸性混合物是按最大试验安全间隙和最小点燃电流分级，按引燃温度分组，主要是为了配置相应的电气设备，以达到安全生产的目的。

在化学爆炸中，反应的放热性是必要条件，反应的快速性是区别于一般化学反应的重要标志，反应生成气体产物是化学爆炸的重要因素。所以，反应的放热性、反应的快速性和生成气体产物被称为化学爆炸的“三要素”。

（3）核爆炸

核爆炸指核武器或核装置在几微秒的瞬间释放出大量能量的过程。在一般研究中，通常只涉及物理爆炸、化学爆炸。核爆炸非本书讨论的内容。

在爆炸的分类中，如按照爆炸的瞬时燃烧速度不同进行分类，可将爆炸分为轻爆、爆炸和爆轰。

（1）轻爆

物质爆炸时的燃烧速度为每秒数米，爆炸时无多大破坏力，声响也不大。

（2）爆炸

物质爆炸时的燃烧速度为每秒十几米至数百米，爆炸时能在爆炸点引起压力激增，有较大的破坏力，有震耳的声响。

（3）爆轰

物质爆炸燃烧速度为 1000～7000m/s。爆轰时的特点是突然引起极高压力，并产生超声速的“冲击波”。如叠氮铅的爆炸速度可达到 5123m/s。

3.2.3 爆炸极限及其影响因素

（1）爆炸极限

可燃性气体、蒸气或粉尘与空气组成的混合物，并不是在任何浓度下都会发生燃烧或爆炸，而是必须在一定的浓度比例范围内才能发生燃烧和爆炸，这个浓度范围称为爆炸极限。而且混合的比例不同，其爆炸的危险程度亦不同。例如，由一氧化碳与空气构成的混合物在点火源作用下的燃爆试验情况如表 3-5 所示。

表 3-5　一氧化碳在空气中不同比例混合物的燃爆情况

CO 在混合气中所占体积/%	<12.5	12.5	12.5～30	30	30～80	>80
燃爆情况	不燃不爆	轻度燃爆	燃爆逐步加强	燃爆最强烈	燃爆逐渐减弱	不燃不爆

上述一氧化碳燃爆试验说明，可燃性混合物有一个发生燃烧和爆炸的含量范围，即有一个最低含量和最高含量。混合物中的可燃物质只有在这两个含量之间，才会有燃爆危险。通常将发生爆炸的最低含量称为爆炸下限（Lower Explosin-Limit，LEL），最高含量称为爆炸上限（Upper Explosion-Limit，UEL）。混合物含量低于爆炸下限时，由于混合物含量不够及过量空气的冷却作用，阻止了火焰的蔓延；混合物含量高于爆炸上限时，则由于氧气不足，使火焰不能蔓延。可燃性混合物的爆炸下限越低，爆炸极限范围越宽，其爆炸的危险性越大。

必须指出，含量在爆炸上限以上的混合物绝不能认为是安全的，因为一旦补充进空气就具有危险性了。一些气体和液体蒸气的爆炸极限见表 3-6。

表 3-6　一些气体和液体蒸气的爆炸极限

物质名称	爆炸极限（体积分数）/%		物质名称	爆炸极限（体积分数）/%	
	下限	上限		下限	上限
天然气	4.5	13.5	丙醇	1.7	48.0
城市煤气	5.3	32.0	丁醇	1.4	10.0
氢气	4.0	75.6	甲烷	5.3	14.0
氨	15.0	28.0	乙烷	3.0	15.5
一氧化碳	12.5	74.0	丙烷	2.1	9.5
二氧化碳	1.0	60.0	丁烷	1.5	8.5
乙炔	1.5	82.0	甲醛	7.0	73.0
氰化氢	5.6	41.0	乙醚	1.7	48.0
乙烯	2.7	34.0	丙酮	2.5	13.0
苯	1.2	8.0	汽油	1.4	7.6
甲苯	1.2	7.0	煤油	0.7	5.0
邻二甲苯	1.0	7.6	乙酸	4.0	17.0
氯苯	1.3	11.0	乙酸乙酯	2.1	11.5
甲醇	5.5	36.0	乙酸丁酯	1.2	7.6
乙醇	3.5	19.0	硫化氢	4.3	45.0

由表 3-6 可知，氢气的爆炸极限范围很宽，为 4.0%～75.6%，一旦氢气泄漏是相当危险的。另外，工业生产中，环氧乙烷的爆炸极限为 3.0%～100%，其范围更宽，更危险，更要引起重视。

（2）可燃气体、蒸气爆炸极限的影响因素

爆炸极限值不是一个常量，受许多因素的影响，如温度、压力、惰性介质及杂质、容器、氧含量、点火源、光作用等。表 3-6 给出的爆炸极限数值对应的条件是常温常压。当温度、压力及其他因素发生变化时，爆炸极限也会发生变化。

① 原始温度。一般情况下爆炸性混合物的原始温度越高，爆炸极限范围就越大。因此温度升高会使爆炸的危险性增大。

② 压力。压力越高，爆炸极限范围越大，尤其是爆炸上限显著提高。因此减压操作有利于减小爆炸的危险性。

③ 惰性介质及杂质。惰性介质的加入可以缩小爆炸极限范围，当其浓度高到一定数值时可使混合物不发生爆炸。杂质的存在对爆炸极限的影响较为复杂，如少量硫化氢的存在会降低水煤气在空气混合物中的燃点，使其更易爆炸。

④ 容器。容器直径越小，火焰在其中越难蔓延，混合物的爆炸极限范围则越小，当容器直径或火焰通道小到一定数值时，火焰不能蔓延，可消除爆炸危险。

⑤ 含氧量。混合物中含氧量增加，爆炸极限范围扩大，尤其是爆炸上限显著提高。表3-7为可燃气体在空气中和纯氧中的爆炸极限范围。

⑥ 点火源。点火源的能量、热表面的面积、点火源与混合物的作用时间等均对爆炸极限有影响。各种爆炸性混合物的最低引爆能量，即点火能，是混合物爆炸危险性的一项重要参数。爆炸性混合物的点火能越小，其燃爆危险性就越大。光对爆炸极限也有影响，在黑暗中，氢与氯的反应十分缓慢，在光照下则发生连锁反应引起爆炸。

⑦ 火焰的传播方向（点火位置）。由试验可知，当火焰由下向上传播（下部点火）时，爆炸下限值最小，上限值最大；当火焰向下传播（上部点火）时，爆炸下限值最大，上限值最小；当火焰水平传播时，爆炸上下限值介于前两者之间。

表 3-7　可燃气体在空气中和纯氧中的爆炸极限范围

物质名称	在空气中的爆炸极限/%	在纯氧中的爆炸极限/%	物质名称	在空气中的爆炸极限/%	在纯氧中的爆炸极限/%
甲烷	5.3～14.0	5.0～61.0	乙炔	1.5～82.0	2.8～93.0
乙烷	3.0～15.5	3.0～66.0	氢气	4.0～75.6	4.0～95.0
丙烷	2.1～9.5	2.3～55.0	氨气	15.0～28.0	13.5～79.0
丁烷	1.5～8.5	1.8～49.0	一氧化碳	12.5～74.0	15.5～94.0
乙烯	2.7～34.0	3.0～80.0			

3.2.4 粉尘爆炸

某些粉尘具有发生爆炸的危险性，被称为可燃性粉尘。如煤矿里的煤尘爆炸，磨粉厂、谷仓里的粉尘爆炸，镁粉、碳化钙粉尘等与水接触后引起的自燃或爆炸等。

粉尘爆炸是可燃性粉尘在爆炸极限范围内，遇到热源（明火或高温），火焰瞬间传播于整个混合粉尘空间，化学反应速度极快，同时释放大量的热，形成很高的温度和很大的压力，系统的能量转化为机械能以及光和热的辐射，具有很强的破坏力。

（1）粉尘爆炸的必要条件

① 燃料。是指各种可燃性固体微粒在空气中要达到一定的浓度，在空气中悬浮，形成人们常说的粉尘云。

② 空气或氧化剂。在空气中含有氧，氧和固体微粒发生氧化反应而产生热，继而引起燃烧和爆炸。

③ 扩散性混合。可燃性粉尘燃烧与爆炸的重要区别在于：对燃烧而言，燃料与空气中

氧的反应在燃料的界面产生，燃料可以堆积在一起；而在爆炸中，燃料与固体微粒分布在空气中，与空气中的氧很好地混合，这样燃烧释放的能量才能形成爆炸。

④ 点火源。与爆炸性混合气体需要点火源一样，要使悬浮在空气中的粉尘爆炸，也需要具有一定能量的点火源。

⑤ 容器的密闭性。一般而言，爆炸产生的环境往往是在一定密闭性的容器内或空间内发生，如果在一个敞开的空间，只能形成燃烧。

（2）粉尘爆炸的影响因素

粉尘爆炸的影响因素有粉尘的物性、颗粒大小、悬浮性、浓度等。

① 物理化学性质。燃烧热越大的粉尘越易引起爆炸，例如煤尘、碳、硫等；氧化速率越大的粉尘越易引起爆炸，如煤、燃料等；越易带静电的粉尘越易引起爆炸；粉尘所含的挥发分越大越易引起爆炸，如当煤粉中的挥发分低于10%时不会发生爆炸。

② 粉尘颗粒大小。粉尘的颗粒越小，其比表面积越大（比表面积是指单位质量或单位体积的粉尘所具有的总表面积），化学活性越强，燃点越低，粉尘的爆炸下限越小，爆炸的危险性越大。爆炸粉尘的粒径范围一般为0.1～75μm。

③ 粉尘的悬浮性。粉尘在空气中停留的时间越长，其爆炸的危险性越大。粉尘的悬浮性与粉尘的颗粒大小、粉尘的密度、粉尘的形状等因素有关。

④ 空气中粉尘的浓度。粉尘的浓度通常用单位体积中粉尘的质量来表示，其单位为mg/m^3。空气中粉尘只有达到一定的浓度，才可能会发生爆炸。

因此粉尘爆炸也有一定的浓度范围，即有爆炸下限和爆炸上限。由于通常情况下，粉尘的浓度均低于爆炸下限，因此粉尘的爆炸上限很少使用。表3-8列出了一些粉尘的爆炸下限。

表3-8 一些粉尘的爆炸下限

粉尘名称	云状粉尘的引燃温度/℃	云状粉尘的爆炸下限/（g/m^3）	粉尘名称	云状粉尘的引燃温度/℃	云状粉尘的爆炸下限/（g/m^3）
铝	590	37～50	聚丙烯酸酯	505	35～55
铁粉	430	153～240	聚氯乙烯	595	63～86
镁	470	44～59	酚醛树脂	520	36～49
炭黑	>690	36～45	硬质橡胶	360	36～49
锌	530	212～284	天然树脂	370	38～52
萘	575	28～38	砂糖粉	360	77～99
萘酚染料	415	133～184	褐煤粉	450	49～68
聚苯乙烯	475	27～37	烟煤粉	595	41～57
聚乙烯醇	450	42～55	煤焦炭粉	>750	37～50

（3）粉尘爆炸机理

粉尘的爆炸可视为由以下四步发展形成的：

① 热能加在粒子表面，温度逐渐上升；

② 粒子表面的分子在热源作用下迅速干馏或气化，在粒子周围产生气体；

③ 产生的可燃气体与空气混合形成爆炸性混合气体同时发生燃烧；

④ 粉尘燃烧放出的热量，以热传导和火焰辐射的方式传给附近悬浮的或被吹扬起来的粉尘，这些粉尘受热气化分解后使燃烧循环地进行下去。最后形成爆炸。

这种爆炸反应以及爆炸火焰速度、爆炸波速度、爆炸压力等将持续加快和升高，并呈跳跃式发展。

所以，粉尘爆炸是粉尘粒子表面和氧作用的结果。当粉尘表面达到一定温度时，由于热分解或干馏作用，粉尘表面会释放出可燃性气体，这些气体与空气形成爆炸性混合物，而发生粉尘爆炸。因此，粉尘爆炸的实质是气体爆炸。粉尘表面温度升高主要是热辐射导致的。

（4）粉尘爆炸的常用防护措施

粉尘爆炸的常用防护措施或方案主要有四种：遏制、泄放、抑制、隔离。在实际应用中，并不是单独使用一种防护措施，往往是采用多种防护措施进行组合运用，以达到更可靠更经济的防护目的。

① 遏制。就是在设计、制造粉体处理设备的时候采用增加设备厚度的方法以增大设备的抗压强度，但是这种措施往往以高成本为代价。

② 泄放。包括正常泄放和无焰泄放，是利用防爆板、防爆门、无焰泄放系统对所保护的设备在发生爆炸的时候采取的主动爆破，以泄放爆炸的压力，保护粉体处理设备的安全。

防爆板通常用来保护户外的粉体处理设备，如粉尘收集器、旋风收集器等，压力泄放的时候伴随火焰以及粉体的泄放，可能对人员和附近设备产生伤害和破坏。

防爆门通常用来保护处理粉体的车间建筑，以避免整个车间发生粉尘爆炸。

对于处于室内的粉体处理设备，有时对泄放要求非常严格，不能产生火焰，物料泄放或者没有预留泄放空间的情况下，通常会采用无焰泄放系统，以达到保护人员以及周围设备的安全。

③ 抑制。爆炸抑制系统是在爆燃现象发生的初期（初始爆炸）由传感器及时检测到，通过发射器快速在系统设备中喷射抑爆剂，从而避免危及设备乃至装置的二次爆炸，通常情况下爆炸抑制系统与爆炸隔离系统一起组合使用。

抑制就是利用了爆炸需要的三要素以及原理。根据这个原理，爆炸需要完整的三个要素，并在适当的条件下产生爆炸。所以要抑制爆炸的发生，必须取消三要素中的一个要素。

一种措施是往粉体处理设备内部注入惰性介质，如 N_2、CO_2 等代替空气，从而降低氧化剂 O_2 的含量，以达到抑制爆炸的目的；另一种措施是取消易燃易爆物料，但是这是不可能的，因为设备本身就是用来处理该物料，以上两种措施都是不可能或者很难做到的。一般采用最简单的措施，就是取消其中的一个要素——点火源，从而抑制爆炸的发生。

④ 隔离。隔离就是把有爆炸危险的设备与相连的设备隔离开，从而避免爆炸的传播，产生二次爆炸。隔离分为机械隔离和化学隔离两种，往往和爆炸抑制系统一起应用。一般在设备的物料入口安装化学隔离，在设备的物料出口安装机械隔离阀。

（5）粉尘爆炸的扑救措施

扑救粉尘爆炸事故的有效灭火剂是水，尤以雾状水为佳。它既可以熄灭燃烧，又可湿润未燃粉尘，驱散和消除悬浮粉尘，降低空气浓度。但忌用直流喷射的水和泡沫，也不宜用有冲击力的干粉、二氧化碳、1211 灭火剂，防止沉积粉尘因受冲击而悬浮引起二次爆炸。

对一些金属粉尘（忌水物质）如铝、镁粉等，遇水反应，会使燃烧更剧烈，因此禁止用水扑救，可以用干沙、石灰等（不可冲击）。

堆积的粉尘如面粉、棉麻粉等，明火熄灭后内部可能还阴燃，也应引起足够重视。

对面积大的车间的粉尘火灾，要注意采取有效的分割措施，防止火势沿沉积粉尘蔓延或引发连锁爆炸。

3.3 防火防爆技术措施

3.3.1 控制可燃可爆物质

（1）尽量少用或不用可燃物质

防火防爆的一条根本性措施就是通过新工艺、新技术，用不燃物质或者难燃物质代替可燃物质，用燃爆危险性小的物质代替危险性大的物质。例如，以阻燃织物代替可燃织物。通常，沸点在110℃以上的液体，常温下（18～20℃）不能形成爆炸浓度。例如20℃时蒸气压为800Pa的醋酸戊酯，其浓度为：

$$C=(M/V)=(PM/RT)=(130\times800)/(8.314\times293)=43\text{g/m}^3$$

醋酸戊酯的爆炸浓度范围为119～541g/m^3。常温下的浓度仅为爆炸下限的三分之一。

取代或控制危险物质的用量，就可防止可燃可爆系统的形成。

（2）采取密闭与通风措施

对易燃易爆物质，应保证其设备的密闭性，防止物料的泄漏，特别是有压力的危险设备或系统，尽量少用法兰连接。负压操作的设备，应防止进入空气。输送危险气体、液体的管道应采用无缝管。盛装腐蚀性介质的容器底部尽可能不装开关和阀门，腐蚀性液体应从顶部抽吸排出。

在实际化工生产中，完全依靠设备密闭，消除可燃物质在生产场所的存在是不大可能的。还要借助通风措施来降低车间空气中可燃物质的含量。通风有机械通风和自然通风，机械通风又可分为排风和送风。

（3）采用惰性介质保护

化工生产中常用的惰性介质有氮气、二氧化碳、水蒸气及烟道气等。在可燃物料系统中通入惰性介质，可降低可燃物质的浓度，降低燃爆的危险性。在使用惰性介质时，要注意使人窒息的危险。

3.3.2 点火源及其控制

点火源的控制是防止燃烧和爆炸的重要环节。化工生产中的点火源主要包括：明火、高温表面、电气火花、静电火花、冲击与摩擦、化学反应热、光线及射线等。对这些点火源进行分析，并采取适当措施，是安全管理工作的重要内容。

（1）明火

化工生产中的明火主要是指生产过程中的加热用火、维修用火及其他火源。

1）加热用火

加热易燃液体时，应尽量避免采用明火，而采用蒸汽、过热水、中间载热体或电热等；如果必须采用明火，则设备应严格密闭，并定期检查，防止泄漏。工艺装置中明火设备的布置，应远离可能泄漏的可燃气体或蒸汽（气）的工艺设备及贮罐区；在积存有可燃气体、蒸气的地沟、深坑、下水道内及其附近，没有消除危险之前，不能进行明火作业。在确定的禁火区内，要加强管理，杜绝明火的存在。

2）维修用火

维修用火主要是指焊割、喷灯、熬炼用火等。在有火灾爆炸危险的厂房内，应尽量避免焊割作业，必须进行切割或焊接作业时，应严格按动火安全规定执行；在有火灾爆炸危险场所使用喷灯进行维修作业时，应按动火制度进行并将可燃物质清理干净；对熬炼设备要经常检查，防止烟道串入和熬锅破漏，同时要防止物料过满而溢出，在生产区熬炼时，应注意熬炼地点的选择。

3）其他点火源

如烟囱飞火、机动车的排气管喷火，都可以引起可燃气体、蒸气的燃烧爆炸。在化工生产中，要加强对上述这些点火源的监控与管理。

（2）高温表面

加热装置、高温物料输送管线及机泵等，其表面温度均较高，要防止可燃物质落在上面，引燃着火。可燃物质的排放要远离高温表面。如果高温管线及设备与可燃物质装置较接近，高温表面应有隔热设施。加热温度高于物料自燃点的工艺过程，应严防物料外泄或空气进入系统。照明灯具的外壳或表面都有很高温度，如 200W 白炽灯泡表面温度最高可达 160～300℃；高压汞灯的表面温度和白炽灯相差不多，为 150～200℃；1000W 卤钨灯管表面温度可达 500～800℃。灯泡表面的高温可点燃附近的可燃物质品。在易燃易爆场所，严禁使用这类灯具。各种电气设备在设计和安装时，应采取一定的散热或通风措施，防止电器设备因过热而导致火灾、爆炸事故。

（3）电气火花及电弧

电火花是电极间的击穿放电，电弧则是大量的电火花汇集的结果。一般电火花的温度均很高，特别是电弧，温度可达 3600～6000℃。电火花和电弧不仅能引起绝缘材料燃烧，而且可以引起金属熔化飞溅，构成危险的点火源。

电火花分为工作火花和事故火花。工作火花是指电气设备正常工作时或正常操作过程中产生的火花。如直流电机电刷与整流片接触处的火花，开关或继电器分合时的火花，短路、保险丝熔断时产生的火花等。事故火花是指设备或线路发生故障时出现的火花，还包括由外来原因引起的火花，如雷电、静电火花等。这些都可能成为引发电气火灾的点火源。

为了满足化工生产的防爆要求，必须了解并正确选择防爆电气设备的类型。八种防爆电气设备类型及其标志见表 3-9。

表 3-9 各种防爆电气设备类型及其标志

类型	隔爆型	增安型	正压型	本质安全型	液浸型	充砂型	n 型	浇封型
标志	d	e	p	i	o	q	n	m

防爆电气设备在标志中除了标出类型外，还标出适用的分级分组。防爆电气标志一般由五部分组成，以字母或数字表示。由左至右依次为：Ex、保护等级符号、设备类别符号、最高表面温度或环境温度范围等级、设备保护级别（EPL）。

了解防爆电器类型，是为了正确选择防爆电气设备，八种防爆型电气设备的特点介绍如下。

① 隔爆型电气设备。有一个隔爆外壳，内装可能点燃爆炸性气体环境的部件，能承受内部爆炸性混合物爆炸产生的压力，并阻止爆炸传播到外壳周围的爆炸性气体环境。隔爆型电气设备的安全性较高，可用于除0区之外的各级危险场所，但其价格及维护要求也较高，因此在危险性级别较低的场所使用不够经济。

② 增安型电气设备。采用附加措施以提高其安全性，是防止温度过高和产生电弧和火花的电气设备。它可用于1区和2区危险场所，价格适中，可广泛使用。

③ 本质安全型电气设备。由本质安全电路构成的电气设备。该类设备可将设备内部和暴露于爆炸环境的连接导线可能产生的电火花或热效应能量限制在不能产生点燃的水平。ia级可适用于0区危险场所，ib级可用于除 0区之外的危险场所。

④ 正压型电气设备。具有保护外壳，壳内充有保护性气体，其压力高于周围爆炸性气体的压力，能阻止外部爆炸性气体进入设备内部引起爆炸。可用于1区和2区危险场所。

⑤ 液浸型电气设备。应用隔爆原理将电气设备全部或一部分浸没在绝缘油面以下，使得产生的电火花和电弧不会点燃油面以上及容器外壳外部的燃爆型介质。运行中经常产生电火花以及有活动部件的电气设备可以用这种防爆形式。可用于除 0区之外的危险场所。

⑥ 充砂型电气设备。应用隔爆原理将可能产生火花的电气部位用砂粒充填覆盖，利用覆盖层砂粒间隙的熄火作用，使电气设备的火花或过热温度不致引燃周围环境中的爆炸性物质。可用于除0区之外的危险场所。

⑦ n型电气设备。在正常运行时和GB/T 3836.8—2021《爆炸性环境第8部分：由“n”型保护的设备》规定的一些常规预期条件下，不能点燃周围的爆炸性气体环境。它只能用于2区危险场所，但由于在爆炸性危险场所中2区危险场所占绝大部分，所以该类型设备使用面很广。

⑧ 浇封型电气设备。将可能产生点燃爆炸性混合物的火花或发热的部件完全封入复合物或有黏结的非金属外壳中，使其在运行或安装条件下不能点燃粉尘层或爆炸性环境的电气设备。

（4）静电

化工生产中，物料、装置、器材、构筑物以及人体所产生的静电积累，对安全已构成严重威胁。静电能够引起火灾爆炸的根本原因，在于静电放电火花具有点火能量。许多爆炸性蒸气、气体和空气混合物点燃的最小能量约为0.009～7mJ。当放电能量小于爆炸性混合物最小点火能的四分之一时，则认为是安全的。

静电防护主要是设法消除或控制静电产生和积累的条件，主要有工艺控制法、泄漏法和中和法。工艺控制法就是采取选用适当材料、改进设备和系统的结构、限制流体的速度以及净化输送物料以防混入杂质等措施，控制静电产生和积累的条件，使其不会达到危险程度。泄漏法就是采取增湿、导体接地，采用抗静电添加剂和导电性地面等措施，促使静电电荷从绝缘体上自行消散。中和法是在静电电荷密集的地方设法产生带电离子，使该处静电电荷被中和，从而消除绝缘体上的静电。为防止静电放电火花引起的燃烧爆炸，可根据生产过程中的具体情况采取相应的防静电措施。例如将容易积聚电荷的金属设备、管道或容器等安装可靠的接地装置，以导除静电，是防止静电危害的基本措施之一。

（5）摩擦与撞击

化工生产中，摩擦与撞击也是导致火灾爆炸的原因之一。如机器上轴承等转动部件因润滑不均或未及时润滑而引起的摩擦发热起火、金属之间撞击产生的火花等。因此在生产过程中，特别要注意以下几个方面的问题。

① 设备应保持良好的润滑，并严格保持一定的油位；

② 搬运盛装可燃气体或易燃液体的金属容器时，严禁抛、拖拉、震动，防止因摩擦与撞击而产生火花；

③ 防止铁器等落入粉碎机、反应器等设备内因撞击而产生火花；

④ 防爆生产场所禁止穿带铁钉的鞋；

⑤ 禁止使用铁制工具。

3.3.3 工艺参数的安全控制

化工生产过程中的工艺参数主要包括温度、压力、流量及物料配比等。按工艺要求严格控制工艺参数在安全限度以内，是实现化工安全生产的基本保证。实现这些参数的自动调节和控制是保证化工安全生产的重要措施。

（1）温度控制

温度是化工生产各单元操作中的主要控制参数之一。不同的化学反应有不同的反应温度，化学反应速率与温度有着密切关系。如反应超温，有可能加剧反应，造成压力升高或跑料，导致爆炸；反应温度过低造成反应不稳定，也会发生事故。因此必须防止工艺温度过高或过低，在操作中必须注意以下几个问题。

1）除去反应热

化学反应一般都伴随有热效应，放出或吸收一定热量。例如基本有机合成中的各种氧化反应、氯化反应、聚合反应等均是放热反应。为使反应在一定温度下进行，必须及时除去反应系统中的热量，如采用热交换方式。

2）防止搅拌中断

化学反应过程中，搅拌可以加速热量的传递，使反应物料温度均匀，防止局部过热。反应时一般应先投入一种物料，再开始搅拌，然后按规定的投料速度投入另一种物料。如果将两种反应物投入反应釜后再开始搅拌，就有可能引起两种物料剧烈反应而造成超温超压。

生产过程中如果由于停电、搅拌器脱落而造成搅拌中断时，可能造成散热不良或发生局部剧烈反应而导致危险。因此在设计时，可采取双路供电、增设人工搅拌装置和自动停止加料设置及有效的降温手段等。

另外，要正确选择传热介质、防止传热面的结垢，这些措施都能保证过程在确定的温度条件下进行，保持过程的稳定。

（2）压力控制

除温度外，压力也是化工过程控制的重要工艺参数之一。特别是反应过程中有气相产生的反应及高压反应，需控制系统压力以防止超压使设备故障、物料泄漏而发生燃爆的危险。

（3）投料控制

投料控制主要是指对投料量、投料速度、配比、顺序、原料纯度的控制。

1）投料量

化工反应设备或贮罐都有一定的安全容积，带有搅拌器的反应设备要考虑搅拌开动时的液面升高；贮罐、气瓶要考虑温度升高后液面或压力的升高。若投料过多，超过安全容积系数，往往会引起溢料或超压。

投料量过少，可能使温度计接触不到液面，导致温度出现假象等而引起事故。

2）投料速度和配比

对于放热反应，加料速度过快，来不及换热，会引起温度急剧升高，从而使压力升高而引发爆炸事故。加料速度若突然减慢，会导致温度降低，使一部分反应物料因温度过低不反应而造成事故。因此必须严格控制投料速度。投料配比也十分重要。如松香钙皂的生产，如配比控制不当会造成物料溢出，一旦与点火源接触就会造成着火。有些化学反应，还需注意投料的顺序，如氯化氢的合成应先通氢后通氯，三氯化磷的生产应先投磷后通氯。有些化学反应，还要注意投料的纯度，防止因反应物料中含有过量杂质，引起燃烧爆炸。

化工生产中，对于工艺参数的控制，应进行自动调节，采用安全保护装置，如信号报警装置、保险装置、安全联锁装置等安全设施，以防止火灾、爆炸事故的发生。

3.3.4 溢料和泄漏的控制

化工生产中，若发生溢料，溢出的是易燃物质，则是相当危险的，必须予以控制。造成溢料的原因很多，它与物料的构成、反应温度、投料速度以及消泡剂用量和质量有关。投料速度过快，产生的气泡大量溢出，同时夹带走大量物料；加热速度过快，也易产生这种现象；物料黏度大也容易产生气泡。化工生产中的大量物料泄漏，通常是由设备损坏、人为操作错误和反应失去控制等造成的。

采取相应的措施，如：重要的阀门采取两级控制；对于危险性大的装置，应设置远距离遥控断路阀，以备一旦装置异常，立即和其他装置隔离；为了防止误操作，重要控制阀的管线应涂色，以示区别或挂标志、加锁等；仪表配管也要以各种颜色加以区别，各管道上的阀门要保持一定距离。

在化工生产中还存在着较多反应物料的跑、冒、滴、漏现象，易燃物质的跑、冒、滴、漏可能会引起火灾爆炸事故。因此，加强维护管理是非常重要的。特别要防止易燃、易爆物料渗入保温层。由于保温材料多数为多孔和易吸附性材料，容易渗入易燃、易爆物，在高温下达到一定浓度或遇到明火时，就会发生燃烧爆炸。

在苯酐的生产中，就曾发生过物料漏入保温层中引起的爆炸事故。因此对于接触易燃物质的保温材料要采取防渗漏措施。

3.3.5 自动控制与安全保护装置

（1）自动控制

化工自动化生产中，大多是对连续变化的参数进行自动调节。对于在生产控制中要求一组机构按一定的时间间隔做周期性动作，如合成氨生产中原料气的制造，要求一组阀门按一定的要求做周期性切换，就可采用自动程序控制系统来实现。它主要是由程序控制器按一定时间间隔发出信号，驱动执行机构动作。

（2）安全保护装置

1）信号报警装置

化工生产中，在出现危险状态时信号报警装置可以警告操作者，及时采取措施消除隐患。发出信号的形式一般为声、光等，通常不与测量仪表相联系。需要说明的是，信号报警装置只能提醒操作者注意已发生的不正常情况或故障，但不能自动排除故障。

2）保险装置

在发生危险状况时，保险装置能自动消除不正常状况。如锅炉、压力容器上装设的安全阀和防爆片等安全装置。

（3）安全联锁装置

联锁就是利用机械或电气控制依次接通各个仪器及设备，并使彼此发生联系，达到安全生产的目的。

安全联锁装置是对操作顺序有特定安全要求、防止误操作的一种安全装置，有机械联锁和电气联锁。例如，需要经常打开的带压反应器，开启前必须将器内压力排除，而经常连续操作容易出现疏忽，因此可将打开孔盖与排除器内压力的阀门进行联锁。

化工生产中，常见的安全联锁装置有以下几种情况：

① 同时或依次放两种液体或气体时；

② 在反应终止需要惰性气体保护时；

③ 打开设备前预先解除压力或需要降温时；

④ 当两个或多个部件、设备由于操作错误容易引起事故时；

⑤ 当工艺控制参数达到某极限值，开启处理装置时；

⑥ 某危险区域或部位禁止人员入内时。

例如：在硫酸与水的混合操作中，必须首先往设备中注入水再注入硫酸，否则将会发生喷溅和灼伤事故。将注水阀门和注酸阀门依次联锁起来，就可达到此目的。如果只凭工人记忆操作，很可能因为疏忽使顺序颠倒，发生事故。

3.3.6 火灾爆炸因素分析及防火防爆基本原理

在工业生产中，发生火灾和爆炸的原因有很多也很复杂，有外界因素、可燃物质本身的性质及工艺和设备设计方面的因素，也有人的失误或违反操作规程等原因。

① 外界因素。明火、电火花、静电放电、雷击等。

② 可燃物质本身的性质。生产过程中所处理的是易燃易爆化学品时，一旦遇酸、受热、撞击、摩擦等，都有可能引起火灾或爆炸。

③ 工艺和设备设计不合理。错误的工艺设计，不合格的防护装置，设备被腐蚀、密封不良而导致泄漏，违反操作规程等都是导致火灾爆炸事故的潜在因素。

④ 人的失误或违反操作规程。在人的操作过程中，由人的主观因素，如责任心、技术素质等和人的客观因素等原因造成的判断、操作失误，人的管理上的缺陷，如安全制度不健全、安全知识和技能掌握不够等，都会导致事故的发生。

如果采取措施避免或者消除形成火灾爆炸的条件，就可以防止燃爆事故的发生，这就是防火防爆的基本原理，可以从以下几个方面考虑。

① 预防性措施。这是最理想、最重要的措施。其基本点是使可燃物质、助燃物质、点火源，没有结合的机会，从根本上杜绝燃爆的可能性。

② 限制性措施。这是指一旦发生火灾爆炸事故时，能够起到限制其蔓延、扩大的措施。

③ 消防措施。按照法律法规的要求，采取消防措施。一旦发生火灾，就将其扑灭，避免发展成为更大的火灾。

④ 疏散性措施。预先设置安全出口和安全通道，一旦发生火灾爆炸事故时，能够迅速将人员或者重要物资撤离危险区域，以减少损失。

3.3.7 化工生产中火灾爆炸危险性分析

失去控制的火灾和爆炸，威胁人身安全，造成巨大的经济损失。为防止火灾和爆炸事故，贯彻“预防为主，消防结合”的方针，首先必须对生产或贮存的物质进行危险性分析，了解其火灾与爆炸的危险性和发生火灾爆炸事故后火势蔓延扩大的条件等，这是采取行之有效的防火、防爆措施的重要依据。

（1）火灾与爆炸危险性分析

对于气体，评价其爆炸危险性的主要指标是爆炸极限和自燃点。如果某一气体的爆炸极限范围大，且爆炸下限很低，其火灾危险性就比较大。气体一般活泼性比较强，容易扩散、压缩和膨胀，就更增加了气体燃爆的危险性。

液体的闪点和爆炸极限温度是评定其燃爆危险性的主要指标。闪点越低，越容易起火燃烧；爆炸极限范围越大，下限值越小，危险性就越大；爆炸极限温度越低，危险性就越大。另外，饱和蒸气压、膨胀性、流动扩散性、相对密度、沸点、分子量及化学结构等特性也都会影响其危险性。

固体物质的火灾危险性主要取决于熔点、燃点、自燃点、比表面积及热分解性等。其中最主要的评价指标是固体的燃点和自燃点。

（2）火灾与爆炸危险性的分类分级

在《建筑设计防火规范（2018 年版）》（GB 50016—2014）标准中，将化工生产中使用或涉及的危险物质的火灾危险性分成 5 类，分别为甲、乙、丙、丁、戊，见表 3-10。分类的依据是生产和贮存中物质的理化性质。

表 3-10 生产的火灾危险性分类

类别	特征
甲	① 闪点小于 28℃的液体； ② 爆炸下限小于 10%的气体； ③ 常温下能自行分解或在空气中氧化即能导致迅速自燃或爆炸的物质； ④ 常温下受到水或空气中水蒸气的作用，能产生可燃气体并能引起燃烧或爆炸的物质； ⑤ 遇酸、受热、撞击、摩擦、催化以及遇有机物或硫黄等易燃的无机物，极易引起燃烧或爆炸的强氧化剂； ⑥ 受撞击、摩擦或与氧化剂、有机物接触时能引起燃烧或爆炸的物质； ⑦ 在密闭设备内操作温度不小于物质本身自燃点的生产
乙	① 28℃≤闪点＜60℃的液体； ② 爆炸下限≥10%的气体； ③ 助燃气体和不属于甲类的氧化剂； ④ 不属于甲类的易燃固体； ⑤ 能与空气形成爆炸性混合物的浮游状态的纤维或粉尘、闪点≥60℃的液体雾滴
丙	① 闪点≥60℃的液体； ② 可燃固体
丁	① 对不燃烧物质进行加工，并在高热或熔化状态下经常产生强辐射热、火花或火焰的生产； ② 用气体、液体、固体作为燃料或将气体、液体进行燃烧作其他用的各种生产； ③ 常温下使用或加工难燃烧物质的生产
戊	常温下使用或加工不燃烧物质的生产

火灾危险性分类是确定建（构）筑物的耐火等级、布置工艺装置、选择电气设备类型以及采取防火防爆措施的重要依据。

GB 3836.14—2014《爆炸性环境第 14 部分：场所分类爆炸性气体环境》和 GB/T 3836.35—2021《爆炸性环境第 35 部分：爆炸性粉尘环境场所分类》分别将爆炸性气体环境和爆炸性粉尘环境分为 3 个区域，见表 3-11。

表 3-11 爆炸性环境的区域划分

<table>
<tr><th>序号</th><th>环境</th><th>区域分级</th><th>特征</th></tr>
<tr><td rowspan="3">1</td><td rowspan="3">爆炸性气体环境</td><td>0 区</td><td>爆炸性气体连续级释放。爆炸性气体环境连续出现或频繁出现或长时间存在的场所</td></tr>
<tr><td>1 区</td><td>爆炸性气体 1 级释放。正常运行时，可能偶尔出现爆炸性气体环境的场所</td></tr>
<tr><td>2 区</td><td>爆炸性气体 2 级释放。正常运行时，不可能出现爆炸性气体环境，如果出现，仅是短时间存在的场所</td></tr>
<tr><td rowspan="3">2</td><td rowspan="3">爆炸性粉尘环境</td><td>20 区</td><td>爆炸性粉尘环境长时间连续地或经常在管道、加工和处理设备内存在的区域</td></tr>
<tr><td>21 区</td><td>可能出现爆炸性粉尘环境的某些粉尘处理设备内部；
由 1 级释放源形成的场所，取决于粉尘的一些参数；
如粉尘量、流量、颗粒大小和物料湿度</td></tr>
<tr><td>22 区</td><td>由 2 级释放源形成的场所，取决于粉尘的一些参数，如粉尘量、流量、颗粒大小和物料湿度</td></tr>
</table>

3.3.8 火灾爆炸事故蔓延的控制

化工生产中，防火防爆应当以预防为主，但一旦发生火灾、爆炸事故，就必须采取措施，将事故控制在最小范围，使损失最小。因此，在建厂设计初期，对工艺装置的布局设计、建筑结构及防火区域的划分，不仅要有利于工艺要求、运行管理，而且要符合事故控制要求，以便把事故控制在局部范围内。

例如，厂址选择、防爆厂房的布局和结构、工艺装置的布局设计，都要考虑对火灾爆炸蔓延扩散的控制。如根据所在地区主导风向，选择化工厂厂址，根据我国《建筑设计防火规范（2018 年版）》，建设相应等级的厂房等。采用防火墙、防火门、防火堤对易燃易爆的危险场所进行防火分离，并确保防火间距等。

（1）隔离、露天布置、远距离操纵

对某些危险性较大的设备与装置，应采取分区隔离，各种原料、成品、半成品的贮藏，亦应按其性质、贮量不同而进行隔离。为了便于有害气体的散发，减少因设备泄漏而造成易燃气体在厂房内积聚的危险性，宜将这类设备和装置布置在露天或半露天场所。对某些操作人员难以接近的设备、阀门，热辐射高的设备及危险性大的反应装置等进行远距离操纵。远距离操纵的方法有机械传动、气压传动、液压传动和电动操纵。

（2）防火与防爆安全装置

1）安全阻火装置

安全阻火装置的作用是防止外部火焰窜入有火灾爆炸危险的设备、管道、容器，或阻止火焰在设备或管道间蔓延。主要包括：阻火器、安全液封、单向阀、阻火闸门等。

安全阻火器的工作原理是使火焰在管中蔓延的速度随着管径的减小而减小，最后可以达到一个火焰不蔓延的临界直径。常用安全阻火器的形式有金属网、砾石和波纹金属片等。

安全液封的阻火原理是将液体封在进出口之间，一旦液封的一侧着火，火焰都将在液封处被熄灭，从而阻止火焰蔓延。安全液封一般安装在气体管道与生产设备或气柜之间。一般用水作为阻火介质。安全液封的结构型式常用的有敞开式和封闭式两种。水封井是安全液封的一种，设置在有可燃气体、易燃液体蒸气或油污的污水管网上，以防止燃烧或爆炸沿管网蔓延。

单向阀又称止逆阀、止回阀，其作用是仅允许流体向一定方向流动，遇有回流即自动关闭。常用于防止高压物料窜入低压系统，也可用作防止回火的安全装置。如液化石油气瓶上的调压阀就是单向阀的一种。生产中用的单向阀种类有升降式、摇板式、球式等。

阻火闸门是为防止火焰沿通风管道蔓延而设置的阻火装置。正常情况下，阻火闸门受易熔合金元件控制处于开启状态，一旦着火，温度高，会使易熔金属熔化，此时闸门失去控制，受重力作用自动关闭。也有的阻火闸门是手动的，在遇火警时由人迅速关闭。

2）防爆泄压装置

防爆泄压装置包括安全阀、防爆片、防爆门和放空管等。系统内一旦发生爆炸或压力骤增时，可以通过这些设施释放能量，以减小巨大压力对设备的破坏或爆炸事故的发生。

安全阀是为了防止设备或容器内非正常压力过高引起物理性爆炸而设置的。当设备或容器内压力升高超过一定限度时安全阀能自动开启，排放部分气体，当压力降至安全范围内再自行关闭，从而实现设备和容器内压力的自动控制，防止设备和容器的破裂爆炸。常用的安全阀有弹簧式、杠杆式。工作温度高而压力不高的设备宜选杠杆式，高压设备宜选弹簧式。一般多用弹簧式安全阀。

防爆片又称防爆膜、爆破片，是通过法兰装在受压设备或容器上。当设备或容器内因化学爆炸或其他原因产生过高压力时，防爆片作为人为设计的薄弱环节自行破裂，高压流体即通过防爆片从放空管排出，使爆炸压力难以继续升高，从而保护设备或容器的主体免遭更大的损坏，使在场的人员不致遭受致命的伤害。

防爆门一般设置在燃油、燃气或燃烧煤粉的燃烧室外壁上，以防止燃烧爆炸时，设备遭到破坏。防爆门的总面积一般按燃烧室内部净容积 $1m^3$ 不少于 $250cm^2$ 计算。为了防止燃烧气体喷出时将人烧伤，防爆门应设置在人们不常到的地方，高度不低于 2m。

放空管用在某些极其危险的设备上，能防止可能出现的超温、超压而引起爆炸的恶性事故的发生，可设置自动或手控的放空管以紧急排放危险物料。

3.4 消防技术

3.4.1 火灾的分类

根据《火灾分类》（GB/T 4968—2008）国家标准，将火灾分成以下六类。

A 类火灾：固体物质火灾。这种物质通常具有有机物性质，一般在燃烧时能产生灼热的余烬。

B 类火灾：液体或可熔化的固体物质火灾。

C 类火灾：气体火灾。

D类火灾：金属火灾。

E类火灾：带电火灾。物体带电燃烧的火灾。

F类火灾：烹饪器具内的烹饪物（如动植物油脂）火灾。

3.4.2 灭火方法及其原理

灭火方法主要包括窒息灭火法、冷却灭火法、隔离灭火法和化学抑制灭火法。

（1）窒息灭火法

窒息灭火法即阻止空气进入燃烧区或用惰性气体稀释空气，使燃烧因得不到足够的氧气而熄灭的灭火方法。如用石棉布、浸湿的棉被、帆布、沙土等不燃或难燃材料覆盖燃烧物或封闭孔洞；将水蒸气、惰性气体通入燃烧区域内；利用建筑物上原来的门、窗以及生产、贮运设备上的盖、阀门等，封闭燃烧区；在万不得已且条件许可的条件下，采取用水淹没（灌注）的方法灭火。

采用窒息灭火法，必须注意以下几个问题：

此法适用于燃烧部位空间较小，容易堵塞封闭的房间、生产及贮运设备内发生的火灾，而且燃烧区域内应没有氧化剂存在；

在采用水淹方法灭火时，必须考虑到水与可燃物质接触后是否会产生不良后果，如有则不能采用；

采用此法时，必须在确认火已熄灭后，方可打开孔洞进行检查，严防因过早打开封闭的房间或设备，导致“死灰复燃”。

（2）冷却灭火法

冷却灭火法即将灭火剂直接喷洒在燃烧着的物体上，将可燃物质的温度降到燃点以下，终止燃烧的灭火方法。也可将灭火剂喷洒在火场附近未燃的易燃物质上起冷却作用，防止其受辐射热作用而起火。冷却灭火法是一种常用的灭火方法。

（3）隔离灭火法

隔离灭火法即将燃烧物质与附近未燃的可燃物质隔离或疏散开，使燃烧因缺少可燃物质而停止。隔离灭火法也是一种常用的灭火方法。这种灭火方法适用于扑救各种固体、液体和气体火灾。

隔离灭火法常用的具体措施有：将可燃、易燃、易爆物质和氧化剂从燃烧区移出至安全地点；关闭阀门，阻止可燃气体、液体流入燃烧区；用泡沫覆盖已燃烧的易燃液体表面，把燃烧区与液面隔开，阻止可燃蒸气进入燃烧区；拆除与燃烧物相连的易燃、可燃建筑物；用水流或用爆炸等方法封闭井口，扑救油气井喷火灾。

（4）化学抑制灭火法

化学抑制灭火法是使灭火剂参与到燃烧反应中去，起到抑制反应的作用。也就是使燃烧反应中产生的自由基与灭火剂中的卤素离子相结合，形成稳定分子或低活性的自由基，从而切断了氢自由基与氧自由基的连锁反应链，使燃烧停止。窒息、冷却、隔离灭火法，在灭火过程中，灭火剂不参与燃烧反应，因而属于物理灭火方法。化学抑制灭火法则属于化学灭火方法。

上述四种灭火方法所对应的具体灭火措施是多种多样的，在灭火过程中，应根据可燃物质的性质、燃烧特点、火灾大小、火场的具体条件以及消防技术装备的性能等实际情况，选择一种或几种灭火方法。一般情况下，综合运用几种灭火方法效果较好。

3.4.3 灭火剂

灭火剂是能够有效地破坏燃烧条件，终止燃烧的物质。选择灭火剂的基本要求是灭火效能高、使用方便、来源丰富、成本低廉、对人和物基本无害。灭火剂的种类有水（及水蒸气）、泡沫灭火剂、二氧化碳及惰性气体灭火剂、卤代烷灭火剂、干粉灭火剂。

（1）水（及水蒸气）

水的来源丰富，取用方便，价格便宜，是最常用的天然灭火剂，它可以单独使用，也可与不同的化学剂组成混合液使用。水的灭火原理主要包括冷却作用、窒息作用和隔离作用。灭火用水的形式有普通无压力水、加压的密集水流、雾化水。普通无压力水用容器盛装，人工浇到燃烧物上。加压的密集水流，用专用设备喷射，灭火效果比普通无压力水好。雾化水用专用设备喷射，因水成雾滴状，吸热量大，灭火效果更好。

水灭火剂与其他灭火剂相比，水的比热容及汽化热较大，冷却作用明显；价格便宜；易于远距离输送；水在化学上呈中性，对人无毒、无害。这是水灭火剂的优点。水灭火剂的缺点是：水在零摄氏度下会结冰，当泵暂时停止供水时会在管道中形成冰冻造成堵塞；水对很多物品如档案、图书、珍贵物品等，有破坏作用；用水扑救橡胶粉、煤粉等火灾时，由于水不能或很难浸透燃烧介质，灭火效率很低。

水灭火剂的适用范围很广，除以下情况都可以考虑用水灭火。

① 忌水性物质，如轻金属、电石等不能用水扑救。因为它们能与水发生化学反应，生成可燃性气体并放热，扩大火势甚至导致爆炸。

② 不溶于水，且密度比水小的易燃液体。如汽油、煤油等着火时不能用水扑救。但原油、重油等可用雾状水扑救。

③ 密集水流不能扑救带电设备火灾，也不能扑救可燃性粉尘聚集处的火灾。

④ 不能用密集水流扑救贮存大量浓硫酸、浓硝酸场所的火灾，因为水流能引起酸的飞溅、流散，遇可燃物质后，又有引起燃烧的危险。

⑤ 高温设备着火不宜用水扑救，因为这会使金属机械强度受到影响。

⑥ 精密仪器设备、贵重文物档案、图书着火，不宜用水扑救。

（2）泡沫灭火剂

凡能与水相溶，并可通过化学反应或机械方法产生灭火泡沫的灭火药剂称为泡沫灭火剂。根据泡沫生成机理，泡沫灭火剂可以分为化学泡沫灭火剂和空气泡沫灭火剂。

化学泡沫是由酸性或碱性物质与泡沫稳定剂相互作用而生成的膜状气泡群，气泡内主要是二氧化碳气。化学泡沫虽然具有良好的灭火性能，但由于化学泡沫设备较为复杂、投资大、维护费用高，近年来多采用灭火简单、操作方便的空气泡沫灭火剂。

空气泡沫又称机械泡沫，是由一定比例的泡沫液、水和空气在泡沫生成器中进行机械混合搅拌而生成的膜状气泡群，泡内一般为空气。空气泡沫灭火剂按泡沫的发泡倍数，又可分为低倍数泡沫（发泡倍数低于 20）、中倍数泡沫（发泡倍数介于 20～200之间）和高倍数泡沫（发泡倍数高于 200）三类。

泡沫灭火剂主要用于扑救不溶于水的可燃、易燃液体，如石油产品等的火灾；也用于扑救木材、纤维、橡胶等固体的火灾；高倍数泡沫可有特殊用途，如消除放射性污染等；由于泡沫灭火剂中含有一定量的水，所以不能用来扑救带电设备及忌水性物质引起的火灾。

（3）二氧化碳及惰性气体灭火剂

二氧化碳是以液态形式加压充装于钢瓶中，当它从灭火器中喷出时，由于突然减压，一部分二氧化碳绝热膨胀、汽化，吸收大量的热量，另一部分二氧化碳迅速冷却成雪花状固体（即“干冰”）。“干冰”温度为−78.5℃，起到冷却作用；“干冰”喷向着火处时，立即气化，起到稀释氧浓度的作用；而且大量二氧化碳气笼罩在燃烧区域周围，还能起到隔离燃烧物与空气的作用。因此，二氧化碳的灭火效率也较高，当二氧化碳占空气浓度的30%～35%时，燃烧就会停止。

二氧化碳灭火剂不导电、不含水，可用于扑救电气设备和部分忌水性物质的火灾；灭火后不留痕迹，可用于扑救精密仪器、机械设备、图书、档案等的火灾。但二氧化碳灭火剂冷却作用较差，不能扑救阴燃火灾，且灭火后火焰有复燃的可能；二氧化碳与碱金属（钾、钠）和碱土金属（镁）在高温下会起化学反应，引起爆炸；二氧化碳膨胀时，能产生静电而可能成为点火源；二氧化碳能导致救火人员窒息。

除二氧化碳外，其他惰性介质如氮气、水蒸气，也可用作灭火剂。

（4）卤代烷灭火剂

卤代烷是碳氢化合物中的氢原子完全地或部分地被卤族元素取代而生成的化合物，被用作灭火剂。碳氢化合物多为甲烷、乙烷，卤族元素多为氟、氯、溴。国内常用的卤代烷灭火剂有 1211（二氟-氯-溴甲烷）、1202（二氟-二溴甲烷）、1301（三氟-溴甲烷）、2402（四氟-二溴乙烷）。卤代烷灭火剂的编号原则是：第一个数字代表分子中的碳原子数目；第二个数字代表氟原子数目；第三个数字代表氯原子数目；第四个数字代表溴原子数目；第五个数字代表碘原子数目。

卤代烷灭火剂的灭火原理主要包括化学抑制作用和冷却作用。化学抑制作用是卤代烷灭火剂的主要灭火原理，即卤素原子能与燃烧反应中的自由基结合生成较为稳定的化合物，从而使燃烧反应因缺少自由基而终止。卤代烷灭火剂通常经加压液化贮于钢瓶中，使用时因减压汽化而吸热，所以对燃烧物有冷却作用。

卤代烷灭火剂的优点及适用范围：

① 主要用来扑救各种易燃液体火灾；

② 因其绝缘性能好，也可用来扑救带电电气设备火灾；

③ 因其灭火后全部汽化而不留痕迹，也可用来扑救档案文件、图片资料、珍贵物品等的火灾。

卤代烷灭火剂的缺点：

① 卤代烷灭火剂的主要缺点是毒性较高，因此在狭窄的、密闭的、通风条件不好的场所，如地下室等，最好是用无毒灭火剂（如泡沫、干粉等）灭火；

② 卤代烷灭火剂不能用来扑救阴燃火灾，因为此时会形成有毒的热分解产物；

③ 卤代烷灭火剂也不能扑救轻金属如镁、铝、钠等的火灾，因为它们能与这些轻金属起化学反应且发生爆炸。

由于卤代烷灭火剂的较高毒性及会破坏遮挡阳光中有害紫外线的臭氧层，因此应严格控制使用。

（5）干粉灭火剂

干粉灭火剂是一种干燥的、易于流动的微细固体粉末，由能灭火的基料和防潮剂、流动促进剂、结块防止剂等添加剂组成。在救火中，干粉在气体压力的作用下从容器中喷出，以粉雾的形式灭火。干粉灭火剂主要分为普通和多用两大类。

普通干粉灭火剂主要适用于扑救可燃液体、可燃气体及带电设备的火灾。品种最多，生产、使用量最大，如以碳酸氢钠为基料的小苏打干粉（钠盐干粉）和以碳酸氢钾为基料的钾盐干粉。

多用类型的干粉灭火剂不仅适用于扑救可燃液体、可燃气体及带电设备的火灾，还适用于扑救一般固体火灾，如以磷酸盐为基料的干粉。

干粉灭火原理主要包括化学抑制作用、隔离作用、冷却与窒息作用。

① 化学抑制作用。当粉粒与火焰中产生的自由基接触时，自由基被瞬时吸附在粉粒表面，并发生如下反应：

$$\text{M（粉粒）} + \text{OH}\cdot \longrightarrow \text{MOH}$$

$$\text{MOH} + \text{H}\cdot \longrightarrow \text{M} + H_2O$$

由反应式可以看出，借助粉粒的作用，消耗了燃烧反应中的自由基（OH·和 H·），使自由基的数量急剧减少而导致燃烧反应中断，使火焰熄灭。

② 隔离作用。喷出的粉末覆盖在燃烧物表面上，能构成阻碍燃烧的隔离层。

③ 冷却与窒息作用。粉末在高温下，将放出结晶水或发生分解，这些都属于吸热反应，而分解生成的不活泼气体又可稀释燃烧区内的氧气浓度，起到冷却与窒息作用。

干粉灭火剂的优点：

① 干粉灭火剂综合了泡沫、二氧化碳、卤代烷等灭火剂的特点，灭火效率高；

② 化学干粉的物理化学性质稳定，无毒性，不腐蚀、不导电，易于长期贮存；

③ 干粉适用温度范围广，能在−50～60℃温度条件下贮存与使用；

④ 干粉雾能防止热辐射，因而在大型火灾中，即使不穿隔热服也能进行灭火；

⑤ 干粉可用管道进行输送。

干粉灭火剂的缺点：

① 在密闭房间中，使用干粉时会形成强烈的粉雾，且灭火后留有残渣，因而不适于扑救精密仪器设备、旋转电机等的火灾；

② 干粉的冷却作用较弱，不能扑救阴燃火灾，不能迅速降低燃烧物品的表面温度，容易发生复燃，因此，干粉若与泡沫或喷雾水配合使用，效果更佳。

干粉灭火剂适用范围：

由于干粉具有上述优点，它除了适用于扑救易燃液体、忌水性物质火灾外，也适用于扑救油类、油漆、电气设备的火灾。

除了以上灭火剂外，用砂、土等作为覆盖物也可灭火，它们覆盖在燃烧物上，主要起到与空气隔离的作用。其次砂、土等也可从燃烧物吸收热量，起到一定的冷却作用。

3.4.4 灭火器材和消防给水设施

（1）灭火器材

灭火器即移动式灭火设备，是一种可携式灭火工具，是扑救初期火灾常用的有效的灭火设备。灭火器内藏化学物品，用以救灭火警。灭火器是常见的防火设施之一，存放在公众场所或可能发生火警的地方。因为其设计简单可携，一般人亦能使用来扑灭刚发生的小火。不同种类的灭火筒内藏的成分不一样，是专为不同的火警而设。使用时必须注意以免产生反效果及引起危险。

灭火器通常由筒体、提把、保险栓、压把、压力表、标签、喷管、喷嘴等部件组成。

灭火器应放置在明显、取用方便、又不易被损坏的地方，并应定期检查，过期更换，以确保正常使用。常用灭火器的基本信息见表3-12。

表3-12 常用灭火器的基本信息

灭火器基本信息	泡沫灭火器	二氧化碳灭火器	干粉灭火器	1211灭火器
规格	10L;65～130L	2kg;3kg;5kg;10kg;20kg;30kg;50kg	8kg;50kg	1kg;2kg;3kg
药剂	桶内装有碳酸氢钠、发泡剂和硫酸铝溶液	瓶内装有压缩或液体的二氧化碳	钢桶内装有钾盐（或钠盐）干粉并备有盛装压缩气体的小钢瓶	钢桶内充装二氟一氯一溴甲烷，并充填压缩氮气
用途	扑救木材、棉布等固体物质燃烧引起的火灾或汽油、柴油等液体火灾	扑救电器、精密仪器、油类及酸类火灾	扑救石油、石油产品、油漆、有机溶剂、天然气设备火灾	扑救油类、电气设备、化工化纤原料等初期火灾
性能	10L喷射时间60s，射程8m；65L喷射时间170s，射程13.5m	接近着火地点保持3m距离	8kg喷射时间14～18s，射程4.5m；50kg喷射时间50～55s，射程6～8m	1kg喷射时间6～8s，射程2～3m
使用方法	倒置稍加摇动，打开开关，药剂即可喷出	一手拿喇叭筒对准火源，另一手打开开关即可喷出	提起圈环，干粉即可喷出	拔出铅封或横销，用力压下压把即可喷出
保养及检查	放在使用方便的地方，注意使用期限，防止喷嘴堵塞，防冻防晒；一年检查一次，泡沫低于25%应换药	每月检查一次，当小于原来1/10应充气	置于干燥通风处，防潮防晒，一年检查一次气压，若质量减少1/10应充气	置于干燥处，勿碰撞，每年检查一次质量

在化工生产区域内，应按规范设置一定的数量。常用的灭火器包括泡沫灭火器、二氧化碳灭火器、干粉灭火器、1211灭火器等。

便携式干粉灭火器是被广泛使用的小型灭火器，是用二氧化碳气体或氮气作动力，将筒内的干粉喷出灭火的。干粉是一种干燥的、易于流动的微细固体粉末，由能灭火的基料和防潮剂、流动促进剂、结块防止剂等添加剂组成。主要用于扑救石油、有机溶剂等易燃液体、可燃气体和电气设备的初期火灾。在建筑物、汽车内被国家强制要求配备。

化工厂需要的小型灭火器的种类及数量，应根据化工厂内燃烧物料性质、火灾危险性、可燃物质数量、厂房和库房的占地面积以及固定灭火设施对扑救初期火灾的可能性等因素综合考虑决定。一般情况下，可参照表3-13来设置。

表3-13 灭火器的设置

场所	设置数量/（个/m^2）	备注
甲、乙类露天生产装置	1/50～1/100	① 装置占地面积大于1000m^2时选用小值，小于1000m^2时选用大值；② 不足一个单位面积，但超过其50%时，可按一个单位面积计算
丙类露天生产装置	1/200～1/150	
甲、乙类生产建筑物	1/50	
丙类生产建筑物	1/80	
甲、乙类仓库	1/80	
丙类仓库	1/100	
易燃和可燃液体装卸栈台	按栈台长度，每10～15m设置1个	可设置干粉灭火器
液化石油气、可燃气体罐区	按贮罐数量，每贮罐设置两个	可设置干粉灭火器

（2）消防给水设施

在《石油化工企业设计防火标准（2018年版）》中，对消防给水设施（消防站、消防水源及泵房）有明确规定。

1）消防站

① 大中型石油化工企业应设消防站。消防站的规模应根据石油化工企业的规模、火灾危险性、固定消防设施的设置情况，以及邻近单位消防协作条件等因素确定。

② 石油化工企业消防车辆的车型应根据被保护对象选择，以大型泡沫消防车为主，且应配备干粉或干粉-泡沫联用车；大型石油化工企业尚宜配备高喷车和通讯指挥车。

③ 消防站宜设置向消防车快速灌装泡沫液的设施，并宜设置泡沫液运输车，车上应配备向消防车输送泡沫液的设施。

④ 消防站应配置不少于2门遥控移动消防炮，遥控移动消防炮的流量不应小于30L/s。

⑤ 消防站应由车库、通信室、办公室、值勤宿舍、药剂库、器材库、干燥室（寒冷或多雨地区）、培训学习室及训练场、训练塔，以及其他必要的生活设施等组成。

⑥ 消防车库的耐火等级不应低于二级；车库室内温度不宜低于12℃，并宜设机械排风设施。

⑦ 车库、值勤宿舍必须设置警铃，并应在车库前场地一侧安装车辆出动的警灯和警铃。通信室、车库、值勤宿舍以及公共通道等处应设事故照明。

⑧ 车库大门应面向道路，距道路边不应小于15m。车库前场地应采用混凝土或沥青地面，并应有不小于2%的坡度坡向道路。

2）消防水源及泵房

① 当消防用水由工厂水源直接供给时，工厂给水管网的进水管不应少于2条。当其中1条发生事故时，另1条应能满足100%的消防用水和70%的生产、生活用水总量的要求。消防用水由消防水池（罐）供给时，工厂给水管网的进水管，应能满足消防水池（罐）的补充水和100%的生产、生活用水总量的要求。

② 当厂区面积超过2000000m^2时，消防供水系统的设置应符合下列规定：宜按面积分区设置独立的消防供水系统，每套供水系统保护面积不宜超过2000000m^2；每套消防供水系统的最大保护半径不宜超过1200m；每套消防供水系统应根据其保护范围，按本标准第8.4节的规定确定消防用水量；分区独立设置的相邻消防供水系统管网之间应设不少于2根带切断阀的连通管，并应满足当其中一个分区发生故障时，相邻分区能够提供100%消防供水量。

③ 工厂水源直接供给不能满足消防用水量、水压和火灾延续时间内消防用水总量要求时，应建消防水池（罐），并应符合下列规定：水池（罐）的容量，应满足火灾延续时间内消防用水总量的要求，当发生火灾能保证向水池（罐）连续补水时，其容量可减去火灾延续时间内的补充水量；水池（罐）的总容量大于1000m^3时，应分隔成2个，并设带切断阀的连通管；水池（罐）的补水时间，不宜超过48h；当消防水池（罐）与生活或生产水池（罐）合建时，应有消防用水不作他用的措施；寒冷地区应设防冻措施；消防水池（罐）应设液位检测、高低液位报警及自动补水设施。

④ 消防水泵房宜与生活或生产水泵房合建，其耐火等级不应低于二级。

⑤ 消防水泵应采用自灌式引水系统。当消防水池处于低液位不能保证消防水泵再次自灌启动时，应设辅助引水系统。

⑥ 消防水泵的吸水管、出水管应符合下列规定：每台消防水泵宜有独立的吸水管；2

台以上成组布置时，其吸水管不应少于2条，当其中1条检修时，其余吸水管应能确保吸取全部消防用水量；成组布置的水泵，至少应有2条出水管与环状消防水管道连接，两连接点间应设阀门。当1条出水管检修时，其余出水管应能输送全部消防用水量；泵的出水管道应设防止超压的安全设施。

⑦ 直径大于300mm的出水管道上阀门不应选用手动阀门，阀门的启闭应有明显标志。

⑧ 消防水泵、稳压泵应分别设置备用泵；备用泵的能力不得小于最大一台泵的能力。

⑨ 消防水泵应在接到报警后2min以内投入运行。稳高压消防给水系统的消防水泵应能依靠管网压降信号自动启动。

⑩ 消防水泵的主泵应采用电动泵，备用泵应采用柴油机泵，且应按100%备用能力设置，柴油机的油料储备量应能满足机组连续运转6h的要求；柴油机的安装、布置、通风、散热等条件应满足柴油机组的要求。

此外，大、中型企业还应根据自身实际需要，在生产装置、仓库、罐区等部位，设置使用水蒸气、氮气、泡沫、干粉或1211等灭火装置。

3.4.5 常见初起火灾的扑救

从小到大、由弱到强是大多数火灾的规律。在生产过程中，及时发现并扑救初起火灾，对保障生产安全及生命财产安全具有重大意义。因此，在化工生产中，训练有素的现场人员一旦发现火情，除了迅速报告火警之外，应果断地运用配备的灭火器材把火灾消灭在初起阶段，或使其得到有效的控制，为专业消防队赶到现场赢得时间。

（1）生产装置初起火灾的扑救

当生产装置发生火灾爆炸事故时，在场人员应迅速采取如下措施：

① 迅速查清着火部位、着火物质的来源，及时准确地关闭阀门，切断物料来源及各种加热源；

② 开启冷却水、消防蒸汽等，进行有效冷却或有效隔离；

③ 关闭通风装置，防止风助火势或沿通风管道蔓延，从而有效地控制火势以利于灭火；

④ 带有压力的设备物料泄漏引起着火时，应切断进料并及时开启泄压阀门，进行紧急放空，同时将物料排入火炬系统或其他安全部位，以利于灭火；

⑤ 现场当班人员应迅速果断地做出是否停车的决定，并及时向厂调度室报告情况和向消防部门报警；

⑥ 装置发生火灾后，当班的班长应对装置采取准确的工艺措施，并充分利用现有的消防设施及灭火器材进行灭火，若火势一时难以扑灭，则要采取防止火势蔓延的措施，保护要害部位，转移危险物质；

⑦ 在专业消防人员到达火场时，生产装置的负责人应主动向消防指挥人员介绍情况，说明着火部位、物质情况、设备及工艺状况，以及已采取的措施等。

（2）易燃、可燃液体贮罐初起火灾的扑救

① 易燃、可燃液体贮罐发生着火、爆炸，特别是罐区某一贮罐发生着火、爆炸是非常危险的。一旦发现火情，应迅速向消防部门报警，并向厂调度室报告。

② 报警和报告中需说明罐区的位置、着火罐的位号及贮存物料的情况，以便消防部门迅速赶赴火场进行扑救。

③ 若着火罐尚在进料，必须采取措施迅速切断进料。如无法关闭进料阀，可在消防水枪的掩护下进行抢关，或通知送料单位停止送料。

④ 若着火罐区有固定泡沫发生站，则应立即启动该装置，用泡沫灭火。

⑤ 若着火罐为压力装置，应迅速打开水喷淋设施，对着火罐和邻近贮罐进行冷却保护，以防止升温、升压引起爆炸，打开紧急放空阀门进行安全泄压。

⑥ 火场指挥员应根据具体情况，组织人员采取有效措施防止物料流散，避免火势扩大，并注意对邻近贮罐的保护以及减少人员伤亡。

（3）电气火灾的扑救

电气设备着火时，着火场所的很多电气设备可能是带电的。扑救带电电气设备时，应注意现场周围可能存在着较高的接触电压和跨步电压；同时还有一些设备着火时是绝缘油在燃烧。如电力变压器、多油开关等设备内的绝缘油，受热后可能发生喷油和爆炸事故，进而使火灾事故扩大。

扑救电气火灾时，应首先切断电源，这是最重要的安全措施。切断电源时应严格按照如下规程要求操作。

① 火灾发生后，电气设备绝缘已经受损，应用绝缘良好的工具操作。

② 选好电源切断点。切断电源地点要选择适当。夜间切断要考虑临时照明问题。

③ 若需剪断电线时，应注意非同相电线应在不同部位剪断，以免造成短路。剪断电线部位应有支撑物支撑电线，避免电线落地造成短路或触电事故。

④ 切断电源时如需电力等部门配合，应迅速联系，报告情况，提出断电要求。

如来不及切断电源或因生产需要不允许断电时，为了争取灭火时间，进行带电扑救。带电扑救时要注意以下几点特殊安全措施。

① 带电体与人体保持必要的安全距离。一般室内应大于4m，室外不应小于8m。

② 选用不导电灭火剂对电气设备灭火。机体喷嘴与带电体的最小距离：10kV及以下，大于0.4m；大于10kV并小于等于35kV，大于0.6m。

③ 用水枪喷射灭火时，水枪喷嘴处应有接地措施。灭火人员应使用绝缘护具，如绝缘手套、绝缘靴等并采用均压措施。其喷嘴与带电体的最小距离：110kV及以下，大于3m；大于110kV并小于等于220kV，大于5m。

④ 对架空线路及空中设备灭火时，人体位置与带电体之间的仰角不超过45°，以防电线断落伤人。如遇带电导体断落地面时要划清警戒区，防止跨步电压伤人。

（4）充油设备的灭火

充油设备中，油的闪点多在130～140℃之间，一旦着火，危险性较大。如果在设备外部着火，可用二氧化碳、1211、干粉等灭火器带电灭火。如油箱破坏，出现喷油燃烧，且火势很大时，除切断电源外，有事故油坑的，应设法将油导入油坑。油坑中及地面上的油火，可用泡沫灭火。要防止油火进入电缆沟，如油火顺沟蔓延，这时电缆沟内的火只能用泡沫扑灭。充油设备灭火时，应先喷射边缘，后喷射中心，以免油火蔓延扩大。

（5）人身着火的扑救

人身着火多数是由工作场所发生火灾、爆炸事故或扑救火灾引起的。也有因用汽油、苯、酒精、丙酮等易燃油品和溶剂擦洗机械或衣物，遇到明火或静电火花而引起的。当人身着火时，应采取如下措施。

若衣服着火又不能及时扑灭，则应迅速脱掉衣服，防止烧坏皮肤。若来不及或无法脱掉应就地打滚，用身体压灭火种。切记不可跑动，否则风助火势会造成严重后果。就地用水灭火效果会更好。

如果人身溅上油类而着火，其燃烧速度很快。人体的裸露部分，如手、脸和颈部最易烧伤。此时伤痛难忍，神经紧张，会本能地以跑动逃脱。在场的人应立即制止其跑动，将其搂倒，用石棉布、海草、棉衣、棉被等物覆盖，用水浸湿后覆盖效果更好。用灭火器扑救时，注意不要对着脸部。

在现场抢救烧伤患者时，应特别注意保护烧伤部位，不要碰破皮肤，以防感染。大面积烧伤患者往往会因为伤势过重而休克，此时伤者的舌头易收缩而堵塞咽喉，发生窒息而死亡。在场人员将伤者的嘴撬开，将舌头拉出，保证呼吸畅通。同时用被褥将伤者轻轻裹起，送往医院治疗。

防火防爆十大禁令如下所示。

① 严禁在厂内吸烟及携带火种和易燃、易爆、有毒、易腐蚀物品入厂。

② 严禁未按规定办理用火手续，在厂内进行施工用火或生活用火。

③ 严禁穿易产生静电的服装进入油气区工作。

④ 严禁穿带铁钉的鞋进入油气区及易燃易爆装置。

⑤ 严禁用汽油、易挥发剂擦洗设备、衣物、工具及地面等。

⑥ 严禁未批准的各种机动车辆进入生产区。

⑦ 严禁就地排放易燃、易爆物料及化学危险品。

⑧ 严禁在油气区用黑色金属或易产生火花的工具敲打、撞击和作业。

⑨ 严禁堵塞消防通道及随意挪用或损坏消防设备。

⑩ 严禁损坏厂内各类防爆设施。

【事故案例及分析】静电引起的火灾事故

（1）事故基本情况

2012年5月31日晚上，山东某精细化工科技有限公司在高压反应釜中通入氮气进行试压，压力达到3.5MPa后，保持到6月2日上午8时，压力当时为3.1MPa，然后将压力卸掉。试压结束后，在胡某的现场指导下，利用高压反应釜及氧气钢瓶根据胡某提供的工艺，将小试的原料（甲醇和苯酚）数据简单放大了2000倍进行实验。当天上午8时至12时用蒸汽将100kg固体苯酚加热融化，12时先用真空泵将一桶甲醇（约160kg）吸入到反应釜中，再将化成液体的苯酚抽进去，13时将剩余的4桶甲醇（约640kg）全吸到反应釜中。15时左右，开始加入10kg氯化钠（工业用盐）和15kg硫酸铜两种固体催化剂，同时开启搅拌，并将投料口密封，反应釜保持常温30～35℃之间。胡某带领2名工人在氧化反应釜平台上操作。16时开始用氧气瓶通入氧气。16时30分左右，胡某要求电工把变频器的速率由10Hz调快到15Hz。16时45分左右，反应釜周围突然喷出火球，现场岗位操作人员王某和高某、陪同胡某来公司并在现场查看的某大学讲师邢某、现场指导人员胡某等4人被反应釜中喷出的物料烧伤，后经抢救无效，王某、胡某死亡。

（2）事故原因

1）直接原因

反应釜加入物料甲醇、苯酚，通入氧气后，反应釜内形成甲醇与富氧的爆炸性混合气体，在搅拌的过程中，发生静电局部集聚，引发反应釜火灾事故。

2）间接原因

① 技术工艺不具备在生产装置进行实验的条件，实验前未进行风险评估；

② 违反危险化学品建设项目安全许可的有关规定，不采用立项报告批准的成熟工艺，在生产装置上进行新工艺实验；

③ 实验时没有使用必要的远程控制安全设施。

拓展阅读 **爆炸事故案例及分析**（请扫描右边二维码获取）

思考题

1. 燃烧的主要特征是什么？
2. 何谓燃烧的“三要素”和“四要素”？
3. 何谓闪燃、着火、自燃？三者有何区别？
4. 爆炸的主要特征是什么？
5. 影响爆炸极限的因素有哪些？
6. 如何计算混合物的爆炸极限？
7. 什么是粉尘爆炸？简述粉尘爆炸的必要条件。
8. 点火源有哪些？
9. 静电防护措施有哪些？
10. 在化工生产中，工艺参数的安全控制主要指哪些内容？
11. 人身着火如何扑救？
12. 常用灭火方法有哪些？
13. 简述常用灭火器的种类及适用范围。
14. 简述干粉灭火器的使用方法。
15. 防火防爆十大禁令的内容是什么？

第 4 章

危险化学品安全基础知识

化学品是指各种元素组成的纯净物和混合物，无论是天然的还是人造的。目前世界上所发现的化学品已超过千余万种。据美国化学文摘登录，全世界常见的化学品多达 700 万种，其中已作为商品上市的有 10 万余种，经常使用的有 7 万多种，每年全世界新出现化学品有 1000 多种。化学品在粮食、环境、能源方面起了重要作用，极大提高了人类生活质量。总之，化学品与人们的衣食住行密切相关，可以说化学品涉及的范围十分广泛，在人类生活中无处不在。但是我们也注意到，部分化学品具有易燃、易爆、有毒、有害等危险特性，不当使用或处置会对人员、设施、环境造成伤害或损害。因此如何保障危险化学品在其生产、经营、存储、运输、使用以及废弃物处置过程中的安全性，降低其危险危害性，避免事故的发生已成为安全生产的重要课题和内容。

危险化学品（Dangerous Chemicals）简称危化品。2013 年 12 月 7 日公布的《危险化学品安全管理条例》第三条给出了其定义：危险化学品，是指具有毒害、腐蚀、爆炸、燃烧、助燃等性质，对人体、设施、环境具有危害的剧毒化学品和其他化学品。

本章学习要求

1. 掌握危险化学品的分类和危险特性。
2. 掌握危险化学品安全管理技术。
3. 掌握化学品重大危险源管理。
4. 掌握化学品事故现场处置基本方法。

【警示案例】危化品违法运输事故

（1）事故基本情况

2017 年 8 月 7 日 13 时 47 分，山东滨州高新区辖区内 205 国道与高新区新四路交叉口以北约 50 米处，发生一起危化品运输罐车自行爆炸事故。事故波及周边车辆和行人，共造成 5 人死亡，11 人受伤，直接经济损失约 1100 万元。

（2）事故原因

1）直接原因

危化品运输罐车，在运输甲基叔丁基醚后，未经蒸煮或清洗置换，又违规运输与甲基叔丁基醚禁忌的二叔丁基过氧化物。二叔丁基过氧化物与罐内残留的甲基叔丁基醚混合发生分解放热反应，或二叔丁基过氧化物在上述条件下自身急剧分解发生放热反应，最终发生爆炸。

2）间接原因

运输企业对融资经营危化品运输车辆只挂靠不管理，日常安全检查、教育培训不到位，所属车辆司机、押运员对公司运输资质范围不清、超资质违规装载。暴露出相关部门监管不到位、有法不依、执法不严等问题。

4.1 危险化学品的分类和危险特性

4.1.1 危险化学品的分类

4.1.1.1 国际通用的危险化学品分类标准

国际通用的危险化学品分类标准有联合国《关于危险货物运输的建议书》（简称UN-RTDG，又称“橙皮书”）和《全球化学品统一分类和标签制度》（简称GHS，又称“紫皮书”）两大系统。

（1）联合国《关于危险货物运输的建议书》

联合国“Recommendations on the Transport of Dangerous Goods”（中文名：《关于危险货物运输的建议书》，分为“Model Regulation”（《规章范本》）和“Manual of Tests and Criteria”（《试验和标准手册》）两个分册。

2015年第19修订版《关于危险货物运输的建议书：规章范本》的前言中提到：《关于危险货物运输的建议书》的对象，是各国政府和与危险货物运输安全问题有关的各国际组织。《关于危险货物运输的建议书》（《建议书》）第一版由联合国经济及社会理事会危险货物运输专家委员会编写，1956年首次出版（ST/ECA/43-E/CN.2/170）。为了适应技术发展和使用者不断变化的需要，专家委员会在随后的历届会议上，按照经济及社会理事会1957年4月26日第546G（XⅢ）号决议及之后的有关决议，对《建议书》进行了定期修订和增补。委员会第十九届会议（1996年12月2日至10日）通过了《危险货物运输规章范本》第一版，并作为附件收入《建议书》的第10修订版。这样做是为了方便将《危险货物运输规章范本》直接纳入所有模式、国家和国际规章，从面加强协调统一，便利所有有关法律文书的定期修订，也可使各成员国政府、联合国、各专门机构和其他国际组织节省大量资源。经济及社会理事会1999年10月26日第1999/65号决议扩大了专家委员会的任务范围，增加了不同管理制度适用的化学品分类和标签制度的全球统一分类，如运输和工作场所的安全、对消费者的保护和环境保护等。委员会经过重组，更名为“危险货物运输和全球化学品统一分类标签制度问题专家委员会”，委员会下设一个危险货物运输问题专家小组委员会，和一个全球化学品统一分类和标签制度专家小组委员会。委员会第七届会议（2014年12月12日），通过了对《关于危险货物运输的建议书：规章范本》的一系列修改，主要有黏性液体的运输、气体、聚合性物质、易燃液体或易燃气体动力内燃机或机器、电动车辆、锂电池组和氨配置系统。

联合国《关于危险货物运输的建议书：规章范本》第 20 修订版已于 2017 年 7 月正式发布。在“危险货物的分类和各类危险货物的定义”中规定了九类危险货物的鉴别指标，见表 4-1。

表 4-1　危险货物的分类名称

类别	名称
第1类	爆炸品
第2类	气体
第3类	易燃液体
第4类	易燃固体；易于自燃的物质；遇水放出易燃气体的物质
第5类	氧化性物质和有机过氧化物
第6类	毒性物质和感染性物质
第7类	放射性物质
第8类	腐蚀性物质
第9类	杂项危险物质和物品，包括危害环境物质

《关于危险货物运输的建议书：试验和标准手册》，是《关于危险货物运输的建议书：规章范本》和《全球化学品统一分类和标签制度》(《全球统一制度》) 的补充。手册中所载的各项标准、试验方法和程序，适用于根据《关于危险货物运输的建议书：规章范本》第二和第三部分的规定对危险货物进行分类，以及根据《全球统一制度》对危险化学品进行分类。

《试验和标准手册》最初由经济及社会理事会危险货物运输问题专家委员会编写，1984 年通过第一版，之后定期进行更新修订。从 2001 年起，危险货物运输和全球化学品统一分类和标签制度问题专家委员会取代了原先的委员会，《试验和标准手册》的更新工作现在也由新的委员会负责。

（2）《全球化学品统一分类和标签制度》

“Globally Harmonized System of Classification and Labelling of Chemicals”（中文名：《全球化学品统一分类和标签制度》）是根据 1992 年里约热内卢联合国环境与发展会议上通过的《21 世纪议程》中规定的任务，由国际劳工组织（ILO）、经济合作与发展组织（OECD）、联合国合作制定的，于 2003 年第一次出版的指导各国建立统一化学品分类和标签制度的规范性文件，因此也常被称为联合国 GHS。联合国 GHS 第一部发布于 2003 年，2005 年进行第一次修订，以后每两年修订一次，和联合国《关于危险货物运输的建议书》同步。

GHS 是指导各国控制化学品危害和保护人类健康与环境的规范性文件。其目的是通过提供一种全球统一的化学品危险性分类标准，以及统一的危险性公示制度来表述化学品的危害，提高对人类健康和环境的保护，同时，减少对化学品的测试和评估，促进国际化学品贸易便利化。

GHS 制度覆盖范围：a. GHS 制度涵盖了所有的化学品；b. GHS 针对的目标对象包括消费者、工人、运输工人以及应急响应人员；c. 化学品在人类有意摄入时的标签不在 GHS 的覆盖范围内，如药品、食品添加剂、化妆品和食品中的杀虫剂残留。GHS 不包括确定统一的试验方法或提倡进一步的试验。

GHS 制度包括两方面内容：GHS 制度危害性分类和 GHS 制度危害信息公示两部分。

GHS 制度将化学品的危害大致分为物理危害、健康危害和环境危害 3 大类，共 29 项（参见表 4-2）。其中物理危害细分为 16 小项，健康危害细分为 10 小项，环境危害细分为 2 小项。

表 4-2　危险化学品 GHS 制度（第 4 修订版）具体分类方法

大类	分项	大类	分项
1 物理危害	1.1 爆炸物	1 物理危害	1.16 金属腐蚀物
	1.2 易燃气体	2 健康危害	2.1 急性毒性
	1.3 气溶胶		2.2 皮肤腐蚀/刺激
	1.4 氧化性气体		2.3 严重眼损伤/眼刺激
	1.5 加压气体		2.4 呼吸道或皮肤致敏
	1.6 易燃液体		2.5 生殖细胞致突变性
	1.7 易燃固体		2.6 致癌性
	1.8 自反应物质和混合物		2.7 生殖毒性
	1.9 自燃液体		2.8 特异性靶器官毒性——一次接触
	1.10 自燃固体		2.9 特异性靶器官毒性——反复接触
	1.11 自热物质和混合物		2.10 吸入危害
	1.12 遇水放出易燃气体的物质和混合物	3 环境危害	3.1 对水生环境的危害
	1.13 氧化性液体		3.1.1 急性水生毒性
	1.14 氧化性固体		3.1.2 慢性水生毒性
	1.15 有机过氧化物		3.2 对臭氧层的危害

GHS 制度（紫皮书）与 RTDG（橙皮书）相比较，GHS 分类更细化也更全面。GHS 的试验方法由《关于危险货物运输的建议书：试验和标准手册》提供。

4.1.1.2　国内主要危险化学品分类标准

目前国内危险化学品分类标准已经与国际接轨，也是采用国际通用的危险化学品分类标准，即有联合国《关于危险货物运输的建议书》和《全球化学品统一分类和标签制度》两大系统。

（1）依据联合国《关于危险货物运输的建议书：规章范本》制定的国家标准

与联合国《关于危险货物运输的建议书》内容一致而发布的国家标准《危险货物分类和品名编号》（GB 6944—2012）及《危险货物品名表》（GB 12268—2012）将危险货物分为九类，见表 4-1。

（2）依据《全球化学品统一分类和标签制度》制定的国家标准

与《全球化学品统一分类和标签制度》内容一致而制定的国家标准《化学品分类和危险性公示通则》（GB 13690—2009），按理化、健康或环境的性质共分 3 大类，2013 年颁布了《化学品分类和标签规范》（GB 30000.2～29—2013）是按照（GHS）2011 年版（第 4 修订版）制订的。技术内容与 GHS（第 4 修订版）一致。具体分类方法参考表 4-2。

2015 年我国发布的《危险化学品目录》分类与 GHS 相近，分为爆炸品、气体（包含不燃气体、易燃气体和有毒气体）和易燃液体（包含低闪点液体、中闪点液体）3 大类。化工安全管理过程中主要采用 GHS 制度。

4.1.2　危险化学品危险特性简述

危险化学品造成事故的主要特征：易燃易爆性、扩散性、突发性、毒害性。从以下 5 方面简要叙述危险化学品的危险特性。

（1）燃烧性

爆炸物、易燃气体、气溶胶、氧化性气体、易燃液体、易燃固体、自反应物质和混合物、自燃液体、自燃固体、自热物质和混合物、遇水放出易燃气体的物质和混合物、氧化性液体、氧化性固体、有机过氧化物等，在条件具备时均可能发生燃烧。

燃烧能力大小取决于这类物质的化学组成，气体比液体、固体更易燃烧。一般分子越小，分子量越低，其物质化学性质越活泼，越易燃；燃点较低的、闪点较低的物质燃烧危险性较大。

（2）爆炸性

爆炸物、易燃气体、气溶胶、加压气体、氧化性气体、易燃液体、易燃固体、自反应物质和混合物、自燃液体、自燃固体、自热物质和混合物、遇水放出易燃气体的物质和混合物、氧化性液体、氧化性固体、有机过氧化物等危险化学品，均可能由于其化学活性或易燃性引发爆炸事故。

单一物质或几种物质的混合物之所以能自燃、爆炸，是因为它们在反应中放出大量的能量，这个能量就是反应热（燃烧热、分解热和爆炸热等），一般情况，反应热越大，该物质爆炸或自燃的危险性越大。

（3）毒害性

许多危险化学品可以通过一种或多种途径进入人体和动物体内，当其在人体或动物体内累积到一定量时，会扰乱或破坏机体的正常生理功能，引起暂时性或持久性的病理改变，甚至危及生命。

（4）腐蚀性

强酸、强碱等物质能与金属等物质进行物理和化学的相互作用，使金属等物质性能发生变化，导致金属等物质构成和系统功能受到损伤。另一方面强酸、强碱等物质接触人的皮肤、眼睛或肺部、食道等时，会引起表皮组织坏死而造成灼烧。内部器官灼烧后可引起炎症，甚至会造成死亡。

（5）放射性

放射性危险化学品通过放出的射线可以阻碍和伤害人体细胞活动机能并导致细胞死亡。射线还可以作为点火源引燃可燃物质。

4.2 危险化学品安全管理与技术概述

4.2.1 危险化学品的安全标签与安全技术说明书

GHS 制度包括两方面内容：GHS 制度危害性分类和 GHS 制度危害信息公示。而 GHS 制度采用两种方式公示化学品的危害信息：安全标签及安全技术说明书（SDS）。

4.2.1.1 化学品安全标签

在GHS 制度中一个完整的标签至少含有 5 个部分：化学品标识、象形图、信号词、危险性说明、防范说明。另外还可能包括应急咨询电话、供应商标识、资料参阅提示语等。

我国的《危险化学品安全管理条例》指出，危化品生产企业及经营企业必须在危险化学品包装（包括外包装件）上粘贴或者拴挂与包装内危险化学品相符的化学品安全标签。从法律层面规定了我国关于危险化学品安全标签的强制性使用要求。

同时，国家质检总局 2012 年第 30 号公告、安监总局《危险化学品登记管理办法》（第 53 号令）以及环保部《新化学物质环境管理办法》等中也明确指出了危险化学品在进出口、危化品登记、新化学物质登记等环节需提供安全标签的强制要求。

我国于 2009 年 6 月 1 日发布了安全标签编制的强制性国家标准《化学品分类和危险性公示通则》（GB 13690—2009）和《化学品安全标签编写规定》（GB 15258—2009），并于2010 年 5 月 1 日正式实施，其主要技术内容与联合国 GHS 制度一致。

2013 年依据当时《全球化学品统一分类和标签制度》制定的《化学品分类和标签规范》（GB 30000.2～29—2013）中确定了 28 种类别的化学品的分类标准和标签。例如对于爆炸物，《化学品分类和标签规范 第 2 部分：爆炸物》（GB 30000.2—2013）附录 B 中规定了爆炸物标签要素的分配，附录 C 中规定了爆炸物项别和标签。《化学品分类和标签规范 第 4 部分：气溶胶》（GB 30000.4—2013）附录 B 中规定了气溶胶标签要素的分配。

对于不同容量的容器或包装，标签的最低尺寸要求也有所差异，在 GB 15258—2009 中给出了详细要求，对不同容量的容器或包装，推荐了标签的最低尺寸，如表 4-3所示。

表 4-3 化学品标签的最低尺寸

容器或包装容积 V/L	$V \leqslant 0.1$	$0.1 < V \leqslant 3$	$3 < V \leqslant 50$	$50 < V \leqslant 500$	$500 < V \leqslant 1000$	$V > 1000$
标签尺寸/（mm×mm）	使用简化标签	50×75	75×100	100×150	150×200	200×300

对于小于或等于 100mL 的化学品小包装，为方便标签使用，安全标签要素可以简化，包括化学品标识、象形图、信号词、危险性说明、应急咨询电话、供应商名称及联系电话即可。与常规安全标签相比，简化标签不包含防范说明。

4.2.1.2 化学品安全技术说明书

（1）概述

GHS 制度除了采用安全标签外同时采用 Safety Data Sheet（安全数据单，简称 SDS）公示化学品的危害信息。之前也称为 MSDS（Material Safety Data Sheet），亦可译为化学品安全说明书、物质安全数据单或材料安全技术/数据说明书。目前规范的中文名为化学品安全技术说明书。

SDS 是化学品生产商和进口商用来阐明化学品的理化特性（如 pH 值、闪点、易燃度、反应活性等）以及对使用者的健康（如致癌、致畸等）可能产生的危害的一份文件。

GHS 制度化学品危害信息统一公示的 SDS 包括下面 16 方面的内容：标识、危害标识、成分/组成信息、急救措施、消防措施、意外泄漏措施、处置和存储、接触控制和个体防护、物理和化学性质、稳定性和反应性、毒理学信息、生态学信息、处置考虑因素、运输信息、管理信息、其他信息。

（2）化学品安全技术说明书的编写与查阅

依据《化学品安全技术说明书编写指南》（GB/T 17519—2013）可对化学产品编写化学品安全技术说明书。本修订标准于 2013 年 9 月 6 日发布，自 2014 年 1 月 31 日起实施，本修订标准参考 GHS 第四修订版、欧盟化学品管理局《化学品安全技术说明书编写指南》（1.1 版-2011.12）、美国国家标准 ANSI Z400.1/Z129.1—2010《工作场所有害化学品危害评估、安全技术说明书和安全标签的编写》等与编制 SDS 有关的国际和发达国家（地区）的法规、标准和指南文件，结合国内的实际需要而编制的规范性指导性文件。

标准中规定了化学品安全技术说明书的 16 项内容：第 1 部分化学品及企业标识；第 2 部分危险性概述；第 3 部分成分/组成信息；第 4 部分急救措施；第 5 部分消防措施；第 6 部分泄漏应急处理；第 7 部分操作处置与储存；第 8 部分接触控制和个体防护；第 9 部分理化特性；第 10 部分稳定性和反应性；第 11 部分毒理学信息；第 12 部分生态学信息；第 13 部分废弃处置；第 14 部分运输信息；第 15 部分法规信息；第 16 部分其他信息。

可以向生产厂家或经营商查询相关物质的《化学品安全技术说明书》，也可以从出版物、专业网站等处查阅。

4.2.2 危险化学品使用与储存安全

相关法律有《中华人民共和国安全生产法》《危险化学品安全管理条例》等。

4.2.2.1 《危险化学品安全管理条例》中相关规定

在《危险化学品安全管理条例》中第 28～32 条对危险化学品安全使用有明确要求，在第二章生产、储存安全中对危险化学品安全储存也有明确要求，摘录如下。

① 第二十八条：使用危险化学品的单位，其使用条件（包括工艺）应当符合法律、行政法规的规定和国家标准、行业标准的要求，并根据所使用的危险化学品的种类、危险特性以及使用量和使用方式，建立、健全使用危险化学品的安全管理规章制度和安全操作规程，保证危险化学品的安全使用。

② 使用危险化学品从事生产并且使用量达到规定数量的化工企业（属于危险化学品生产企业的除外），应当依照本条例的规定取得危险化学品安全使用许可证。

③ 申请危险化学品安全使用许可证的化工企业，除应当符合本条例第二十八条的规定外，还应当具备下列条件：

a. 有与所使用的危险化学品相适应的专业技术人员；

b. 有安全管理机构和专职安全管理人员；

c. 有符合国家规定的危险化学品事故应急预案和必要的应急救援器材、设备；

d. 依法进行了安全评价。

④ 新建、改建、扩建生产、储存危险化学品的建设项目（以下简称建设项目），应当由安全生产监督管理部门进行安全条件审查。

建设单位应当对建设项目进行安全条件论证，委托具备国家规定的资质条件的机构对建设项目进行安全评价，并将安全条件论证和安全评价的情况报告报建设项目所在地设区的市级以上人民政府安全生产监督管理部门；安全生产监督管理部门应当自收到报告之日起 45 日内作出审查决定，并书面通知建设单位。新建、改建、扩建储存、装卸危险化学品的港口建设项目，由港口行政管理部门按照国务院交通运输主管部门的规定进行安全条件审查。

⑤ 危险化学品应当储存在专用仓库、专用场地或者专用储存室（以下统称专用仓库）内，并由专人负责管理；剧毒化学品以及储存数量构成重大危险源的其他危险化学品，应当在专用仓库内单独存放，并实行双人收发、双人保管制度。

危险化学品的储存方式、方法以及储存数量应当符合国家标准或者国家有关规定。

4.2.2.2　国家标准具体规定

现行的主要相关国家标准有《常用化学危险品贮存通则》（GB 15603—1995，最新标准更名为《危险化学品储存通则》，目前在征求意见阶段）、《化学品分类和危险性公示通则》（GB 13690—2009）、"2017年危化品存储专项治理行动依据标准"等。

（1）危化品储存方式

危化品储存的方式主要有下列三种。

① 隔离贮存（Segregated Storage）：指在同一房间或同一区域内，不同的物料之间分开一定距离，非禁忌物料间用通道保持空间的贮存方式。

② 隔开贮存（Cut-off Storage）：指在同一建筑或同一区域内，用隔板或墙，将其与禁忌物料分离开的贮存方式。

③ 分离贮存（Detached Storage）：指在不同的建筑物或远离所有建筑的外部区域内的贮存方式。

（2）危化品储存安排

化学危险品贮存安排取决于化学危险品分类、分项、容器类型、贮存方式和消防的要求。

贮存量及贮存安排见表4-4。

表4-4　贮存量及贮存安排

贮存要求	贮存类别			
	露天贮存	隔离贮存	隔开贮存	分离贮存
平均单位面积贮存量/（t/m^2）	1.0～1.5	0.5	0.7	0.7
单一贮存区最大贮量/t	2000～2400	200～300	200～300	400～600
垛距限制/m	2	0.3～0.5	0.3～0.5	0.3～0.5
通道宽度/m	4～6	1～2	1～2	5
墙距宽度/m	2	0.3～0.5	0.3～0.5	0.3～0.5
与禁忌品距离/m	10	不得同库贮存	不得同库贮存	7～10

（3）危化品储存中的禁忌物料

危化品储存中要特别注意各物料之间的相互作用关系，要关注禁忌物料。禁忌物料（Incompatible Materials）是指化学性质相抵触或灭火方法不同的化学物料。危险化学品混存建议表见表4-5。常用危险化学品储存禁忌物配存表见GB 15603—1995附录A。

（4）危化品储存（仓库）的基本条件

1）供电

① 仓库上方，不准架设任何电缆；

② 引入仓库的供电线路应该采用铠装电缆；

③ 导线的绝缘强度一般不低于500V；

④ 一般不设照明，如需要，可采用库外的投光照明或防爆型照明灯；

⑤ 库区应该有通信设施，通信导线的绝缘强度不低于250V。

2）避雷

① 库房四周需装设避雷针；

表 4-5　危险化学品混存建议表

危险类别	2.1	2.2	2.3	3	4.1	4.2	4.3	5.1	5.2	6.1	6.2	7	8	9
2.1 易燃气体	√	√	√	2	1	√	√	2	2	√	4	2	1	√
2.2 无毒不燃气体	√	√	√	1	√	1	√	√	1	√	2	1	√	√
2.3 有毒气体	√	√	√	2	√	2	√	√	2	√	2	1	√	√
3 易燃液体	2	1	2	√	√	2	2	2	2	√	3	2	√	√
4.1 易燃固体	1	√	√	√	√	1	√	1	2	√	3	2	1	√
4.2 易自燃物质	2	1	2	2	1	√	1	2	2	1	3	2	1	√
4.3 遇水放出易燃气体的物质	2	√	√	2	√	1	√	2	2	√	2	2	1	√
5.1 氧化性物质	2	√	√	2	1	2	2	√	2	1	3	1	2	√
5.2 有机过氧化物	2	1	2	2	2	2	2	2	√	1	3	2	2	√
6.1 有毒物质	√	√	√	√	√	1	√	1	1	√	1	√	√	√
6.2 感染性物质	4	2	2	3	3	3	2	3	3	1	√	3	3	√
7 放射性物质	2	1	1	2	2	2	2	1	2	√	3	√	2	√
8 腐蚀性物质	1	√	√	√	1	1	1	2	2	√	3	2	√	√
9 杂项危险物质和物品	√	√	√	√	√	√	√	√	√	√	√	√	√	√

资料来源：来自合规化学网。

注：1 指可在同一个仓库存储，但是相互之间水平垂直投影距离不小于 3m。2 指可在同一个仓库存储，然而需在中间用挡板或其他隔离材料（防火防液）隔开，相互之间水平垂直投影距离不小于 6m。3 指需在中间用挡板或其他隔离材料（防火防液）隔开，或直接用一整个仓库在中间隔离，相互之间水平垂直投影距离不小于 12m。4 指需要用一整个仓库在中间隔离，相互之间水平垂直投影距离不小于 24m。√指在常规情况下可以混存，然而需要确认该产品是否有特殊隔离规定。

② 接地的引入线，断面积不小于 50mm，接地冲击电阻不大于 10Ω；

③ 避雷针与库房的距离不小于 3m（一般为 5～6m）；

④ 避雷针必须有单独的接地极板，并与地下电缆及库房的金属物体保持大于 3m的距离。

3）消防设施

① 配备必要的消防泵，水带，水枪和二氧化碳、泡沫、酸碱灭火器等；

② 建立和健全专职消防队伍或群众性义务消防组织；

③ 建立和健全必要的消防制度，加强防火宣传和灭火训练；

④ 配备消防水管道和配置消防栓等。

（5）危化品储存（仓库）安全储存管理提要

1）专库分储

根据化学品性质，甲、乙类化学品因为消防方法不同、反应等特点必须专库专储。如：三硝基苯酚与金属接触，易发生爆炸；氧化剂铬酸与易燃固体萘相互接触产生毒气；氰化钾与酸性腐蚀品混放，会产生氰化氢气体。

消防方法不同的危险化学品不得混放，如过氧化钠不能接触水（雾化水）与高锰酸钾。

储存保管要点如下：

① 爆炸物要用专库、专柜储存保管；

② 氧化剂不可与遇水燃烧物品、易燃液体、易燃固体、强酸腐蚀物放在一起；

③ 剧毒品必须专仓专储，一般毒品可以与性质不抵的其他化学品放在同一仓库内；

④ 腐蚀品除强酸外（硝酸、高氯酸、双氧水外）一般可以与易燃液体和固体同放，但分堆储存，有一定间距要求；

⑤ 易燃液体一般单独存放；

⑥ 压缩液化气体（钢瓶），应专仓专储，氢气和氧气必须分仓，氯气和氨气必须分仓；

⑦ 易燃固体、自燃物品，少量的可以隔离储存，大量的应该分库储存；

⑧ 放射性物品不可以与其他危险性化学品同一仓库。

2）出入库管理

① 贮存化学危险品的仓库，必须建立严格的出入库管理制度。

② 化学危险品出入库前均应按合同进行检查验收、登记，验收内容包括数量、包装、危险标志。经核对后方可入库、出库，当物品性质未弄清时不得入库。

③ 进入化学危险品贮存区域的人员、机动车辆和作业车辆，必须采取防火措施。

④ 装卸、搬运化学危险品时应按有关规定进行，做到轻装、轻卸。严禁摔、碰、撞击、拖拉、倾倒和滚动。

⑤ 装卸对人身有毒害及腐蚀性的物品时，操作人员应根据危险性，穿戴相应的防护用品。

⑥ 不得用同一车辆运输互为禁忌的物料。

⑦ 修补、换装、清扫、装卸易燃、易爆物料时，应使用不产生火花的铜制、合金制或其他工具。

3）储存控制

① 储存保管在通风、阴凉、低温、干燥的条件下。能自燃和易燃的物品堆垛应布置在温度较低、通风良好的场所。遇水反应的物品，不得存放在潮湿和积水的地方。根据要求，要通风，防止有毒害气体的影响，但要进行温度控制。

② 进行温度控制。

爆炸物品：存储温度低于 30℃，相对湿度 75%～80%。

氧化剂：受热分解的，控制在 32℃，含结晶水的氧化剂如硝酸盐，温度 28℃，相对湿度低于 75%。

压缩液化气体：温度不超过 32℃，相对湿度 80%以下。

自燃物品：温度在 28～30℃，相对湿度 80%以下。

遇水燃烧物品：库房 30℃左右，相对湿度 75%以下。

易燃液体：根据产品的闪点和沸点调整。闪点在 0℃以下和沸点在 50℃以下，仓库温度控制在 26℃以下。沸点在 50℃以上，闪点在 0～28℃，仓库温度控制在 28℃以下。闪点在 28～45℃，仓库温度控制在 32℃以下。易燃液体的湿度，除一些氯硅烷类要求在 75%左右，一般影响不大。

易燃固体：根据闪点进行控制，一般不高于 32℃。

毒害品：温度不超过 32℃，相对湿度应控制在 80%以下。

腐蚀性物品：根据产品的性质确定控制温度，湿度应保持在 75%。

4）废弃物处理

① 禁止在化学危险品贮存区域内堆积可燃废弃物品。例如，像红磷这样的易燃物质应放入煤油中保存。

② 泄漏或渗漏危险品的包装容器应迅速移至安全区域。

③ 按化学危险品特性，用化学的或物理的方法处理废弃物品，不得任意抛弃，污染环境。

4.2.3 危险化学品包装与运输安全

4.2.3.1 危险化学品包装安全

（1）包装的主要作用

包装的主要作用包含：①严密完善的包装，可以防止因接触风、阳光、潮湿、空气和杂质，使物质变质或发生剧烈化学反应而造成事故；②可以减少物质在储存过程中所受撞击和摩擦，使物质处于完整和相对稳定的状态，从而保证储运的安全；③防止物质撒漏、挥发以及物质性质相互抵触的事故发生或污染储运设备。

（2）包装分类

包装类别按危险程度分为Ⅰ、Ⅱ、Ⅲ三类。

Ⅰ类包装：货物具有较大危险性，包装强度要求高；

Ⅱ类包装：货物具有中等危险性，包装强度要求较高；

Ⅲ类包装：货物具有较小危险性，包装强度要求一般。

（3）相关法律法规

相关法规与技术标准有：《危险化学品安全管理条例》、《危险化学品包装物、容器定点生产管理办法》（国家经济贸易委员会令第37号，2002年11月15日施行）、《危险货物运输包装通用技术条件》（GB 12463—2009）及《包装储运图示标志》（GB/T 191—2008）等。

例如在《危险化学品安全管理条例》中对危险化学品包装的要求如下所示。

① 危险化学品的包装应当符合法律、行政法规、规章的规定以及国家标准、行业标准的要求。危险化学品包装物、容器的材质以及危险化学品包装的型式、规格、方法和单件质量（重量），应当与所包装的危险化学品的性质和用途相适应。

② 生产列入国家实行生产许可证制度的工业产品目录的危险化学品包装物、容器的企业，应当依照《中华人民共和国工业产品生产许可证管理条例》的规定，取得工业产品生产许可证；其生产的危险化学品包装物、容器经国务院质量监督检验检疫部门认定的检验机构检验合格，方可出厂销售。

③ 运输危险化学品的船舶及其配载的容器，应当按照国家船舶检验规范进行生产，并经海事管理机构认定的船舶检验机构检验合格，方可投入使用。

对重复使用的危险化学品包装物、容器，使用单位在重复使用前应当进行检查；发现存在安全隐患的，应当维修或者更换。使用单位应当对检查情况作出记录，记录的保存期限不得少于2年。

4.2.3.2 危险化学品运输安全

危险化学品运输过程中存在较大的安全隐患，必须合法合规对危化品进行运输才能保证其安全有效。

《危险化学品安全管理条例》中对危险化学品运输有明确规定：交通运输主管部门负责危险化学品道路运输、水路运输的许可以及运输工具的安全管理，对危险化学品水路运输安全实施监督，负责危险化学品道路运输企业、水路运输企业驾驶人员、船员、装卸管理人员、押运人员、申报人员、集装箱装箱现场检查员的资格认定。铁路监管部门负责危险化学品铁路运输及其运输工具的安全管理。民用航空主管部门负责危险化学品航空运输以及航空运输企业及其运输工具的安全管理。

在《危险化学品安全管理条例》的第五章运输安全中有更多详细的关于危险化学品运输安全的要求可供查询。

4.2.4 有毒化学品的危害与防护

UNRTDG（“橙皮书”）中指出，有毒物质是指经吞食、吸入或与皮肤接触后可能造成死亡或严重受伤或损害人类健康的物质。

GHS（“紫皮书”）和《化学品分类和标签规范》（GB 30000.2～29—2013）中的健康危险大类中大多属于有毒化学品，例如，急性毒性项、呼吸或皮肤致敏项、生殖细胞致突变性项、致癌性项等，环境危险大类中的危害水生环境项也是有毒化学品。

有毒化学品是指进入环境后通过环境蓄积、生物累积、生物转化或化学反应等方式损害健康和环境，或者通过接触对人体具有严重危害和具有潜在危险的化学品。

4.2.4.1 有毒化学品的分类

在化工实验和化工生产的实际环境中，有毒化学品按物理状态可以分为：气体、蒸气、雾、烟尘、粉尘这五类。有毒化学品以这几种形式污染环境，对人体产生毒害。

① 气体。指常温常压下呈气态的物质。例如硫化氢、一氧化碳等。

② 蒸气。指由液体蒸发或固体升华而形成的气体。例如苯蒸气、汞蒸气、萘蒸气等。

③ 雾。指混悬在空气中的液体微粒，多由蒸气冷凝或液体喷散形成。例如喷涂料时所形成的涂料雾、酸液清洗时形成的酸雾等。

④ 烟尘。又称为烟雾或烟气，指飘浮在空气中的烟状细小固体颗粒，其直径往往小于0.1μm。有机物例如石油、煤炭和塑料加热或燃烧时会产生烟尘。

⑤ 粉尘。指能较长时间飘浮于空气中的固体颗粒，其直径大多为 0.1～10μm。大多是由固体物质经机械加工时形成的。例如金属铝粉尘、石棉粉尘、高分子纤维粉尘等。

另外，有毒化学品还可按化学成分分为无机毒物和有机毒物；按损害的器官或系统分为神经毒性、血液毒性、肝脏毒性、肾脏毒性、呼吸系统毒性、全身性毒性（其中以金属为多，如铅、汞等）；按生物致毒作用分为刺激性（酸蒸气、氯、氨、二氧化硫等均属此类毒物）、窒息性（常见的如一氧化碳、硫化氢、氰化氢等）、麻醉性（芳香族化合物、醇类、脂肪族硫化物、苯胺、硝基苯等均属此类毒物）、致热源性、腐蚀性（强酸、强碱等均属此类毒物）、溶血性、致敏性、致癌性、致突变性、致畸胎性等；按毒性大小分为有毒化学品和剧毒化学品。

4.2.4.2 有毒化学品评价指标与分级

毒物的剂量与反应之间的关系用“毒性”一词来表示，毒性反映了化学物质对人体产生有害作用的能力。通常用动物实验的死亡数来反映物质的毒性。

① 绝对致死剂量或浓度（LD_{100} 或 LC_{100}）是指使全组染毒动物全部死亡的最小剂量或浓度；

② 半数致死剂量或浓度（LD_{50} 或 LC_{50}）是指使全组染毒动物半数死亡的剂量或浓度，

是将动物实验所得的数据进行统计处理而得的；

③ 最小致死剂量或浓度（MLD 或 MLC）是指使全组染毒动物中有个别动物死亡的剂量或浓度；

④ 最大耐受剂量或浓度（LD_0或 LC_0）是指使全组染毒动物全部存活的最大剂量或浓度。

通常用毒物的质量数与动物的每千克体重之比（即 mg/kg）来表示“浓度”或“剂量”。气体常用每立方米（或升）空气中所含毒物的质量（即 mg/m^3，g/m^3，mg/L）来表示。

根据《化学品分类和危险性公示通则》（GB 13690—2009）和《危险货物分类和品名编号》（GB 6944—2012）对有毒品进行分类和分级，满足下列条件之一即为急性毒害性物质（固体或液体）。

① 急性口服毒性：LD_{50}≤300mg/kg；

② 急性皮肤接触毒性：LD_{50}≤1000mg/kg；

③ 急性吸入粉尘或烟雾毒性：LC_{50}≤4mg/L；

④ 急性吸入蒸气毒性：LC_{50}≤5000mL/m^3；且在 20℃和标准大气压力下的饱和蒸气浓度大于等于 1/5LC_{50}。

《化学品分类和标签规范 第 18 部分：急性毒性》（GB 30000.18—2013）中根据急性毒性估计值（Acute Toxicity Estimate，ATE）将经口摄入、经皮肤接触和吸入粉尘或烟雾等分为 5 个类别，见表 4-6。

表 4-6 各类别急性毒性估计值

接触途径	单位	类别 1	类别 2	类别 3	类别 4	类别 5
经口	mg/kg	5	50	300	2000	5000 见具体标准
经皮肤	mg/kg	50	200	1000	2000	
气体	mL/L	0.1	0.5	2.5	20	见具体标准
蒸气	mg/L	0.5	2.0	10	20	
粉尘和烟雾	mg/L	0.05	0.5	1.0	5	

有关急性毒性物质具体分类、定义和判别方法可查阅《化学品分类和标签规范 第 18 部分：急性毒性》（GB 30000.18—2013）。

慢性毒性数据不像急性数据那么容易得到，而且试验程序范围也未标准化。

4.2.4.3 职业性接触毒物危害程度分级方法

《职业性接触毒物危害程度分级》（GBZ 230—2010）把原急性中毒发病状况、慢性中毒发病状况和慢性中毒后果 3 项指标整合为实际危害后果与预后 1 项指标，并明确定义和分级标准；增加了扩散性、蓄积性、刺激与腐蚀性、致敏性、生殖毒性 5 项指标；增加了指标权重和按照毒物危害指数进行分级的原则等。

职业性接触毒物危害程度分级，是以毒物的急性毒性、扩散性、蓄积性、致癌性、生殖毒性、致敏性、刺激与腐蚀性、实际危害后果与预后等 9 项指标为基础的定级标准。

分级原则是依据急性毒性、影响毒性作用的因素、毒性效应、实际危害后果等 4 大类 9 项分级指标进行综合分析、计算毒物危害指数确定。

职业接触毒物危害程度分为 4 个等级：轻度危害（Ⅳ级）、中度危害（Ⅲ级）、高度危害（Ⅱ级）极度危害（Ⅰ级）。分类指标如下：

轻度危害（Ⅳ级）：THI<35　　　　　高度危害（Ⅱ级）：50≤THI<65

中度危害（Ⅲ级）：35≤THI<50　　　极度危害（Ⅰ级）：65≤THI

毒物危害指数 THI 计算式：

$$\mathrm{THI}=\sum_{i=1}^{n}\left(k_iF_i\right) \tag{4-1}$$

式中，k 为分项指标权重系数；F 为分项指标积分值。k 和 F 值由表 4-7 确定。

表 4-7　分项指标权重系数和分项指标积分值的确定

分项指标		极度危害	高度危害	中度危害	轻度危害	轻微危害	权重系数
积分值		4	3	2	1	0	
急性吸入 LC_{50}	气体 /（cm^3/m^3）	<100	≥100～<500	≥500～<2500	≥2500～<20000	≥20000	5
	蒸气 /（mg/m^3）	<500	≥500～<2000	≥2000～<10000	≥10000～<20000	≥20000	
	粉尘、烟雾 /（mg/m^3）	<50	≥50～<500	≥500～<1000	≥1000～<5000	≥5000	
急性经口 LD_{50} /（mg/kg）		<5	≥5～<50	≥50～<300	≥300～<2000	≥2000	
急性经皮 LD_{50} /（mg/kg）		<50	≥50～<200	≥200～<1000	≥1000～<2000	≥2000	1
刺激与腐蚀性		pH≤2，或pH≥11.5；腐蚀作用或不可逆损伤作用	强刺激作用	中等刺激作用	轻刺激作用	无刺激作用	2
致敏性		有证据表明该物质能引起人类特定的呼吸系统致敏或重要脏器的变态反应性损伤	有证据表明该物质能导致人类皮肤过敏	动物试验证据充分，但无人类相关证据	现有动物试验证据不能对该物质的致敏性得出结论	无致敏性	2
生殖毒性		明确的人类生殖毒性：已确定对人类生殖能力、生育或发育造成有害效应的毒物，人类母体接触后可引起子代先天缺陷	推定的人类生殖毒性：动物试验生殖毒性明确，但对人类生殖毒性作用尚未确定因果关系，推定对人的生殖能力或发育产生有害影响	可疑的人类生殖毒性：动物试验生殖毒性明确，但无人类生殖毒性资料	人类生殖毒性未定论：现有证据或资料不足以对毒物的生殖毒性得出结论	无人类生殖毒性：动物试验阴性，人群调查结果尚未发现生殖毒性	3
致癌性		Ⅰ组：人类致癌物	ⅡA组：近似人类致癌物	ⅡB组：可能人类致癌物	Ⅲ组：未归入人类致癌物	Ⅳ组：非人类致癌物	4
实际危害后果与预后		职业中毒病死率≥10%	职业中毒病死率<10%，或致残（不可逆损害）	器质性损害（可逆性重要脏器损害），脱离接触后可治愈	仅有接触反应	无危害后果	5
扩散性（常温或工业使用时状态）		气态	液态，挥发性高（沸点<50℃），固态，扩散性极高（使用时形成烟或烟尘）	液态，挥发性中（50℃≤沸点<150℃），固态，扩散性高（使用时可见尘雾形成）	液态，挥发性低（沸点≥150℃），固态，晶体、粒状固体、扩散性中（使用时可见粉尘很快落下）	固态，扩散性低，使用时难见粉尘	3
蓄积性		蓄积系数<1；生物半减期≥4000h	蓄积系数≥1～<3；生物半减期≥400h～<4000h	蓄积系数≥3～<5；生物半减期≥40h～<400h	蓄积系数>5；生物半减期≥4h～<40h	生物半减期<4h	1

[计算举例 1]：职业性接触丙酮危害指数（见表 4-8）。

[计算举例 2]：职业性接触三氯乙烯危害指数（见表 4-9）。

表 4-8　职业性接触丙酮危害指数的计算

积分指标		文献资料数据	危害分值（*F*）	权重系数（*k*）
急性吸入 LC_{50}	气体/（cm^3/m^3）			5
	蒸气/（mg/m^3）	50100（8h，大鼠吸入）	0	
	粉尘、烟雾/（mg/m^3）			
急性经口 LD_{50}/（mg/kg）		5800（大鼠）	0	
急性经皮 LD_{50}/（mg/kg）		>15700（兔）	0	1
刺激与腐蚀性		强刺激性	3	2
致敏性		无致敏性	0	2
生殖毒性		生殖毒性资料不足	1	3
致癌性		非人类致癌物	0	4
实际危害后果与预后		可引起不可逆损害	3	5
扩散性（常温或工业使用时状态）		无色易挥发液体	2	3
蓄积性（或生物半减期）		生物半减期 19～31h	1	1
毒物危害指数		$THI=\sum_{i=1}^{n}(k_i \times F_i)=31<35$		
职业危害程度分级		轻度危害（Ⅳ级）		

表 4-9　职业性接触三氯乙烯危害指数的计算

积分指标		文献资料数据	危害分值（*F*）	权重系数（*k*）
急性吸入 LC_{50}	气体/（cm^3/m^3）			5
	蒸气/（mg/m^3）	137752，1h（大鼠吸入）	0	
	粉尘、烟雾/（mg/m^3）			
急性经口 LD_{50}/（mg/kg）		4920（大鼠）	0	
急性经皮 LD_{50}/（mg/kg）		无资料	—	1
刺激与腐蚀性		强刺激作用	3	2
致敏性		强致敏性	4	2
生殖毒性		动物生殖毒性明确但无人类生殖毒性资料	2	3
致癌性		ⅡA（IARC）	3	4
实际危害后果与预后		职业中毒病死率为 33%（1999.1—至今）	4	5
扩散性（常温或工业使用时状态）		无色、透明、易挥发，具有芳香味液体；沸点 87℃	2	3
蓄积性（或生物半减期）		尿中三氯乙酸排出较慢，一次接触后大部分 2～3 天后排出，每日接触则持续上升，可达第一天的 7～12 倍	2	1
毒物危害指数		$THI=\sum_{i=1}^{n}(k_i \times F_i)=60$		
职业危害程度分级		高度危害（Ⅱ级）		

4.2.4.4　毒性危险化学品侵入人体途径

毒性危险化学品可经呼吸道、消化道和皮肤进入人体。在工业生产中，毒性危险化学品主要经呼吸道和皮肤进入人体，有时也可经消化道进入。

（1）经呼吸道侵入

工业生产中毒性危险化学品进入人体的最重要的途径是呼吸道。凡是以气体、蒸气、雾、烟、粉尘形式存在的毒性危险化学品，均可经呼吸道侵入体内。呼吸道吸收程度与其在空气中的浓度密切相关，浓度越高，吸收越快。

人类的生理机能决定了人类需要呼吸含氧量高且较清洁的空气。但在事故救援、火灾事故现场等环境的空气中通常含有大量一氧化碳、氯化氢、氰化氢、硫化氢、氯气、丙烯醛等有毒气体，无法保证呼吸到清洁的空气。一旦吸入含氧量低或有毒物的空气，就会造成人体组织缺氧或毒害，导致人体损害或死亡。据有关资料表明：当空气中一氧化碳的浓度为 0.5%时，人经 20min 就会死亡；浓度为 1%时，人只吸几口就会失去知觉，经 1～2min 就会严重中毒，甚至死亡。而一般火灾烟气中，一氧化碳浓度可达 4%～5%，最高可达 10%左右。氢氰酸气体的毒性更大，可以使人"闪电中毒"而致死。

（2）经皮肤侵入

工业生产中，毒性危险化学品经皮肤吸收引起中毒也比较常见。脂溶性毒性危险化学品经表皮吸收后，还需有水溶性，才能进一步扩散和吸收，所以水、脂皆溶的物质（如苯胺）易被皮肤吸收。

皮肤主要是通过防护外界物理、化学效应来维持人体内部正常的"生态环境"，是人体最具威力的屏障。皮肤有三层：表皮、真皮、皮下组织。表皮含角质层，可以很有效地抗御外界影响。表皮内层即真皮，含丰富的结缔组织和血管、汗腺，另外还包含感受器和皮脂腺，皮脂腺分泌含特殊成分的油脂可以润滑皮肤，并且有防水功能，在某种程度上还可以防止细菌侵害。最内层皮肤便是皮下组织。人的皮肤因长期接触水而引起的角质层变厚（如游泳者皮肤皱缩的手）或含水量过低引起的脱水（在冬天，皮肤上会有紧绷干燥现象）都会导致皮肤抵御功能的下降；再就是与化学物质的接触也会由于化学物质通过碱性或酸性反应，或生成过敏性物质降低皮肤的抵御功能。如果生皮肤病则更会降低皮肤的抵御功能。虽然有些物质完全无法渗透到皮肤内，但也有一些有毒物质可以很容易地渗透皮肤进入人体内，对人体造成损害，例如：甲苯、二甲苯等溶剂，或以游离方式溶解于石油/汽油的物质，如四乙基铅等。

（3）经消化道侵入

工业生产中，毒性危险化学品经消化道吸收多半是由于个人卫生习惯不良，或接触了有毒物质后未彻底洗净，手沾染的毒性危险化学品随进食、饮水或吸烟等途径而进入消化道。进入呼吸道的难溶性毒性危险化学品，可经由咽部被咽下而进入消化道。经消化道吸收进入人体内造成毒害，也有可能造成灼伤。

4.2.4.5 毒性危险化学品对人体的危害

（1）中毒的类型

有毒物质对人体的危害主要为引起中毒。中毒分为急性、亚急性和慢性。毒物一次短时间内大量进入人体后可引起急性中毒；少量毒物长期进入人体所引起的中毒称为慢性中毒；介于两者之间的，称为亚急性中毒。

① 急性中毒。急性中毒是由于短时间内有大量毒物进入人体后，人体突然发生病变，具有发病急、病情变化快和病情重的特点，如一氧化碳中毒。

② 慢性中毒。慢性中毒是指长时间内有低浓度毒物不断进入人体，逐渐引起的病变。

慢性中毒绝大部分是蓄积性毒物所引起的，往往在从事该毒物作业数月、数年或更长时间才出现症状，如慢性铅、汞、锰等中毒。

③ 亚急性中毒。亚急性中毒介于急性与慢性中毒之间，病变较急性的时间长，发病症状较急性缓和，如二硫化碳、汞中毒等。

（2）对人体器官的危害

接触毒物不同，中毒后出现的病状亦不一样，现按人体的系统或器官将毒物中毒后的主要病状分述如下。

① 呼吸系统。在工业生产中，呼吸道最易接触毒物，特别是刺激性毒物，一旦吸入，轻者引起呼吸道炎症，重者发生化学性肺炎或肺水肿。常见引起呼吸系统损害的毒物有氯气、氨、二氧化硫、光气、氮氧化物以及某些酸类和酯类及磷化物等等。

② 神经系统。神经系统由中枢神经（包括脑和脊髓）和周围神经（由脑和脊髓发出，分布于全身皮肤、肌肉、内脏等处）组成。有毒物质可损害中枢神经和周围神经。主要侵犯神经系统的毒物称为“亲神经性毒物”，可引起神经衰弱综合征、周围神经病、中毒性脑病等。

③ 血液系统。在工业生产中，有许多毒物能引起血液系统损害。如苯、砷、铅等，能引起贫血；苯、巯基乙酸等能引起粒细胞减少症；苯的氨基和硝基化合物（如苯胺、硝基苯）可引起高铁血红蛋白血症，患者突出的表现为皮肤、黏膜青紫；氧化砷可破坏红细胞，引起溶血；苯、三硝基甲苯、砷化合物、四氯化碳等可抑制造血机能，引起血液中红细胞、白细胞和血小板减少，发生再生障碍性贫血；苯可致白血症已得到公认，其发病率为14/100000。

④ 消化系统。有毒物质对消化系统的损害很大。如铅中毒，可有腹部绞痛；黄磷、砷化合物、四氯化碳、苯胺等物质可致中毒性肝病；汞可致汞毒性口腔炎；氟可导致“氟斑牙”；汞、砷等毒物，经口侵入可引起出血性胃肠炎。

⑤ 泌尿系统。经肾随尿排出是有毒物质排出体外的最重要途径，加之肾血流量丰富，易受损害。泌尿系统各部位都可能受到有毒物质损害，如慢性铍中毒常伴有尿路结石，杀虫脒中毒可出现出血性膀胱炎等，但常见的还是肾损害。不少生产性毒物对肾有毒性，尤以重金属和卤代烃最为突出。

⑥ 循环系统。常见的有：有机溶剂中的苯、有机磷农药以及某些刺激性气体和窒息性气体对心肌的损害，其表现为心慌、胸闷、心前区不适、心率快等；急性中毒可出现休克；长期接触一氧化碳可促进动脉粥样硬化；等等。

⑦ 骨骼损害。长期接触氟可引起氟骨症；磷中毒会导致下颌改变，首先表现为牙槽嵴的吸收，随着吸收的加重发生感染，严重者发生下颌骨坏死；长期接触氯乙烯可致肢端溶骨症，即指骨末端发生骨缺损；镉中毒可发生骨软化；等等。

⑧ 眼损害。生产性毒物引起的眼损害分为接触性和中毒性两类。前者是毒物直接作用于眼部所致；后者则是全身中毒致眼部的改变。接触性眼损害主要为酸、碱及其他腐蚀性毒物引起的眼灼伤。眼部的化学灼伤重者可造成终生失明，必须及时救治。引起中毒性眼病最典型的毒物为甲醇和三硝基甲苯。

⑨ 皮肤损害。职业性皮肤病是职业性疾病中最常见、发病率最高的职业性伤害，其中化学性因素引起的占多数。根据作用机制不同引起皮肤损害的化学性物质分为原发性刺激物、致敏物和光敏感物。常见原发性刺激物为酸类、碱类、金属盐、溶剂等；常见皮肤致敏物有金属盐类（如铬盐、镍盐）、合成树脂类、染料、橡胶添加剂等；光敏感物有沥青、焦

油、吡啶、蒽、菲等。常见的疾病有接触性皮炎、油疹及氯痤疮、皮肤黑变病、皮肤溃疡、角化过度及皲裂等。

⑩ 化学灼伤。化学灼伤是化工生产中的常见急症，是化学物质对皮肤、黏膜刺激，腐蚀及化学反应热引起的急性损害。按临床分类有体表（皮肤）化学灼伤、呼吸道化学灼伤、消化道化学灼伤、眼化学灼伤。常见的致伤物有酸、碱、酚类、黄磷等。某些化学物质在致伤的同时可经皮肤、黏膜吸收引起中毒，如黄磷灼伤、酚灼伤、氯乙酸灼伤，甚至引起死亡。

⑪ 职业性肿瘤。接触职业性致癌性因素而引起的肿瘤，称为职业性肿瘤。我国2013年发布的《职业病分类和目录》中规定石棉所致肺癌、间皮瘤，联苯胺所致膀胱癌，苯所致白血病，氯甲醚、双氯甲醚所致肺癌，砷及其化合物所致肺癌、皮肤癌，氯乙烯所致肝血管肉瘤，焦炉逸散物所致肺癌，毛沸石所致肺癌、胸膜间皮瘤，煤焦油、煤焦油沥青、石油沥青所致皮肤癌，β-萘胺所致膀胱癌为法定的职业性肿瘤。

总之，机体与有毒化学物质之间的相互作用是一个复杂的过程，中毒后的表现千变万化，了解和掌握这些过程和表现，无疑将有助于我们对有毒化学物质中毒的了解和防治管理。

4.2.4.6 防毒措施

（1）替代

选用无害或危害性小的化学品替代已有的有毒有害化学品是消除化学品危害最根本的方法。例如用水基涂料或水基黏合剂替代有机溶剂基的涂料或黏合剂；使用水基洗涤剂替代溶剂基洗涤剂；喷漆和涂漆用的苯可用毒性小于苯的甲苯替代；用高闪点化学品取代低闪点化学品等。

注意：比较安全不一定是安全。取代物较被取代物安全，但其本身不一定是绝对安全的。若要达到本质安全，还需要采取其他控制措施。

（2）变更工艺

虽然替代作为操作控制的首选方案很有效，但是目前可供选择的替代品往往是很有限的，特别是因技术和经济方面的原因，不可避免地要生产、使用危险化学品，这时可考虑变更工艺。如改喷涂为电涂或浸涂；改人工装料为机械自动装料；改干法粉碎为湿法粉碎等。

（3）隔离

隔离是指采用物理的方式将化学品暴露源与作业人员隔离开的方式，是控制化学危害最彻底、最有效的措施。最常用的隔离方法是将生产或使用的化学品用设备完全封闭起来，使作业人员在操作中不接触化学品。如隔离整个机器，封闭加工过程中的扬尘点，都可以有效地限制污染物扩散到作业环境中去。

（4）通风

控制作业场所中的有害气体、蒸气或粉尘，通风是最有效的控制措施。借助于有效的通风，使气体、蒸气或粉尘的浓度低于最高容许浓度。通风分局部通风和全面通风两种。对于点式扩散源，可使用局部通风。使用局部通风时，污染源应处于通风罩控制范围内。对于面式扩散源，要使用全面通风，亦称稀释通风，其原理是向作业场所提供新鲜空气，抽出污染空气，从而稀释有害气体、蒸气或粉尘浓度。

（5）个体防护

工程控制措施虽然是减少化学品危害的主要措施，但是为了减少毒性暴露，工作人员还需从自身进行防护，以作为补救措施。工作人员本身的防护分两种形式：使用防护用品和讲究个人卫生。

在无法将作业场所中有害化学品的浓度降低到最高容许浓度以下时，作业人员就必须使用合适的个体防护用品。个体防护用品既不能降低工作场所中有害化学品的浓度，也不能消除工作场所的有害化学品，而只是一道阻止有害物进入人体的屏障。防护用品的失效就意味着保护屏障的消失，因此个体防护不能被视为控制危害的主要手段，而只能作为一种辅助性措施。

1）呼吸防护

据统计，职业中毒的95%左右是吸入毒物所致，因此预防肺尘埃沉着病、职业中毒、缺氧窒息的关键是防止毒物从呼吸器官侵入。呼吸防护用品主要分为过滤式（净化式）和隔绝式（供气式）两种。

① 过滤式呼吸器。只能在不缺氧的劳动环境（即空气中氧的含量不低于18%）和低浓度毒污染使用，一般不能用于罐、槽等密闭狭小容器中作业人员的防护。过滤式呼吸器分为过滤式防尘呼吸器和过滤式防毒呼吸器。

② 隔绝式呼吸器。能使戴用者的呼吸器官与污染环境隔离，由呼吸器自身供气（空气或氧气），或从清洁环境中引入空气维持人体的正常呼吸。可在缺氧、尘毒污染严重、情况不明的有生命危险的工作场所使用，一般不受环境条件限制。按供气形式分为自给式和长管式两种类型。

需要使用呼吸器的所有人员都必须进行正规培训，以掌握呼吸器的使用、保管和保养方法。

2）皮肤防护

为了防止由化学品的飞溅以及化学粉尘、烟、雾、蒸气等导致的眼睛和皮肤伤害，需要根据具体情况选择相应的防护用品或护具。皮肤防护主要依靠个人防护用品，如工作服、工作帽、工作鞋、手套、口罩、眼镜等。

3）消化道防护

作业人员养成良好的卫生习惯也是消除和降低化学品危害的一种有效方法，主要是防止有毒物质从消化道进入人体，保持个人卫生的基本原则有以下几点。

① 遵守安全操作规程并使用适当的防护用品。不直接接触能引起过敏的化学品。

② 工作结束后、饭前、饮水前、吸烟前以及便后要充分洗净身体的暴露部分。在衣服口袋里不装被污染的东西，如抹布、工具等。勤剪指甲并保持指甲洁净。

③ 时刻注意防止自我污染，尤其在清洗或更换工作服时更要注意。防护用品要分放、分洗。定期检查身体。

4.2.4.7 窒息性气体中毒的防护

窒息性气体是指被机体吸入后，可使氧的供给、摄取、运输和利用发生障碍，使全身组织细胞得不到或不能利用氧，而导致组织细胞缺氧窒息的有害气体的总称。

（1）窒息性气体分类

根据毒作用机制不同，大致可分为两类。

① 单纯窒息性气体是指由于其存在使空气中氧含量降低，导致机体缺氧窒息的气体。单纯性窒息性气体本身毒性很低或属惰性气体，但因其在空气中含量高，使氧的相对含量大大降低，致动脉血氧分压下降，导致机体缺氧窒息。如氮气、甲烷、二氧化碳、惰性气体、水蒸气等。

② 化学性窒息性气体主要对血液或组织产生特殊化学作用，使氧的运送和组织利用氧的功能发生障碍，造成全身组织缺氧，引起严重中毒。在工业生产中常见的有一氧化碳、氰化物和硫化氢等。按中毒机制不同又分为两小类。一是血液窒息性气体，其阻碍血红蛋白与氧结合或妨碍血红蛋白向组织释放氧，影响血液对氧的运输功能，导致组织供氧障碍而窒息，如一氧化碳、一氧化氮及苯的氨基和硝基化合物蒸气等。二是细胞窒息性气体，主要通过抑制细胞内呼吸酶，使细胞对氧的摄取和利用发生障碍，生物氧化不能进行，发生细胞“内窒息”，如硫化氢、氰化氢等。

（2）窒息性气体中毒的特点

① 任何一种窒息性气体的主要致病环节都是引起机体缺氧。

② 脑对缺氧最为敏感，轻度缺氧表现为注意力不集中、定向能力障碍等；较重时可有头痛、头晕、耳鸣、呕吐、嗜睡甚至昏迷；进一步可发展为脑水肿。因此治疗时，除坚持有效的解毒治疗外，关键的是脑缺氧和脑水肿的预防与处理。

③ 不同的化学性窒息性气体有不同的中毒机制，应针对中毒机制和中毒条件进行有效的解毒治疗。

（3）单纯窒息性气体的急性毒性作用原理与接触机会

单纯窒息性气体的急性毒性作用多是由短时间内空气中单纯窒息性气体增多，导致空气中氧含量下降而引起的。当空气中氧含量降到16%以下，人即可产生缺氧症状；氧含量降至10%以下，可出现不同程度意识障碍，甚至死亡；氧含量降至 6%以下，可发生猝死。人吸入浓度约 8%～10%二氧化碳后，即可出现明显的中毒症状。

单纯窒息性气体经呼吸道吸入进入人体，常见的接触机会有：清理纸浆池、沉淀池、酿酒池、沤粪池、糖蜜池、下水道、蓄粪坑、地窖等；工地桩井、竖井、矿井等；汽水和啤酒等饮品、干冰、灭火剂、发酵产品的生产；乙炔、氢气、合成氨及炭黑、硝基甲烷、一氯甲烷、二氯甲烷、三氯甲烷、二硫化碳、四氯化碳、氢氰酸等物质的化学合成；反应塔/釜、储藏罐、钢瓶等容器和管道的气相冲洗等。

（4）单纯窒息性气体的现场医疗救援

① 首要措施为迅速将病人移离中毒现场至空气新鲜处，脱去被污染衣服，松开衣领，保持呼吸通畅，并注意保暖。

② 当出现大批中毒病人时，应首先进行验伤分类，优先处理红标病人。

红标，具有下列指标之一者：意识障碍、抽搐、发绀。

绿标，具有下列指标者：头痛、头晕、乏力、心慌、胸闷等。

黑标，同时具备下列指标者：意识丧失、无自主呼吸、大动脉搏动消失、瞳孔散大。

对于红标病人要保持复苏体位，吸氧，立即建立静脉通道，出现反复抽搐时，及时采取对症支持措施。绿标病人脱离环境后，暂不予特殊处理，观察病情变化。

③ 中毒病人经现场急救处理后，尽快转送至当地综合医院或中毒救治中心。

特别注意事项：现场救援时，首先要确保工作人员安全，同时要采取必要措施避免或减少公众健康受到进一步伤害。现场救援和调查工作必须 2 人以上协同进行。进入严重缺氧环境（如出现昏迷/死亡病例或死亡动物的环境，或者现场快速检测氧含量低于 18%），必须使用自给式空气呼吸器（SCBA），并配戴氧气气体报警器；进入已经开放通风，且现场快速检测氧含量高于 18%的环境，一般不需要穿戴个人防护装备。现场处置人员在进行井下、池底、坑道、储仓、罐内等救援和调查时，必须系好安全带（绳），并携带通信工具。

4.3 危险化学品重大危险源管理

4.3.1 危险化学品重大危险源辨识

自2019年3月1日实施的《危险化学品重大危险源辨识》(GB 18218—2018)明确给出了定义：危险化学品重大危险源(Major Hazard Installations for Hazardous Chemicals)是指长期地或临时地生产、储存、使用和经营危险化学品，且危险化学品的数量等于或超过临界量的单元。

4.3.1.1 辨识依据

危险化学品重大危险源的辨识依据是危险化学品的危险特性及其数量，具体见表4-10和表4-11。

危险化学品临界量的确定方法如下。

① 在表4-10范围内的危险化学品，其临界量按表4-10确定，共85项，详见GB 18218—2018表1。

② 未在表4-10范围内的危险化学品，依据其危险性，按表4-11确定临界量；若一种危险化学品具有多种危险性，按其中最低的临界量确定。

表4-10 危险化学品名称及其临界量(示例)

序号	危险化学品名称和说明	别名	CAS号	临界量/t
31	叠氮化钡	叠氮钡	18810-58-7	0.5
32	叠氮化铅		13424-46-9	0.5
33	雷汞	二雷酸汞；雷酸汞	628-86-4	0.5
34	三硝基苯甲醚	三硝基茴香醚	28653-16-9	5
35	2,4,6-三硝基甲苯	梯恩梯；TNT	118-96-7	5
36	硝化甘油	硝化丙三醇；甘油三硝酸酯	55-63-0	1

表4-11 未在表4-10中列举的危险化学品类别及其临界量(示例)

类别	符号	危险性分类及说明	临界量/t
爆炸物	W1.1	不稳定爆炸物；1.1项爆炸物	1
	W1.2	1.2、1.3、1.5、1.6项爆炸物	10
	W1.3	1.4项爆炸物	50
易燃气体	W2	类别1和类别2	10
气溶胶	W3	类别1和类别2	150(净重)
氧化性气体	W4	类别1	50

注：危险化学品的纯物质及其混合物应按GB 30000.2～18—2013的规定进行分类。

4.3.1.2 重大危险源的辨识指标

（1）危险化学品重大危险源的辨识

单元内存在的危险化学品的数量根据处理危险化学品种类的多少区分为以下两种情况。

① 单元内存在的危险化学品为单一品种，则该危险化学品的数量即为单元内危险化学品的总量，若等于或超过相应的临界量，则定为重大危险源。

② 单元内存在的危险化学品为多品种时，则按式（4-2）计算，若满足式（4-2），则定义为重大危险源。

$$\frac{q_1}{Q_1}+\frac{q_2}{Q_2}+\frac{q_3}{Q_3}+\cdots+\frac{q_n}{Q_n}\geqslant 1 \tag{4-2}$$

式中 $q_1,q_2,\cdots,q_n$ —— 每种危险化学品实际存在量，t；

$Q_1,Q_2,\cdots,Q_n$ —— 与各危险化学品相对应的临界量，t。

（2）危险化学品重大危险源的分级

重大危险源分级依据：《危险化学品重大危险源监督管理暂行规定》和《危险化学品重大危险源辨识》（GB 18218—2018）。

危险化学品重大危险源根据其危险程度，分为一级、二级、三级和四级，一级为最高级别。重大危险源分级方法如下。

重大危险源分级指标：采用经校正系数校正后的单元内各种危险化学品实际存在（在线）量与其在《危险化学品重大危险源辨识》（GB 18218—2018）中规定的临界量比值之和 R 作为分级指标。

R 的计算式：

$$R=\alpha\left(\beta_1\frac{q_1}{Q_1}+\beta_2\frac{q_2}{Q_2}+\beta_3\frac{q_3}{Q_3}+\cdots+\beta_n\frac{q_n}{Q_n}\right) \tag{4-3}$$

式中 $q_1,q_2,\cdots,q_n$ —— 每种危险化学品实际存在（在线）量，t；

$Q_1,Q_2,\cdots,Q_n$ —— 与各危险化学品相对应的临界量，t；

$\beta_1,\beta_2,\cdots,\beta_n$ —— 与各危险化学品相对应的校正系数；

α —— 该危险化学品重大危险源厂区外暴露人员的校正系数。

校正系数 β 的取值：根据单元内危险化学品的类别不同，设定校正系数 β 值。在表 4-12 范围内的危险化学品，其 β 值按照表 4-12 确定；未在表 4-12 范围内的危险化学品，其 β 值按照表 4-13 确定。

表 4-12 常见毒性气体校正系数 β 取值表

毒性气体名称	一氧化碳	二氧化硫	氨	环氧乙烷	氯化氢	溴甲烷	氯	硫化氢	氟化氢	二氧化氮	氰化氢	碳酰氯	磷化氢	异氰酸甲酯
β	2	2	2	2	3	3	4	5	5	10	10	20	20	20

表 4-13　未在表 4-12 中列举的危险化学品校正系数 β 值取值表

类别	符号	β 校正系数	类别	符号	β 校正系数
急性毒性	J1	4	易燃液体	W5.2	1
	J2	1		W5.3	1
	J3	2		W5.4	1
	J4	2	自反应物质和混合物	W6.1	1.5
	J5	1		W6.2	1
爆炸物	W1.1	2	有机过氧化物	W7.1	1.5
	W1.2	2		W7.2	1
	W1.3	2	自燃液体和自燃固体	W8	1
易燃气体	W2	1.5	氧化性固体和液体	W9.1	1
气溶胶	W3	1		W9.2	1
氧化性气体	W4	1	易燃固体	W10	1
易燃液体	W5.1	1.5	遇水放出易燃气体的物质和混合物	W11	1

校正系数 α 的取值：根据重大危险源的厂区边界向外扩展 500m 范围内常住人口数量，设定厂外暴露人员校正系数 α 值，见表 4-14。

表 4-14　校正系数 α 取值表

厂外可能暴露人员数量	100 人以上	50～99 人	30～49 人	1～29 人	0 人
α	2.0	1.5	1.2	1.0	0.5

根据式（4-3）计算出来的 R 值，按表 4-15 确定危险化学品重大危险源的级别。

表 4-15　危险化学品重大危险源级别和 R 值的对应关系

危险化学品重大危险源级别	一级	二级	三级	四级
R 值	$R\geqslant100$	$100>R\geqslant50$	$50>R\geqslant10$	$R<10$

【例题】某企业的生产车间有苯乙烯 50t，旁边仓库分类存放如下物品：苯乙烯 400t，二甲醚 40t，40%甲醛 5t，二氧化硫 18t，硝化纤维素（含乙醇≥25%）0.8t，聚苯乙烯 500t。该企业 500m 范围内有一常住人口 160 人的居民小区。计算后回答：

① 此企业是否构成危险化学品重大危险源？

② 如果构成，危险化学品重大危险源级别为几级？

解：

① 题中所列化学品除 40%甲醛和聚苯乙烯外都是危险化学品。

1–苯乙烯 400t，2–二甲醚 40t，3–二氧化硫 18t，4–硝化纤维素（含乙醇≥25%）0.8t。q_1=400t，q_2=40t，q_3=18t，q_4=0.8t。

查 GB 18218—2018 表 1 得出 Q_1=500t，Q_2=50t，Q_3=20t，Q_4=10t，因此有：400/500+40/50+18/20+ 0.8/10=2.58>1，所以该企业构成危险化学品重大危险源。

② 用式（4-3）计算 R。

查表 4-14 得 α=2。查 GB 18218—2018 表 3 得 β_3=2。查询苯乙烯、二甲醚和硝化纤维素（含乙醇≥25%）的 SDS 表可知，这三种物质分别为 3 类易燃液体、1 类易燃气体、1.3 项爆炸物，结合 GB 18218—2018 表 2 和表 4 校正系数 β 分别为 β_1=1（W5.4），β_2=1.5（W2），β_4=2（W1.2）。

因此 $R=2\times(400/500+1.5\times40/50+2\times18/20+2\times0.8/10)=7.92$，小于 10。

根据表 4-15，该车间为四级危险化学品重大危险源。

4.3.2 危险化学品重大危险源控制

4.3.2.1 控制安全距离

危险化学品生产装置或者储存数量构成重大危险源的危险化学品储存设施（运输工具加油站、加气站除外），与下列场所、设施、区域的距离应当符合国家有关规定：

① 居住区以及商业中心、公园等人员密集场所；

② 学校、医院、影剧院、体育场（馆）等公共设施；

③ 用水源、水厂以及水源保护区；

④ 车站、码头（依法经许可从事危险化学品装卸作业的除外）、机场以及通信干线、通信枢纽、铁路线路、道路交通干线、水路交通干线、地铁风亭以及地铁站出入口；

⑤ 基本农田保护区、基本草原、畜禽遗传资源保护区、畜禽规模化养殖场（养殖小区）、渔业水域以及种子、种畜禽、水产苗种生产基地；

⑥ 河流、湖泊、风景名胜区、自然保护区；

⑦ 军事禁区、军事管理区；

⑧ 法律、行政法规规定的其他场所、设施、区域。

已建的危险化学品生产装置或者储存数量构成重大危险源的危险化学品储存设施不符合前款规定的，由所在地设区的市级人民政府安全监督管理部门会同有关部门监督其所属单位在规定期限内进行整改；需要转产、停产、搬迁、关闭的，由本级人民政府决定并组织实施。

储存数量构成重大危险源的危险化学品储存设施的选址，应当避开地震活动断层和容易发生洪灾、地质灾害的区域。

4.3.2.2 明确责任主体

危险化学品单位是本单位重大危险源安全管理的责任主体，其主要负责人对本单位的重大危险源安全管理工作负责，并保证重大危险源安全生产所必需的安全投入。

重大危险源的安全监督管理实行属地监管与分级管理相结合的原则。

县级以上地方人民政府安全生产监督管理部门按照有关法律、法规、标准和《危险化学品重大危险源监督管理暂行规定》，对本辖区内的重大危险源实施安全监督管理。

4.3.2.3 采用先进适用的技术

国家鼓励危险化学品单位采用有利于提高重大危险源安全保障水平的先进适用的工艺、技术、设备以及自动控制系统，推进安全生产监督管理部门重大危险源安全监管的信息化建设。

4.3.2.4 建立健全安全监测监控体系

危险化学品单位应当对重大危险源进行安全评估并确定重大危险源等级。危险化学品单位可以组织本单位的注册安全工程师、技术人员或者聘请有关专家进行安全评估，也可以委托具有相应资质的安全评价机构进行安全评估。

危险化学品单位应当根据构成重大危险源的危险化学品种类、数量、生产、使用工艺（方式）或者相关设备、设施等实际情况，按照下列要求建立健全安全监测监控体系，完善控制措施：

① 重大危险源配备温度、压力、液位、流量、组分等信息的不间断采集和监测系统以及可燃气体和有毒有害气体泄漏检测报警装置，并具备信息远传、连续记录、事故预警、信息存储等功能；一级或者二级重大危险源，具备紧急停车功能。记录的电子数据的保存时间不少于30天；

② 重大危险源的化工生产装置装备满足安全生产要求的自动化控制系统；一级或者二级重大危险源，装备紧急停车系统；

③ 对重大危险源中的毒性气体、剧毒液体和易燃气体等重点设施，设置紧急切断装置；毒性气体的设施，设置泄漏物紧急处置装置。涉及毒性气体、液化气体、剧毒液体的一级或者二级重大危险源，配备独立的安全仪表系统（SIS）；

④ 重大危险源中储存剧毒物质的场所或者设施，设置视频监控系统；

⑤ 安全监测监控系统符合国家标准或者行业标准的规定。

《危险化学品重大危险源监督管理暂行规定》中有明确要求：危险化学品单位应当对辨识确认的重大危险源及时、逐项进行登记建档。重大危险源档案应当包括下列文件、资料：

① 辨识、分级记录；

② 重大危险源基本特征表；

③ 涉及的所有化学品安全技术说明书；

④ 区域位置图、平面布置图、工艺流程图和主要设备一览表；

⑤ 重大危险源安全管理规章制度及安全操作规程；

⑥ 安全监测监控系统、措施说明、检测、检验结果；

⑦ 重大危险源事故应急预案、评审意见、演练计划和评估报告；

⑧ 安全评估报告或者安全评价报告；

⑨ 重大危险源关键装置、重点部位的责任人、责任机构名称；

⑩ 重大危险源场所安全警示标志的设置情况；

⑪ 其他文件、资料。

4.3.2.5 完善事故应急预案

危险化学品单位应当制定重大危险源事故应急预案演练计划，并按照下列要求进行事故应急预案演练：

① 对重大危险源专项应急预案，每年至少进行一次；

② 对重大危险源现场处置方案，每半年至少进行一次。

应急预案演练结束后，危险化学品单位应当对应急预案演练效果进行评估，撰写应急预案演练评估报告，分析存在的问题，对应急预案提出修订意见，并及时修订完善。

4.4 危险化学品事故现场处置基本方法

大多数化学品具有有毒、有害、易燃、易爆等特点，若在生产、储存、运输和使用过程中因意外或人为破坏等原因发生泄漏、火灾爆炸，极易造成人员伤害和环境污染的事故。制订完备的应急预案，了解化学品基本知识，掌握化学品事故现场应急处置程序，可有效降低事故造成的损失和影响。本节主要探讨危险化学品发生泄漏、火灾爆炸、中毒等事故时现场应如何应急抢险和救援。

4.4.1 隔离、疏散

4.4.1.1 建立警戒区域

事故发生后，应根据化学品泄漏扩散的情况或火焰热辐射所涉及的范围建立警戒区域，并在通往事故现场的主要干道上实行交通管制。建立警戒区域时应注意以下几项：

① 警戒区域的边界应设警示标志，并有专人警戒；

② 除消防、应急处理人员以及必须坚守岗位的人员外，其他人员禁止进入警戒区域；

③ 泄漏溢出的化学品为易燃品时，警戒区域内应严禁火种。

4.4.1.2 紧急疏散

迅速将警戒区域及污染区域内与事故应急处理无关的人员撤离，以减少不必要的人员伤亡。

紧急疏散时应注意：

① 如事故物质有毒时，需要佩戴个体防护用品或采用简易有效的防护措施，并有相应的监护措施；

② 应向侧上风方向转移，明确专人引导和护送疏散人员到安全区，并在疏散或撤离的路线上设立哨位，指明方向；

③ 不要在低洼处滞留；

④ 要查清是否有人留在污染区域与着火区域。

注意：为使疏散工作顺利进行，每个车间应至少有两个畅通无阻的紧急出口，并有明显标志。

4.4.2 防护

根据事故物质的毒性及划定的危险区域，确定相应的防护等级，并根据防护等级按标准配备相应的防护器具。

防护等级划分标准，见表 4-16。

表 4-16 防护等级划分标准

毒性	危险区		
	重度危险区	中度危险区	轻度危险区
剧毒	一级	一级	二级
高毒	一级	一级	二级
中毒	一级	二级	二级
低毒	二级	三级	三级
微毒	二级	三级	三级

防护标准，见表 4-17。

表 4-17 防护标准

级别	形式	防化服	防护服	防护面具
一级	全身	内置式重型防化服	全棉防静电内外衣	正压式空气呼吸器或全防型滤毒罐
二级	全身	封闭式防化服	全棉防静电内外衣	正压式空气呼吸器或全防型滤毒罐
三级	呼吸	简易防化服	战斗服	简易滤毒罐、面罩或口罩、毛巾等防护器具

4.4.3 询情和侦检

① 询问遇险人员情况，容器储量、泄漏量、泄漏时间、部位、形式、扩散范围，周边单位、居民、地形、电源、火源等情况，消防设施、工艺措施、到场人员处置意见。

② 使用检测仪器测定泄漏物质、浓度、扩散范围。

③ 确认设施、建（构）筑物险情及可能引发爆炸燃烧的各种危险源，确认消防设施运行情况。

4.4.4 现场急救

在事故现场，化学品对人体可能造成的伤害为中毒、窒息、冻伤、化学灼伤、烧伤等。进行急救时，不论患者还是救援人员都需要进行适当的防护。

（1）现场急救注意事项

选择有利地形设置急救点；做好自身及伤病员的个体防护；防止发生继发性损害；应至少 2～3 人为一组集体行动，以便相互照应；所用的救援器材需具备防爆功能。

（2）现场处理

迅速将患者脱离现场至空气新鲜处；

呼吸困难时给氧，呼吸停止时立即进行人工呼吸，心脏骤停时立即进行心脏按压；皮肤污染时，要脱去污染的衣服，用流动清水冲洗，冲洗要及时、彻底、反复多次；头面部灼伤时，要注意眼、耳、鼻、口腔的清洗；

当人员发生冻伤时，应迅速复温，复温的方法是采用 40～42℃恒温热水浸泡，使其温度提高至接近正常，在对冻伤的部位进行轻柔按摩时，应注意不要将伤处的皮肤擦破，以防感染；

当人员发生烧伤时，应迅速将患者衣服脱去，用流动清水冲洗降温，用清洁布覆盖创伤面，避免创伤面污染，不要任意把水疱弄破，患者口渴时，可适量饮水或含盐饮料。

注意：急救之前，救援人员应确认受伤者所在环境是安全的。另外，口对口的人工呼吸及冲洗污染的皮肤或眼睛时，要避免进一步受伤。

4.4.5 泄漏处理

危险化学品泄漏后，不仅污染环境，对人体造成伤害，如遇可燃物质，还有引发火灾爆炸的可能。因此，应及时、正确处理泄漏事故，防止事故扩大。泄漏处理一般包括泄漏源控制及泄漏物处理两大部分。

（1）泄漏源控制

可能时，通过控制泄漏源来消除化学品的溢出或泄漏。

在厂调度室的指令下，通过关闭有关阀门、停止作业或通过采取改变工艺流程、物料走副线、局部停车、打循环、减负荷运行等方法进行泄漏源控制。

容器发生泄漏后，采取措施修补和堵塞裂口。制止化学品的进一步泄漏，对整个应急处理是非常关键的。能否成功地进行堵漏取决于几个因素：接近泄漏点的危险程度、泄漏孔的尺寸、泄漏点处实际的或潜在的压力、泄漏物质的特性。堵漏方法见表 4-18。

表 4-18　堵漏方法

部位	形式	方法
罐体	砂眼	使用螺丝加黏合剂旋进堵漏
	缝隙	使用外封式堵漏袋、电磁式堵漏工具组、粘贴式堵漏密封胶（适用于高压）、潮湿绷带冷凝法或堵漏夹具、金属堵漏锥堵漏
	孔洞	使用各种木楔、堵漏夹具、粘贴式堵漏密封胶（适用于高压）、金属堵漏锥堵漏
	裂口	使用外封式堵漏袋、电磁式堵漏工具组、粘贴式堵漏密封胶（适用于高压）堵漏
管道	砂眼	使用螺丝加黏合剂旋进堵漏
	缝隙	使用外封式堵漏袋、金属封堵套管、电磁式堵漏工具组、潮湿绷带冷凝法或堵漏夹具堵漏
	孔洞	使用各种木楔、堵漏夹具、粘贴式堵漏密封胶（适用于高压）堵漏
	裂口	使用外封式堵漏袋、电磁式堵漏工具组、粘贴式堵漏密封胶（适用于高压）堵漏
阀门	—	使用阀门堵漏工具组、注入式堵漏胶、堵漏夹具堵漏
法兰	—	使用专用法兰夹具、注入式堵漏胶堵漏

（2）泄漏物处置

现场泄漏物要及时进行覆盖、收容、稀释、处理，使泄漏物得到安全可靠的处置，防止二次事故的发生。泄漏物处置主要有 4 种方法。

① 围堤堵截。如果化学品为液体，泄漏到地面上时会四处蔓延扩散，难以收集处理。为此，需要筑堤堵截或者引流到安全地点。贮罐区发生液体泄漏时，要及时关闭雨水阀，防止物料沿明沟外流。

② 稀释与覆盖。为减少大气污染，通常采用水枪或消防水带向有害物蒸气云喷射雾状水，加速气体向高空扩散，使其在安全地带扩散。在使用这一技术时，将产生大量的被污染水，因此应疏通污水排放系统。对于可燃物质，也可以在现场施放大量水蒸气或氮气，破坏燃烧条件。对于液体泄漏，为降低物料向大气中的蒸发速度，可用泡沫或其他覆盖物品覆盖外泄的物料，在其表面形成覆盖层，抑制其蒸发。

③ 收容（集）。对于大型泄漏，可选择用隔膜泵将泄漏出的物料抽入容器内或槽车内；当泄漏量少时，可用沙子、吸附材料、中和材料等吸收中和。

④ 废弃。将收集的泄漏物运至废物处理场所处置。用消防水冲洗剩下的少量物料，冲洗水排入含油污水系统处理。

（3）泄漏处理注意事项

进入现场的人员必须配备必要的个人防护器具；如果泄漏物是易燃易爆的，应严禁火种；应急处理时严禁单独行动，要有监护人，必要时用水枪、水炮掩护。

注意：化学品泄漏时，除受过特别训练的人员外，其他任何人不得试图清除泄漏物。

4.4.6 火灾控制

危险化学品容易发生火灾、爆炸事故，但不同的化学品以及在不同情况下发生火灾时，其扑救方法差异很大，若处置不当，不仅不能有效扑灭火灾，反而会使灾情进一步扩大。此外，由于化学品本身及其燃烧产物大多具有较强的毒害性和腐蚀性，极易造成人员中毒、灼伤。因此，扑救化学危险品火灾是一项极其重要而又非常危险的工作。从事化学品生产、使用、储存、运输的人员和消防救护人员平时应熟悉和掌握化学品的主要危险特性及相应的灭火措施，并定期进行防火演习，加强紧急事态时的应变能力。

一旦发生火灾，每个职工都应清楚地知道他们的作用和职责，掌握有关消防设施、人员疏散程序和危险化学品灭火的特殊要求等内容。

（1）灭火对策

① 扑救初期火灾。在火灾尚未扩大到不可控制之前，应使用适当的移动式灭火器来控制火灾。迅速关闭火灾部位的上下游阀门，切断进入火灾事故地点的一切物料，然后立即启用现有各种消防设备、器材扑灭初期火灾和控制火源。

② 对周围设施采取保护措施。为防止火灾危及相邻设施，必须及时采取冷却保护措施，并迅速疏散受火势威胁的物资。有的火灾可能造成易燃液体外流，这时可用沙袋或其他材料筑堤拦截流淌的液体或挖沟导流，将物料导向安全地点。必要时用毛毡、海草帘堵住下水井、阴井口等处，防止火焰蔓延。

③ 火灾扑救。扑救危险化学品火灾绝不可盲目行动，应针对每一类化学品，选择正确的灭火剂和灭火方法。必要时采取堵漏或隔离措施，预防次生灾害扩大。当火势被控制以后，仍然要派人监护，清理现场，消灭余火。

（2）几种特殊化学品的火灾扑救注意事项

① 扑救液化气体类火灾，切忌盲目扑灭火势，在没有采取堵漏措施的情况下，必须保持稳定燃烧。否则，大量可燃气体泄漏出来与空气混合，遇点火源就会发生爆炸，后果将不堪设想。

② 对于爆炸物品火灾，切忌用沙土盖压，以免增强爆炸物品爆炸时的威力；扑救爆炸物品堆垛火灾时，水流应采用吊射，避免强力水流直接冲击堆垛，使堆垛倒塌引起再次爆炸。

③ 对于遇湿易燃物品火灾，绝对禁止用水、泡沫、酸碱等湿性灭火剂扑救。

④ 氧化剂和有机过氧化物的灭火比较复杂，应针对具体物质具体分析。

⑤ 扑救毒害品和腐蚀品的火灾时，应尽量使用低压水流或雾状水，避免腐蚀品、毒害品溅出；遇酸类或碱类腐蚀品，最好调制相应的中和剂稀释中和。

⑥ 易燃固体、自燃物品一般都可用水和泡沫扑救，只要控制住燃烧范围，逐步扑灭即可。但有少数易燃固体、自燃物品的扑救方法比较特殊。如 2,4-二硝基苯甲醚、二硝基萘、萘等是易升华的易燃固体，受热放出易燃蒸气，能与空气形成爆炸性混合物，尤其在室内，易发生爆燃，在扑救过程中应不时向燃烧区域上空及周围喷射雾状水，并消除周围一切点火源。

注意：发生化学品火灾时，灭火人员不应单独灭火，出口应始终保持清洁和畅通，要选择正确的灭火剂，灭火时还应考虑人员的安全。

化学品火灾的扑救应由专业消防队来进行，其他人员不可盲目行动，待消防队到达后，介绍物料性质，配合扑救。

应急处理过程并非是按部就班地进行，而是根据实际情况尽可能同时进行多步处理，如危险化学品泄漏，应在报警的同时尽可能切断泄漏源等。

化学品事故的特点是发生突然，扩散迅速，持续时间长，涉及面广。一旦发生化学品事故，往往会引起人们的慌乱，若处理不当，会引起二次灾害。因此，各企业应制订和完善化学品事故应急救援计划。让每一个职工都知道应急救援方案，并定期进行培训，提高广大职工对付突发性灾害的应变能力，做到遇灾不慌、临阵不乱、正确判断、正确处理，增强人员自我保护意识，减少伤亡。

4.4.7 公共场所危险化学品应急要点

发现被遗弃的化学品，不要捡拾，应立即拨打报警电话，说清具体位置、包装标志、大致数量以及是否有气味等情况。立即在事发地点周围设置警告标志，不要在周围逗留。严禁吸烟，以防发生火灾或爆炸。

遇到危险化学品运输车辆发生事故，应尽快离开事故现场，撤离到上风口位置，不围观，并立即拨打报警电话。其他机动车驾驶员要听从工作人员的指挥，有序地通过事故现场。

居民小区施工过程中挖掘出有异味的土壤时，应立即拨打当地区（县）政府值班电话说明情况，同时在其周围拉上警戒线或竖立警示标志。在异味土壤清走之前，周围居民和单位不要开窗通风。

严禁携带危险化学品乘坐公交车、地铁、火车、汽车、轮船、飞机等交通工具。

【事故案例及分析】2015 年 8 月 12 日天津港爆炸特别重大生产安全责任事故

（1）事故基本情况

2015 年 8 月 12 日 22 时 51 分，位于天津市滨海新区吉运二道 95 号的瑞海国际物流有限公司（以下简称瑞海公司）危险品仓库运抵区最先起火，23 时 34 分 06 秒发生第一次爆炸，23 时 34 分 37 秒发生第二次更剧烈的爆炸。事故现场形成 6 处大火点及数十个小火点，8 月 14 日 16 时 40 分，现场明火被扑灭。

事故中心区为此次事故中受损最严重区域，该区域东至跃进路、西至海滨高速、南至顺安仓储有限公司、北至吉运三道，面积约为 54 万平方米。两次爆炸分别形成一个直径 15 米、深 1.1 米的月牙形小爆坑和一个直径 97 米、深 2.7 米的圆形大爆坑。以大爆坑为爆炸中心，150 米范围内的建筑被摧毁，东侧的瑞海公司综合楼和南侧的中联建通公司办公楼只剩下钢筋混凝土框架；堆场内大量普通集装箱和罐式集装箱被掀翻、解体、炸飞，形成由南至北的 3 座巨大堆垛，一个罐式集装箱被抛进中联建通公司办公楼 4 层房间内，多个集装箱被抛到该建筑楼顶；参与救援的消防车、警车和位于爆炸中心南侧的吉运一道和北侧吉运三道附近的顺安仓储有限公司、安邦国际贸易有限公司储存的 7641 辆商品汽车和现场灭火的 30 辆消防车在事故中全部损毁，邻近中心区的贵龙实业、新东物流、港湾物流等公司的 4787 辆汽车受损。爆炸冲击波波及区以外的部分建筑，虽没有受到爆炸冲击波直接作用，但由于爆炸产生地面震动，造成建筑物接近地面部位的门、窗玻璃受损，东侧最远达 8.5 公里，西侧最远达 8.3 公里，南侧最远达 8 公里，北侧最远达 13.3 公里。

事故造成165人遇难（参与救援处置的公安现役消防人员24人、天津港消防人员75人、公安民警11人，事故企业、周边企业员工和周边居民55人），8人失踪（天津港消防人员5人，周边企业员工、天津港消防人员家属3人），798人受伤住院治疗（伤情重及较重的伤员58人、轻伤员740人）；304幢建筑物（其中办公楼宇、厂房及仓库等单位建筑73幢，居民1类住宅91幢、2类住宅129幢、居民公寓11幢）、12428辆商品汽车、7533个集装箱受损。截至2015年12月10日，事故调查组已核定直接经济损失为68.66亿元。

事发当日，在瑞海公司危险品仓库里一共储存了7大类、111种、11300多吨危险货物，其中包括800吨硝酸铵、680吨氰化钠以及229吨硝化棉类货物。通过分析事发时瑞海公司储存的111种危险货物的化学组分，确定至少有129种化学物质发生爆炸燃烧或泄漏扩散，其中，氢氧化钠、硝酸钾、硝酸铵、氰化钠、金属镁和硫化钠这6种物质的重量占到总重量的50%。同时，爆炸还引燃了周边建筑物以及大量汽车、焦炭等普通货物。本次事故残留的化学品与产生的二次污染物逾百种，对局部区域的大气环境、水环境和土壤环境造成了不同程度的污染。

（2）事故原因分析

1）直接原因

瑞海公司危险品仓库运抵区南侧集装箱内硝化棉由于湿润剂散失出现局部干燥，在高温（天气）等因素的作用下加速分解放热，积热自燃；引起相邻集装箱内硝化棉和其他危险化学品长时间大面积燃烧，导致堆放于运抵区的硝酸铵等危险品发生爆炸。

2）间接原因

瑞海公司违法违规经营和储存危险货物，安全管理极其混乱，未履行安全生产主体责任，致使大量安全隐患长期存在。

（3）事故的主要教训和整改方向

① 把安全生产工作摆在更加突出的位置。

② 推动生产经营单位切实落实安全生产主体责任。

③ 进一步理顺港口安全管理体制。

④ 着力提高危险化学品安全监管法治化水平。

⑤ 建立健全危险化学品安全监管体制机制。

⑥ 建立全国统一的危险化学品监管信息平台。

⑦ 科学规划合理布局，严格安全准入条件。

⑧ 加强生产安全事故应急处置能力建设。

⑨ 严格安全评价、环境影响评价等中介机构的监管。

⑩ 集中开展危险化学品安全专项整治行动。

拓展阅读 **危险化学品事故案例及分析**（请扫描右边二维码获取）

思考题

1. 危险化学品如何分类？

2. 危险化学品的危险特性有哪些？

3. 评价毒性的指标有哪些？职业接触毒物危害程度如何分级？

4. 毒物进入人体的途径有哪些？

5. 常见的窒息性气体有哪些？哪些场合容易出现窒息性气体中毒事故？

6. 可燃液体如何分类？

7. 简述危险化学品的使用安全要点。

8. 简述危险化学品的储存安全要点。

9. 简述危险化学品的包装安全要点。

10. 简述危险化学品的运输安全要点。

11. 何谓 SDS？其包含哪些内容？

12. 危险化学品重大危险源的定义是什么？如何辨识？如何分级？

13. 简述化学品事故应急处理的一般过程。

第5章

化工实验室安全

化学化工是一门实验科学。学生在大学本科、研究生阶段学习中，有相当多的时间是在实验室中度过。化工及相关专业的学生在进行化工实验时，应当主动接受学校所开展的各种安全教育培训，自觉学习安全知识，增强安全意识，提高自我防范能力，防止各种事故的发生，对所进行的实验必须做到心中有数、安全第一。

学校实验室是从事实验教学或科学研究的场所，是培养学生理论知识应用能力、分析和解决问题能力，培养具有创新思维和创新能力的高素质人才的实践基地。化工实验室由于涉及易燃、易爆、有毒、有害及有腐蚀性的化学品，常常潜藏着诸如发生爆炸、着火、中毒、灼伤、割伤、触电等事故的危险性，所以必须建立和健全化工实验室的各项规章制度和实验室安全防范措施，保证学生安全完成实验教学和科学研究任务。

本章学习要求

1. 掌握化工实验室安全基础知识。
2. 了解常用化学品安全使用方式。
3. 了解化工实验室常用设备的安全使用。
4. 了解实验室灼伤及其防护。

【警示案例】氢气瓶爆炸事故

（1）事故基本情况

2015年12月18日上午10时10分左右，某大学化学系实验楼二层的一间实验室发生爆炸火灾事故，一名正在做实验的孟博士后当场身亡。

（2）事故原因

实验所用氢气瓶意外爆炸、起火，导致实验人员腿伤身亡。

当时进行的是催化加氢实验，这是一个常规实验。爆炸的是一个氢气钢瓶，爆炸点距离孟博士后的操作台两三米处，钢瓶底部爆炸。钢瓶原长度大概一米，爆炸后只剩上半部大概40cm。据了解，钢瓶厚度为1cm，可见当时爆炸威力巨大。

（3）设立安全教育日

12月24日，该大学官方微博发布消息：今天，是化学系爆炸事故第七天，追忆逝者，警醒世人，化学系将12月18日设为安全教育日，永远把安全放在第一位。

5.1 化工实验室安全基本原理和规程

实验教学是化工教学的重要组成部分。化工类专业学生牢固地掌握实验室安全基本原理和规程是非常重要的，随着专业学习的逐步深入，他们对安全的理解和实践应该逐步加深和强化。在大学期间帮助学生培养安全第一的意识和树立良好的安全观念至关重要，随着在化学化工方面知识储备和技能的提高，他们能做出更好的判断。

5.1.1 化工实验室三级安全教育

三级安全教育是指新入厂职员、工人的厂级安全教育，车间级安全教育和岗位（工段、班组）安全教育，也是厂矿企业安全生产教育制度的基本形式。同理，学生进入化工实验室前，学院、系、课题组必须对学生进行安全教育，完成安全教育后才允许学生进入实验室。有句话说得好：安全状态来自安全意识，安全意识来自安全知识，安全知识来自教育学习。对学生的三级安全教育就是要让学生有安全意识，时刻把安全放在第一位，安全无小事。

具体讲，学生进入实验室必须遵守实验室的安全守则，每个实验室根据所做实验的类别不同都有不同的安全要求。下面列举了某个化工实验室的安全守则。

化学与化学工程实验室安全守则：

① 实验人员必须切实加强消防安全意识，熟悉本实验室燃气、电源、水掣总开关位置，熟悉防火器材（灭火筒、防火砂等）及各种钢瓶的位置和使用方法。

② 每一次实验，必须预先了解所用药品和仪器的性能与操作规程，防止化学反应及实验操作过程发生着火和爆炸。出现意外事故要及时报警（火警电话：119），师生应通力排除抢救，事后要作书面报告。

③ 离开实验室必须拔除个人所用的电源插头，关闭水、气开关；临时离开实验室时，正在进行的实验必须委托别人照管。最后离开实验室者必须检查整个实验室的安全情况，逐个检查火、水掣开关，务必关好全实验室的燃气电源总开关。

④ 领用或购入溶剂的数量要适宜，并且务必妥善分类放置。易燃、易爆药品由使用者保管和负安全责任。醋酸酐、乙醚、三氯甲烷或其他可用于制造麻醉药品和精神药品的试剂，应严格按照有关规定领用与管理。

⑤ 气体钢瓶放置靠近实验室门口，并远离电炉、烘箱和火源；每个钢瓶要贴字标明气种及保管人姓名，如遇火警，要尽可能抢运远离火警现场，每一个氢气钢瓶要附开关阀门或扳手，并放在附近地点。

⑥ 空置的包装木箱、纸箱和旧布等杂品不准在实验室堆放，空试剂瓶要及时处理。实验楼内走廊，除灭火器材外，不准放置其他物品，切实消除一切隐患。

⑦ 下班时最后离开实验室者，须锁好门窗，注意防盗、防风雨。

⑧ 节假日加班实验，须预先经室主任批准后报所办公室备案，晚上和节假日，研究生要有 2 人以上、本科生要有教师或研究生陪同才准予进行实验，并要签名登记。所

有人员晚上须在 23 时前离开实验室，因故推迟的应到值班人员处登记，以方便大楼的安全管理。

⑨ 自觉爱护和管理好实验室内和分工负责维护的走廊上的防火器材，不得将杂物丢入防火砂箱。

学生在做化工实验时，要求穿戴好个人防护用品（PPE），遵守各个实验室的安全规章制度，顺利完成要求的各个实验环节。

5.1.2 化工实验基本程序

化学化工实验过程，包括预习准备工作、进行实验操作和撰写实验报告三个过程。

（1）预习准备工作

1）实验前的预习

了解物系性质，包括所用化学品的毒性及防护措施。

可通过化学品安全技术说明书（Safety Data Sheet，SDS）查询，以下是化学品安全技术说明书目录。

第一部分化学品及企业标识

第二部分危险性概述

第三部分成分/组成信息

第四部分急救措施

第五部分消防措施

第六部分泄漏应急处理

第七部分操作处置与储存

第八部分接触控制和个体防护

第九部分理化特性

第十部分稳定性和反应性

第十一部分毒理学信息

第十二部分生态学信息

第十三部分废弃处置

第十四部分运输信息

第十五部分法规信息

第十六部分其他信息

SDS 由供方提供，及时更新，所有接触者都必须了解。

通过查阅实验中所涉及化学品的 SDS，能帮助学生全面了解实验中化学品的物性、危险性、防护措施、急救措施等信息，做到“知之不惑”。

2）仔细阅读实验教材

明确实验内容、实验目的与要求，掌握实验的基本原理，设计合理的实验方案，明确实验的操作条件、设备、步骤、方法和注意事项。

同时，仔细阅读《实验室守则》，了解规范操作、安全事项等，在这基础上完成实验预习报告。

（2）进行实验操作

实验时要穿戴好个人防护用品，包括工作服，必要时佩戴安全防护眼镜、防护手套及防毒面具等；要按实验步骤正确操作，仔细观察，积极思考问题，及时做好记录。实验完毕，进行安全检查，包括水、电、气（汽）。注意“三废”的处理。

（3）撰写实验报告

根据原始记录，联系理论知识，深入分析问题，认真整理数据，得出结果或结论，完成实验报告。

5.1.3 实验室安全用电

在实验过程中，总要进行加热、搅拌等实验操作，在用到相关电器设备时，必须注意用电安全。如某个实验室的安全用电须知如下。

① 不用潮湿的手接触电器；

② 电源裸露部分应有绝缘装置（例如电线接头处应裹上绝缘胶布）；

③ 所有电器的金属外壳都应保护接地；

④ 实验时应连接好电路后再接通电源，实验结束时先切断电源再拆线路；

⑤ 修理或安装电器时，应先切断电源；

⑥ 不能用试电笔去试高压电，使用高压电源应有专门的防护措施；

⑦ 不乱接电源，不乱拉电线，不超负荷用电；

⑧ 如有人触电，应迅速切断电源，然后进行抢救；

⑨ 使用的保险丝要与实验室允许的用电量相符；

⑩ 电线的安全通电量应大于用电功率；

⑪ 室内若有氢气、煤气等易燃易爆气体，应避免产生电火花，继电器工作和开关电闸时，易产生电火花，要特别小心，电器接触点（如电插头）接触不良时，应及时修理或更换；

⑫ 如遇电线起火，应立即切断电源，用沙或二氧化碳、四氯化碳灭火器灭火，禁止用水或泡沫灭火器等导电液体灭火。

5.1.4 实验室安全用水

在实验室中，配制溶液、清洗仪器及冷却等都要用到水。实验室使用的水有 2 种：纯水和自来水。纯水一般都是使用专业的实验室超纯水机将自来水（天然水）净化处理而得到。

根据国家标准 GB/T 6682—2008《分析实验室用水规格和试验方法》的规定，分析实验室用水分为三个级别：一级水、二级水和三级水。

一级水：用于有严格要求的分析试验，包括对颗粒有要求的试验，如高效液相色谱分析用水。一级水可用二级水经过石英设备蒸馏或离子交换混合床处理后，再经 0.2μm 微孔滤膜过滤来制取。

二级水：用于无机痕量分析等试验，如原子吸收光谱分析用水。二级水可用多次蒸馏或离子交换等方法制取。

三级水：用于一般的化学分析试验。三级水可用蒸馏或离子交换等方法制取。

以下为某个实验室的安全用水须知。

① 水龙头阀门要做到不滴不漏不冒。不放任自流，下水道堵塞及时疏通。发现问题及时处理。

② 停水后要检查水龙头是否都拧紧；开龙头，发现停水要随即关上开关。

③ 有水逸出要及时处理，以防渗漏。

④ 实验室用自来水，水患多半由冷凝装置的胶管老化、滑脱引起，故这些胶管一般采用厚壁橡胶管，1～2 个月更换一次。

⑤ 冷凝装置用水的流量要适合，防止压力过高，导致胶管脱落。晚上离开时关闭冷凝水。

⑥ 用水设备的防冻保暖。室外水管龙头可用麻织物或绳子进行包裹以防冻。对已冰冻

的水龙头、水表、水管，宜先用热毛巾包裹水龙头，然后浇温水使水龙头解冻，再拧开水龙头。用温水沿自来水龙头慢慢向管子浇洒使水管解冻。切忌用火烘烤。

⑦ 节约用水。

5.1.5 实验室的安全防护

(1)防火灾

加强实验室防火安全，应注意以下几个方面：

① 严格遵守各项安全规章制度、安全操作规程和有关制度；

② 使用仪器设备前应认真检查电源、管线、火源、辅助仪器设备等情况；

③ 严禁非工作用电炉或其他明火，因实验需要使用时必须远离易燃易爆化学物品；

④ 电热设备必须放在阻燃基座上专人使用；

⑤ 实验场所（实验室和实验大楼）严禁吸烟；

⑥ 不要将与实验无关的物品带进实验室；

⑦ 保持实验室内外安全通道畅通，严禁占用走廊堆放物品；

⑧ 高压容器要有固定场所；

⑨ 实验结束后，不要急于离开实验室，必须进行全面清理和安全检查，检查水、电、气、药品，清除杂物和垃圾；

⑩ 实验室如果着火不要惊慌，应根据情况进行灭火，常用的灭火剂有水、沙、二氧化碳灭火器、四氯化碳灭火器、泡沫灭火器和干粉灭火器等，可根据起火的原因选择使用。

(2)防爆炸

使用易爆危险品时，一定要注意防爆安全规定。

① 加强易燃易爆管理，严格按操作规程开展实验工作；

② 存放安全可靠，专人保管，防止丢失和爆炸（炸药、雷管）；

③ 了解所用化学品的爆炸极限范围；

④ 严禁无关人员进入实验室；

⑤ 剩余的化学试剂应送回规定地方存放；

⑥ 高压容器要有固定场所，要进行安全检查，严防气体、液体泄漏，严防日光暴晒并远离热源，高压容器不宜充装过满；

⑦ 要有明显标志；

⑧ 易燃和助燃气瓶分开放置，使用时离明火 10 米以上。

(3)防中毒

实验室防中毒应注意以下几点：

① 实验室应做好通风排气工作；

② 有强刺激和有毒烟雾的实验必须在通风橱内进行；

③ 实验涉及使用汞时，防汞蒸气中毒（备硫黄）；

④ 严格按照操作规程操作，尽量避免有毒物品进入人体皮肤、呼吸系统、消化系统；

⑤ 戴好个人防护用品；

⑥ 禁止在实验室内喝水、吃东西，不要带饮食用具进实验室以防毒物污染，离开实验室及饭前要洗净双手；

⑦ 把好申购、申领关；

⑧ 实验结束后要将实验中产生的废液、废渣等妥善处理，不得随意排放。

5.1.6 实验室的三废处理

实验室所排出的废水、废气与固体废弃物统称实验室三废，其量往往很大。为保证实验室人员的健康与安全，防止污染环境，排放三废应符合卫生要求。以下为某实验室对三废排放的基本要求。

① 无毒，或使排放浓度低于国家或有关部门所规定的最高容许浓度。

② 凡易燃、易爆、自燃物品或遇水致燃物品，均不得直接排放，如二硫化碳、叠氮汞、三硝基甲苯、三乙基铝、黄磷、金属钠等。

③ 对排水管道有腐蚀性的物质，应转化为非腐蚀性物质，如使硫酸转为硫酸钠或硫酸钙。

④ 与水、空气不会发生激烈反应或形成有害物质。

⑤ 不含病原体、致癌物、诱变物、致畸物。

⑥ 放射性三废尤其要符合国家规定的排放要求。

⑦ 化学性质极为活泼的物质，应先用适当的惰性材料加以稀释，再作相应的处理，如四氯化锡可用砂、土稀释后再进行处理。

⑧ 有些物质，无论是单质或化合物，均有较大的毒性，应设法回收，不得排放，如汞及其盐类。

5.2 常用化学品安全使用

5.2.1 强酸、强碱及腐蚀剂的安全使用

实验室使用的强酸和强碱有：硝酸、硫酸、盐酸、氢氧化钠、氢氧化钾、氨水等，腐蚀性强烈的物质有：溴及溴水、硝酸、硫酸、王水、氢氟酸、铬酸溶液、氢氰酸、五氧化二磷、磷酸、氢氧化锂、氢氧化钠、氢氧化铵、冰醋酸、磷、硝酸银、盐酸等对皮肤均有刺激作用和腐蚀作用，会造成化学灼伤。吸入强酸烟雾会刺激呼吸道，使用时应倍加小心。以下为实验室对强酸、强碱及腐蚀剂的安全使用要求。

① 搬运和使用腐蚀性化学品，如强酸、强碱及溴等，要戴橡皮手套、围裙、眼镜，并穿深筒胶鞋，在实验室应备有洁净洗用水、毛巾、药棉和急救中和的溶液，实验人员应熟悉化学品的性质和操作方法。

② 搬运酸、碱前应仔细做下列几项检查：装运器具的强度是否可靠；装酸或碱的容器是否封严；容器的位置固定得是否稳定；搬运时，禁止一人把容器背在背上。

③ 移注酸、碱液时，要用虹吸管，不要用漏斗，以防酸或碱溶液溅出。

④ 酸、碱或其他腐蚀性液体，禁止用嘴直接吸取，如无移液管可用量筒量取。

⑤ 开放盛有溴、过氧化氢、氢氟酸、氨水和苛性碱溶液的容器时，应先用水冷却，然后开瓶。开瓶时，瓶口不准对人。

⑥ 拿取碱金属及其氢氧化物和氧化物时，必须用镊子夹取或用磁匙取用，且操作人员须戴橡胶手套、口罩和眼镜。

⑦ 废酸、废碱必须倒入专门的筒内，废液筒应放在安全的地方。

举例：硫酸的安全使用

硫酸（H_2SO_4）纯品为无色油状腐蚀性液体，为强氧化剂，与可燃性、还原性物质激烈反应，有强烈的吸湿性，密度为1.84g/cm^3，熔点为10.4℃，沸点为338℃，可用于制造硫酸铵、磷酸、硫酸铝合成药物、合成染料、合成洗涤剂和金属酸洗剂。硫酸与水、醇混合产生大量热，体积缩小。硫酸属中等毒类的化学品，对皮肤黏膜有很强的腐蚀性。吸入高浓度的硫酸酸雾会刺激上呼吸道；眼睛溅入硫酸后会引起结膜炎及水肿，使角膜浑浊以至穿孔。皮肤接触会局部刺痛，皮肤由潮红转为暗褐色。误服硫酸后，口腔、咽部、胸部和腹部立即有剧烈的灼热痛。硫酸虽不燃，但很多反应却会起火或爆炸，如与易燃物质（如苯）和有机物（如糖、纤维素等）接触会发生剧烈反应，甚至引起燃烧。能与一些活性金属粉末发生反应，放出氢气。遇水大量放热，可发生沸溅。具有强腐蚀性。所以，实验室使用硫酸时，应注意如下安全事项。

① 注意对硫酸酸雾的控制，加强通风排气。

② 硫酸酸雾浓度超过暴露限值，应佩戴防酸型防毒口罩和化学防溅眼镜，戴橡胶手套，穿防酸工作服和胶鞋。

③ 工作场所应设安全淋浴和眼睛冲洗器具。

④ 在稀释酸时决不可将水注入酸中，只能将酸注入水中，以免酸沸溅。具体方法：将浓硫酸沿着烧杯壁缓缓倒入烧杯，并用玻璃棒缓缓搅动。

⑤ 不小心将浓硫酸倒在实验桌上，必须先用抹布擦除，再用水冲洗，不能先用水冲洗。

⑥ 着火时立刻用干粉、泡沫灭火器等灭火。

⑦ 如吸入酸雾，应将患者移离现场至空气新鲜处，有呼吸道刺激症状者应吸氧。

⑧ 眼睛接触：立即提起眼睑，用大量流动清水或生理盐水彻底冲洗至少15min。

⑨ 皮肤接触：先用干布拭去，然后用大量水冲洗，最后用3%～5%$NaHCO_3$溶液冲洗。切勿直接冲洗。

⑩ 误服硫酸，立即内服氧化镁悬浮液、牛奶、蛋清、豆浆等。

注：所有患者应请医生或及时送医疗机构治疗。

5.2.2 汞的安全使用

汞中毒分急性和慢性两种。急性中毒多为高汞盐（如$HgCl_2$）入口所致，0.1～0.3g即可致死。吸入汞蒸气会引起慢性中毒，症状有食欲不振、恶心、便秘、贫血、骨骼和关节疼、精神衰弱等。汞蒸气的最大安全浓度为0.1mg/m^3，而20℃时汞的饱和蒸气压为0.16Pa，超过安全浓度100倍。所以实验中涉及汞的使用时，必须严格遵守安全用汞操作规定。

① 不要让汞直接暴露于空气中，盛汞的容器应在汞面上加盖一层水。

② 装汞的仪器下面一律放置浅瓷盘，防止汞滴散落到桌面上和地面上。

③ 一切转移汞的操作，也应在浅瓷盘内进行（盘内装水）。

④ 实验前要检查装汞的仪器是否放置稳固。橡皮管或塑料管连接处要缚牢。

⑤ 储汞的容器要用厚壁玻璃器皿或瓷器。用烧杯暂时盛汞，不可多装以防破裂。

⑥ 若有汞掉落在桌上或地面上，先用吸汞管尽可能将汞珠收集起来，然后用硫黄盖在汞溅落的地方，并摩擦使之生成 HgS。也可用 $KMnO_4$溶液使其氧化。

⑦ 擦过汞或汞齐的滤纸或布必须放在有水的瓷缸内。

⑧ 盛汞器皿和有汞的仪器应远离热源，严禁把有汞仪器放进烘箱。

⑨ 使用汞的实验室应有良好的通风设备，纯化汞应有专用的实验室。

⑩ 手上若有伤口，切勿接触汞。

5.2.3 苯的安全使用

苯（Benzene，C_6H_6），一种碳氢化合物即最简单的芳烃，在常温下是甜味、可燃、有致癌毒性的无色透明液体，并带有强烈的芳香气味。苯难溶于水，易溶于有机溶剂，本身也可作为有机溶剂。苯具有的环系叫苯环，苯环去掉一个氢原子以后的结构叫苯基，用Ph 表示，因此苯的化学式也可写作 PhH。苯是一种石油化工基本原料，其产量和生产的技术水平是一个国家石油化工发展水平的标志之一。2017 年 10 月 27 日，世界卫生组织国际癌症研究机构公布的致癌物清单初步整理参考，苯在一类致癌物清单中。

苯的危险性概述如下。

健康危害：高浓度苯对中枢神经系统有麻醉作用，引起急性中毒；长期接触苯对造血系统有损害，引起慢性中毒。

急性中毒：轻者有头痛、头晕、恶心、呕吐、轻度兴奋、步态蹒跚等酒醉状态。

慢性中毒：主要表现有神经衰弱综合征；皮肤损害有脱脂、干燥、皲裂、皮炎。

环境危害：对环境有危害，对水体可造成污染。

燃爆危险：本品易燃，其蒸气与空气可形成爆炸性混合物，遇明火、高热极易燃烧爆炸。与氧化剂能发生强烈反应。易产生和聚集静电，有燃烧爆炸危险。其蒸气比空气重，能在较低处扩散到相当远的地方，遇火源会着火回燃。

苯的急救措施如下。

皮肤接触：脱去污染的衣着，用肥皂水和清水彻底冲洗皮肤。

眼睛接触：提起眼睑，用流动清水或生理盐水冲洗。就医。

吸入：迅速脱离现场至空气新鲜处。保持呼吸道通畅，如呼吸困难，给输氧，如呼吸停止，立即进行人工呼吸。就医。

食入：饮足量温水，催吐。就医。

苯的消防措施如下。

苯的有害燃烧产物：一氧化碳、二氧化碳。

苯的灭火方法：喷水冷却容器，可能的话将容器从火场移至空旷处。处在火场中的容器若已变色或从安全泄压装置中产生声音，必须马上撤离。可用的灭火剂有泡沫、干粉、二氧化碳、砂土，用水灭火无效。

苯的消防应急处理如下。

迅速撤离泄漏污染区人员至安全区，并进行隔离，严格限制出入。切断火源。建议应急处理人员戴自给正压式呼吸器，穿防毒服。尽可能切断泄漏源，防止流入下水道、排洪沟等限制性空间。少量泄漏时用活性炭或其他惰性材料吸收，也可以用不燃性分散剂制成的乳液刷洗，洗液稀释后放入废水系统。大量泄漏时构筑围堤或挖坑收容。用泡沫覆盖，降低蒸气灾害。喷雾状水或泡沫冷却以稀释蒸气，保护现场人员。用防爆泵转移至槽车或专用收集器内，回收或运至废物处理场所处置。

苯的操作处置与储存注意事项如下。

操作注意事项：密闭操作，加强通风；操作人员必须经过专门培训，严格遵守操作规程；建议操作人员佩戴自吸过滤式防毒面具（半面罩），戴化学安全防护眼镜，穿防毒物渗透工作服，戴橡胶耐油手套；远离火种、热源，工作场所严禁吸烟；使用防爆型的通风系统和设备；防止蒸气泄漏到工作场所空气中；避免与氧化剂接触；灌装时应控制流速，且有接地装置，防止静电积聚；搬运时要轻装轻卸，防止包装及容器损坏；配备相应品种和数量的消防器材及泄漏应急处理设备；倒空的容器可能残留有害物。

储存注意事项：储存于阴凉、通风的库房；远离火种、热源；库温不宜超过 30℃；保持容器密封；应与氧化剂、食用化学品分开存放，切忌混储；采用防爆型照明、通风设施；禁止使用易产生火花的机械设备和工具；储区应备有泄漏应急处理设备和合适的收容材料。

5.2.4 硫化氢的安全使用

硫化氢（H_2S）理化性质：硫化氢为具有腐蛋臭味的可燃气体，当浓度达到一定数值时，可使人的嗅觉神经末梢麻痹，臭味反而闻不出来，此时对人的危害更大。

在石油开采和炼制、有机磷农药的生产、橡胶、人造丝、制革、精制盐酸或硫酸等工业中均会产生硫化氢。

含硫有机物腐败发酵亦可产生硫化氢，如制糖及造纸业的原料浸渍、腌浸咸菜、处理腐败鱼肉及蛋类食品等过程中都可能产生硫化氢，因此在进入与上述有关的池、窑、沟或地下室等处时要注意对硫化氢的防护。

硫化氢的理化危险如下。

性质与稳定性：硫化氢在有机胺中溶解度极大，在苛性碱溶液中也有较大的溶解度。其为易燃气体，在过量氧气中燃烧生成二氧化硫和水，当氧气供应不足时生成水与游离硫。室温下稳定。可溶于水，水溶液具有弱酸性，与空气接触会因氧化析出硫而慢慢变浑。能在空气中燃烧产生蓝色的火焰并生成 SO_2 和 H_2O，在空气不足时则生成 S 和 H_2O。超剧毒，即使稀的硫化氢也对呼吸道和眼睛有刺激作用，并引起头痛，浓度达 1mg/L 或更高时，对生命有危险，所以制备和使用 H_2S 都应在通风橱中进行。

侵入途径：吸入。

健康危害：本品是强烈的神经毒素，对黏膜有强烈刺激作用。它能溶于水，0℃时 1mol 水能溶解 2.6mol 左右的硫化氢。硫化氢的水溶液叫氢硫酸，是一种弱酸，当它受热时，硫化氢又从水里逸出。

硫化氢的预防措施如下。

① 产生硫化氢的生产设备应尽量密闭，并设置自动报警装置（不能根据臭味来判断危险场所硫化氢的浓度，硫化氢达到一定浓度时会导致嗅觉麻痹）。

② 对含有硫化氢的废水、废气、废渣要进行净化处理，达到排放标准后方可排放。

③ 进入可能存在硫化氢的密闭容器、坑、窑、地沟等工作场所，应首先测定该场所空气中的硫化氢浓度，采取通风排毒措施，确认安全后方可操作。

④ 要定期测定硫化氢作业环境空气中硫化氢浓度。

⑤ 操作时做好个人防护措施，戴好防毒面具，作业工人腰间缚以救护带或绳子。做好互保，要2人以上人员在场，发生异常情况立即救出中毒人员。

⑥ 患有肝炎、肾病、气管炎的人员不得从事接触硫化氢作业。

⑦ 加强对职工有关专业知识的培训，提高自我防护意识。

⑧ 安装硫化氢处理设备。

5.3 化工实验室常用设备的安全使用

5.3.1 钢瓶的安全使用

（1）气体钢瓶的颜色标记

从气体钢瓶的瓶身颜色、标字及颜色，可以识别钢瓶中的气体及危险程度。我国常用的气体钢瓶颜色标记见表5-1（GB/T 7144—2016）。

表5-1 气体钢瓶的颜色标记

充装气体	空气	氩	氟	氦	一氧化氮	氮	一氧化碳	氢	甲烷
体色	黑	银灰	白	银灰	白	黑	银灰	淡绿	棕
字样	空气	氩	氟	氦	一氧化氮	氮	一氧化碳	氢	甲烷
字色	白	深绿	黑	深绿	黑	白	大红	大红	白

（2）气体钢瓶的使用

① 在钢瓶上装上配套的减压阀（见图5-1）。检查减压阀是否关紧，方法是逆时针旋转调压手柄至螺杆松动为止。

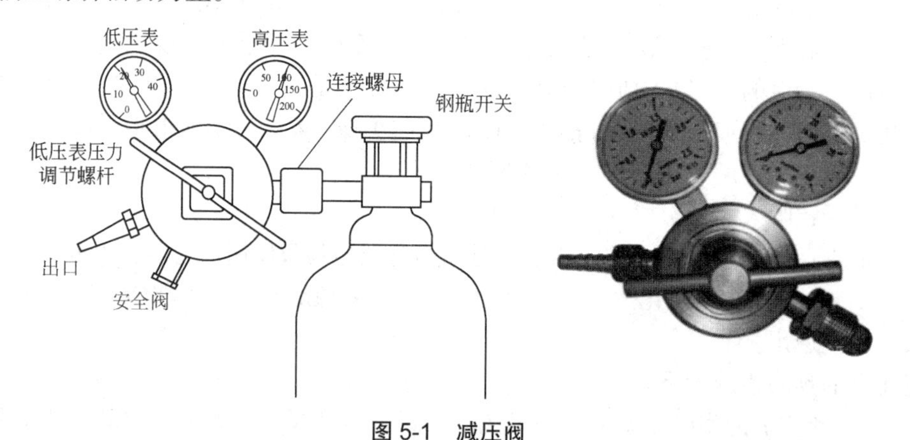

图5-1 减压阀

② 打开钢瓶总阀门，此时高压表显示出瓶内贮气总压力。

③ 慢慢地顺时针转动调压手柄，至低压表显示出实验所需压力为止。

④ 停止使用时，先关闭总阀门，待减压阀中余气逸尽后，再关闭减压阀。

（3）注意事项

① 钢瓶应存放在阴凉、干燥、远离热源的地方。可燃性气瓶应与氧气瓶分开存放。

② 搬运钢瓶要小心轻放，钢瓶帽要旋上。

③ 使用时应装减压阀和压力表。可燃性气瓶（如 H_2、C_2H_2）气门螺丝为反丝；不燃性或助燃性气瓶（如 N_2、O_2）为正丝。各种压力表一般不可混用。

④ 不要让油或易燃有机物沾染到气瓶上（特别是气瓶出口和压力表上）。

⑤ 开启总阀门时，不要将头或身体正对总阀门，防止万一阀门或压力表冲出伤人。

⑥ 不可把气瓶内气体用光，以防重新充气时发生危险。

⑦ 使用中的气瓶每三年应检查一次，装腐蚀性气体的钢瓶每两年检查一次，不合格的气瓶不可继续使用。

⑧ 氢气瓶应放在远离实验室的专用小屋内，用紫铜管引入实验室，并安装防止回火的装置。

⑨ 钢瓶内气体不能全部用尽，要留下一些气体，以防止外界空气进入气体钢瓶，一般应保持 0.5MPa 表压以上的残留压力。

⑩ 钢瓶须定期送交检验，合格钢瓶才能充气使用。

几种特殊气体的性质和使用安全如下。

① 乙炔

性质：极易燃烧、容易爆炸。

使用：使用时应装上回闪阻止器，还要注意防止气体回缩。用后及时关闭总阀。

存放：乙炔气瓶存放的地方，要求通风良好。

故障：发现乙炔气瓶有发热现象，说明乙炔已发生分解，应立即关闭气阀，并用水冷却瓶体，同时将气瓶移至安全区域加以妥善处理。

灭火：发生乙炔燃烧时，应用干粉灭火器灭火。

② 氢气

性质：氢气密度小，易泄漏，扩散速度很快，易和其他气体混合。

氢气与空气混合气的爆炸极限：氢气爆炸下限 4.0%，爆炸上限 75.6%（体积比），此时极易引起自燃自爆，燃烧速度约为 2.7m/s。

使用：提倡使用氢气发生器。在使用氢气的地方，严禁烟火，严防泄漏，用后及时地关闭总阀。

存放：氢气应单独存放，最好放置在室外专用的小屋内，确保安全。

③ 氧气

性质：是氧元素最常见的单质形态，是无色无味的气体，不易溶于水。加压、降温条件下为淡蓝色液体、淡蓝色雪花状固体。强烈助燃烧。高温下，纯氧十分活泼；温度不变而压力增加时，可以和油类发生急剧的化学反应，并引起发热自燃，进而导致强烈爆炸。

存放：氧气应与其他压缩空气、氧化剂等分开存放。储存间内的照明、通风等设施应采用防爆型，开关设在仓外，配备相应品种和数量的消防器材。罐储时要有防火防爆技术措施。夏季露天贮存要有降温措施。

搬运：远离火种热源，验收时注意验瓶日期，搬运时轻装轻卸，防止钢瓶及附件的破损。

④ 液化石油气

组成：主要由丙烷、丙烯、丁烷、丁烯等烃类介质组成，还含有少量 H_2S、CO、CO_2 等杂质，由石油加工过程产生的低碳分子烃类气体（裂解气）压缩而成。在通常状况下，外观与性状为无色气体或黄棕色油状液体，有特殊臭味，不溶于水。

液化石油气极度易燃，受热、遇明火或火花可引起燃烧，与空气能形成爆炸性混合物。

直接大量吸入有麻醉作用的液化石油气蒸气，可引起头晕、头痛、兴奋或嗜睡、恶心、呕吐、脉缓等；重症者可突然倒下，尿失禁，意识丧失，甚至呼吸停止；不完全燃烧可导致一氧化碳中毒，直接接触液体或其射流可引起冻伤。

⑤ 一氧化碳

性质：在通常状况下，是无色、无味、有毒的气体。它为中性气体，分子量 28.01，密度 1.250g/L，熔点为–207℃，沸点为–190℃。在水中的溶解度甚低，但易溶于氨水。空气混合爆炸极限为 12.5%～74.0%。

毒性：一氧化碳进入人体之后会和血液中的血红蛋白结合，进而使血红蛋白不能与氧气结合，从而引起机体组织出现缺氧，导致人体窒息死亡。

5.3.2 烘箱、马弗炉的安全使用

（1）烘箱

工作原理：通过数显仪表与温感器的连接来控制温度，采用热风循环送风方式，热风循环系统分为水平式和垂直式。风源是由送风马达运转带动风轮经由电热器，将热风送至风道后进入烘箱工作室，且将使用后的空气吸入风道成为风源再度循环加热运用。图 5-2 为常用的实验室烘箱。

图 5-2 实验室烘箱

烘箱的安全使用：

① 烘箱应安放在室内干净的水平处，要保持干燥，做好防潮和防湿，并要防止腐蚀。

② 烘箱放置处要有一定的空间，四面离墙体要有一定距离，建议要有 2m 以上。

③ 使用前要检查电压，较小的烘箱所需电压为 220V，较大的烘箱所需电压为 380V（三相四线），根据烘箱耗电功率安装足够容量的电源闸刀，并且选用合适的电源导线。还应做好接地线工作。

④ 以上工作准备就绪后方可将试品放入烘箱内，然后连接电源，开启烘箱开关，带鼓风装置的烘箱，在加热和恒温的过程中必须将鼓风机开启，否则影响工作室温度的均匀性，并且可能损坏加热元件。随后调节好适宜试品烘干的温度，烘箱即进入工作状态。

⑤ 烘干的物品排列不能太密。烘箱底部（散热板）上不可放物品，以免影响热风循环。禁止烘干易燃、易爆物品及有挥发性和有腐蚀性的物品。

⑥ 烘干完毕后先切断电源，然后方可打开烘箱门，切记不能直接用手接触烘干的物品，要用专用的工具或带隔热手套取烘干的物品，以免烫伤。

⑦ 烘箱工作室内要保持干净。

⑧ 使用烘箱时，温度不能超过烘箱的最高使用温度，一般烘箱在 250℃以下。

⑨ 有特殊要求选用特殊烘箱，如防爆烘箱、高温烘箱等。

（2）马弗炉

马弗炉（图 5-3）是一种通用的加热设备，依据外观形状可分为箱式炉、管式炉、坩埚炉。通常应用在热加工、工业工件处理、水泥、建材行业进行小型工件的热加工或处理；在

医药行业可用于药品的检验、医学样品的预处理等；在分析化学行业用作水质分析、环境分析等过程的样品处理，也可以用来进行石油分析；在煤质分析中可用于测定水分、灰分、挥发分、灰熔点分析、灰成分分析、元素分析等，也可以作为通用灰化炉使用。

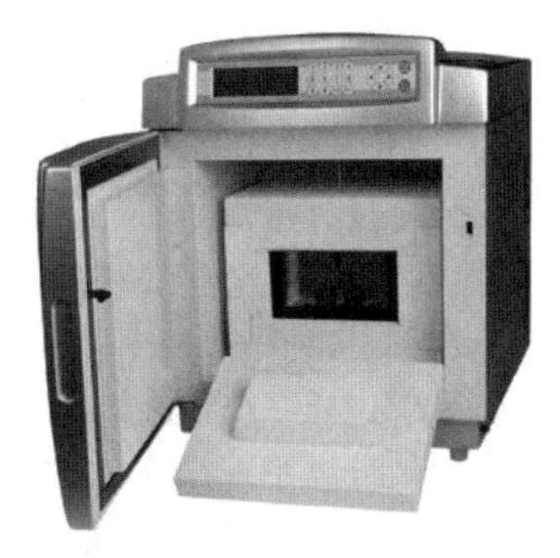

图 5-3　马弗炉

马弗炉的安全使用：

① 当马弗炉第一次使用或长期停用后再次使用时，必须进行烘炉。烘炉的时间应为室温 200℃ 4h，200～600℃ 4h。使用时，炉温最高不得超过额定温度，以免烧毁电热元件。禁止向炉内灌注各种液体及易溶解的金属，马弗炉最好在低于最高温度 50℃以下工作，此时炉丝有较长的寿命。

② 马弗炉和控制器必须在相对湿度不超过 85%，没有导电尘埃、爆炸性气体或腐蚀性气体的工作环境下工作。

③ 马弗炉控制器应限于在环境温度 0～40℃内使用。

④ 根据技术要求，定期经常检查电炉、控制器的各接线的连线是否良好，指示仪指针运动时有无卡住滞留现象，并用电位差计校对仪表因磁钢、退磁、涨丝、弹片的疲劳、平衡破坏等引起的误差增大情况。

⑤ 热电偶不要在高温时骤然拔出，以防外套炸裂。

⑥ 经常保持炉膛清洁，及时清除炉内氧化物之类的东西。

马弗炉内不可对易燃、易爆品进行烘烤，以免发生危险；也不可对挥发性的腐蚀物质进行加热，否则会影响其使用寿命。

5.3.3　色谱仪的安全使用

色谱法也叫层析法，它是一种高效能的物理分离技术，将它用于分析化学并配合适当的检测手段，就称为色谱分析法。色谱仪（图 5-4）可分为气相色谱仪、液相色谱仪和凝胶色谱仪等。这些色谱仪广泛地用于化学产品、高分子材料的某种物质含量的分析，凝胶色谱还可以测定高分子材料的分子量及其分布。

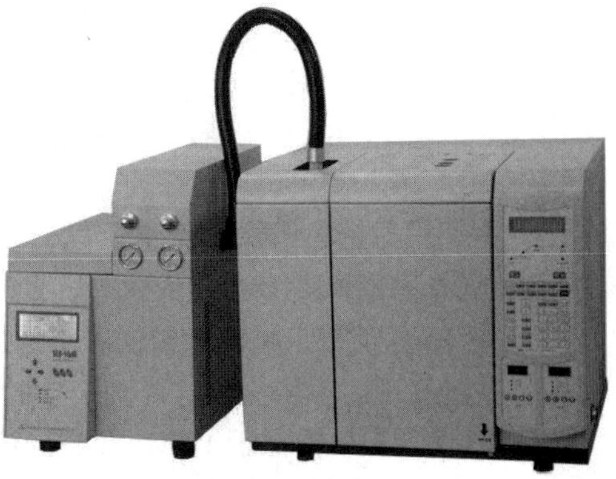

图 5-4　色谱仪

色谱法利用不同物质在不同相态的选择性分配，以流动相对固定相中的混合物进行洗脱，混合物中不同的物质会以不同的速度沿固定相移动，最终达到分离的效果。

本质为待分离物质分子在固定相和流动相之间分配平衡的过程。不同的物质在两相之间的分配会不同，这使其随流动相运动的速度各不相同，随着流动相的运动，混合物中的不同组分在固定相上相互分离。

气相色谱分析法：以气体作为流动相的色谱分离方法。主要适用于沸点较低、热稳定性好的中小分子化合物的分析。流动相只具有运载样品分子的作用。

液相色谱分析法：以液体作为流动相的色谱分离方法。适用于沸点高、大分子、热稳定性差的化合物的分析。流动相具有运载样品分子和选择性分离的双重作用。

气相色谱仪由气路系统、进样系统、分离系统、温控系统、检测（热传导、氢火焰）记录系统等组成。

① 气路系统：气相色谱仪中的气路是一个载气连续运行的密闭管路系统。整个气路系统要求载气纯净、密闭性好、流速稳定及流速测量准确。

② 进样系统：进样就是把气体或液体样品匀速而定量地加到色谱柱上端。

③ 分离系统：分离系统的核心是色谱柱，它的作用是将多组分样品分离为单个组分。色谱柱分为填充柱和毛细管柱两类。

④ 温控系统：用于控制和测量色谱柱、检测器、汽化室温度，是气相色谱仪的重要组成部分。

⑤ 检测记录系统：检测器的作用是把被色谱柱分离的样品组分根据其特性和含量转化成电信号，经放大后，由记录仪记录成色谱图。

图 5-5 为气相色谱仪流程图。将分析样品在进样口中汽化后，由载气带入色谱柱，通过对欲检测混合物中组分有不同保留性能的色谱柱使各组分分离，依次导入检测器，以得到各组分的检测信号。按照导入检测器的先后次序，经过对比，可以区别出是什么组分，根据峰高度或峰面积可以计算出各组分含量。

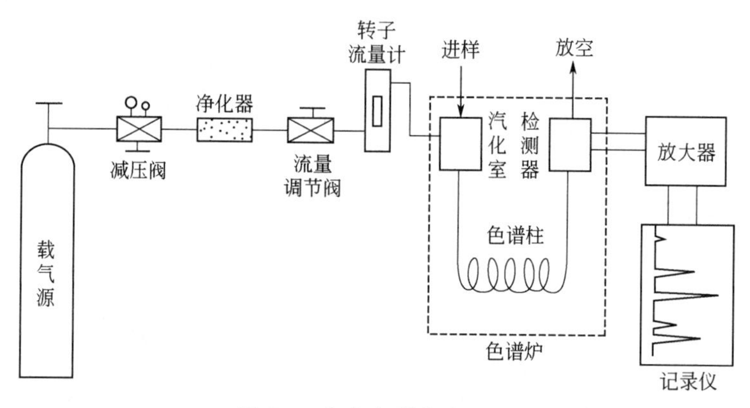

图 5-5　气相色谱仪流程图

（1）使用气相色谱仪的安全规程

① 气相色谱仪器必须专人保管，使用前必须阅读使用说明书。

② 严格遵守操作规程，如仪器出现故障应马上停止使用，并立即向负责人报告，查明原因，及时处理。不得擅自“修理”，并做好使用和故障情况登记及检测记录。

③ 气体钢瓶压力低于 1.5MPa（$15kgf/cm^2$）时，应停止使用；载气纯度应在 99.999%以上。

④ 稳压阀和针形阀的调节须缓慢进行。稳压阀只有在阀前后压差大于 0.05MPa（$0.5kgf/cm^2$）的条件下才能起稳压作用。在稳压阀不工作时，必须放松调节手柄（顺时针转动），以防止波纹管因长期受力疲劳而失效。针形阀不工作时则相反，应将阀门处于“开”的状态（逆时针转动），防止阀针密封圈粘贴在阀门口上。

⑤ 色谱仪开机前应根据色谱手册正确安装色谱柱，并按要求老化色谱柱。

（2）色谱仪开机前的流量调节程序

① 载气（N_2或 He）：开启氮气钢瓶高压阀前，首先检查低压阀的调节杆是否处于释放状态，若是则打开高压阀，缓缓旋动低压阀的调节杆，调节至约 0.5MPa。

② 氢气：打开氢气钢瓶或氢气发生器主阀，调节输出压至 0.4MPa。

③ 空气：启动空气压缩机，调节输出压至 0.4MPa。

④ 检漏：用检漏液检查柱及管路是否漏气。

（3）色谱仪开机程序

① 接通 GC 及外设电源，仪器进入自检。

② 打开电脑及外设电源，启动 Windows。

③ 进入 Windows 系统后，双击电脑桌面的工作站图标，使仪器和工作站联接，如有必要，输入用户编号（UserID）和密码（Password）并确认。

④ 调出分析方法进行试样分析。

（4）色谱关机程序

① 将检测器熄火。

② 关闭空气、氢气，保持载气和尾吹气流量 35～45mL/min。

③ 运行关机程序，使柱箱、进样器和检测器降温。

④ 将炉温降至 50℃以下，检测器温度降至 100℃以下，关闭进样口、炉温、检测器加热开关。

⑤ 关闭载气。

将工作站退出，然后关闭主机，最后将载气钢瓶阀门关闭，切断电源。

5.3.4 泵的安全使用

泵是液体输送的设备，按作用原理分为以下几种。

① 动力式（叶轮式）：离心式，轴流式；

② 容积式（正位移式）：往复式，旋转式；

③ 其他类型：喷射式，流体作用式等。

操作人员必须对泵及动力机械做到：

① 四懂（懂设备性能、懂结构、懂原理、懂故障判断）；

② 三会（会保养、会修理、会操作）。

在输送水或物性类似于水的液体时，用到水泵。

（1）离心式水泵运行安全操作规程

① 开泵前，必须检查水泵机组安全装置是否完好、电机接地是否可靠、风道是否畅通、轴承油质和油位是否正常，并排气、盘车；盘车时，切断电源，设专人监护。同时，将进水阀、检修阀全开，出水阀全关。

② 开泵时，人、物品要与转动部分保持安全距离；启动后应点开出水阀缓慢增加流量，以保持管网压力稳定，避免爆管。

③ 水泵在闭闸情况下运行时间不得超过 2～3min。进水阀门必须保证全开，严禁采用调小进水阀门的方式控制水泵流量。

④ 停泵时，若出现反转，只能用关闭出水或进水阀的方式控制，不得用机械方法将水

泵卡住。

⑤ 更换水泵阀门的盘根，须在静压 0.03MPa 以下，不得带压进行。

⑥ 因进水阀失灵、泵头集气，造成水泵不出水和泵体温度过高时，应按关闭出水阀 → 停泵 → 关闭进水阀的程序，使水泵自然冷却，严禁打开阀门和排气阀进冷水降温。

⑦ 检修水泵机组设备时，必须将进出水阀门关闭，以免高压水带动水泵旋转或淹没泵房；并断开电机电源（隔离开关在断开位置），取下操作保险，落实安全、挂牌措施。

⑧ 严禁在电机旁烘烤衣物。

⑨ 气温低于零度时，打开备用水泵排气阀确保长流水，以免冻裂设备。

⑩ 电气设备发生火灾时，不得用水或酸碱性、泡沫灭火器扑灭。

（2）往复泵运行安全操作规程

① 启动前停电检查设备各部螺丝有无松动。用手按顺时针方向盘车四到五圈。检查转动部位有无异常、卡住及单边磨损。

② 检查与泵有关的阀门管线是否畅通，回流阀是否半开，以防开泵后压力过高而爆管。

③ 启动后，检查调整流量、压力，不得超负荷运行。运行中，如有异常立即停车检查。

④ 经常检查润滑系统油位、油质情况，及时补充润滑油，检查传动部位有无异常现象，压力表是否失灵，不得在无压力表指示状态下开泵运行。

⑤ 作业完毕，切断电源，检查恢复管线阀门的开闭。

（3）真空泵运行安全操作规程

真空泵是指利用机械、物理、化学或物理化学的方法对被抽容器进行抽气而获得真空的器件或设备。在使用真空泵时应注意以下几点。

① 泵应安装在清洁、平坦、干燥和通风良好的场所。

② 使用前，应查看油位，以停泵时注油至油标中心为宜。

③ 尽量使用规定牌号的清洁真空油。

④ 如相对湿度较高，或被抽气体含较多可凝性蒸气，接通被抽容器后，宜打开气镇阀，运转 20～40min 后关闭气镇阀。停泵前，可开气镇阀空载运动 30min，以延长泵油寿命。

⑤ 当泵油受到机械杂质或化学杂质污染时，应更换泵油。

⑥ 泵不适用于抽除对金属有腐蚀性的，对泵油起化学反应的、含有颗粒尘埃的气体，以及含氧过高的、有爆炸性的气体。

⑦ 不得作压缩泵或输送泵用。

⑧ 泵不用时，应用橡皮塞帽，把进、排气口塞好，以免脏物落入泵内造成磨损。

5.4 实验室灼伤及其防护

5.4.1 灼伤及其分类

机体受热源或化学物质的作用，引起局部组织损伤，并进一步导致病理和生理改变的过程称为灼伤。按发生原因的不同分为化学灼伤、热力灼伤和复合性灼伤。

（1）化学灼伤

凡由化学物质直接接触皮肤造成的损伤，均属于化学灼伤。导致化学灼伤的物质形态有固体（如氢氧化钠、氢氧化钾、硫酸酐等）、液体（如硫酸、硝酸、高氯酸、过氧化氢等）和气体（如氟化氢、氮氧化合物等）。

（2）热力灼伤

由接触炙热物体、火焰、高温表面、过热蒸汽等造成的损伤称为热力灼伤。此外，在实验室中还会发生由于液化气体、干冰接触皮肤后迅速蒸发或升华，大量吸收热量而引起的皮肤表面冻伤。

（3）复合性灼伤

由化学灼伤和热力灼伤同时造成的伤害，或化学灼伤兼有的中毒反应等都属于复合性灼伤。如磷落在皮肤上引起的灼伤为复合性灼伤，磷的燃烧造成热力灼伤，而磷燃烧后生成的磷酸会造成化学灼伤，当磷通过灼伤部位侵入血液和肝脏时，会引起全身磷中毒。化学灼伤的症状与病情和热力灼伤大致相同，但对化学灼伤的中毒反应特性应给予特别的重视。

5.4.2 化学灼伤的现场急救

发生化学灼伤，由于化学物质的腐蚀作用，如不及时将化学物质清除，就会继续腐蚀下去，从而加剧灼伤的严重程度。某些化学物质，如氢氟酸的灼伤初期无明显的疼痛，往往不受重视而贻误处理时机，加剧了灼伤程度。所以，及时进行现场急救和处理，是减少伤害、避免严重后果的重要环节。化学灼伤程度同化学物质的物理、化学性质有关。酸性物质引起的灼伤，其腐蚀作用只在当时发生，经急救处理，伤势往往不再加重。碱性物质引起的灼伤会逐渐向周围和深部组织蔓延。因此现场急救应首先判明化学致伤物质的种类、侵害途径、致伤面积及深度，再采取有效的急救措施。

某些化学灼伤，可以从被致伤皮肤的颜色上加以判断，如苛性钠和苯酚的灼伤表现为白色，硝酸灼伤表现为黄色，氯磺酸灼伤表现为灰白色，硫酸灼伤表现为黑色，磷灼伤局部皮肤呈现特殊气味，有时在暗处可看到磷光。

化学灼伤的程度也同化学物质与人体组织接触时间的长短有密切关系，接触时间越长所造成的灼伤就会越严重。

因此，当化学物质接触人体组织时，应迅速脱去衣服，立即用大量清水冲洗创面，不应延误，冲洗时间不得小于 15min，以利于将渗入毛孔或黏膜内的物质清洗出去。清洗时要遍及各受害部位，尤其要注意眼、耳、鼻、口腔等处。

抢救时必须考虑现场具体情况，在有严重危险的情况下，应首先使伤员脱离现场，送到空气新鲜和流通处，迅速脱除污染的衣着及佩戴的防护用品等。

小面积化学灼伤创面经冲洗后，如灼伤物确实已消除，可根据灼伤部位及灼伤深度采取包扎疗法或暴露疗法。中、大面积化学灼伤，经现场抢救处理后应送往医院处理。

对眼睛的冲洗一般用生理盐水或用清洁的自来水，冲洗时水流不宜正对角膜方向，不要揉搓眼睛，也可将面部浸入在清洁的水盆里，用手把上下眼皮撑开，用力睁大两眼，头部在水中左右摆动。

洗眼器的使用：用手轻推洗眼阀门（选用脚踏、翻盖或全自动），清洁自来水从洗眼系统喷出（自动冲开防尘盖），清洗眼睛后须将开关阀门关闭，并将防尘盖复位。

淋浴喷头：用于对全身进行清洗用的喷水装置。用手向下拉动冲淋拉杆，水从喷淋头自动喷出，用后须将阀门拉杆复位，关闭冲淋阀门。

常见的化学灼伤急救处理方法如下。

（1）强酸类

强酸类如盐酸、硫酸、硝酸、王水（盐酸和硝酸）、苯酚等，伤及皮肤时，因其浓度、液量、面积等因素不同而造成轻重不同的伤害。酸与皮肤接触，立即引起组织蛋白的凝固使组织脱水，形成厚痂。厚痂的形成可以防止酸液继续向深层组织浸透，减少损害。

如为通过衣服浸透烧伤，应即刻脱去，并迅速用大量清水反复地冲洗伤处。充分冲洗后也可用中和剂如弱碱性液体小苏打水（碳酸氢钠）或肥皂水冲洗。若无中和剂也不必强求，因为充分的清水冲洗是最根本的措施。

（2）强碱类

强碱类如苛性碱（氢氧化钾、氢氧化钠）、石灰等。强碱对组织的破坏力比强酸重，因其渗透性较强，深入组织使细胞脱水，溶解组织蛋白，形成强碱蛋白化合物而使创面加深。

如果为碱性溶液浸透衣服造成的烧伤，应立即脱去受污染衣服，并用大量清水彻底冲洗伤处。充分清洗后，可用稀盐酸、稀醋酸（或食醋）中和剂中和，再用碳酸氢钠溶液或碱性肥皂水中和。根据情况，请医生采用其他措施处理。

（3）磷

磷及磷的化合物在空气中极易燃烧，氧化成五氧化二磷。磷灼伤时，创面在白天能冒烟，夜晚可有磷光。这是磷在皮肤上继续燃烧之故。因此创面多较深，而且磷是一种毒性很强的物质，被身体吸收后，能引起全身性中毒。

磷中毒，病人一般表现为头晕头痛，全身乏力，肝区疼痛、肿大、出现黄疸，肝功能不正常。尿少，尿检查出现红细胞、蛋白，也可以看到血尿，严重者尿闭。皮下毛细血管出血，可见到紫癜（红色的小出血点，压之不褪色）。肝脏受损严重者，可发生中毒性肝炎、急性重型肝炎而致死。

急救处理的原则是灭火除磷，如磷仍在皮肤上燃烧，应迅速灭火，用大量清水冲洗。冲洗后，再仔细察看局部有无残留磷质，也可在暗处观察，如有发光处，用小镊子剔除，然后用浸透1%硫酸铜的纱布敷盖局部，以使残留磷生成黑色的二磷化三铜，然后再冲洗。也可以用3%双氧水或5%碳酸氢钠溶液冲洗，使磷氧化为磷酐。如无上述药液，可用大量清水冲洗局部。一般烧伤多用油纱布局部包扎，但在磷伤时应禁用，因为磷易溶于油类，会促使机体吸收而造成全身中毒，应改用2.5%碳酸氢钠溶液湿敷2h后，再用干纱布包扎。

其他物质的化学灼伤急救处理方法见表5-2。

实验室灼伤紧急处理小结：

① 清除化学物质；

② 用水或中和剂冲洗，冲洗时间不少于15min；

③ 就地冲剂洗后，速去医院就诊处理。

表 5-2 化学灼伤急救处理方法

灼伤物质名称	急救处理方法
碱类：氢氧化钠、氢氧化钾、碳酸钠、碳酸钾、氧化钙	立即用大量水冲洗，然后用2%乙酸溶液洗涤中和，也可用2%以上的硼酸水湿敷。CaO灼伤时，可用植物油洗涤
酸类：硫酸、盐酸、硝酸、高氯酸、磷酸、乙酸、甲酸、草酸、苦味酸（2,4,6-三硝基苯酚）	立即用大量水冲洗，再用5%碳酸氢钠水溶液洗涤中和，然后用净水冲洗
碱金属、氰化物、氰氢酸	用大量水冲洗后，依次用0.1%高锰酸钾溶液和5%硫化铵溶液冲洗
溴	用水冲洗后，再以10%硫代硫酸钠溶液洗涤，然后涂碳酸氢钠糊剂处理
铬酸	用大量的水冲洗，然后用5%硫代硫酸钠溶液或1%硫酸钠溶液洗涤
氢氟酸	立即用大量水冲洗，直至伤口表面发红，再用5%碳酸氢钠溶液洗涤，再涂以甘油与氧化镁（2∶1）悬浮剂，或调上如意金黄散，然后用消毒纱布包扎
磷	如有磷颗粒附着在皮肤上，应将皮肤局部浸入水中，用刷子清除，不可将创面暴露在空气中或用油脂涂抹，再用1%～2%硫酸铜溶液冲洗数分钟，然后用5%碳酸氢钠溶液洗去残留的硫酸铜，最后用生理盐水湿敷，用绷带扎好
苯酚	用大量水冲洗，或用4体积乙醇（7%）与1体积氯化铁（1/3mol/L）混合液洗涤，再用5%碳酸氢钠溶液湿敷
氯化锌	用水冲洗，再用5%碳酸氢钠溶液洗涤，涂油膏即磺胺粉
焦油沥青（热烫伤）	以棉花沾乙醚或二甲苯，消除粘在皮肤上的焦油或沥青，然后涂上羊毛脂

【事故案例及分析】2008年12月底某大学化学实验室发生爆炸事故

（1）事故基本情况

学生准备好了原材料，计划进行聚乙二醇双氨基的修饰，将18g左右的端基对甲苯磺酰氯修饰的聚乙二醇和250mL氨水混合，溶解，然后转移到防爆瓶中，将尼龙盖旋紧后，将其放在磁力搅拌器中油浴加热（60℃），准备反应48h。待温度平稳后，学生将通风橱玻璃拉下，然后离开实验室。直至第二日早上接到电话，学生才知实验出了事故。

（2）事故原因分析

① 夜间加热装置突然失控，导致硅油被不断加热冒出大量烟雾，高温导致防爆瓶承受太大压力而爆裂。

② 防爆瓶经过多次使用，承受压力能力降低，导致反应过程中突然爆裂而将传热介质硅油溅出；加热器的加热圈裸露在空气中，热电偶测不到目标温度导致加热圈不断将硅油和周围空气加热。

拓展阅读 实验室安全事故案例及分析（请扫描右边二维码获取）

思考题

1. 简述实验室使用化学药品的防火防爆安全。
2. 简述实验室防中毒的注意事项。
3. 如何安全使用汞？
4. 如何安全使用硫化氢？
5. 简述气体钢瓶使用的安全事项。
6. 灼伤分为哪几类？
7. 简述实验室强酸、强碱化学灼伤的急救处理方法。

第6章

风险辨识、分析与评价

在石油化工生产过程中存在着易燃、易爆、高温、高压、有毒、易腐蚀等各种风险，它们严重威胁着企业员工和周边社区居民的生命安全和健康。无数事故案例告诉我们确保安全生产是工作和生活的重中之重。而安全生产的任务就是控制这些风险，使其在可接受的水平，避免不可接受的风险。在对这些风险进行控制之前，必须先对存在的风险进行辨识、分析与评价，然后依据评价结果采取相应的风险控制措施。

作为化工类专业学生应该系统掌握各种风险辨识、分析与评价方法，并结合专业知识，通过不断实践提高对各种化工过程中存在风险的系统辨识、分析与评价的能力，从而采取相应措施规避各种风险。

本章学习要求

1. 掌握风险相关基本概念。
2. 掌握常用风险辨识、分析方法。
3. 了解风险评价方法。

【警示案例】江苏响水天嘉宜化工有限公司“3·21”特别重大爆炸事故

2019年3月21日14时48分，位于江苏省盐城市响水县生态化工园区的天嘉宜化工有限公司（以下简称天嘉宜公司）发生特别重大爆炸事故，造成78人死亡、76人重伤，640人住院治疗，直接经济损失198635.07万元。

事故调查组认定，江苏响水天嘉宜化工有限公司“3·21”特别重大爆炸事故是一起长期违法贮存危险废物导致自燃进而引发爆炸的特别重大生产安全责任事故。

事故直接原因是：天嘉宜公司旧固废库内长期违法贮存的硝化废料持续积热升温导致自燃，燃烧引发硝化废料爆炸。

起火原因：事故调查组通过调查逐一排除了其他起火原因，认定为硝化废料分解自燃起火。

造成本次事故除了天嘉宜公司存在问题，环评机构和安评机构也存在问题，其中安评机构存在的主要问题是：江苏天工大成安全技术有限公司2018年9月为天嘉宜公司进行复产综合性安全评价时，安全条件检查不全面、不深入，评价报告与实际情况严重不符，事故隐患整改确认表未签字确认。

从本次事故中可以看出，安评机构也承担了相应的社会责任，在化工生产风险辨识、分析与评价的过程中一定要做到诚信尽责。

6.1 基本概念与定义

（1）危险

危险（Hazard）是一种可能导致人员伤害、财产损失或环境影响的内在的物理或化学特性，或是某一种系统、产品、设备或操作的内部和外部的一种潜在的状态，其发生可能造成人员伤害、职业病、财产损失或作业环境破坏。

（2）风险

风险（Risk）是指某一特定危险情况发生的可能性和后果的组合。日常生活中风险无处不在，人们经常会有意识或下意识地进行风险评估，比如当决定是否过马路、是否吃健康的食物，或者在参加某些运动之前会对可能的危害进行判断和风险评估。正如生活中处处存在风险，在公司运营的活动中和产品生产活动中同样也存在风险。

危险是风险的前提，没有危险就无所谓风险。危险是客观存在的，无法改变。风险可以通过人们的努力而改变。通过采取防范措施，改变危险出现的概率和/或改变后果严重程度和损失的大小，就可以改变风险的大小。

（3）风险辨识

风险辨识（Risk Identification）是指发现、确认和描述风险的过程，包括对风险源、风险事件、风险原因及其潜在后果的识别。传统的风险辨识主要依据事故经验进行，主要采用与操作人员交谈、现场安全检查、查阅记录等方法。20 世纪 60 年代以后，国外开始根据法规、标准制定安全检查表来进行危险源辨识。随着系统安全工程的兴起，系统安全分析方法逐渐成为危险源辨识的主要方法。系统安全分析是从安全角度进行的事前的系统分析，它通过揭示系统中可能导致系统故障或事故的各种因素及其相互关联来辨识系统中的危险源。

（4）风险分析

风险分析（Risk Analysis）是指理解风险本性和确定风险等级的过程。风险分析是在风险辨识的基础上，考虑到分析对象及其周边环境的实际情况，综合分析确定发生风险的可能性及危害程度，根据已经制定的风险准则，确定风险等级。

（5）风险准则

风险准则（Risk Criteria）是评价风险重要性的参照依据，是风险管理中极为重要的概念，也是一个企业在实施风险评估前必须建立的。企业在建立风险准则之前，应充分考虑自身制定的目标，以及企业所处的内外环境。企业的各种目标可以是有形的（如生命、资产等），也可以是无形的（如声誉、品牌等）。风险准则可以是定性的，也可以是定量的。在风险管理实践中，常用后果的严重程度及发生的可能性这两个因素的组合来表示风险等级，一般采用风险矩阵（Risk Matrix）的形式来表示。图 6-1 是美国化学工程师协会（AIChE）化工过程安全中心（CCPS）推荐的一个风险矩阵。矩阵中后果的严重程度被划分为 5 个等级，最严重的等级是 5，最轻的等级是 1；可能性等级被分为 7 个等级，可能性最大的等级是 7，最小的等级是 1。根据不同的后果严重程度等级和可能性等级，该风险矩阵定义了 A、B、C、D 4

个风险等级，并分别用了 4 种不同颜色来区分。A 级为最高的风险等级，D 级为最低的风险等级。

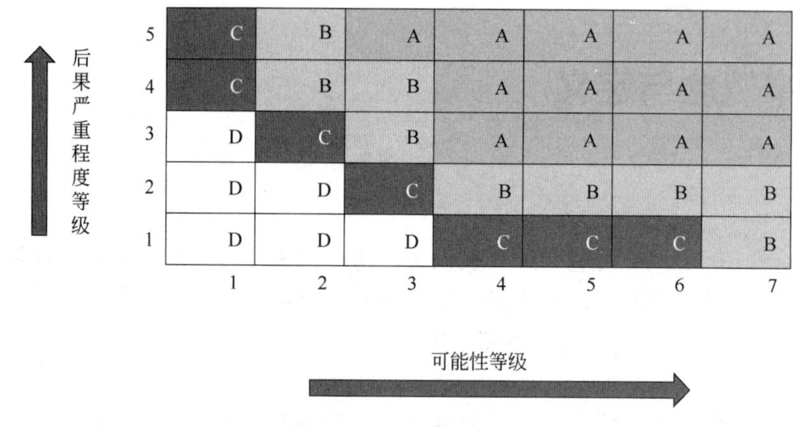

图 6-1 风险矩阵示例

后果严重程度等级的划分可以从经济损失、人员伤亡、环境影响、社会影响等多个维度来考虑（表 6-1）。可能性等级的划分可以从事件发生的频繁程度上划分（表 6-2）。不同企业对不同风险等级有不同的规定（表 6-3），以便于企业管理层作出决策。

表 6-1 后果严重程度等级定义示例

等级	人员伤亡	经济损失	环境影响
1	无人受伤和死亡，最多只有轻伤	一次直接经济损失 10 万元以下	事故影响仅限于工厂范围内，没有对周边环境造成影响
2	无人死亡，1～2 人重伤或急性中毒	一次直接经济损失 10 万元以上，30万元以下	事故造成周边环境轻微污染，没有引起群体性事件；非法排放危险废物 3t 以下；乡镇以上集中式饮用水水源取水中断 12h 以下
3	一次死亡 1～2 人，或者 3～9 人重伤（或中毒）	一次直接经济损失 30 万元以上，100 万元以下	非法排放危险废物 3t 以上；乡镇以上集中式饮用水水源取水中断 12h 以上；疏散、转移群众 5000 人以下
4	一次死亡 3～9 人，或者 10～29 人重伤（或中毒）	一次直接经济损失 100 万元以上，500 万元以下	疏散、转移群众 5000 人以上，15000 人以下；县级以上城区集中式饮用水水源取水中断 12h 以下
5	一次死亡 10 人以上，或者 30 人以上重伤（或中毒）	一次直接经济损失 500 万元以上	疏散、转移群众 15000 人以上；县级以上城区集中式饮用水水源取水中断 12h 以上

值得指出的是，不同的企业应该根据自身的实际情况，在不同的历史发展时期制定不同的风险矩阵。

表 6-2 可能性等级定义示例

等级	可能性说明
1	在国内外行业内都没有先例，发生频率小于 10^{-5}
2	在国内行业没有先例，国外有过先例，发生频率 10^{-5}～10^{-4}
3	国内同行业有过先例，发生频率 10^{-4}～10^{-3}
4	集团内部有过先例，发生频率 10^{-3}～10^{-2}
5	在企业内部有过先例，发生频率 10^{-2}～10^{-1}
6	在企业内部平均每年几乎都会发生 1 次
7	在企业内部每年发生大于 1 次

表 6-3　风险等级划分示例

等级	描述	需要的行动
A	严重风险（绝对不能容忍）	必须通过技术或管理上的专门措施，在一个月以内把风险降低到 C 级以下
B	高风险（难以容忍）	应当在一个具体的时间段（一年）内，通过技术或管理上的专门措施把风险降低到 C 级以下
C	中风险（有条件的容忍）	在适当的机会内（检维修期间），通过技术或管理上的专门措施把风险降低到 D 级
D	低风险（可以容忍）	不需要进一步降低风险

（6）风险评价

风险评价（Risk Evaluation）是指把风险分析结果与风险准则相比，以决定风险的大小是否可接受或可容忍的过程。风险评价利用风险分析过程中所获得的对风险的认知，对未来的行动进行决策。在进行决策时，往往需要遵循尽可能合理降低（As Low As Reasonably Practicable，ALARP）原则，即对于绝对不能容忍的风险或高风险，都要给出有效的风险控制建议措施，把风险降低至少一个等级；对于那些有条件的容忍或可以容忍的风险，要在考虑风险应对成本和应对时机的情况下，给出合理、可行、有效的风险控制建议措施，尽可能地进一步降低风险。

（7）风险评估

风险评估（Risk Assessment）是指风险辨识、风险分析和风险评价的全过程。风险评估是风险管理的核心部分，对风险管理具有直接的推动作用。通过风险评估，决策者及各个利益相关者可以更深刻地认知潜在的风险，以及现有风险控制措施的充分性和有效性，为确定风险应对方法奠定基础。

（8）工艺安全信息

工艺安全信息（Process Safety Information，PSI）是指那些关于化学品、工艺技术和工艺设备的完整、准确的书面信息资料。PSI 可以帮助我们理解工厂的过程系统如何运行，以及为什么要以这样的方式运行。PSI 产生于工厂生命周期的各个阶段，是识别与控制风险的依据。

PSI 一般包括化学品危害信息、工艺技术信息和工艺设备信息，化学品危害信息至少应包括：

① 毒性；

② 允许暴露限值；

③ 物理参数，如沸点、蒸气压、密度、溶解度、闪点、爆炸极限；

④ 反应特性，如分解反应、聚合反应；

⑤ 腐蚀性数据，腐蚀性以及材质的不相容性；

⑥ 热稳定性和化学稳定性，如受热是否分解、暴露于空气中或被撞击时是否稳定；与其他物质混合时的不良后果，混合后是否发生反应；

⑦ 对于泄漏化学品的处置方法。

通常，纯净物的危害信息可以从该化学品安全技术说明书（Safety Data Sheet，SDS）中查询得到。我国《危险化学品安全管理条例》也规定：危险化学品生产企业应当提供与其生产的危险化学品相符的 SDS。但是，混合物的危害信息需要实验测量或者利用化学品安全的有关研究成果进行理论预测。

工艺技术信息一般包括在技术手册、操作规程或操作法中，至少应包括：

① 工艺流程简图；
② 工艺化学原理资料；
③ 设计的物料最大存储量；
④ 安全操作范围（温度、压力、流量、液位或浓度等）；
⑤ 偏离正常工况后果的评估，包括对员工的安全和健康的影响。

工艺设备信息至少应包括：
① 材质；
② 工艺控制流程图（P&ID）；
③ 电气设备危险等级区域划分图；
④ 泄压系统设计和设计基础；
⑤ 通风系统的设计图；
⑥ 设计标准或规范；
⑦ 物料平衡表、能量平衡表；
⑧ 计量控制系统
⑨ 安全系统（如安全仪表系统 SIS，自动消防喷淋系统，联锁、监测或抑制系统等）。

工艺安全信息必须实施完整的统一管理，实现信息共享；工艺安全信息不全、版本的不统一将直接造成员工对风险认识的不完整和不统一，增加风险不受控的频率。工艺安全信息必须实施全过程管理，得到及时的更新；工艺装置的整个生命周期（设计、制造、安装、验收、操作、维修、改造、封存、报废）都伴随着工艺安全信息的变化和更新，只有实施全过程的管理，才能保证工艺安全信息的实时性和准确性，为过程安全管理提供准确的信息。

（9）工艺危害分析

工艺危害分析（Process Hazard Analysis，PHA）就是针对化工过程的风险评估，有组织地、系统地对工艺装置或设施进行危害辨识、分析和评价，为消除或减少工艺过程中的危害、降低事故风险提供必要的决策依据。PHA 关注设备、仪表、公用工程、人为因素及外部因素对工艺过程的影响，着重分析火灾、爆炸、有毒有害物质泄漏的原因和后果。工艺危害分析是过程安全管理的核心要素之一，因为只有通过 PHA，才能识别出风险，进而控制风险。事故/事件管理可以有效补充和提高工艺危害分析质量。工艺技术、化学品或设备发生变更时，需要 PHA 辨识出变更带来的新的风险，PHA 的结果可应用于应急管理、操作规程及检维修规程的持续改进和完善。事故管理可以为 PHA 提供以往同类事故的信息，有助于提高工艺危害分析结果的质量。

6.2 风险辨识、分析方法

6.2.1 检查表法

为了查找工程、系统中各种设备设施、物料、工件、操作、管理和组织措施中的危险、有害因素，事先把检查对象加以分解，将大系统分割成若干小的子系统，以提问或打分的形式，将检查项目列表逐项检查，避免遗漏，这种表称为检查表（Check List）。

检查表实际上就是一份实施安全检查和诊断的项目明细表，是安全检查结果的备忘录。这种用提问方式编成的检查表，很早就应用于安全工作中。它是最早开发的一种系统危险性分析方法，也是最基础、最简便的识别危险的方法。现代安全系统工程中的很多分析方法，如危险性预先分析、故障模式及影响分析、事故树分析、事件树分析等，都是在检查表基础上发展起来的。该方法仍然是一种广泛应用的方法，可适用于各类系统的设计、验收、运行、管理阶段以及事故调查过程。

6.2.1.1 检查表法优缺点

（1）主要优点

① 检查表基于以往的经验，在查找危险、有害因素时，能够提示分析人员，避免遗漏、疏忽；

② 检查表中体现了法规、标准的要求，使检查工作法规化、规范化；

③ 针对不同的检查对象和检查目的，可编制不同的检查表，应用灵活广泛；

④ 检查表易于掌握，检察人员按表逐项检查，能弥补其知识和经验不足的缺陷。

（2）主要缺点

① 检查表的编制质量受制于编制者的知识水平及经验积累；

② 检查表法的实施也可能受分析人员的专业与经验限制，影响分析效果。

6.2.1.2 编制和使用检查表应注意的问题

① 检查内容尽可能系统而完整，对导致事故的关键因素不能漏掉，但应突出重点，抓住要害，如面面俱到地检查，容易因小失大。

② 各类检查表因适用对象不同，检查内容应有所侧重。例如，专业检查表应详细，日常检查表则要简明，突出要害部位。

③ 凡重点危险部位应单独编制检查表，能导致事故的所有危险因素都要列出，以便经常检查，及时发现和消除，防止事故发生。

④ 每项检查内容要定义明确、便于操作。

⑤ 检查表编好后，要在实践中不断修改，使之日臻完善。如工艺改造或设备变更，检查表内容要及时修改，使之适应生产实际的需要。

⑥ 查出的问题要及时反馈到有关部门并落实整改措施。每一个环节实施人员都要签字，做到责任明确。

拓展阅读 **检查表的编制**（请扫描右边二维码获取）

6.2.1.3 检查表的格式

检查表的格式一般根据检查目的而设计，不可能完全一致。例如，用于定性危险性分析的检查表一般包括类别、项目内容、检查结果、检查日期和检查者等，为记录查出的问题应设备注栏。用于安全评价的检查表应考虑检查评分的需要设置相应栏目。检查的内容要求一般采用提问式，结果用“是”或“否”表示；也可用肯定式。

表 6-4 为某单位编制的检查表示例。

表 6-4　检查表示例

类别	检查内容	检查结果	
		是	否
用电	1. 防触电保护装置是否良好？ 2. 导线有无破损、脱皮？保护接零是否良好？ 3. 电话通信是否畅通？ 4. 每日完工后是否关闭总电源？		
搭架子	1. 登高作业是否拴好安全带？ 2. 进现场戴好安全帽了吗？ 3. 搭的架子、铺的跳板是否牢固？		
打磨	1. 进罐是否按规定穿戴好防护用品？ 2. 打磨前有否检查、更换砂轮片、手动砂轮防护罩？风镜是否齐全？		
起重	1. 起重机械是否有专人负责？在操作中是否遵守“十不吊”的规定？ 2. 每日班前是否检查机具、挂钩、钢丝绳？ 3. 每日开机前是否检查过起升机构、制动闸？		
探伤	1. 工作前有否检查仪器以及线路？是否绝缘良好？如有漏电等情况应更换再使用。 2. 检修仪器是否切断电源，并将电容放电后才进行维修？ 3. 在潮湿的地方作业，有否戴绝缘手套？穿绝缘鞋？		
备注			

检查时间________ 检查人________

6.2.1.4　典型检查表法的应用

国外一些大型炼油装置的新建过程中，往往在不同的设计阶段会进行消防安全审查（Fire Safety Review，FSR）。这项审查工作基于所编制的详细检查表，由一个多专业人员组成的小组共同完成。初步设计阶段的FSR往往被视为PHA的一部分，目的是识别各种可能的火灾场景，分析现有的设计、主动消防设施（喷淋系统、火灾与气体报警系统FGS等）及被动消防措施（设备间距、防火涂料要求等）、人员与应急计划的充分性。

典型的初步设计阶段 FSR 检查表分为三个部分：工艺与设备、火灾安全设施、人员与应急计划。

工艺与设备相关的问题包括以下17类（见表6-5），使用者可以根据装置的特点进一步编制更加详细的问题清单。

表 6-5　典型 FSR 设备类检查表问题分类

序号	问题	序号	问题	序号	问题
1	设计基础与适用标准	7	管道	13	透平
2	火灾后果分析	8	管道支架与管廊	14	加热炉
3	隔离与物料存量	9	吹扫与置换系统	15	压力容器
4	紧急操作的风险	10	公用工程	16	换热器
5	对建筑物的危害	11	泵	17	储罐
6	关断阀	12	压缩机		

初步设计阶段 FSR 中所发现的问题和提出的建议，应该在详细设计阶段的设计工作及开车准备工作中进一步落实与完善。

6.2.1.5 检查表分析结果

根据检查的记录及评定，按照检查表的分析计值方法，对分析对象进行后果严重性评级。定性的分析结果随分析对象不同而变化，但需作出与标准或规范是否一致的结论。此外，检查表分析通常应提出提高安全性的可能措施。

检查表应列举需查明的所有会导致事故的不安全因素。它采用提问的方式，要求回答“是”或“否”。“是”表示符合要求，“否”表示存在问题有待进一步改进。所以在每个提问后面也可以设改进措施栏。每个检查表均需注明检查时间、检查者、直接负责人等，以便分清责任。检查表的设计应做到系统、全面，检查项目应明确。

6.2.2 预先危险性分析

6.2.2.1 预先危险性分析概述

预先危险性分析（Preliminary Hazard Analysis，PHA）也叫危险性预先分析，是在某一项工程活动之前（包括系统设计、审查阶段和施工、生产）进行预先危险性分析，它对系统存在的危险类别、发生条件、事故结果等进行概略的分析。其目的在于尽量防止采用不安全技术路线、使用危险性物质和工艺以及设备。如果必须使用时，也可以从设计和工艺上考虑采取安全措施，使这些危险性不致发展成事故，它的特点是把分析工作做在行动之前，避免由于考虑不周而造成损失。

系统安全分析的目的不是分析系统本身，而是预防、控制或减少危险性，提高系统的安全性和可靠性。因此，必须从确保安全的观点出发，寻找危险源（点）产生的原因和条件，评价事故后果的严重程度，分析措施的可能性、有效性，采取切合实际的对策，把危害与事故降低到最低程度。

预先危险性分析的重点应放在系统的主要危险源上，并提出控制这些危险的措施。预先危险性分析的结果，可作为对新系统综合评价的依据，还可以作为系统安全要求、操作规程和设计说明书中的内容。同时预先危险性分析为以后要进行的其他危险分析打下了基础。

当生产系统处于新开发阶段，对其他危险性还没有很深的认识，或者是采用新的操作方法，接触新的危险物质、工具和设备等时，使用预先危险性分析就非常合适。由于事先分析几乎不耗费多少资金，而且可以取得防患于未然的效果，所以应该推广这种分析方法。

预先危险性分析具有以下优点：

① 分析工作做在行动之前，可及早采取措施排除、降低或控制危害，避免由于考虑不周造成损失；

② 根据系统开发、初步设计、制造、安装、检修等的分析结果，可以提供应遵循的注意事项和指导方针；

③ 分析结果可为制定标准、规范和技术文献提供必要的资料；

④ 根据分析结果可编制检查表以保证实施安全，并可作为安全教育的材料。

6.2.2.2 预先危险性分析内容

根据安全系统工程的方法，生产系统的安全必须从“人-机-环”系统进行分析，而且在进行预先危险性分析时应持这种观点：对偶然事件、不可避免事件、不可知事件等进行剖析，尽可能地把它变为必然事件、可避免事件、可知事件，并通过分析、评价，控制事故发生。

分析的内容可归纳为以下几个方面：

① 识别危险的设备、零部件，并分析其发生事故的可能性条件；

② 分析系统中各子系统、各元件的交接面及相互关系与影响；

③ 分析原材料、产品，特别是有害物质的性能及贮运；

④ 分析工艺过程及工艺参数或状态参数；

⑤ 人、机关系（操作、维修等）；

⑥ 环境条件；

⑦ 用于保证安全的设备、防护装置等。

6.2.2.3 预先危险性分析步骤

（1）准备阶段

对系统进行分析之前，要收集所要分析系统的有关资料和其他类似系统以及使用类似设备、工艺物质的系统的资料。对所要分析系统的生产目的、工艺过程以及操作条件和周围环境作比较充分的调查了解，要弄清其功能、构造，为实现其功能所采用的工艺过程，以及选用的设备、物质、材料等。调查、了解和收集过去的经验以及同类生产系统中发生过的事故情况，查找能够造成人员伤害、物质损失和完不成任务的危险性。由于预先危险性分析是在系统开发的初期阶段进行的，所以获得的有关分析系统的资料是有限的，因此在实际工作中需要借鉴类似系统的经验来弥补分析系统资料的不足。通常采用类似系统、类似设备的检查表作参照。

（2）审查阶段

通过对方案设计、主要工艺和设备的安全审查，辨识其中主要的危险因素，确定危险源，也包括审查设计规范和采取的消除、控制危险源的措施。

通常，应按照预先编制好的检查表逐项进行审查，其审查的主要内容有以下几个方面：

① 危险设备、场所、物质；

② 有关安全设备、物质间的交接面，如物质的相互反应，火灾、爆炸的发生及传播，控制系统等；

③ 对设备、物质有影响的环境因素，如地震、洪水、高（低）温、潮湿、震动等；

④ 运行、试验、维修、应急程序，如人失误后果的严重性、操作者的任务、设备布置及通道情况、人员防护等；

⑤ 辅助设施，如物质和产品储存、试验设备、人员训练、动力供应等；

⑥ 有关安全的装备，如安全防护措施、冗余系统及设备、灭火系统、安全监控系统、人防护设备等。

（3）汇总阶段

根据审查结果，确定系统中的主要危险因素，绘制预先危险性分析表；研究可能发生的事故及事故的产生原因，即研究危险因素转变为危险状态的触发条件和危险状态转变为事故（或灾害）的必要条件；根据事故原因的重要性和事故后果的严重程度，对确定的危险因素进行危险性分级，分清轻重缓急，并制定危险的预防措施。

6.2.2.4 危险等级划分

在危险性查出之后，应对其划分等级，排列出危险因素的先后次序和重点，以便分别处理。由于危险因素发展成为事故的起因和条件不同，因此在预先危险性分析中仅能作为定性评价。危险等级可按 4 个级别来划分，见表 6-6。

表 6-6　危险等级划分

级别	危险程度	危险后果
Ⅰ	安全的（可忽视的）	不会造成人员伤亡和系统损坏（物质损失）
Ⅱ	临界级	处于事故的边缘状态，暂时还不会造成人员伤亡和系统损坏或降低系统性能，但应予以排除或采取控制措施
Ⅲ	危险的	会造成人员伤亡和系统损坏，应立即采取措施
Ⅳ	灾难性的	造成人员伤亡、重伤及系统严重损坏，造成灾难性事故，必须立即予以排除

6.2.2.5　预先危险性分析表格

预先危险性分析的结果，可直观地列在一个表格中。预先危险性分析的一般表格形式，见表 6-7。这是一种有代表性的预先危险性分析表格，虽然简单，但大多数情况下是足够用的，下面对表格中的每一列作一个简单的介绍。

表 6-7　预先危险性分析表格实例

1	2	3	4	5	6	7	8	9
名称或元件编号	运行方式	失效方式	可能性估计	危险描述	危险影响	危险等级	建议的控制方法	备注

① 所要分析的元件或子系统的正式名称，在识别危险性中编号是方便的。如果没有元件，在这一列中也可以给出规程名称。

② 在这里说明产生危险的运行方式，根据运行方式，相同的元件、子系统或规程有不同的危险。从暴露的危险可知，运行方式通常涉及整个系统。

③ 失效方式，主要指有危险的元件或子系统的失效方式。每个元件或规程及每个危险的失效方式可能不止一种。请注意，失效本身不是危险，而仅是一个致因。

④ 可能性估计有几种表达形式，可以采用定性方式表示，如“非常可能”或“不可能”。如采用这种表达方式，必须在事件中给出明确的定义。例如，可以定义“可能”为数千暴露小时中测量每暴露 1h 危险的可能性大于或等于 10^{-4}。当然也可以仅定义为“高”或“低”，这样依次下定义，最后较准确地度量可能性。这种可能性定义还必须考虑时间、任务和系统的使用情况等因素。

⑤ 危险描述，注意这一列只能对危险作简要的描述。表格中每一行说明一种危险，每行所作的危险描述是不同的，前三列中可能有相同的。重申一下，危险是引起人员伤亡、财产损失和功能失常的潜在因素，危险不是失效的原因。

⑥ 说明危险对人或财产的影响。影响是多种多样的，对人和财产的影响可能要分别描述。

⑦ 描述危险严重性。例如从轻微的到灾难性的，或采用更细致的危险性分类。

⑧ 对控制方法提出建议。说明有效的危险控制措施，该措施应能降低危险的可能性或严重性。几种危险的控制方法可能都是相似或相同的。由于暴露时间是系统的基本性能，所以应尽可能不采用减少暴露时间的控制方法。

⑨ 附加说明那些可能与危险严重性、运行、系统方式有关的及一切对危险有影响的事项。

应用预先危险性分析表格时应该特别注意的是，表中要避免使用冗长的词条，建议采用恰当的简要短语和词。另外，表格中的各列可根据系统安全评价实际有所增删。

6.2.2.6 应用实例

将 H_2S 从储气罐送入工艺设备的概念设计。在该设计阶段，分析人员只知道在工艺过程中要用到 H_2S，其他一无所知。分析人员知道 H_2S 有毒且易燃。分析人员将 H_2S 可能释放出来作为一个危险情况，列出了可能引起 H_2S 释放的原因如下：①储罐受压发生泄漏或破裂；②工艺过程没有消耗掉所有的 H_2S；③H_2S 的工艺输送管线发生泄漏或破裂；④储罐与工艺设备的连接过程中发生泄漏。

然后，分析人员确定上述因素可能导致的后果。对本例来说，只有当发生大量泄漏时才会导致死亡事故，下一步对每种可能引起 H_2S 释放的原因说明其改正或避免措施，为设计提供依据。例如，分析人员可建议设计人员：①考虑储存另外的低毒物质但能产生需要的 H_2S 的工艺；②考虑开发某个系统能收集和处理工艺过程中过量的 H_2S；③由熟练的操作人员进行储罐的连接；④考虑储罐封闭在水洗系统中，水洗系统由 H_2S 检测器启动；⑤储罐位于易于输送的地方，但远离其他设备；⑥建立培训计划，在开车前对所有工人及以后的新工人进行 H_2S 释放紧急处理操作规程的培训。

H_2S 系统预先危险性分析部分分析结果见表 6-8。

表 6-8 H_2S 系统预先危险性分析部分分析结果

区域：H_2S 工艺　　　　会议日期：　年　月　日

图号：无　　　　分析人员：

危险	原因	主要后果	危险等级	改正或避免措施
有毒物质释放	H_2S 储罐破裂	如果大量释放将有致命危险	Ⅳ	1. 安装报警系统 2. 保持最小的储存量 3. 建立储罐的检查规程
	H_2S 在工艺过程中未完全反应	如果大量释放将有致命危险	Ⅲ	1. 设计一个系统收集和处理过量的 H_2S 2. 设计控制系统，以检测过量的 H_2S 并可将过程关闭 3. 建立规程，保证过量 H_2S 处理系统在装置开车前启动

6.2.3 故障假设分析

故障假设（What-if）分析是一种对系统工艺过程或操作过程的创造性分析方法，目的在于识别危险性、危险情况或意想不到的事件。故障假设分析由经验丰富的人员执行，以识别可能事故情况、结果、存在的安全措施以及降低危险性的措施，所识别出的潜在事件通常不进行风险分级。

故障假设分析关注设计、安装、变更或操作过程中可能产生的异常事件。分析人员应熟悉工艺，通过提问（故障假设）来发现可能的潜在事故隐患。通过假想系统中一旦发生严重事件，分析可能的潜在原因，以及在最坏的条件下可能导致的后果及事件发生的可能性。

故障假设分析在工程项目发展的各个阶段都可经常采用。

故障假设分析一般要求分析人员用“What…if 如果……怎么样”作为开头对有关问题进行考虑，任何与工艺安全有关的问题都可提出加以讨论。例如：

① 如果提供的原料组分发生变化会怎样?

② 如果开车时给料泵停止运转会怎样?

③ 如果操作工误打开阀 B 而不是阀 A 会怎样?

通常按专业及流程分类进行提问，如电气安全、消防、人员安全等不同分类。所有的问题都需使用表格的形式记录下来，记录应包含讨论的主要内容（见表 6-9），如提出的问题、回答（可能的后果）、现有安全措施、降低或削减风险的建议。对在役装置，操作人员应参与讨论，应考虑到任何与装置有关的不正常的生产条件，而不仅仅是设备故障或工艺参数变化。

表 6-9 故障假设分析记录表格

What…if 问题	原因	后果	现有安全措施	建议措施

6.2.3.1 结构化假设分析方法

结构化假设分析（SWIFT）是由具有创造性的故障假设分析方法与经验性的检查表法组合而成的，它弥补了这两种方法各自单独使用时的不足。

检查表法是一种以经验为主的方法，用它进行分析时，成功与否很大程度取决于检查表编制人员的经验水平。如果检查表不完整，分析人员就很难对危险性状况作有效的分析。而故障假设分析鼓励思考潜在的事故和后果，它弥补了检查表编制时可能的经验不足。因此，出现了检查表法与故障假设分析组合在一起的分析方法，检查表使故障假设分析更系统化，便于发挥各自的优点，互相取长补短，以便弥补各自单独使用时的不足。

SWIFT 分析可用于工艺项目的任何阶段。与其他大多数的分析方法类似，该方法同样需要由经验丰富的一组人员共同完成，这种方法常用于分析工艺系统的危害。虽然它也能够用来分析所有层次的事故隐患，但主要用于过程危险的初步分析，在此基础上，再用其他分析方法进行更详细的分析。

6.2.3.2 典型 SWIFT 方法的应用

在某炼厂的变电系统改造项目中，考虑到变电系统不是一个连续的化工过程，但是其安全性及稳定性对装置的稳定运行非常重要，而且变电系统又邻近工艺生产装置，因此选取了 SWIFT 方法作为风险辨识及危害分析的手段。在设计完成且施工方案确定之后，进行了系统化的 SWIFT 分析。经过 2 天的 SWIFT 分析，共发现与消防设施、施工工序、应急计划相关的 10 项问题（见表 6-10），避免了在后续的建设与运行阶段的安全风险。

6.2.4 危险与可操作性分析

6.2.4.1 HAZOP 分析方法简介

“危险与可操作性分析”简称 HAZOP 分析，该方法是由英国帝国化学公司（Imperial Chemical Industries PLC，ICI）于 1974 年提出的。它是一种被工业界广泛采用的工艺危险分析方法，也是有效排查事故隐患、预防重大事故和实现安全生产的重要手段之一。

HAZOP 分析方法自诞生以来在工业界获得了广泛的认可与应用。历经几十年实践应用和发展完善，HAZOP技术以其系统、科学的突出优势，在装置工艺危险辨识领域独占鳌头，在欧美等发达国家得以广泛应用，并备受推崇。除了传统的石油炼制、石油化工、医药化工、精细化工等工业领域，近年来HAZOP分析方法的应用已进一步扩展到机械、运输、生物炼制、核电、航空航天、军事设施、软件和网络等领域。

表6-10　SWIFT问题分类

问题	内容提要
材料问题	这类问题分析已知的或有记录的潜在危害，以及需要维持一些条件以确保装置能安全地存储、处理和加工原料、中间体及成品
外部影响	这类问题是为了帮助识别因外部力量或条件而可能导致的危害场景，包括从火山爆发到地震，或寒冷的天气可能导致化学品单体的聚合反应被抑制等现象。同时还要考虑人为制造的随机事件，如纵火、暴乱或附近的爆炸可能对所评估单元的影响
操作错误或其他人为因素	SWIFT分析团队应从操作人员的角度出发，分析每一个操作模式可能出现的错误操作。应特别注意的是，有很多的操作错误是由培训不足或不完整清晰的操作说明导致的
分析或取样误差	该小组应讨论所有与分析或取样有关的要求及操作问题。这些问题可能包含范围很广，如：控制循环水冷却塔的结垢，到获得的关键流程的控制数据，甚至实验室技术人员在分析热不稳定的中间体时受伤
设备/仪表故障	该小组应考虑所有与设备和仪表故障相关的问题。其中很多故障非常明显，P&ID上所显示的设备很多已经在操作错误或其他人为因素中讨论，相关讨论可以作为设备/仪表故障的输入条件
异常工况及其他	这一类别是其他类别的讨论中被忽略或不适合归类的问题
公用工程故障	这类问题是直接就公用工程故障进行提问。应当注意考虑：外部影响、分析或取样误差、操作错误或其他人为因素、设备/仪表故障可能引起的公用工程系统失效
完整性失效或泄漏	这类问题是各个类别中最重要的。应关注其他类别的问题所导致的完整性失效或泄漏。完整性失效或泄漏也会引发如正常和紧急放空等相关讨论
应急措施	如果团队已对之前所有类别的各种问题的最终影响都分析透彻了，那么在这个阶段很少会发现新问题了。但单独考虑紧急操作是非常重要的，因为在讨论其他类别问题时，与紧急程序相关的错误可能没有那么容易发现
环境释放	最明显的释放是由完整性失效或泄漏引起的。使用紧急放空口时，各种机械故障和操作错误也必须要考虑。可以将环境释放作为故障树或事件树的起点，进一步分析环境释放所导致的毒气云扩散、火灾或爆炸等场景

HAZOP分析是由一组多专业背景的人员以会议的形式，按照HAZOP执行流程对工艺过程中可能产生的危害和可操作性问题进行分析研究。首先将装置划分为若干小的节点，然后使用一系列的参数和引导词，采取头脑风暴的方式进行审查，评估装置潜在的风险场景，评估其对安全、环境、健康和经济的影响。

与其他分析方法相比较，HAZOP分析方法具有非常鲜明的特点。

特点之一是“发挥集体智慧”。由多专业、具有不同知识背景的人员组成分析团队一起工作，比各自独立工作更能全面地识别风险和提出更具创造性的消除或控制危险的措施。团队会议也是充分交流的过程，有助于提高参与者的安全意识和便于跟踪完成所提出的建议措施。这一特点被称为HAZOP分析的“头脑风暴”方法。

特点之二是“借助引导词激发创新思维”。HAZOP分析的主要目的是识别危险和潜在的危险事件序列（即事故剧情）。借助引导词与相关参数的结合，分析团队可以系统地识别各种异常工况，综合分析各种事故剧情，涉及面非常广泛，符合安全工作追求严谨缜密的特点。引导词的运用还有助于激发分析团队的创新思维，弥补分析团队在某些方面的经验不足。

特点之三是“系统全面地剖析事故剧情”。HAZOP分析“用尽”适用的引导词，“遍历”工艺过程每一个环节，深入揭示和审查工艺系统中事故剧情与可操作性问题。这种剖析过程非常有助于全面、细致地了解事故发生的机理，并据此提出预防事故或减缓后果的措施。图6-2说明了开展HAZOP分析时，系统化、结构化进行分析的过程。同时，在分析过程中既考虑危险也考虑可操作性问题。

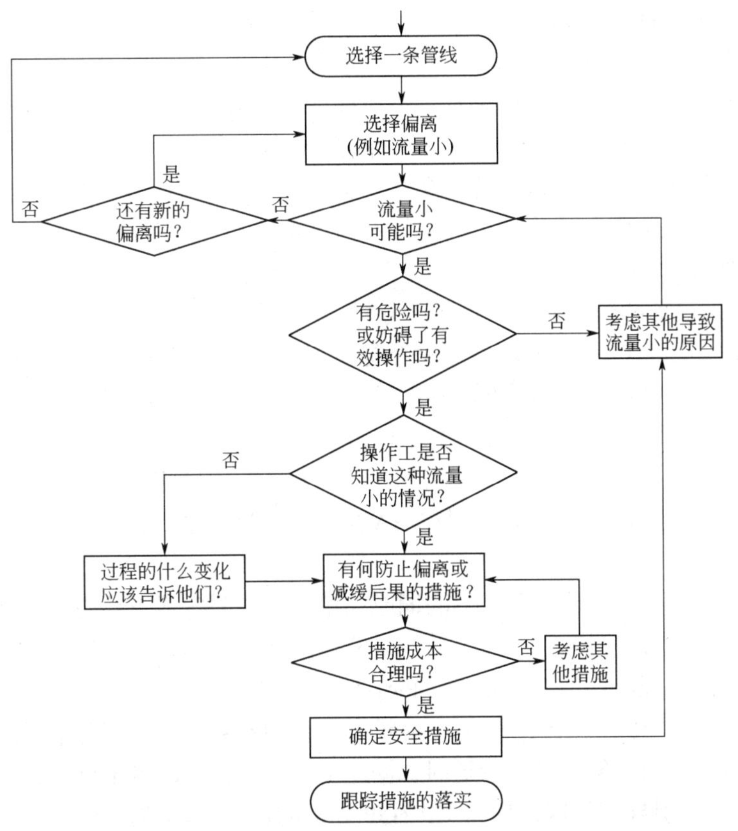

图 6-2　HAZOP 分析中运用引导词开展分析的示意图

HAZOP 分析方法的独特性使其获得了广泛的应用。正确运用 HAZOP 分析方法，可以：

① 识别工艺过程潜在的危险和可操作性问题；

② 预估危险可能导致的不利后果；

③ 理清潜在事故的形成、传播路径；

④ 找出重要事故剧情（序列）中现有的安全措施，评估其作用；

⑤ 评估潜在事故的风险水平；

⑥ 需要时，提出降低风险的建议措施；

⑦ 分析过程还可以帮助团队加深对工艺系统的认知。

涉及工艺生产设施的新建、改建项目应进行 HAZOP 分析。同时，对在役设施，应自投产之日起每隔 3～5 年汇总装置变更，梳理曾经发生的工艺危害事件，应用 HAZOP 分析方法对其进行安全分析。

对涉及已有工艺生产设施变更的改建项目，应于设计阶段完成 HAZOP 分析；对与工艺生产相关的新建项目，原则上应于初步设计阶段完成第一次 HAZOP 分析；如后续有较大变更，应于详细建设阶段重新进行 HAZOP 分析。

在详细介绍 HAZOP 分析方法之前，首先熟悉一些相关的术语。

（1）节点

在开展 HAZOP 分析时，通常将复杂的工艺系统分解成若干“子系统”，每个子系统称作一个“节点（Node）”。这样做可以将复杂的系统简化，也有助于分析团队集中精力参与讨论。

（2）偏差

此处的“偏差（Deviation）”指偏差所期望的设计意图。

例如储罐在常温常压下储存 300t 某液态物料，其设计意图是在上述工艺条件下，确保该物料处于所希望的储存状态。如果发生了泄漏，或者温度降低到低于常温的某个温度值，就偏差了原本的意图。在 HAZOP 分析时，将这种情形称为“偏差”。

通常，各种工艺参数，例如流量、液位、温度、压力和组成等，都有各自安全许可的操作范围，如果超出该范围，无论超出的程度如何，都视为“偏差设计意图”。

（3）可操作性

HAZOP 分析包括两个方面，一是危险分析，二是可操作性（Operability）分析。前者是为了安全的目的；后者则关心工艺系统是否能够实现正常操作，是否便于开展维护或维修，甚至是否会导致产品质量问题或影响收率。

在HAZOP 分析时，是否要在分析的工作范围中包括对生产问题的分析，不同公司的要求各异。有许多公司把重点放在安全相关的危险分析上，不考虑操作性的问题；有些公司会关注较重大的操作性问题，很少有公司在 HAZOP 分析过程中考虑质量和收率的问题。

（4）引导词

引导词（Guidewords）是一个简单的词或词组，用来限定或量化意图，并且联合参数以便得到偏差。如“没有”“较多”“较少”等。分析团队借助引导词与特定“参数”的相互搭配，来识别异常的工况，即所谓“偏差”的情形。

例如，“没有”是其中一个引导词，“流量”是一种参数，两者搭配形成一种异常的偏差“没有流量”，当分析的对象是一条管道时，据此引导词，就可以得出该管道流量的一种异常偏差“没有流量”。引导词的应用使得 HAZOP 分析的过程更具结构性和系统性。

（5）事故剧情

在HAZOP 分析过程中，借助引导词的帮助，设想工艺系统可能出现的各种偏差设计意图的情形及其后续的影响。

事故剧情（Incident Scenario）至少应包括某个初始事件和由此导致的后果；有时初始事件本身并不会马上导致后果，还需要具备一定的条件，甚至要考虑时间的因素。在 HAZOP 分析时，通过对偏差、导致偏差的原因、现有安全措施及后果等讨论，形成对事故剧情的完整描述。

（6）原因

原因（Cause）是指导致偏差（影响）的事件或条件。

HAZOP 分析不是对事故进行根源分析，在分析过程中，一般不深究根原因。较常见做法是找出导致工艺系统出现偏差的初始原因，诸如设备或管道的机械故障、仪表故障、人员操作失误、极端的环境条件和外力影响等。

（7）后果

后果（Consequence）是指由工艺系统偏差设计意图时所导致的结果。

就某个事故剧情而言，后果是指偏差发生后，在现有安全措施都失效的情况下，可能持续发展形成的最坏的结果，诸如化学品泄漏、着火、爆炸、人员伤害、环境损坏和生产中断等。

（8）现有安全措施

现有安全措施（Safeguards）是指当前设计、已经安装的设施或管理实践中已经存在的安全措施。

它是防止事故发生或减缓事故后果的工程措施或管理措施。如关键参数的控制或报警联锁、安全泄压装置、具体的操作要求或预防性维修等。

在新建项目的 HAZOP 分析中，现有安全措施是指已经表达在图纸或文件中的设计要求或操作要求，它们并没有物理性地存在于现场，因此有待工艺系统投产前进一步确认。

对于在役的工艺系统，现有安全措施是指已经安装在现场的设备、仪表等硬件设施，或者体现在文件中的生产操作要求。

（9）建议措施

建议措施（Recommendation）是指所建议的消除或控制危险的措施。

在 HAZOP 分析过程中，如果现有安全措施不足以将事故剧情的风险降低到可以接受的水平，HAZOP 分析团队应提出必要的建议以降低风险，例如增加一些安全措施或改变现有设计。

（10）HAZOP 分析团队

HAZOP 分析不是一个人的工作，需要由一个包含主席、记录员和各相关专业的成员所构成的团队通过会议方式集体完成，称为“分析团队”。

6.2.4.2 HAZOP 分析内容

HAZOP 分析主要针对被分析对象涉及的管道及仪表流程图（P&ID）和相关文件进行安全审查。HAZOP 分析是对已有工艺方案的审查，是一种风险辨识的方法，不能期望通过 HAZOP 分析直接改进设计。

分析内容包括：

① 审查设计文件，对故障或误操作引起的任何偏差可能导致的危险进行分析，考虑该危险对工作场所人员和公众、场地、设备或环境的各种可能影响；

② 根据风险矩阵，综合分析小组意见，对偏差进行风险分级；

③ 审查已有的预防措施是否足以防止危险的发生，并将其风险降至可接受的水平；

④ 核查已有的防护措施是否足以使其风险降至可接受的水平；

⑤ 核查与其他装置之间连接界面的安全性；

⑥ 确保可以安全地开/停车，安全生产、安全维修。

6.2.4.3 人员组成及职责分工

HAZOP 分析小组成员应具有足够的知识和经验，能够在会上回答、解决大部分问题。成员来自设计方、业主方、承包商，应包括设计人员、各专业工程师和经验丰富的操作人员。

工作组人员经仔细挑选确定，并赋予向设计方、承包商等提出问题和建议的权力。小组至少包括如下人员：

①HAZOP 组长；②HAZOP 秘书；③工艺工程师；④仪表工程师；⑤安全工程师；⑥操作/开车专家；⑦其他相关专业工程师/专家。

HAZOP 组长应由工艺危害分析专家担任，在 HAZOP 分析中起主导作用。其在 HAZOP 分析中应客观公正；应积极鼓励，引导分析小组每位成员参与讨论；应引导工作组按照必要的步骤完成分析，而不偏离主题；应确保工艺或装置的每个部分、每个方面都得到了考虑；应确保所分析的各项内容，根据重要程度得到了应有的关注。

HAZOP 秘书负责记录 HAZOP 会议内容，并协助 HAZOP 组长编制 HAZOP 分析报告。秘书要经过 HAZOP 培训，熟悉 HAZOP 工作程序、工作方法、工程术语，能够准确理解、记录会议讨论内容。

其他成员应具有一定的能力和经验，能够充分了解设计意图及运行方式。成员应跟随HAZOP组长的引导，积极参与分析和讨论，利用自己的知识和经验响应每个步骤的分析内容和要求。

6.2.4.4 HAZOP分析步骤

HAZOP分析将不同工艺过程划分为适当的节点，采用引导词引导的方法，尽量找出偏离设计意图的所有可能的偏差。下述关键分析过程应给予特别关注。

（1）划分节点

HAZOP分析将根据一版供HAZOP审查的P&ID图纸进行。

每张P&ID上节点的划分应保证HAZOP审查详细、全面、有效。节点可以是流程中的一段管线或一个设备或其组合。在分析每张P&ID时，为保证分析效果，分析小组每次应仅重点讨论一个关注点。节点应在P&ID上采用不同颜色明确标识，说明每个节点的编号、起止点和中间部分，若一个节点涉及多张P&ID，节点标识还应包括P&ID的连接编号。

在HAZOP分析前，HAZOP组长应预先对P&ID进行节点划分，并在HAZOP分析会议前，就其预先划分的节点向HAZOP分析小组成员进行介绍，必要时，可以根据小组成员的建议进行节点调整。HAZOP分析的节点应取得小组成员的一致认同。

（2）解释设计意图

工艺工程师有责任在HAZOP分析之前向分析小组成员解释所分析节点的流程和设计意图。只有分析小组成员对设计意图和参数有了清晰准确的理解和把握，才能保证之后HAZOP分析的讨论富有成效。建议工艺工程师对节点中每条管线的设计意图均予以介绍，以方便小组成员理解流量、温度和压力等相关工艺参数。

（3）偏差

分析每个节点时，都应将引导词与适当的工艺参数组合，以生成偏离了设计意图的偏差。例如“无”这个引导词通常和“流量”组合在一起，表示“无流量”。其他引导词“过大”“反向”“过小”等和“流量”组合在一起，则表示“流量过高”“逆流”“流量过低”等偏差。

HAZOP分析常用的引导词见表6-11。需要特别说明的是，HAZOP组长可以在分析时决定是否选用其他引导词和工艺参数。

表6-11 常用引导词及其含义

引导词	含义
无	设计或操作意图的完全否定
过多、过大	同设计值相比，相关参数的量化增加
过少、过小	同设计值相比，相关参数的量化减少
伴随、以及	相关参数的定性增加。在完成既定功能的同时，伴随多余事件发生，如物料在输送过程中发生相变、产生杂质、产生静电等
部分	相关性能的定性减少。只完成既定功能的一部分，如组分的比例发生变化、无某些组分等
逆向/反向	出现和设计意图完全相反的事或物，如液体反向流动、加热而不是冷却、反应向相反的方向进行等
除此之外	出现和设计意图不相同的事或物，完全替代，如发生异常事件或状态、开停车、维修、改变操作模式等

（4）分析偏差产生的根本原因

引导词和工艺参数的组合可以得到很多偏差，但HAZOP分析只关注并记录那些有意义的偏差，不论这些偏差的分析最后是否会得出相关建议。

所谓有意义的偏差是指偏差产生的根本原因是实际可能发生的，其可能造成的后果会产生危险或带来操作问题。表 6-12 中对典型的偏差及其生成的可能原因进行了介绍。

（5）评估后果和安全措施

每个有意义的偏差，分析小组都应对其所有直接和间接的后果进行分析。另外，对那些在设计中已有的，可以防止危险发生或减轻其后果的安全措施，也应进行讨论、记录。在分析后果时如果还需要其他额外信息，则应将该情况作为对下一步工作的要求，记录在分析报告中，然后继续 HAZOP 分析。建议由 HAZOP 组长指派负责人收集信息。分析小组应尽量在 HAZOP 分析会议上解决尽可能多的关键问题、难题。

（6）确定风险等级

HAZOP 分析中对每个偏差所导致的风险进行风险定级的目的是帮助定性评估风险程度，由此确定分析结论中每项建议措施的优先级别，并明确需进行定量风险分析的场景。

HAZOP 组长和小组成员应在 HAZOP 分析会议前就风险矩阵对项目 HAZOP 分析的适用性进行确认，必要时可以更新。确定了风险矩阵后，对每一个有意义的偏差，分析小组应一起判断后果的严重度和偏差发生的可能性等级，根据风险矩阵确定风险程度。

（7）结论记录和建议措施

偏差、原因、后果、安全措施和建议措施都应进行记录，以便后续的变更管理和跟踪建议措施的落实情况。

表 6-12　典型偏差及导致其发生的可能原因

偏差		可能原因
引导词	参数	
无	流量	阀门关闭、错误路径、堵塞、盲板法兰遗留、错误的隔离（阀/隔板）、爆管、气锁、流量变送器/控制阀误操作、泵或容器失效/故障、泄漏等
过多	流量	泵能力增加（泵运转台数错误增加）、需要的输送压力降低、入口压力增高、控制阀持续开、流量控制器（限流孔板）误操作等
	压力	压力控制失效、安全阀等故障、高压连接处泄漏（管线和法兰）、压力管道过热、环境辐射热、液封失效导致高压气体冲入、气体放空不足等
	温度	高环境温度、火灾、加热器控制失效、加热介质泄漏入工艺侧等
	液位	进入容器物料超出溢流能力、高静压头、液位控制失效、液位测量失效、控制阀持续关闭、下游受阻、出口隔断或堵塞等
	黏度	材料、规格、温度变化
过少	流量	部分堵塞、容器/阀门/流量控制器故障或污染、泄漏、泵效率低、密度/黏度变化等
	压力	压力控制失效、释放阀开启等没回座、容器抽出泵造成真空、气体溶于液体、泵或压缩机入口管线堵塞、放空时容器排放受阻、泄漏、排放等
	温度	结冰、压力降低、热交换不足、换热器故障、低环境温度等
	液位	相界面破坏、气体窜漏、泵气蚀、液位控制失效、液位测量失效、控制阀持续开、排放阀持续开、入口受阻、出料大于进料等
	黏度	材料、规格、温度变化、溶剂冲洗等
逆向	流量	参照无流量，以及：下游压力高、上游压力低、虹吸、错误路径、阀门故障、事故排放（紧急放空）、泵或容器失效、双向流管道、误操作、在线备用设备等
部分	组分	换热器内漏、进料不当、相位改变、原料规格改变等

续表

偏差		可能原因
引导词	参数	
伴随	流量	突然压力释放导致两相混合、过热导致气体混合、换热器破裂导致物料被换热介质污染、分离效果差、空气/水进入、残留水压试验液体、物料隔离失效等
	污染物（杂质）	空气进入、隔离阀泄漏、过滤失效、夹带等
除此之外	维修开、停车	隔离、排放、清洗、吹扫、干燥等

HAZOP 分析记录表应记录所有有意义的偏差。在讨论这些偏差时，HAZOP 秘书应记录与会者达成共识、取得一致意见的所有信息。每个偏差讨论时至少应该记录引导词、偏差、原因、后果、安全措施（若有）、建议措施（若有）、责任方（见表 6-13）。

表 6-13　HAZOP 分析记录表格

项目名称							日期				
节点编号				节点描述			节点对应P&ID				
序号	参数	偏差	偏差描述	原因	后果	现有措施	建议措施	建议类别	建议号	责任方	备注

（8）明确建议措施的责任方

HAZOP 分析提出的建议措施，其表述应清晰明确，具有可操作性。HAZOP 分析小组应在分析会议上就提出的建议措施明确具体的责任方（个人或部门），由责任方负责对建议措施进行响应。

（9）HAZOP 分析流程图

HAZOP 分析流程图见图 6-3。

6.2.4.5　HAZOP 的优缺点及适用范围

该方法优点是简便、易行，且背景各异的专家们一起工作，在创造性、系统性和风格上互相影响和启发，能够发现和鉴别更多的问题，要比他们独立工作更为有效。缺点是分析结果受分析评价人员主观因素的影响。

适用范围：虽然 HAZOP 法起初是专门设计用于评价新工程项目设计审查阶段的，用以查明潜在危险源和操作难点，以便采取措施加以避免，但它特别适用于化工系统装置设计审查和运行过程分析，还可用于热力、水力系统的安全分析。

6.2.4.6　典型 HAZOP 分析应用

某大型化工集团公司的管理要求中明确规定了各个阶段 HAZOP 分析的目的及要求。

工艺包阶段：对新开发的工艺包进行 HAZOP 审查，确认 HAZOP 已辨识工艺危害，并提出与工艺可实现性、安全性、可操作性有关的建议，包括考虑使用本质安全的技术。

基础设计阶段：应派遣有生产操作经验的人员参加 HAZOP 审查会，对所有主辅工艺系统、公用工程进行系统、深入的 HAZOP 分析，辨识所有工艺危害，并提出消除或控制工艺危害、优化操作与检维修的相关建议。

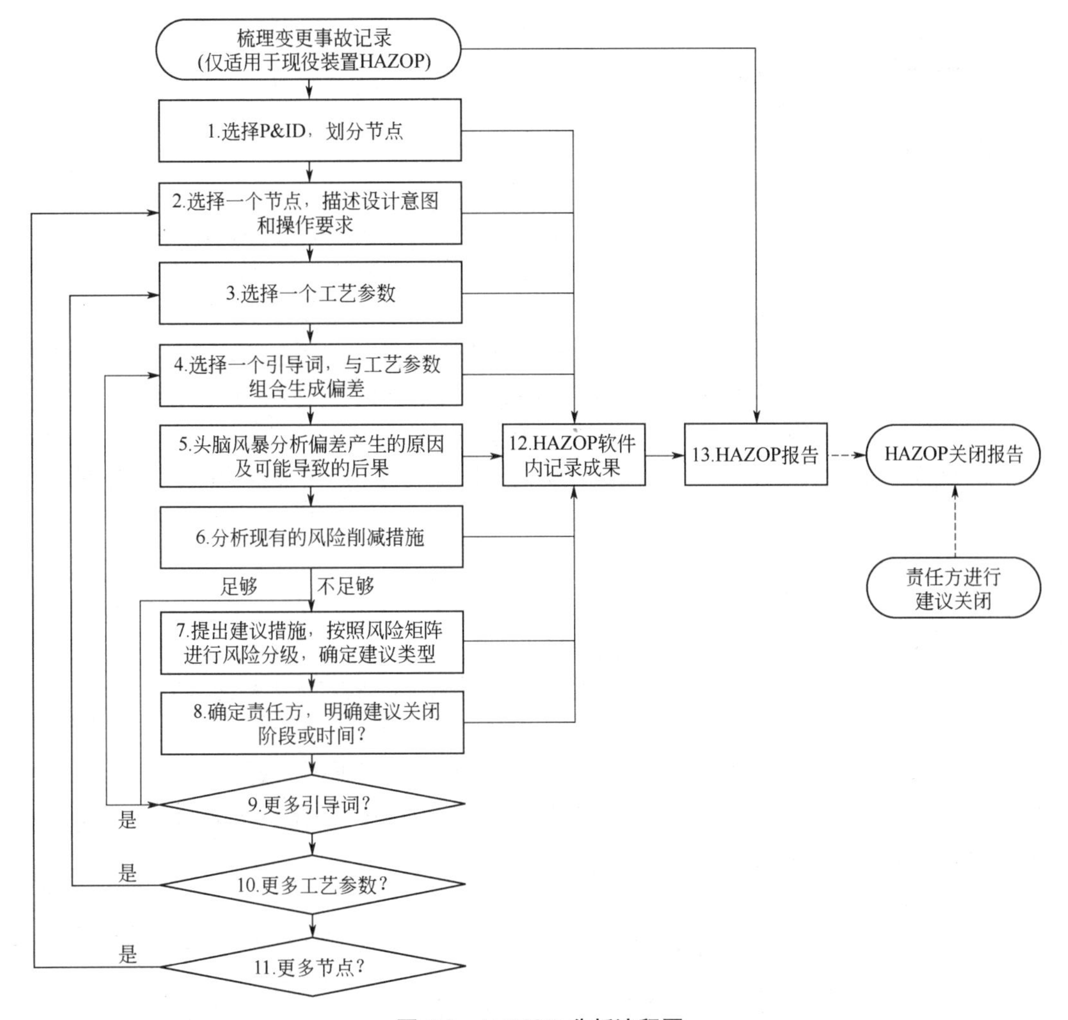

图 6-3　HAZOP 分析流程图

详细设计阶段：详细设计阶段产生的设计变更，应及时进行 HAZOP 分析，辨识设计变更对相关设施、工艺产生的危害，并提出消除或控制危害的建议。该阶段的 HAZOP 分析应对前期 HAZOP 分析建议关闭与落实情况进行审查与分析。基础设计阶段未进行 HAZOP 审查的关键成套设备应在该阶段进行 HAZOP 分析。

在新改扩建装置开车前，针对高风险的作业与操作程序进行 HAZOP 分析，识别设施、工艺、人员及环境等各方面的危险因素及缺陷，并提出优化操作步骤、消除操作风险的建议措施。

在役装置：在役装置每 3 年应进行一次 HAZOP 分析，识别、评估和控制工艺系统相关的危害，并对以前完成的 HAZOP 分析重新进行确认和更新。

重大变更或高风险变更：应针对可能增加危害的场景、变更部分、受变更影响的设施、与变更相连接的设施进行 HAZOP 分析。

在役装置发生的未遂事件或事故：为深入分析事件与事故的原因，应进行 HAZOP 分析，对事故原因进行系统分析，吸取教训，避免同类事故再次发生。

6.2.5 故障模式与影响分析

6.2.5.1 概述

故障模式与影响分析（FMEA）是一种结构化的分析方法，可视为HAZOP分析方法的前身，是系统危险性分析的重要方法之一。20世纪50年代，FMEA方法最早应用于航空器主操控系统的失效分析，20世纪60年代美国航天局（NASA）则成功地将其应用在航天计划上。之后，因容易掌握且实用性强，该方法得以迅速推广。目前，FMEA广泛用于电子、机械、电气等各个行业的设备或系统失效分析中，并形成了IEC 60812—2006等相关国际标准。

FMEA可以根据分析对象的特点，将分析对象划分为：系统、子系统、设备及元件等不同的分析层级。然后分析不同层级上可能发生的故障模式及其产生的影响，以便采取相应的对策，提高系统的安全可靠性。

FMEA分析中的名词解释：

故障——元件、子系统、系统在运行时，达不到设计规定的要求，因而完不成规定的任务或完成得不好。故障不一定都能引起事故。

故障模式——系统、子系统或元件发生的每一种故障的形式称为故障模式。例如，一个阀门故障可以有四种故障模式：内漏、外漏、打不开、关不严。

故障等级——根据故障模式对系统或子系统影响的程度不同而划分的等级称为故障等级。划分故障等级主要是为了分别针对轻重缓急采取相应措施。故障等级的划分方法有多种，大多根据故障模式的影响后果划分。

（1）定性分级方法

也称为直接判断法，根据该方法可将故障等级划分为如表6-14中所示的4个等级。

表6-14 故障等级的划分

故障等级	影响程度	可能造成的结果
Ⅰ	致命性的	可造成死亡或系统毁坏
Ⅱ	严重性的	可造成严重伤害、严重职业病或主系统损坏
Ⅲ	临界性的	可造成轻伤、轻职业病或次要系统损坏
Ⅳ	可忽略性的	不会造成伤害或职业病，系统不会受到损坏

（2）半定量分级方法

由于直接判断法只考虑了故障的严重程度，具有一定的片面性。为了更全面地确定故障的等级，可以采用风险率（或危险度）分级，即综合考虑故障发生的可能性及造成后果的严重度、防止故障的难易程度和工艺设计情况等几个方面的因素来确定故障等级。

① 评点法。在难于取得可靠性数据的情况下，可以采用评点法，此方法较为简单，且划分精确。它从故障影响大小、对系统造成影响的范围、故障发生频率、防止故障的难易以及是否新设计工艺等几个方面来考虑故障对系统的影响程度，用一定的点数表示程度的大小，通过计算，求出故障等级。

② 风险矩阵法。综合考虑了故障的发生可能性和故障发生后引起的后果，可得出比较准确的衡量标准，此标准称为风险率（也称危险度），它代表故障概率和严重度的综合评价。

6.2.5.2 FMEA分析步骤

进行FMEA分析时须按照下述步骤。

（1）明确系统本身的范围与功能

分析时首先要熟悉有关资料，从设计说明书等资料中了解系统的组成、任务等情况，查出系统含有多少子系统，各个子系统又含有多少单元或元件，了解它们之前如何接合，熟悉它们之间的相互关系、相互干扰以及输入和输出等情况。将分析对象划分为系统、子系统、设备及元件等不同的分析层级。

（2）确定分析范围和层级

FMEA分析应根据分析意图，首先决定分析到系统、子系统、设备及元件的哪一个层级。如果分析层级过浅，就会漏掉重要的故障模式，得不到有用的数据；如果分析层级过深，一切都分析到元件甚至零部件，则会造成分析过程过于复杂，耗时过长。经过对系统的初步了解后，应根据系统功能设计，确定子系统及设备的关键程度。对关键的子系统可以加深分析层级，不重要的子系统分析到较浅层级甚至可以不分析。

（3）绘制系统图和可靠性框图

一个系统可以由若干个功能不同的子系统组成，如设备、管线、电气、控制仪表、通信系统等，其中还有各种界面。为了便于分析，复杂系统可以绘制包含各功能子系统的系统图以表示各子系统间的功能关系，简单系统可以用流程图代替系统图。

从系统图可以继续画出可靠性框图，它表示各元件是串联的或并联的以及输入、输出情况。由几个元件共同完成一项功能时用串联连接，冗余元件则用并联连接，可靠性框图内容应和相应的系统图一致。

（4）列出所有故障模式并选出对系统有影响的故障模式

按照可靠性框图，根据过去的经验和有关的故障资料，在选定的分析层级内，分析所有故障模式对系统或装置的影响因素，填入FMEA表格（见表6-15）内。然后从其中选出对子系统以至系统有影响的故障模式，深入分析其影响后果、故障等级及应采取的措施。

表6-15 故障模式与影响分析记录表格

编号	名称	任务阶段工作方式	功能	故障模式	故障原因	故障影响			故障检测方法、维修方法	建议措施
						局部	上一级	系统		
1	液压系统									

故障模式描述故障是如何发生的（开启、关闭、开、关、泄漏等），故障模式的影响是由设备故障对系统的应答决定的。FMEA可辨识直接导致事故或对事故有重要影响的单一故障模式。在FMEA中通常不直接确定人的影响因素，但人员误操作影响可作为单独的设备故障模式进行分析。一般来说，FMEA不能有效地辨识设备故障组合。

流程工业的失效模式应符合ISO 14224—2016《石油、石化产品和天然气工业. 设备可靠性和维修数据的采集与交换》的分类规定。

为了确保FMEA的分析效果，FMEA应由不同专业的人员共同进行。

对有可能导致人员伤亡或系统功能失效的这些严重性特别大的故障模式，需特别注意，可采用失效模式与影响关键性分析（FMECA）进一步分析，过程如下。

① 列出引起故障模式的原因及可能导致的后果。

② 辨识现有检测措施及维修方法。

③ 提出建议措施。

6.2.5.3 故障原因分析

按照故障发生的时间，故障可分为早发性故障、突发性故障和渐发性故障。按照故障发生的原因，故障可分为人为性故障和自然性故障。可以按以上不同类型逐一进行原因分析。

（1）设备故障按故障发生的时间分类

① 早发性故障。由机械设备的设计，设备零部件的设计、制造、装配及设备的安装调试等方面存在问题而引起。早发性故障可通过重新安装、调试，改进设计和更换零部件等措施解决。

② 突发性故障。由各种不利因素、偶然的外界因素共同作用的结果，这种故障的发生具有偶然性。偶然性和突发性的故障一般与使用时间无关，难以预测。

③ 渐发性故障。由于机械设备零部件的各项技术参数的劣化过程逐渐发展形成。劣化过程主要包括磨损、腐蚀、疲劳、老化、润滑油变质等因素。这种故障的特点是其发生概率与使用时间有关，故障只是在零部件有效寿命的后期才明显地表现出来。渐发性故障一旦发生，则说明机械设备或设备的部分零部件已经老化了。如离心泵的叶轮、密封环等的磨损以及往复式压缩机活塞环、缸套等的磨损造成的内漏逐渐增大，当达到某一泄漏量时，故障就明显地表现出来，表现为输出流量不足、输出压力下降等；机械密封、填料密封等密封件的老化、磨损随时间而加剧，当达到有效寿命期时就失去了密封作用，导致物料的泄漏，造成物料损失、环境污染，严重时还会造成火灾、爆炸等事故；机械设备轴承的疲劳、磨损随时间而加剧，当达到磨损极限时，轴承就会振动、失效，进而造成整个设备的振动故障；机械设备润滑油的变质随时间而加剧，造成润滑不良，引发设备的种种故障等。由于此类故障有逐渐发展的过程，所以通常是可以预测的。

（2）设备故障按故障发生的原因分类

① 人为性故障。机械设备由于使用了不合格的零部件、机械元器件或违反了装配工艺、使用技术条件和操作技术规程，或安装、使用不合理和维护保养不当，使机械设备或机械元器件过早地丧失了应有的功能而产生的故障。

② 自然性故障。机械设备在其使用和保存期内，由正常的不可抗拒的自然因素影响而引起的故障都属于自然性故障。如正常情况下的磨损、腐蚀、老化、蠕变等损坏形式均属于这一故障范围。一般在预防维修过程中按期更换寿命终结的零部件即可排除此类故障。

6.2.5.4 FMEA 应用示例分析

一电机运行系统如图 6-4 所示。该系统是一种短时运行系统，如果运行时间过长则可能引起电线过热或电机过热、短路。对该系统中主要元素进行故障模式和影响分析，结果如表 6-16 所示。

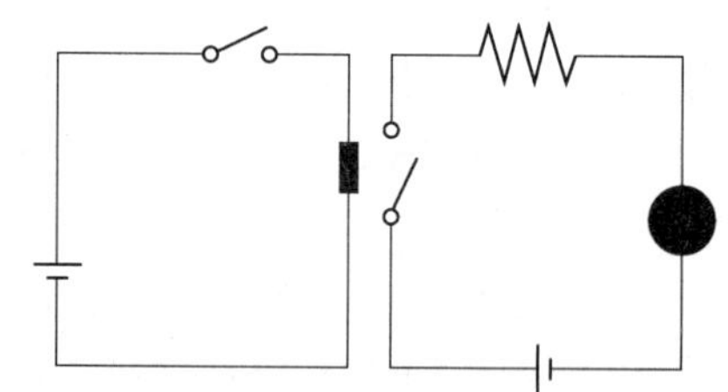

图 6-4　电机运行系统示意图

表 6-16　电机运行系统故障模式和影响分析

元素	故障模式	可能原因	对系统的影响
按钮	卡住	机械故障	电机不运转
	接点断不开	机械故障、人员没放开按钮	电机运转时间过长短路会烧毁保险丝
继电器	接点不闭合	机械故障	电机不运转
	接点不断开	机械故障、经过接点电流过大	电机运转时间过长短路会烧毁保险丝
保险丝	不熔断	质量问题、保险丝过粗	短路时不能断开电路
电机	不转	质量问题、按钮卡住、继电器接点不闭合	丧失系统功能
	短路	质量问题、运转时间过长	电路电流过大烧毁保险丝使继电器接点粘接

6.2.6　事件树分析

6.2.6.1　分析原理

事件树分析（ETA，Event Tree Analysis）是从一个初始事件开始，按顺序分析事件向前发展中各个环节成功与失败的过程和结果。任何一个事故都是由多环节事件发展变化形成的。在事故发展中出现的缓解事件可能有两种情况，成功或者失败。如果这些环节事件都失败或部分失败，就会导致事故发生。

事件树分析是由 1965 年前后发展起来的决策树演化而来，最初用于可靠性分析。它的原理是每个系统都是由若干个元件组成的，每一个元件对规定的功能都存在具有和不具有两种可能。元件具有其规定的功能，表明正常（成功），不具有规定功能，表明失效（失败）。按照系统的构成顺序，从初始元件开始，由左至右分析各元件成功与失败的两种可能，直到最后一个元件为止。分析的过程用图形表示出来，就得到似水平的树形图。

通过事件树分析，可以把事故发生发展的过程直观地展现出来，如果在事故发展的不同阶段采取恰当措施阻断事故向前发展，就可达到预防事故的目的。应用该方法，可以定性地了解整个事故的动态变化过程，又可定量地得出各阶段的故障发生概率，最终了解事故各种状态的发生概率。由于该方法实用性强，因而得到了较为广泛的应用。

6.2.6.2　分析步骤

① 确定初始事件。初始事件是事件树中在一定条件下造成事故后果的最初原因事件。它可以是系统故障、设备失效、人员的误操作或工艺过程异常等。初始事件可以是已经发生的事故，也可以是预想，一般是选择分析人员最感兴趣的异常事件作为初始事件。

② 找出与初始事件有关的环节事件。所谓环节事件就是出现在初始事件后一系列造成事故后果的其他原因事件。

③ 画事件树。把初始事件写在最左边，各个环节事件按顺序写在图的最上面，从初始事件画一条水平线到第一个环节事件，在水平线末端画一垂直线段，垂直线段上端表示成功，下端表示失败。再从垂直线两端分别向右画水平线到下个环节事件，同样用垂直线段表示成功和失败两种状态。依次类推，直到最后一个环节事件为止。如果某一个环节事件不需要往下分析，则水平线延伸下去，不发生分支，如此便得到事件树。

④ 说明分析结果。事件树最后面要写明由初始事件引起的各种事故结果或后果。为清

楚起见，对事件树的初始事件和各环节事件用不同字母加以标记。

⑤ 定性分析和定量计算。事件树的各分支代表初始事件发生后可能的发展途径。其中，最终导致事故的途径为事故连锁。一般地，导致系统事故的途径有很多，即有许多事故连锁。对事件树进行定性分析可以指导我们如何采取措施预防事故。事件树定量分析是在事件树定性分析的基础上，根据每一个事件的发生概率，计算各种途径下系统故障或事故发生概率，在比较各个事故发生概率的大小后，作出事故可能性排序，最后确定最容易导致事故发生的途径。一般地，当各事件相互统计独立时，其定量分析比较简单。当各事件相互统计不独立时（如共同原因故障、顺序运行等），则定量分析变得非常复杂。

6.2.6.3 事件树分析的优缺点及注意问题

事件树分析法是一种图解形式，层次清楚。它既可看作事故树分析法（详细介绍见 6.2.7 节）的补充，可以将严重事故的动态发展过程全部揭示出来；也可看作是故障模式与影响分析方法（FMEA）的延伸。在 FMEA 分析了故障模式对于系统以及系统产生的影响的基础上，结合故障发生概率，可以对多阶段、多因素复杂事件动态发展过程，特别是对大规模系统的危险性及后果进行定性、定量的辨识，并分析其严重程度。对影响严重的故障进行定量分析。

优点：简单易懂，启发性强，能够指出如何不发生事故，便于安全教育；容易找出由不安全因素造成的后果，能直观指出消除事故的根本点，方便预防措施的制定；既可定性分析，也可定量分析。

缺点：事件树成长非常快，为了保持合理的大小，往往使分析必须非常粗略；缺少像事故树分析中的数学混合应用。

事件树分析应注意的问题有以下几点。

① 对于某些含有两种以上状态的环节的系统，应尽量归纳为两种状态，以符合事件树分析的规律。

② 有时为了详细分析事故的规律和分析的方便，可以将两态事件变为多态事件。因为多态事件状态之间仍是互相排斥的，所以，可以把事件树的两分支变为多分支，而不改变事件树的分析结果。

③ 逻辑首尾要一贯、无矛盾，有根据。

6.2.6.4 应用举例

某反应器系统如图 6-5 所示。该反应是放热的，为此在反应器的夹套内通入冷冻盐水以移走反应热。如果冷冻盐水流量减少，会使反应器温度升高，反应速度加快，以致反应失控。在反应器上安装有温度测量控制系统，并与冷冻盐水入口阀连接，根据温度控制冷冻盐水流量。为安全起见，安装了超温报警仪，当温度超过规定值时自动报警，以便操作者及时采取措施。

现以冷冻盐水流量减少作为初始事件进行事件树分析。如果这个系统出现冷冻盐水流量减少，会按如下步骤进行控制：高温报警仪报警，操作者发现反应器超温，操作者恢复冷冻盐水流量，操作者紧急关闭反应器。每一步都可能出现成功与失败两种情况，将其画成事件树，结果如图 6-6 所示。

由图可见，该反应器系统发生反应失控的途径有三种，如果知道每个环节的故障率还可以进行定量分析，计算出事故发生的概率。

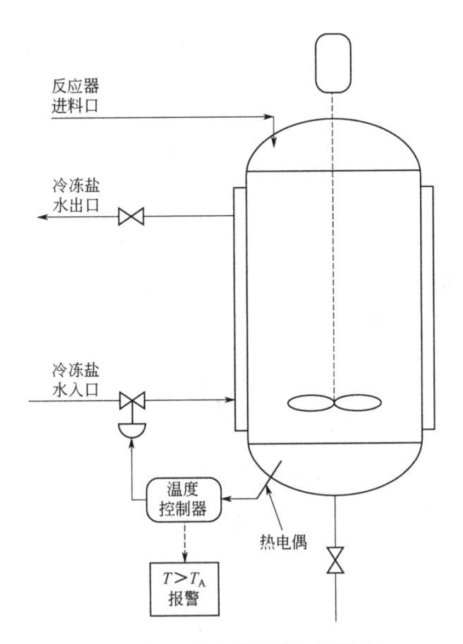

图 6-5　反应器的温度控制

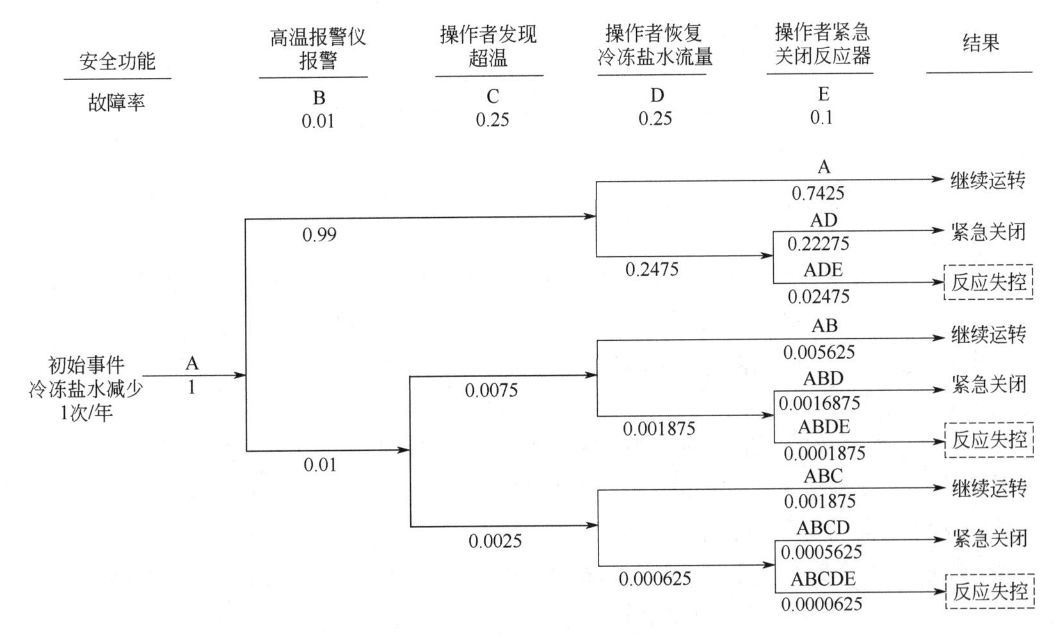

图 6-6　反应器冷冻盐水流量减少事件树

6.2.7　事故树分析

6.2.7.1　概述

事故树（Fault Tree，FT）也称故障树，是一种描述事故因果关系的有方向的“树”。事故树分析（Fault Tree Analysis，FTA）法起源于故障树分析，是从结果到原因找出与灾害事故有关的各种因素之间的因果关系及逻辑关系的分析法。这是一种作图分析方法，其做法是把系统可能发生的事故放在图的最上面，称为顶上事件，按照系统构成要素之间的关系，向下分析与灾害事故有关的原因。这些原因可能是其他一些原因的结果，称为中间原因事件(或中间事件)，应继续往下分析，直到找出不能进一步往下分析的原因为止，这些原因称为基本原因事件(或基本事件)。图中各因果关系用不同的逻辑门连接起来，得到的图形就像一颗倒置的树。该方法直观、清晰、逻辑性强，它能对各种系统的危险性进行识别评价，既适用于定性分析，又能进行定量分析。

事故树分析法是20世纪60年代初美国贝尔电话研究所在研究民兵式导弹发射控制系统的安全性时提出来的。后经改进，对预测导弹发射偶然事故做出了贡献。其后波音公司又对该法进行了重大改进并应用。1974 年美国原子能委员会利用事故树分析法对核电站的危险性进行了评价，并发表了著名的《拉斯姆逊报告》，引起世界各国关注。目前许多国家都在研究和应用这一方法。

由于事故树分析法具有能详细找出系统各种固有的潜在危险因素；简洁、形象地表示出事故和各种原因之间的因果关系和逻辑关系；既可定性分析也可定量分析等优点，因此在航空、机械、冶金、化工等工业部门都得到了普遍的推广和应用。

6.2.7.2 事故树分析的步骤

① 确定和熟悉系统。在分析之前首先要确定分析系统的边界和范围，例如化工装置分析到哪一个设备、哪一个阀门为止。之后则要详细了解分析的系统，包括工艺、设备、操作环境及控制系统和安全装置等。同时还要广泛搜集国内外同行业已经发生的事故。

② 确定顶上事件。根据系统的工作原理和事故资料确定一个或几个事故作为顶上事件。顶上事件一般选择那些发生可能性大且能造成一定后果的事故。顶上事件可以是已经发生的事故，也可以是预想。确定顶上事件时要坚持一个事故编一棵树的原则且定义明确，例如“反应失控聚合釜爆炸”“氢气钢瓶超压爆炸”等，而“火灾爆炸”“工厂火灾”等这一类事件就太笼统，难以分析。

③ 详细分析事故的原因。顶上事件确定之后，就要进一步分析与之有关的各种原因，包括设备元件等硬件故障、软件故障、人的差错以及环境因素，凡与事故有关的原因都找出来。原因事件定义也要明确、不能含糊不清。

④ 确定不予考虑的事件。有些与事故有关的原因发生的可能性很小，如飓风、龙卷风等，编事故树时可不予考虑，但要事先说明。

⑤ 确定分析的深度。在分析原因事件时，分析到哪一层为止需事先明确。分析得太深，事故树过于庞大，定性、定量都有困难；分析得太浅，容易发生遗漏。具体深度应视分析对象和分析目的而定。对于化工生产系统来说，机械设备一般分析到泵、阀门、管道故障为止；电器设备分析到继电器、开关、马达故障为止。

⑥ 编事故树。从顶上事件开始，采取演绎分析方法逐层向下找出中间原因事件，直到找到所有的基本原因事件为止。每层事件都按照输入(原因)与输出(结果)之间的逻辑关系用逻辑门连接起来，得到的图形就是事故树。要注意，编树时任何一个逻辑门都有输入与输出事件，门与门之间不能直接相连。

⑦ 定性事件。事故树编好后，不仅可以直观地看出事故发生的途径及相关因素，还可进行多种计算，事故树定性分析是从事故树结构上求出最小割集和最小径集，进而确定每个基本事件对顶上事件的影响程度，为制定安全措施的先后次序、轻重缓急提供依据。

⑧ 定量分析。定量分析就是计算出顶上事件的发生概率，并从数量上说明每个基本事件对顶上事件的影响程度，从而制定出最经济、最合理的控制事故方案，实现系统最佳安全的目的。

以上步骤不一定每步都做，可根据需要和可能确定。例如对在生产岗位上工人掌握操作要点用的，画出事故树图即可。而要进行定量分析，必须有各种元件故障率和人失误率数据，否则无法计算。

6.2.7.3 事故树的符号及意义

事故树是由一些符号构成的图形。这些符号根据功能可分成三种类型，即时间符号、逻辑门符号和转移符号。表 6-17 列出的是一些常用符号及意义。

表 6-17 事故树的符号及意义

种类	符号	名称	意义
事件符号		顶上事件或中间原因事件	表示由许多其他事件相互作用而引起的事件。这些事件都可进一步往下分析，处在事故树的顶端或中间
		基本事件	事故树中最基本的原因事件，不能继续往下分析
		省略事件	由于缺乏资料不能进一步展开或不愿继续分析而有意省略的事件，也处在事故树的底部
		正常事件	正常情况下应该发生的事件，位于事故树的底部
逻辑门符号		与门	表示下面的输入事件都发生，上面输出事件才能发生
		或门	表示下面的输入事件只要有一个发生，就会引起上面输出事件发生
		条件与门	下面的输入事件都发生同时满足条件，上面输出事件才会发生
		条件或门	下面的输入事件只要有一个发生，同时满足条件，上面输出事件就会发生
		限制门	下面一个输入事件发生同时条件也发生，才产生输出事件
转移符号		转入符号	表示此处与有相同字母或数字的转出符号相连接
		转出符号	表示此处与有相同字母或数字的转入符号相连接

6.2.7.4 编树举例

编事故树是事故树分析中最基础也是最关键的一环。只有事故树编得切合实际，才能得到正确的定性、定量结果，从而为制定安全防范措施提供可靠的依据。下面以悬浮聚合生产聚氯乙烯过程中可能发生的“反应失控聚合釜爆炸”事故为例，说明事故树的编制方法。

在氯乙烯悬浮聚合生产聚氯乙烯的过程中，溶有引发剂的氯乙烯单体在搅拌作用下，分散成液滴状悬浮于水中，再加入分散剂，使之在一定的温度和压力下聚合成颗粒均匀和稳定的聚氯乙烯粒子。聚合反应为放热反应，为及时移走反应热，反应时在聚合釜夹套中通冷却水。反应温度、搅拌速度和引发剂的加入量都直接影响反应速度。反应速度越快则放热越多，釜内的压力也随之升高。当温度升高到一定值时，反应无法控制，就会引起聚合釜爆炸，所以在聚合过程中各种工艺参数的控制是非常重要的。

现在聚合反应从加料到出料全过程所有操作参数都采用计算机控制和监测，并设有事故紧急处理系统。当反应发生异常，计算机会自动将终止剂加入聚合釜，在几秒钟内终止聚合反应，以防止热量大量积聚而爆炸。同时聚合釜上还安装了安全阀和紧急排放口，当安全阀满足不了压力排放要求时，将自动或手动打开紧急排放系统，进一步泄压，防止爆炸。

针对这一系统，以“反应失控聚合釜爆炸”为顶上事件进行事故树分析。首先将顶上事件写在图上方矩形方框内。由聚合反应系统知道，只有当“反应异常压力升高”“泄压系统失效”“紧急处理系统失效”三者都发生且满足“压力超过聚合釜承受压力”时才会发生反应失控聚合釜爆炸。因此第一层逻辑门为条件与门。

接下来分析“反应异常压力升高”和“紧急处理系统失效”的直接原因，“泄压系统失效”的原因不再分析下去，故用省略事件符号表示。造成“反应异常压力升高”的原因是“温度过高”或“搅拌停止”或“引发剂过量”，这三个原因中任一个发生，上面事件就会发生，故它们之间为或门关系；“紧急处理系统失效”的原因可能是“计算机控制系统失效”或者是“加终止剂系统失效”，二者之间也是或门关系。

进一步分析第三层原因，“温度过高”是由于“温控失效”或“冷却能力下降”；“搅拌停止”是“电机及传动系统故障”或“停电”造成；“引发剂过量”由“引发剂浓度过高”或“引发剂加得过多”所致，因此这些事件之间都是或门关系。

引起“温控失效”的原因是“温度监测系统故障”或“温度调节系统故障”；“冷却能力下降”的原因是“冷却水流量过低”或“冷却水温度高”；“引发剂加得过多”的原因是加引发剂的“监测系统失效”或“切断功能失常”；“引发剂浓度过高”的原因是“甲苯溶剂加得少”并且“分析失误”，两者同时发生才有可能，因而这两者是与门关系。

“切断功能失常”是由“阀门故障”或“阀门控制失效”引起，所以这两者之间是或门关系。

有些原因事件还可以继续往下分析，但考虑到事故树的规模和分析深度不再进行下去，因此事故树分析到此为止。根据上面的分析，把上下层原因事件用相应的逻辑门连接起来，即得到如图 6-7 所示的事故树。

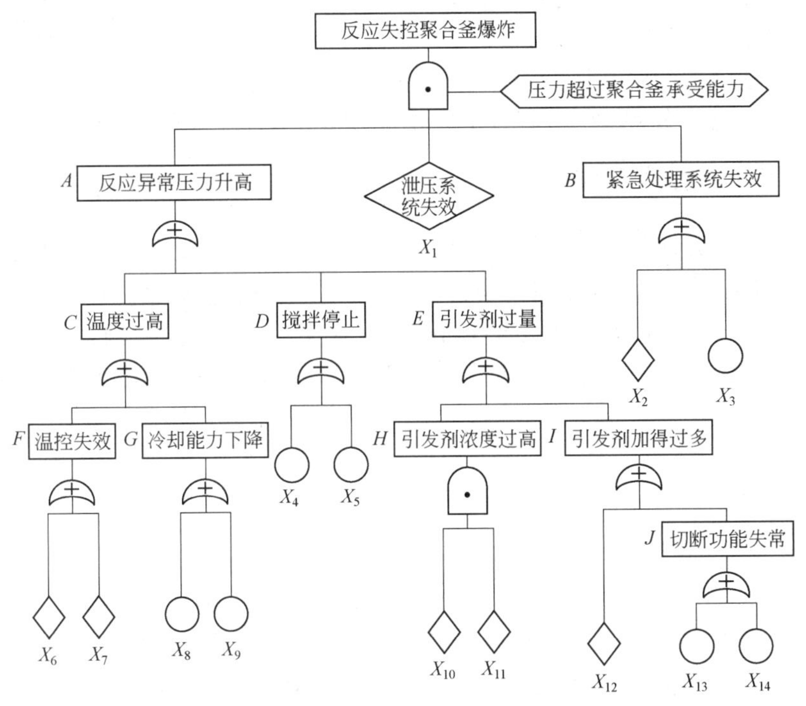

图 6-7 “反应失控聚合釜爆炸”的事故树

拓展阅读 事故树定性分析（请扫描右边二维码获取）

6.2.7.5 事故树的优缺点

使用事故树的主要缺点是对于任何相当复杂的过程，事故树是很巨大的，包含有成千上万个门和中间事件的事故树是很常见的。这种大小的事故树需要大量时间来完成，估计要以年计。

此外，事故树的构造者不能确定已经考虑了所有的失效模式。比较完整的事故树通常是由具有较多经验的工程师来完成的。

事故树也假设失效是“硬件”，硬件的某一项目不会部分出现失效，但现实中存在部分失效，一个很好的例子是泄漏的阀门。另外，该方法假设一个部件失效，并不影响其他部件，从而导致部件失效概率的变化，这也与实际情况不符。

在结构上，不同的个人所构造的事故树是不同的。一般情况下，不同的事故树导致预测的失效概率也是不同的。事故树的这种不精确的特性是一个值得考虑的问题。

如果使用事故树来计算顶上事件的失效概率，那么就需要事故树中所有事件的失效概率。这些概率通常是不知道的，或者知道得不是很精确。

事故树方法的主要优点是它开始于顶上事件。顶上事件是由使用者选择的，对于所感兴趣的失效很明确。这与事件树方法恰好相反，事件树中单一失效导致的事件可能不是使用者所感兴趣的事件。

事故树也可用于确定最小割集。最小割集提供了对于导致顶上事件发生的各种方式的大量的认识。一些公司采用控制策略，以使他们所有的最小割集成为四个或更多的独立失效事件的结果，这样就大大增加了系统的可靠性。

最后，整个事故树方法能够应用电脑。绘制构造事故树、确定最小割集和计算失效概率能够用软件进行。同时，包含有各种类型过程设备失效概率的参考资料可在图书馆中获得。

6.2.7.6 事故树与事件树的联系

事件树开始于初始事件，并向顶上事件归纳。事故树开始于顶上事件，并向后工作直到找出基本事件（演绎）。初始事件或基本事件是事件的原因，而顶上事件是最终的结果。两种方法是有联系的，因为事故树的顶上事件是事件树的初始事件。两种方法可一起用于构造事件的完整图画，从初始原因，经过所有方式达到最终的结果。概率和频率与这些图表是联系在一起的。

6.2.8 人的可靠性分析

6.2.8.1 概述

人的可靠性分析（HRA）法是评价人的可靠性的各种方法的总称。人的可靠性是指使系统可靠或正常运转所必需的人的正确活动的概率。人的可靠性分析作为一种设计方法，使系统中人为失误的概率降低到可接受的水平。人为失误的严重性是根据可能导致的后果来划分的，如损坏系统的功能、降低安全性、降低费用等。通过长期的事故分析，发现人的失误是构成事故的重要原因。由于人的生理有一定的极限，过度疲劳、超重负荷、不良环境或不合理的工位设计都会造成人的操作失误。人为失误不但会引起有限系统的失效，而且还会导致像博帕尔毒气泄漏、三里岛核电站那样的特大事故。

现实评价人为失误概率是人的可靠性分析方法的主要目标，它能提示系统发生事故前的薄弱环节，使之得到纠正。这种主体可在系统初期设计、正常使用，到最终报废的任何一个阶段进行。人的可靠性分析进行得越早，效果越好。对系统定期进行人为失误评价可提高系统的安全性和效率。

人的可靠性分析已被证明是一条达到安全目标的途径。人的可靠性分析方法发展初期，大多数研究者都是人机学专家。因此，在人机学领域中使用的定性分析人为失误的方法被移植到人的可靠性分析中。人的可靠性分析可定义为一种定量评价人为失误对人-机系统影响的方法，具有定性和定量的性质。

人的可靠性分析的定性分析主要包括人为失误隐患的辨识。辨识的基本方法是作业分析，这是一个反复分析的过程。通过观察、调查、谈话、失误记录等方式分析确定某一人-机系统中人的行为特性。在系统元素相互作用的过程中，人为失误隐患包括不能执行系统要求的动作、不正确的操作行为或者进行不需要的损害系统功能的操作。对系统进行不正确的输入可能与一个或多个操作形成的因素有关，如设备或工艺的高度不合理、培训不当、通信联络不合理等。不正确的操作形成因素可导致错误的感觉、理解、判断、决策以及控制。上述几种过程中的任何一个过程都能直接或间接地对系统产生不正确的输入。定性分析是人机学专家在设计或改进人机系统时为减少人为失误的影响使用的基本方法。如上所述，定性分析也是人的可靠性分析方法中定量分析的基础。人的可靠性分析的定量分析包括评价与时间有关或无关的、影响系统功能的人为失误概率，评价不同类型失误对系统功能的影响。这类评价是通过使用人的行为统计数据、人的行为模板、人的可靠性分析以及其他分析方法来完成的。对于复杂系统，人的可靠性分析工作最好由一个专家组来完成。专家组中应包括有人的可靠性分析经验的人机学专家、系统分析专家、有关工程技术人员以及对分析系统非常熟悉的有关人员，让对分析系统非常熟悉的有关人员参与是非常必要的。

目前使用的人的可靠性分析方法很多，表 6-18 列出了 15 种名称和英文缩写。

表 6-18　人的可靠性分析方法

序号	名称	英文缩写	序号	名称	英文缩写
1	事故引发和发展分析	ADA	9	双比较法	PC
2	事故顺序评价程序	ASEP	10	社会-技术方法	STAHR
3	模糊矩阵法	CM	11	成功可能性指数法	SLIM
4	直接数值估算法	DNE	12	作业网络系统分析法	SAINTZ
5	人的认知可靠性模型	HCR	13	HRA 系统工程法	SAIC
6	维修人员行为模拟模型	MAPPS	14	人的可靠性系统分析法	SHARP
7	多系列失效模型	MSFM	15	人为失误率预测技术	THERP
8	操作人员行为系统	OATS			

6.2.8.2　存在问题

目前还没有建立起一个十分完善的人的可靠性分析方法。至少还存在两方面的不足，首先是不管使用什么样的人的可靠性分析方法都存在真实性问题，现有的人的可靠性分析方法之间有效性差异很大；其次，从人的行为可靠性角度来看，许多复杂系统的设计和操作都不太合理，这使得用人的可靠性分析方法评价人的行为更困难。

用人的可靠性分析方法进行危险评价时尚需解决以下几个问题。

① 缺乏数据。阻碍人的可靠性分析方法发展最严重的问题，仍是 20 世纪 60 年代初期人的可靠性分析工作者碰到的老问题，即缺乏定量分析复杂系统中人的行为特性需要的数据。最有价值的数据是与时间有关或无关的人为操作失误频率数据。

② 缺乏数据引起的其他问题。由于缺乏真实的以及培训模拟器上获得的复杂系统中人的行为特性数据，只能用时间-可靠性模型或专家评分法作为评价的基础。

③ 专家评分法的差异。目前所用专家评分法（即人的行为参数心理学评分法）没有在一致性方面获得满意的结果，预测的准确性不足。所有这类方法都要求有实际或模拟数据作为评价基础。

④ 缺乏模拟数据标准。培训模拟器上获得的人的行为数据的标准化问题一直没有受到重视。除专家评分法外，培训模拟器是收集小概率人为失误数据的唯一实用方法。如何将培训模拟器上获得的粗糙数据进行分析整理，以反映实际操作过程中人的行为，也不是一个小问题。

⑤ 缺乏人的可靠性分析的准确性数据。要显示人的可靠性的实际准确性分析数据几乎是不可能的。唯一的一次公开报道还是一般性生产作业事件，迄今为止还没有见到对于非日常事件发生概率准确性评价的报道。

⑥ 在一些人的可靠性分析方法中缺乏心理学现实性。有些人的可靠性分析方法基于不

可靠的人的行为假设，或者是模型中的假设本身就毫无根据。

⑦ 缺乏对一些重要行为形成因素的处理。即使是较好的人的可靠性分析方法，也都没有对管理者的方法、态度、组织因素、文化差异、异常行为等参数作适当处理。

上述人的可靠性分析中存在的问题常常导致分析人员故意过高地评价人为失误的概率。因此，有必要弥补或至少部分弥补这类问题造成的影响。

尽管人的可靠性分析目前尚有不足之处，但它仍是一个评价复杂系统人为失误危险的非常有用的工具。人的可靠性分析方法提供了一个正规的辨识人为失误隐患的分析方法。尽管人们对某一具体事件的人为失误概率的准确性有怀疑，但它提供了一个确定系统可能发生失误的相对重要程度的方法。换句话说，人的可靠性定性分析至少和定量分析同样的重要。凡到工厂进行作业分析的人都发现，许多可能发生人为失误的情况只需花很少的人力和财力就可以避免。所以，尽管人为失误概率可能在某种程度上不准确，但使用它作为一个失误可能性的指标，常常能提供一个让人信服的改进作业状况的意见，这远比仅叙述"这是一个可能失误的地方"有说服力。从事过人的可靠性分析工作的人对它能帮助我们提高工厂或系统的安全性和利益都会抱有热情。因此，可以说人的可靠性分析方法是一个非常有用的分析方法，通过进一步完善，建立更好的人的行为数据库，其作用会更大。

6.2.9 定量风险分析

定量风险分析（QRA）是确定操作、工程或管理系统中哪些需要修改，以减少风险的一种方法。QRA 的复杂性依赖于研究的目的和可以利用的信息。当 QRA 被用于某一项目的开始阶段（概念检查和设计阶段）以及工厂的生命周期中时，能够产生最大的益处。

QRA 法被设计用来为管理者提供一种工具，帮助他们评价某一过程的总的风险。当定性的方法不能够提供对于风险的足够的理解时，QRA 被用于评价潜在的风险。对于评价可选择的减少风险的策略，QRA 特别有效。

QRA 研究的主要步骤包括：

① 定义潜在的事件序列和潜在的事件；

② 评价事件后果（该步骤的典型工具包括扩散模型和火灾爆炸模型）；

③ 使用事件树和事故树来估算潜在的事件发生概率；

④ 估算事件对于人、环境和财产的作用；

⑤ 通过将影响和频率进行结合来估算风险，使用类似于图 6-8 所示的图来记录风险。

一般情况下，QRA 是一种相对复杂的方法，需要专门的知识，并需要投入大量的时间和资源。在一些情况下，这种复杂可能是不允许的，此时应用 LOPA 法可能会更加合适。

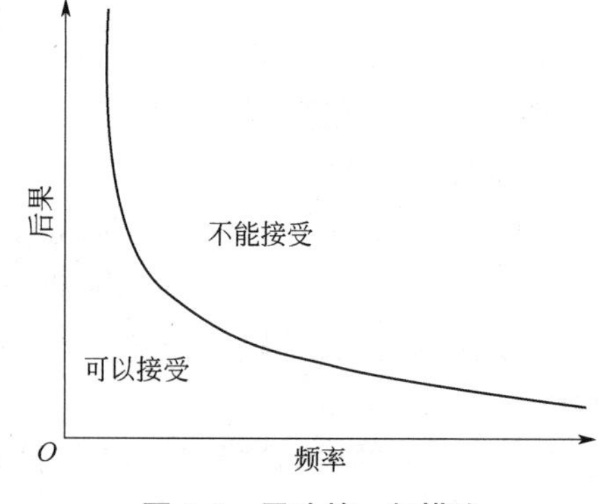

图 6-8 风险的一般描述

6.2.10 保护层分析

保护层分析（LOPA）是一种半定量的分析和评价风险的方法之一。该方法包括描述后果和估算频率的简化方法，常用于确定危险场景的危险程度，定量计算危害发生的概率、已有保护层的保护能力及失效概率。如果发现保护措施不足，可以推算出需要的保护措施的等级。保护层的概念如图 6-9 所示。LOPA 耗费的时间比定量分析少，能够集中研究后果严重或高频率的事件，便于识别、揭示事故场景的初始事件及深层次原因，综合了定性分析和定量分析的优点，易于理解，便于操作，客观性强。在工业实践中一般在定性的危害分析如 HAZOP、检查表等完成之后，对得到的结果中过于复杂的、过于危险的以及提出了 SIS 要求的部分进行 LOPA，如果结果仍不足以支持最终的决策，则会进一步考虑如 QRA 等定量分析方法。

在 LOPA 中，后果和影响由事故种类来近似估算频率，保护层的有效性也进行近似得到保守值。因此，LOPA 的结果应该比来自 QRA 的结果保守。如果 LOPA 的结果不令人满意，或者如果结果不确定，那么详尽的 QRA 可能更合理。两种方法的结果都需要慎重使用。然而当进行比较选择时，QRA 和 LOPA 研究的结果都特别令人满意。

个别公司使用不同的准则，来建立可接受的和不可接受的风险之间的界限。准则可能包括死亡频率、火灾频率、特定后果种类的最大频率和特定后果种类所需的独立保护层的数量。

LOPA 的主要目的是确定对于特定的事故情形，所采用的保护层是否足够。如图 6-9 中所示，许多保护层的类型是可以接受的。图 6-9 中不包括所有可能的保护层。某一情形可能需要一个或多个保护层，这主要依赖于过程的复杂程度和事故的潜在严重度。值得注意的是，对于某一给定的情形，为防止后果的发生，必须有一个保护层成功地发挥作用，因为没有任何保护层是完全有效的，无论如何，必须向过程中添加足够的保护层，来将风险降低至可以接受的水平。

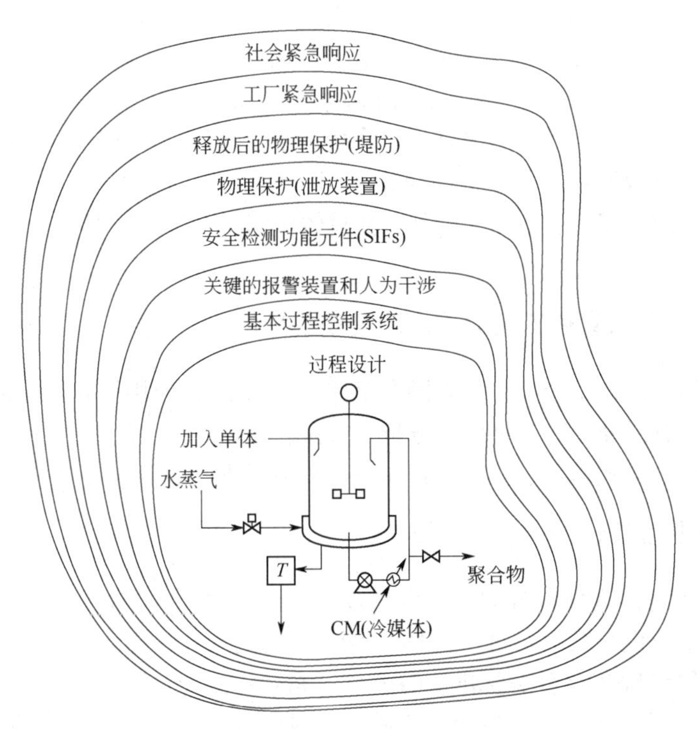

图 6-9　降低特定事故情形发生概率的保护层

LOPA 研究的主要步骤包括：

① 确定某一单一的后果；

② 确定事故情形和与后果相关的原因（情形由单一的原因-后果对组成）；

③ 确定情形的初始事件，估算初始事件的发生频率；

④ 确定该特定后果可利用的保护层，并估算每一保护层所需的失效概率；

⑤ 将初始事件发生频率与独立保护层的失效概率相结合，来估算该初始事件减轻后事故的发生次数；

⑥ 绘制事故与事故发生频率图来估算风险；

⑦ 评价风险的可接受性（如果不能接受，则需要增加额外的保护层）。

该方法对于其他后果和情形可重复使用，也可以根据对象变化使用。

6.2.11 其他风险辨识方法

6.2.11.1 作业条件危险性评价法

作业条件危险性评价法是一种简单易行的用于评价操作人员在具有潜在危险性环境中作业时的危险性的半定量评价方法，它是由美国人格雷厄姆（K.J.Graham）和金尼（G.F.Kinney）提出的，因此也称为格雷厄姆-金尼法。他们认为影响作业条件危险性的因素是事故发生的可能性、人员暴露于危险环境的频繁程度和一旦发生事故可能造成的后果。以上三个因素之间的关系式为

$$D = L \times E \times C \tag{6-1}$$

式中，D 为作业条件的危险性；L 为事故或危险事件发生的可能性；E 为暴露于危险环境的频率；C 为发生事故或危险事件的可能结果。D 值越大，作业条件的危险性越大。三个因素均有各自的赋分表，危险性等级也有相应的划分标准，在此不再赘述。

该方法简单易行，危险程度的级别划分比较清楚、醒目。但是，由于它主要是根据经验来确定 3 个因素的分数值及划分危险程度等级，因此具有一定的局限性。而且它是一种作业条件的局部评价，故不能普遍适用。此外，在具体应用时，还可根据自己的经验、具体情况适当加以修正。

6.2.11.2 日本劳动省化工企业“六阶段安全评价法”

日本劳动省颁布的化工企业“六阶段安全评价法”，综合应用检查表、定量危险性评价、事故信息评价、事故树分析以及事件树分析等方法，分成 6 个阶段采取逐步深入、定性与定量结合、层层筛选的方式识别、分析、评价危险，并采取措施修改设计消除危险。

6.2.11.3 危险度评价法

危险度评价法是借鉴日本劳动省“六阶段安全评价法”的定量评价表，结合我国国家标准《石油化工企业设计防火标准（2018 年版）》（GB 50160—2008）、《压力容器中化学介质毒性危害和爆炸危险程度分类标准》（HG/T 20660—2017）等有关标准、规程，编制了“危险度评价取值表”，规定了危险度由物质、容量、温度、压力和操作等 5 个项目共同确定，其危险度分别按 A =10 分、B =5 分、C =2 分、D =0 分赋值计分，由累计分值确定单元危险度。

6.2.11.4 道化学火灾、爆炸危险指数评价法

1964 年，美国道化学公司提出了以物质指数为基础的安全评价方法。1966 年，进一步提出了火灾、爆炸指数的概念，表示火灾、爆炸的危险程度。1972 年，提出了以物质的闪点（或沸点）为基础，代表物质潜在能量的物质系数，结合物质的特定危险值、工艺过程及特殊工艺的危险值，计算出系统的火灾、爆炸危险指数（F&EI），以评价该系统火灾、爆炸危险程度的方法（即第 3 版）。以第 3 版为蓝本，1976 年，日本劳动省公布了“六阶段安全评价法”以及匹田法等。1979 年，英国 ICI 公司蒙德部结合道化学火灾、爆炸危险指数评价法（道化学指数法）第 3 版并加以扩充，提出了蒙德火灾、爆炸、毒性指数评价法。道化学公司在引入毒性指标、改进物质系数确定方法、提出计算火灾、爆炸最大可能财产损失（MPPD）的方法后，于 1976 年发表了第 4 版评价法。1980 年，提出用最大可能工作日损失（MPDO）计算经营损失（BI），发表了第 5 版。1987 年，在调整了物质系数，增加了毒性补偿内容，简化了附加系数和补偿系数的计算方法后，发表了第 6 版。在对第 6 版进行了修改并给出了美国消防协会（NFPA）的最新物质系数后，于 1993 年推出了最新的第 7 版。

该方法以已往的事故统计资料及物质的潜在能量和现行安全措施为依据，定量地对工艺装置及所含物料的实际潜在火灾、爆炸和反应危险性进行分析评价，是一种比较成熟、可靠的方法，并且由于其方法独特、有效、容易掌握，受到了世界各国的重视，为化工企业的生产、贮存、运输等方面的安全问题提供了一个十分有效的解决方法，它能够量化潜在火灾、爆炸和反应性事故的预期损失，可以确定可能引起事故发生或使事故扩大的装置，据此向有关部门通报潜在的火灾、爆炸危险性，进而使有关人员及工程技术人员了解各工艺系统可能造成的损失，以此确定减轻事故严重性和总损失的有效、经济的途径。

道化学指数法的优点是可以定量地计算出单元固有的火灾、爆炸危险指数及其危险等级，并对事故后果进行量化分析。

该方法是对生产过程、工艺装置、物质自身的危险性进行评价，而事实上还必须考虑影响事故发生的其他因素，特别是外部因素，对这些因素的分析是道化学指数法的空白。因此，该方法不能反映更多的问题，而只能应用于筛选重要的危险源。用道化学指数法进行初步评价后，进一步的安全评价应该是对重大危险源用事故树分析，找出导致事故发生的基本原因和事故发生的概率，同时用数理模型推算出事故后果。如油库罐区事故后果包括罐破裂的碎片、剩余冲击波破坏，罐破裂后因介质过热瞬间的膨胀冲击波破坏，泄漏物引起火灾及泄漏蒸气对环境和周围居民的影响等。

6.2.11.5 蒙德火灾、爆炸、毒性指数评价法

道化学火灾、爆炸危险指数评价法是以物质系数为基础，并对特殊物质、一般工艺及特殊工艺的危险性进行修正，求出火灾、爆炸的危险系数，再根据指数大小分为 4 个等级，按等级要求采取相应对策的一种评价法。1974 年英国 ICI 公司蒙德部在现有装置及计划建设装置的危险性研究中，认为道化学公司的方法在工程设计的初级阶段，对装置潜在的危险性评价是相当有意义的。但是，在经过几次试验后，验证了用该方法评价新设计项目的潜在危险性时，有必要在几方面作重要的改进和补充。与道化学指数法相比，蒙德火灾、爆炸、毒性指数评价法（蒙德法）主要扩充如下：

① 引进了毒性的概念，将道化学公司的“火灾、爆炸指数”扩展到包括物质毒性在内

的“火灾、爆炸、毒性指数”的初期评价，使表示装置潜在危险性的初期评价更加切合实际。

② 发展了某些补偿系数（补偿系数小于 1），进行装置现实危险性水平再评价，即进行采取安全对策措施加以补偿后的最终评价，从而使评价较为恰当，也使预测定量化更具有实用意义。

蒙德法突出了毒性对评价单元的影响，在考虑火灾、爆炸、毒性危险方面的影响范围及安全补偿措施方面都比道化学指数法更为全面；在安全补偿措施方面强调了工程管理和安全态度，突出了企业管理的重要性，因而可对较广的范围进行全面、有效、更接近实际的评价；大量使用图表，简洁明了。但是使用此法进行评价时参数取值宽，且因人而异，这在一定程度上影响了评价结果的准确性，而且此法只能对系统整体进行宏观评价。

蒙德法适用于生产、储存和处理设计易燃、易爆、有化学活性、有毒性的物质的工艺过程及其他有关工艺系统。

6.2.12 风险辨识、分析方法的选择

化工过程安全中心的《Guidelines for Hazard Evaluation Procedures》一书中推荐了选择风险辨识与工艺危害分析方法的 7 个步骤，见表 6-19。

在选择风险辨识与工艺危害分析的过程中还需要考虑以下因素。

① 基于经验但不限于经验。不能因为没有发生过事故就认为不存在风险，因此不进行PHA。经验只能证明风险在某一特定条件下得到控制，而不是不存在风险。

② 明确分析对象及分析对象可能导致的非预期后果。

③ 基于不同项目阶段需求及输入信息的详细程度，合理选择分析方法。

在流程工业项目的全生命周期中，各个阶段的典型 PHA 方法选择见表 6-20。

表 6-19 风险辨识方法的选择步骤

1. 定义审查形式			
新审查	对之前审查的再次确认	重新审查	特殊要求
2. 确定所需结果			
危害清单	问题/隐患清单	结果的优先顺序排序	
危害筛选	行动项目	QRA 输入条件	
3. 确认工艺安全信息			
物料	相关经验	现有工艺	
化学反应	工艺流程图	程序	
物料存量	管道及仪表流程图	运营历史	
4. 考虑装置特点			
复杂性/大小	过程类型	操作类型	
简单/小 复杂/大	化学过程 电气的 物理过程 电子的 机械过程 计算机 生物过程 人员	固定设备 永久 连续 运输系统 短暂 半连续 间歇	
自然危害		相关场景/事故/事件	

续表

毒性 易燃性 爆炸性	反应活性　粉尘爆炸 放射性　物理危害 腐蚀性　其他	单一失效　不正常工况 多重失效　硬件 物料泄漏事件 生产中断事件	程序 软件 人员
5. 考虑相关经验			
运行经验	事故经验	相关经验	感知风险
长 短 没有 只有相似装置经验	经常性 很少 许多 没有	没有变化 很少变化 很多变化	高 中等 低
6. 确认所需资源			
技术人员	时间要求	资金需求	分析/管理选择
7. 选择分析方法			

表 6-20　不同项目阶段中风险辨识方法的选择

项目阶段		文件准备	可选用的分析方法
预可研阶段		工艺描述、项目预期地点/平面布置、危化品存量及类似项目以往事故	检查表/What-if 分析
工艺包开发及设计阶段		平面布置、工艺流程图、环境数据、控制原则及危化品存量	What-if 分析和/或 HAZOP 分析
项目实施阶段	基础及详细设计	平面布置、工艺流程图、管道及仪表流程图、隔离段划分原则、操作原理及环境数据	What-if 分析和/或 HAZOP 分析
项目实施阶段	土建阶段	土建计划、土建程序、环境数据、应急程序、人员与设备的运输方案等	What-if分析和/或基于作业程序的HAZOP分析
项目实施阶段	安装阶段	安装计划、安装程序、动复原计划、环境影响、应急程序、人员与设备的运输方案等	What-if 分析、HAZOP 分析、FMEA 分析
项目实施阶段	竣工阶段	竣工计划、竣工程序、危化品存量、隔离段划分、环境影响、应急程序及交通运输等	What-if 分析和/或 HAZOP 分析，开车前安全审查 PSSR
运营阶段（在役设施）		工艺流程图、管道及仪表流程图、隔离段划分原则、操作原则、环境数据、应急响应程序等。完成公司主要危险源及风险等级评估，包括单元或隔离段划分、物料存量、装置定员、周边区域人口数据、临近工厂/装置	What-if 分析和/或 HAZOP 分析，检查表
设计及在役期间的变更		重大变更应从变更的设计阶段开始分析	What-if 分析、HAZOP 分析
设施退役及拆除		退役计划、退役程序、环境影响、危化品存量、动复员计划、应急程序及交通运输	What-if 分析、HAZOP 分析和/或 FMEA 分析

6.3 风险评价

风险评价是一个将风险分析的结果和风险可接受标准进行比较，然后判断实际风险水平是否可以接受的过程。在进行定量风险评价前，应确定合理的风险可接受标准。风险可接受标准衡量的是“多安全才是足够的安全”的问题，确定风险可接受标准时应遵循的原则有：

①风险可接受标准应具有一定的社会基础，能够被政府和公众所接受；②重大危害对个体或群体造成的风险不应显著增加已存在的风险；③风险可接受标准应和社会经济发展水平相适应，并适当更新；④应考虑企业内部和企业外部个体风险的差异。

目前，英国、荷兰、丹麦、澳大利亚、新西兰及加拿大等国家已制定风险管理的指南，并提出了可接受风险的国家和行业标准（见表6-21、表6-22）。

英国健康与安全执委会（UK's health and safety executive，HSE）对个体风险分为不可接受、可容忍和广泛接受三类，HSE在2001年发布的文件“Reducing Risks，Protecting People”（R2P2）中确定了个体风险接受的准则（10^{-6}是广泛可接受的风险），对于不同行业、不同人群、不同地点也规定了不可接受的个体风险标准。

在荷兰个体风险应用于衡量危险设施、道路运输以及机场的风险。个体风险被绘制成风险等值线图以便土地规划使用，如果个体风险高于10^{-6}每年，则应将其水平降低至符合可合理达到的最低量（ALARP）原则的水平。该准则是荷兰有关危险设施设置地点的强制性标准。

表6-21　国外不同政府机构和单位所采用的界区外个体风险标准

机构及应用	最大容许风险	广泛接受
荷兰（新建设施）	1×10^{-6}	1×10^{-8}
荷兰（已建设施或结合新建设施）	1×10^{-5}	1×10^{-8}
英国（已建危险工业）	1×10^{-4}	1×10^{-6}
英国（新建核能发电站）	1×10^{-5}	1×10^{-6}
英国（靠近已建设施的新民宅）	1×10^{-6}	3×10^{-7}
美国加利福尼亚（新建设施）	1×10^{-5}	1×10^{-7}

表6-22　国外不同政府机构和公司所采用的界区内个体风险标准

机构及应用	最大容许风险	广泛接受
英国HSE（现有危险性设施）	1×10^{-3}	1×10^{-6}
壳牌石油公司（陆上和海上设施）	1×10^{-3}	1×10^{-6}
英国石油公司（陆上和海上设施）	1×10^{-3}	1×10^{-5}

我国个体风险可接受标准值（表6-23）和社会风险可接受标准值应满足安全生产监管管理总局令（第40号）的相关要求。我国标准基于ALARP原则通过两个风险分界线将风险划分为3个区域，即不可容许区、尽可能降低区（ALARP）和可容许区。

表6-23　中国个体风险标准

危险化学品单位周边重要目标和敏感场所类别	可容许风险（每年）
1. 高敏感场所（如学校、医院、幼儿园、养老院等）； 2. 重要目标（如党政机关、军区管理区、文物保护单位等）； 3. 特殊高密度场所（如大型体育场、大型交通枢纽等）	$<3\times10^{-7}$
1. 居住类高密度场所（如居民区、宾馆、度假村等）； 2. 公众聚集类高密度场所（如办公场所、商场、饭店、娱乐场所等）	$<1\times10^{-6}$

风险评价应遵循ALARP原则，即如果计算出来的风险水平超过容许上限，则该风险不能被接受；如果风险水平低于容许下限，则该风险可以被接受；如果风险水平在容许上限和

下限之间，可考虑风险的成本效益分析（Cost Benefit Analysis，CBA），采取降低风险的措施，使风险水平“尽可能低”。

CBA 的目的是比较不同的风险管理措施，并帮助决策，以选取其中成本效益最高的优化方案。

挽救一个人的生命所需的成本为：

$$CSL = \frac{C_A - (ER_e - ER_p)}{EL_e - EL_p} \tag{6-2}$$

式中　CSL——挽救一个人生命的成本；

C_A——采取风险管理措施的年费用；

ER_e——采取风险管理措施前的年经济损失；

ER_p——采取风险管理措施后的年经济损失；

EL_e——采取风险管理措施前的年生命损失，人/年；

EL_p——采取风险管理措施后的年生命损失，人/年。

可以在 QRA 中基于相同的风险计算模型，针对不同的风险管理措施备选方案（i 个方案）进行敏感性分析，分别计算各个不同方案的 CSL_i，即不同方案挽救一个人生命的成本。

企业应编制 CBA 执行程序和各类费用与效益标准，其中 C_A 应考虑所采取措施的投入以及维护这些措施的费用。经济损失中应考虑厂内外人员伤亡的费用、生产中断的损失、设备及财产损失以及保险费率变化、罚金等多个因素。

思考题

1. 简述危险与风险的区别与联系。
2. 常见的检查表有几种类型?
3. 危险等级可划分为哪几个级别?
4. HAZOP 分析的关键步骤主要有哪些?
5. 简述故障模式与影响分析法的基本步骤。
6. 采用事件树分析方法时需要注意的问题有哪些?
7. 简述事故树分析方法与事件树分析方法的联系。
8. 确定风险可接受标准时应遵循的原则有哪些?

第7章

压力容器

当压力容器发生破坏或爆炸时，设备内的介质迅速膨胀、释放出极大的内能，这些能量不仅使设备本身遭到破坏，瞬间释放的巨大能量还将产生冲击波，使周围的设施和建筑物遭到破坏，危及人员生命安全。如果设备内盛装的是易燃或有毒介质，一旦突然发生爆炸，将会造成恶性的连锁反应，后果不堪设想，所以压力容器的安全要求比一般机械设备高。

本章学习要求

1. 掌握压力容器基础知识。
2. 了解压力容器安全性能及安全装置。
3. 了解压力容器的泄放。
4. 掌握压力容器安全运行管理。

【警示案例】氧气瓶爆炸事故

（1）事故基本情况

1998年10月8日10时40分左右，哈尔滨化工二厂四车间成品库发生氧气瓶爆炸事故，导致现场的2名装卸工（临时工）1死1伤。事故发生前四车间充灌岗，操作压力为12MPa，操作温度为20℃，成品库房有氧气瓶45只。经现场勘察，共3只气瓶爆炸，其中1只气瓶外表为绿色油漆，检验期为1989—1994年，公称压力15.0MPa，容积为40.4L，这只气瓶爆破成十几块碎片。碎片内壁呈黑色，断口呈“人”字纹，无明显的塑性变形，全部为脆性断裂。其角阀为氩气阀。爆炸的另2只气瓶颜色为淡酞兰，呈撕裂状，断口有明显被打击的痕迹，被打击处向内凹陷，并有高温氧化的痕迹。

另外，3只被击穿的气瓶，均留有不规则孔洞，其中1只在气瓶上方，直径各约5cm，另2只在气瓶下方，直径约8cm和30cm，破口向内凹陷，并有高温氧化的痕迹。

面积为70m^{2}的氧气瓶成品库天棚和西侧墙被炸塌，山墙严重变形，铁皮包的门被爆炸碎片穿出一个直径20cm的洞，附近2处厂房玻璃被震碎。

（2）事故原因分析

从爆炸碎片的内外表面颜色看，其中1只气瓶的碎片外表为绿色漆，内表面呈黑色，角阀为氩气瓶阀，说明这只气瓶为氢气瓶。分析认为这只氢气瓶内残余有氢气。充装氧气（氢气在空气中的爆炸极限为 4.0%～75.6%），形成了可爆性混合气体，在转动角阀时，产生静电引发了氢、氧混合气体的化学爆炸。

另外 2 只被撕裂的气瓶距爆炸点很近，被爆炸碎片的冲击波打击超过其承受能力，失稳破裂，属物理爆炸。

7.1 压力容器基础知识

7.1.1 压力容器的定义

压力容器泛指承受流体介质压力的密闭壳体，广义上讲，所有承受压力载荷的容器都属于压力容器。

压力容器属于特种设备的一类，需要符合特种设备安全技术规范（简称 TSG）。特种设备安全技术规范从特种设备的含义、使用范围、材料、设计、制造、使用管理等方面进行规定。其中，非金属压力容器应当符合《非金属压力容器安全技术监察规程》的规定，超高压容器应当符合《超高压容器安全技术监察规程》的规定，简单压力容器应当符合《简单压力容器安全技术监察规程》的规定，固定式压力容器应当符合《固定式压力容器安全技术监察规程》的规定。

《固定式压力容器安全技术监察规程》（2016 年）中规定：固定式压力容器是指安装在固定位置使用的压力容器。

固定式压力容器应同时具备下列条件：

① 工作压力大于或者等于 0.1MPa；

② 容积大于或者等于 0.03m^3 并且内直径（非圆形截面，指截面内边界最大几何尺寸）大于或者等于 150mm；

③ 盛装介质为气体、液化气体以及介质最高工作温度高于或者等于其标准沸点的液体。

《移动式压力容器安全技术监察规程》中规定：移动式压力容器是指由罐体或者大容积钢质无缝气瓶与走行装置或者框架采用永久性连接组成的运输装备，包括铁路罐车、汽车罐车、长管拖车、罐式集装箱和管束式集装箱等。

移动式压力容器应同时具备下列条件：

① 具有充装与卸载（以下简称装卸）介质功能，并且参与铁路、公路或者水路运输；

② 罐体工作压力大于或者等于 0.1MPa，气瓶公称工作压力大于或者等于 0.2MPa；

③ 罐体容积大于或者等于 450L，气瓶容积大于或者等于 1000L；

④ 充装介质为气体以及最高工作温度高于或者等于其标准沸点的液体。

7.1.2 压力容器的分类

7.1.2.1 压力等级划分

压力容器的设计压力（p）划分为低压、中压、高压和超高压四个压力等级：

低压（代号 L）0.1MPa≤ p <1.6MPa；
中压（代号 M）1.6MPa≤ p <10.0MPa；
高压（代号 H）10.0MPa≤ p <100.0MPa；
超高压（代号 U）p ≥100.0MPa。

7.1.2.2 介质分组

压力容器的介质分为以下两组，包括气体、液化气体或者最高工作温度高于或等于标准沸点的液体。

① 第一组介质：毒性程度为极度危害、高度危害的化学介质，易爆介质，液化气体。
② 第二组介质：除第一组以外的介质。

7.1.2.3 介质危害性

介质危害性指压力容器在生产过程中因事故致使介质与人体大量接触，发生爆炸或者因经常泄漏引起职业性慢性危害的严重程度，用介质毒性程度和爆炸危害程度表示。

HG/T 20660—2017《压力容器中化学介质毒性危害和爆炸危险程度分类标准》中，根据毒物危害指数（THI）将化学介质毒性危害程度分为四个级别，分别为轻度危害（Ⅳ级）THI＜35、中度危害（Ⅲ级）35≤THI＜50、高度危害（Ⅱ级）50≤THI＜65、极度危害（Ⅰ级）THI≥65。

化学介质毒性危害程度的最后定级采用毒物危害指数数值与国家产业政策相结合的方法。根据国际癌症研究机构（IARC）致癌性分类确认为人类致癌物（G1 组）的直接定为Ⅰ级（极度危害）。列入中国政府禁止使用名单的物质，直接列为Ⅰ级（极度危害）。列入中国政府限制使用（含贸易限制）名单的物质，毒物危害指数低于高度危害分级的，直接列为Ⅱ级（高度危害）；毒物危害指数在极度或高度范围内的，依据毒物危害指数进行定级。

易爆介质（爆炸危险介质）指气体或者液体的蒸气、薄雾与空气混合形成的爆炸混合物，并且其爆炸下限小于 10%，或者爆炸上限和爆炸下限的差值大于或者等于 20%。

具体介质毒性危害程度和爆炸危险程度按照 HG/T 20660—2017《压力容器中化学介质毒性危害和爆炸危险程度分类标准》确定。HG/T 20660—2017 没有规定的，由压力容器设计单位参照 GBZ 230—2010《职业性接触毒物危害程度分级》决定介质组别。

7.1.2.4 压力容器类别划分方法

（1）基本划分

压力容器类别的划分应当根据介质特性，按照以下要求选择划分图，再根据设计压力 p（单位 MPa）和容积 V（单位 m^3），标出坐标点，确定压力容器类别：

第一组介质，压力容器类别的划分见图 7-1；
第二组介质，压力容器类别的划分见图 7-2。

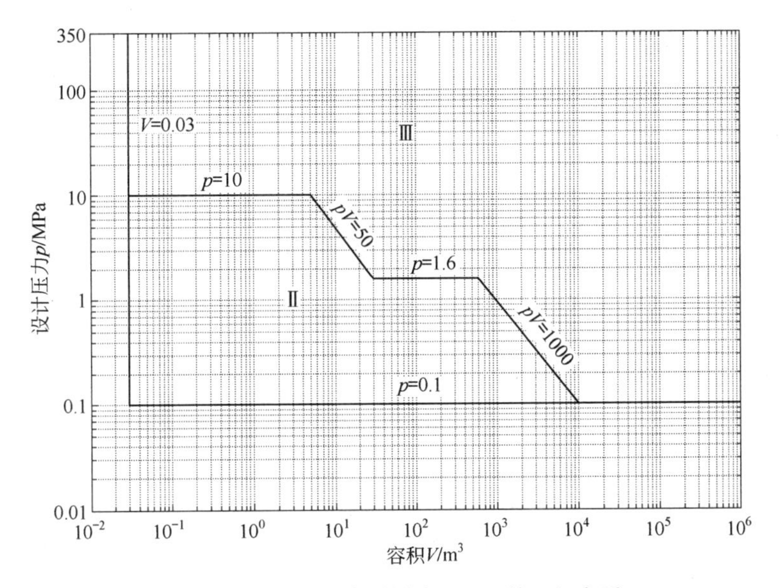

图 7-1　压力容器类别划分图——第一组介质

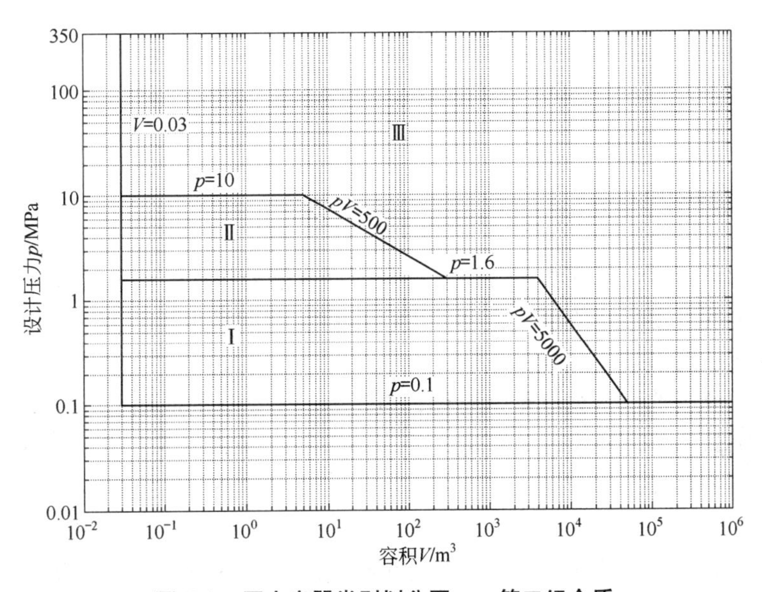

图 7-2　压力容器类别划分图——第二组介质

（2）多腔压力容器分类

多腔压力容器（如换热器的管程和壳程、夹套容器等）应当分别对各压力腔进行分类，划分时设计压力取本压力腔的设计压力，容积取本压力腔的几何容积；以各压力腔的最高类别作为该多腔压力容器的类别并且按照该类别进行使用管理，但应当按照每个压力腔各自的类别分别提出设计、制造技术要求。

（3）同腔多种介质压力容器分类

一个压力腔内有多种介质时，按照组别高的介质分类。

（4）介质含量极小压力容器分类

当某一危害性物质在介质中含量极小时，应当根据其危害程度及其含量综合考虑，按照压力容器设计单位决定的介质组别划分类别。

（5）特殊情况的分类

坐标点位于图 7-1 或者图 7-2 的分类线上时，按照较高的类别划分。

简单压力容器统一划分为第 I 类压力容器。

7.1.2.5 压力容器用途划分

压力容器分为反应压力容器、换热压力容器、分离压力容器、储存压力容器，具体划分如下。

① 反应压力容器（代号 R）：主要是用于完成介质的物理、化学反应的压力容器，例如反应器、反应釜、聚合釜、合成塔、变换炉、煤气发生炉等。

② 换热压力容器（代号 E）：主要是用于完成介质的热量交换的压力容器，例如各种热交换器、冷却器、冷凝器、蒸发器等。

③ 分离压力容器（代号 S）：主要是用于完成介质的流体压力平衡缓冲和气体净化分离的压力容器，例如各种分离器、过滤器、集油器、洗涤器、吸收塔、铜洗塔、干燥塔、汽提塔、分汽缸、除氧器等。

④ 储存压力容器（代号 C，其中球罐代号 B）：主要是用于储存、盛装气体、液体、液化气体等介质的压力容器，如各种型式的储罐、缓冲罐、消毒锅、印染机、烘缸、蒸锅等。

在一种压力容器中，如同时具备两种以上的工艺作用时，应当按工艺过程中的主要作用来划分。

7.1.3 压力容器的结构

压力容器的结构形式是多种多样的，它是根据容器的作用、工艺要求、加工设备和制造方法等因素确定的。常见结构形式有圆筒形、球形、箱形和锥形。

（1）圆筒形压力容器

圆筒形压力容器的形状特点是轴对称，圆筒是一个平滑的曲面，应力分布比较均匀，承载能力较强。圆筒形压力容器易于制造，便于内件的设置和装拆，应用比较广泛。

（2）球形压力容器

球形压力容器的本体是一个球壳，其形态特点是中心对称。优点是：受力均匀；在相同的壁厚条件下，承载能力最强，或者可以说在同样的内压下，球形壳体所需的壁厚最薄；在相同容积条件下，球形壳体表面积最小，节约保温或隔热材料，降低成本。缺点是：制造比较困难，工艺复杂，成本高；不便于在容器内部安装工艺内件，也不便于内部互相作用的介质流动；一般只用于中、低压的储装容器。

（3）箱形压力容器

箱形结构的压力容器分为正方形结构和长方形结构。由于几何形状突变，应力分布不均匀，转角处局部应力较高，所以这类容器结构不合理，较少使用，一般仅用作压力较低的容器。

（4）锥形压力容器

单纯的锥形压力容器在工程上是很少见的，其连接处因形状突变，受压力载荷时会产生较大的附加弯曲应力。一般使用的是由锥形体与圆筒体组合而成的组合结构。这类容器通常因生产工艺有特殊要求而采用。

7.1.4 压力容器常用材料

7.1.4.1 压力容器的用钢及要求

压力容器产品大部分为非标设备，根据其使用参数（温度、压力、介质、尺寸等）单独进行设计。压力容器的结构型式有单层卷焊容器、多层包扎容器、整体多层夹紧容器、热套容器、球形容器、锻焊容器、锻造容器等，不同的结构型式制造工艺不同，对钢材的技术要求也不同。

压力容器用钢包括钢板、钢管、钢锻件、钢棒及钢焊材。在上述五类钢材中，钢板的使用量最大。在压力容器用钢板中，又可分为碳素钢板、低合金高强度钢板、低温用钢板、中温抗氢用钢板、低合金耐蚀用钢板、不锈耐酸钢板、耐热钢板和复合钢板。

选择压力容器受压元件用钢时应考虑容器的使用条件（如设计温度、设计压力、介质特性和操作特点等）、材料的性能（力学性能、工艺性能、化学性能和物理性能）、容器的制造工艺以及经济合理性。压力容器用材料的质量、规格与标志，应当符合相应材料的国家标准或者行业标准的规定。

7.1.4.2 压力容器的常用材料及选用

压力容器材料的选用参照《压力容器》（GB 150.1～150.4—2011）标准。

（1）壳体

圆筒形压力容器的筒体大多是由钢板冷（热）卷焊而成，封头或球形壳体则是用钢板加热成型或热加工后再拼焊而成。因此，压力容器壳体材料要具有良好的塑性、焊接性能和良好的热加工性能。根据不同的工艺条件，压力容器壳体可选用碳素钢、低合金钢和不锈钢等。GB 150.2—2011 规定了材料的使用范围及使用性能。

（2）接管

容器壳体上各种接管等，要求使用无缝钢管，另外大直径的无缝钢管还可直接用来制作容器的壳体。常用钢管有碳素钢、低合金钢、低合金耐热钢和高合金钢。

（3）法兰材料

法兰为典型的受力元件，通常由钢板或锻件经切削、钻孔而制成，然后与壳体组焊，因此法兰材料应具有良好的可锻性、切削性、加工性和可焊性。法兰常用的板材有Q235A、Q235B、Q235C、16Mn、15MnVR，锻件有 20MnMo、15CrMo 等。

（4）支座及其他附件常用材料

支座承受整个容器的重量，一般选刚性较好的材料，常用的有 Q235A、Q235B 等。

容器中的连接螺栓要承受较大的负荷，因此，螺栓与螺母一般采用机械强度高的材料制造，同时也要求材料具有良好的塑性、韧性以及良好的机械加工性能。对高温和高强度螺栓用钢，还必须具有良好的抗松弛性、良好的耐热性以及较低的缺口敏感性。螺栓与螺母需要配套使用，通常螺栓的强度和硬度应略高于螺母。

总之，选材时应综合考虑设备的操作条件、材料的焊接和冷（热）加工性能及制造工艺、材料来源及经济合理性等，应符合相应国家标准或行业标准规定，特别是有使用限制的材料，要认真考虑其使用条件。

7.1.5 压力容器力学基础知识

7.1.5.1 压力容器压力管道载荷种类

压力容器在运行过程中所承受的载荷有：压力载荷、重力载荷、接管载荷、温度载荷（热应力）、疲劳载荷、风载荷、地震载荷、残余应力等。

① 压力载荷：指压力容器工作介质造成的内部压强或内外部压强差，液柱静压力通常也包括在内。对压力容器，通常有设计压力、计算压力、最高工作压力、操作压力等，是强度计算中所考虑的主要载荷。

② 重力载荷：指由设备内件、梯子平台、保温绝热、外挂件等引起的重力载荷。

③ 接管载荷：接管外连管道或其他设备对所考察设备带来的推拉力、剪切力、扭矩、弯矩等。在接管强度计算中应当考虑。

④ 温度载荷：金属材料受热/冷却膨胀/收缩受阻而产生的载荷。

⑤ 疲劳载荷：介质压力载荷、温度载荷周期性或非周期性变化会使设备在高应力区域产生疲劳裂纹，这种载荷形式称为疲劳载荷。

⑥ 风载荷：空气流过设备外周时会造成迎风面和背风面压力不同而造成的载荷。对大型、高耸的户外安装的锅炉和压力容器需要考虑风载荷。

⑦ 地震载荷：地震过程中的水平震动和垂直震动造成的载荷，其属于惯性载荷。

⑧ 残余应力：由于焊接、冷作成型、强力组装等因素造成的残留在设备材料内部的应力，这种应力可能会造成设备的应力腐蚀裂纹和疲劳裂纹。

7.1.5.2 压力容器压力管道常规设计中的强度控制原则

压力容器强度计算中，根据不同的设备类型和标准规范，需要考虑上述各种载荷或其中部分载荷。然而由于常规的设计方法是以简便易行为基本原则，其强度计算以考虑介质造成的压力为主。

强度控制原则为计算应力水平 $\sigma \leqslant$ 许用应力 $[\sigma]$。

对典型的内压力作用下的薄壁圆筒体，主要存在两个应力，分别为环向应力 $\sigma_{环}$、轴向应力（径向应力）$\sigma_{轴}$，径向应力通常忽略不计。对薄壁筒体，按照内径公式计算上述应力：

$$\sigma_{轴}=\frac{PD_i}{4S} \qquad \sigma_{环}=\frac{PD_i}{2S}$$

可见环向应力为轴向应力的 2 倍。

对锅炉强度计算，许用应力须考虑焊缝削弱、成排开孔削弱、工作条件等因素，对压力容器，通常需要考虑焊缝的削弱作用。

7.1.5.3 边缘应力

在筒体与封头、锅壳与管板等的连接位置，在承受内压力时，由于沿半径的自由变形不同而相互牵制，造成很大的剪力和弯矩，造成很高的局部应力水平，这个应力称为边缘应力。它具有以下两个基本特征。

① 局部性：不同性质的连接产生不同的边缘应力，但它们都具有明显的衰减波特性，

随着离开边缘的距离越大，边缘应力迅速衰减。

② 自限性：由于边缘应力是两个连接件弹性变形不一致，相互制约而产生的，一旦材料发生了塑性变形，相互的约束就会缓解，边缘应力自动受到限制，这就是边缘应力的自限性。因此塑性好的材料可以减少此位置的破坏危险性。

7.1.5.4　分析设计中的应力分类与控制原则

锅炉压力容器在工作过程中，一般要同时承受介质压力和一定的热应力等多种载荷。由于这些载荷性质彼此不同，分布也是不均匀的以及元件的几何形状也有变化等，使元件的不同部位产生性质和数值不同的各类应力。这些不同种类的应力对锅炉压力容器元件强度的影响并不一样，有的相差甚至很大。

长期以来，由于对上述不同种类的应力对元件强度的影响缺乏精确的了解，加之计算也较困难，因而在承压元件的强度设计中仅根据介质压力引起的大面积平均应力进行计算，而其他应力用安全系数、结构限制甚至运行上的一些限制来控制在安全范围内。

压力容器行业在 1995 年已经形成标准《钢制压力容器分析设计标准》（JB 4732—1995）。《锅炉钢结构设计规范》（GB/T 22395—2008）规定了支撑式和悬吊式锅炉钢结构的设计原则和方法。

进行应力分类的基础是必须得出结构中任意一点的应力水平。通常用有限元方法得到。

受压元件中的应力分为三类：一次应力、二次应力、峰值应力。另外还存在残余应力（残余应力通常不包括在上述三类应力之中）。

（1）一次应力

一次应力为平衡介质压力与其他机械载荷所必需的法向应力或剪切应力。一次应力的特征是非自限性的，且用于平衡介质压力和其他机械载荷。一次应力达到极限状态，即使载荷不再增加，仍产生不可限制的塑性流动，直至破坏。一次应力又分为一次总体薄膜应力、一次局部薄膜应力和一次弯曲应力。

① 一次总体薄膜应力 P_m：由介质压力或其他机械载荷直接产生的沿壁厚均匀分布的应力，其特点是发生在大面积范围内；随着介质压力升高不断增加，先是元件屈服，最后发生破裂；应力与外力平衡。如薄壁圆筒，常规设计计算出的应力值就是一次总体薄膜应力（如环向应力 $\sigma_{环}=\frac{PD_i}{2S}$）。

② 一次弯曲应力 P_b：平衡介质压力和其他机械载荷所需的沿壁厚线性分布的弯曲应力，如平盖中心部位由压力引起的弯曲应力。一次弯曲应力的特点是：沿壁厚呈线性分布；随着载荷增大，先是壁面达到屈服，以后逐渐沿整个壁厚进入屈服，这时，才认为元件丧失工作能力；这种应力与外力相平衡。

③ 一次局部薄膜应力 P_L：应力水平大于一次总体薄膜应力，但影响范围仅限于结构局部区域的一次薄膜应力。当结构发生塑性流动时，这类应力将重新分布。若不加以限制，则当载荷从结构的某一部分（高应力区）传递到另一部分（低应力区）时，会产生过量塑性变形而导致损坏。一次局部薄膜应力通常由总体结构不连续引起，虽具有二次应力的性质，但从方便与稳妥的角度考虑仍归入一次应力的范畴。一次局部薄膜应力的典型例子是：在壳体的固定支座或接管处由外部载荷和力矩引起的薄膜应力。

（2）二次应力 Q

为满足外部约束条件或结构自身变形连续性所需的法向应力或剪应力。二次应力的基本特征是具有自限性，即局部屈服和小变形就可以使约束条件或变形连续性要求得到满足，从而变形不再增大。只要不反复加载，二次应力不会导致结构破坏。例如总体热应力和总体不连续处的弯曲应力。

（3）峰值应力 F

由局部结构不连续或局部热应力影响而引起的附加于一次和二次应力的应力增量。峰值应力的特征是同时具有自限性和局部性，它不会引起明显的变形，其危害性在于可能导致疲劳裂纹或脆性断裂。如：壳体接管连接处由于局部结构不连续所引起的应力增量中沿厚度非线性分布的应力；小范围过热处的热应力。

7.2 压力容器安全性能及安全装置

压力容器的安全性在很大程度上取决于压力容器的制造及检修过程，但相关内容更加偏重于化工机械制造，本节重点从使用者角度考虑压力容器的安全性能及安全装置。此处提供压力容器的制造及检修相关拓展资料供有兴趣的同学参考。

拓展阅读　压力容器制造及检修（请扫描右边二维码获取）

7.2.1 压力容器的失效模式

压力容器的失效是损伤积累到一定程度，容器的强度、刚度或功能不能满足使用要求的状态。损伤是一个过程，容器在外部机械力、介质环境、热作用等单独或共同作用下，材料性能下降、结构不连续或承载能力下降，这便是损伤。发生损伤后不一定失效，而发生失效则一定存在损伤。

失效模式是压力容器的设计基础，设计方法（准则）必须针对失效模式，压力容器设计的第一步就应该是确定容器有可能发生的失效模式；对于第Ⅲ类压力容器，设计时还要求出具包括主要失效模式、风险控制等内容的风险评估报告。另外对压力容器检验结果的评价，也是建立在失效模式的基础上。

压力容器国际标准 ISO 16528 Boilers and Pressure Vessels 综合了世界主要工业国家的技术标准，参照欧洲标准的内容，针对锅炉和压力容器常见的失效形式，将失效模式归纳为三大类、13 种，明确了针对失效模式的设计理念。

（1）第一大类：短期失效模式

① 脆性断裂；

② 韧性断裂（延性断裂）；

③ 超量变形引起的接头泄漏；

④ 弹性或弹塑性失稳（垮塌）。

（2）第二大类：长期失效模式

① 蠕变断裂；

② 蠕变；

③ 蠕变失稳；

④ 冲蚀、腐蚀；

⑤ 环境助长开裂，如应力腐蚀开裂、氢开裂等。

（3）第三大类：循环失效模式

① 扩展性塑性变形；

② 交替塑性；

③ 弹性应变疲劳（中周和高周疲劳）或弹塑性应变疲劳（低周疲劳）；

④ 环境导致疲劳，如应力腐蚀开裂或氢脆。

经过多年的实践和参照国际上同类标准的技术内容，《压力容器》（GB 150.1～150.4—2011）在技术内容中直接和间接考虑了如下失效模式，并针对所考虑的失效模式确定了相应的设计准则和强度理论。

（1）脆性断裂

通过材料选用要求、材料韧性要求、制造和检验要求以及结构形式要求，防止脆性断裂的发生。

（2）韧性断裂

通过材料选用要求、结构强度设计方法、许用应力规定，防止韧性断裂的发生。

（3）接头泄漏

通过法兰设计方法和特殊密封结构的设计方法，结构要求以及对密封垫片和螺柱、螺母的要求，防止接头泄漏的发生。

（4）弹性或塑性失稳

通过外压结构设计方法防止整体失稳；通过局部的应力分析和评定，控制局部塑性失稳。

（5）蠕变断裂

通过限制材料的使用温度范围控制蠕变断裂的发生。

腐蚀是压力容器的最常见失效模式，但在不同的工程应用中差别极大，不可能在标准中进行规定，因此《压力容器》标准规定了由设计人员全面考虑腐蚀失效模式，并在选择材料、结构设计、腐蚀防护等方面采取措施，保证容器的设计寿命。

其他标准涉及的失效模式：承压设备损伤模式在国外已经建立了相应的标准，如美国石油协会的 API 571、API 579、API 580、API 581 标准中均有压力容器损伤模式的相关内容。在 API 571 标准中，介绍了一般工业中四大类、44 种损伤模式，以及炼油工业中三大类、18 种损伤模式。美国的 NB 23 标准、欧盟的 PED 指令、英国的 BS 7910 标准、美国的 NACE 标准对承压设备的损伤模式也都有涉及。

我国《承压设备损伤模式识别》（GB/T 30579—2014）标准，提出了一套比较完整的、适合我国承压设备现状的损伤模式和识别方法，其内容主要包括承压设备主要损伤模式和失效机理的理论描述、形态、影响因素、敏感材料、可能发生失效的设备或构件、检测方法等。该标准将我国承压设备的损伤模式分为五大类、73 种，其中腐蚀减薄 25 种、环境开裂 13 种、材质裂化 15 种、机械损伤 11 种、其他损伤 9 种。

在容器的设计使用期限内，每隔一定的时间，需采用适当有效的方法，对它的承压部件和安全装置进行检查或必要的试验。

拓展阅读 压力容器的检验（请扫描右边二维码获取）

7.2.2 压力容器安全装置

7.2.2.1 安全阀

安全阀是压力容器中应用最为普遍的重要安全附件之一。它是一种超压防护装置。

它的作用是：当容器内的压力超过某一规定值时，就会自动开启，迅速排放容器内部的过压气体，并发出声响，警告操作人员采取降压措施；当压力恢复到允许范围之后，安全阀又自动关闭，使容器内压力始终低于允许范围的上线，不至于因超压而酿成爆炸事故。

安全阀的结构形式按其整体结构、加载机构的形式，分为杠杆式、弹簧式两种。

弹簧式安全阀由阀体、阀芯、阀座、阀杆、弹簧、弹簧压盖、调节螺丝、销、外罩、提升手柄等元件组成。它是利用弹簧被压缩后的弹力来平衡气体作用在阀芯上的力，当气体作用在阀芯上的力超过弹簧的弹力时，弹簧被进一步压缩，阀芯被抬起离开阀座，安全阀开启排气泄压；当气体作用在阀芯上的力小于弹簧的弹力时，阀芯紧压在阀座上，安全阀处于关闭状态。开启压力大小可通过调节弹簧的松紧度来实现，有的弹簧安全阀阀座上装有调整环，可调节安全阀回座压力的大小。这种安全阀的结构特点是结构紧凑、轻便、较严密，受震动不泄漏、灵敏度高、调整方便、使用范围广，但也存在制造复杂，对弹簧材质加工要求高，时间久了弹簧易变形，影响灵敏度。

杠杆式安全阀由阀体、阀芯、阀座、阀杆、重锤、重锤固定螺丝等元件构成，并有单杠杆和双杠杆之分，它运用杠杆原理，通过杠杆和阀杆将重锤的重力矩作用于阀芯，平衡气体压力，作用于阀芯上的力矩，当重锤的力矩小于气体压力的力矩时，阀芯被顶起，离开阀座，安全阀开启，排气泄压；当重锤的力矩大于气体压力的力矩时，阀芯紧压在阀座上，安全阀关闭。可根据容器工作压力的大小来移动重锤在杠杆上的位置，以调整安全阀的开启压力。它结构简单、易调整准确，缺点是结构笨重，常因加载机构振动产生泄漏现象，回座压力低，适用在温度较高的容器上。

安全阀的选用应从容器的工艺条件和工作介质的特性、安全泄放量、介质物理化学性质及工作压力范围等方面来考虑。选用的安全阀必须是国家定点的厂家，有制造许可证的单位，出厂的产品有标牌，牌上标明主要技术参数，并有合格证及技术文件。

安全阀的排量，是选用时的关键问题，它的排量应不小于安全泄放量，只有这样才能保证容器在超压时，安全阀能及时开启，把介质排出，避免容器内压力继续升高。对工作压力低、温度较高、无振动的容器，可选用杠杆式安全阀；对中高压容器应采用弹簧式安全阀；对高压大型及安全泄放量较大的中低压容器，最好选用全启式安全阀；对操作压力要求绝对平稳的容器，应选用微启式安全阀；对装有有毒、易燃或污染环境的介质的容器，应选用封闭式安全阀。

安全阀的安装，必须是把安全阀垂直地安装在容器本体上，液化气储罐上的安全阀，必须装设在它的气相部位，如若有的安全阀确实不便装在容器本体上而需用短管和容器连接时，接管的直径必须大于安全阀的进口直径，接管上禁止装设阀门及引管。对盛放易燃、易爆、有毒或黏性介质的容器，为便于安全阀更换清洗，可装一只截止阀，如液氯、二氧化硫槽车，但它的流通面积不得小于安全阀的最小流通面积，并要有可靠的措施和制度，保证在运行中截止阀全开。安全阀的安装位置，应以便于日常检查、维护和检修为准。对露天安装的安全阀，要做好冬季阀内水分冻结的防护工作。装有排气管的安全阀，排气管的最小截面积，应大于安全阀的出口截面积，管应短而直，不得装阀。安装杠杆式安全阀时必须严格保持阀盘轴线与水平面垂直，所有进气管、排气管、连接法兰的螺栓必须均匀上紧，防止附加应力破坏阀体的同心度，影响安全阀的正常动作。

7.2.2.2　防爆片

防爆片又称爆破片，它是一种断裂型的超压防护装置，装设在不适于装上安全阀的压力容器上。当容器内的压力超过正常工作压力，并达到设计压力时即自行爆破，使容器内的气体经防爆片断裂后形成的缝隙向外排出，避免容器本体发生爆炸。防爆片的适用范围应符合以下三种情况：

① 容器内的介质易于结晶或聚合，或者带有较多黏性物质时，应装设防爆片；

② 容器内的压力由于化学反应或其他原因迅猛上升，而装着安全阀又难以及时排出过高的压力时，应采用防爆片；

③ 容器内的介质为剧毒气体或不允许微量泄漏的气体，用安全阀保证不了这些气体不泄漏时，应采用防爆片。

防爆片是由一块很薄的膜片和一副夹盘组成，夹盘用埋头螺钉将膜片夹紧，装在容器的接口管法兰上。防爆片也可称为防爆组合件。常用的有三种类型：一是膜片预拱成型，预先装在夹盘上的拉伸型防爆片，这种防爆片的特点是爆破压力较稳定，可在很大的压力范围内使用；二是利用透镜垫和锥形夹盘形式的防爆片，它适用于高压场合；三是螺纹接头夹板，他是通过螺纹套管和垫圈将膜片压紧，但膜片易偏置，使用可靠性差。

防爆帽又称爆破帽，它是一种断裂破坏型的一次性使用的安全泄压装置。它的结构是，帽端不封闭，短管上有一处薄弱断面；它的功能是当容器内部压力达到爆破帽断裂的压力时，爆破帽就在薄弱断面处破坏，功用同防爆片类似，主要用在高压、超高压容器上。

7.2.2.3　压力表

压力表是压力容器及需要控制压力的设备都必须安装的设备。操作人员根据压力表指示的压力进行操作，将压力控制在允许的范围内，以保证压力容器的安全运行，防止事故的发生。压力表有液柱式、弹性元件式、活塞式和电量式四大类。

单弹簧管式压力表是使用最广泛的。它有结构坚固、不易泄漏、准确度高、安全使用方便、测量范围较宽、价格低廉的优点。它是利用弹簧弯管在内压力作业下变形的原理制成的，根据变形量的传递机构可分为扇形齿轮式、杠杆式两种。

波纹平膜式压力表常用于工作介质具有腐蚀性的容器中。它的结构与工作原理是：弹性元件是波纹型的平面薄膜，薄膜紧夹在上法兰与下法兰之间，两个法兰分别与接头及表壳相连，当从薄膜下面通入压力时，薄膜受压向上凸起，通过销柱、拉杆、齿轮转动机构来带动指针，从而直接在刻度盘上显示出被测的压力值。它可在薄膜底面，用抗腐蚀金属制成保护膜，测定具有腐蚀性介质的压力，因此在许多化工容器中经常采用这种压力表，但这种压力表灵敏度和准确度低，对振动、冲击不太敏感，不能用于较高压力的压力容器。

7.2.2.4 液位计

液位计是用来测量液体物料的液位、投料量等的一种计量仪表。它根据所指示的液位高低来调节和控制充装量，保证容器内介质的液位始终在正常范围内。液位计是根据连通管原理制成的，常见的有玻璃管式、玻璃板式、浮球式、旋转管式、滑管式五种类型。

玻璃管式液位计结构简单，主要由上阀体、下阀体、玻璃管和放水阀等元件构成；这种液位计常用在工作压力小于 0.6MPa 和介质为非易燃易爆和无毒的容器中；用于容器上的玻璃管式液位计有定型产品，玻璃管的公称直径有 15mm 和 25mm 两种。玻璃板式液位计是由上阀体、下阀体、框盒、平板玻璃等元件构成的，它读数直观、结构简单、价格便宜；凡介质是易燃、剧毒、有毒或压力和温度较高的容器，采用玻璃板式液位计比较安全。

浮球液位计又称浮球磁力式液位计，其工作原理是：当容器内液位升降时，以浮球为感受元件带动连杆结构，通过一对齿轮使互为隔绝的一组门形磁钢转动，带动指针，使得刻度盘上指针指出容器内的充装量，多安装在各类液化气体槽车和油品槽车上。它具有结构简单、耐震、耐磨、耐压、耐高温、耐腐蚀、精度高、密封性能好、安全维护方便等优点。

滑管式液位计主要由套管、带刻度的滑管、阀门和护罩等元件构成；一般用于液化石油气槽车和地下储罐。操作的方法是：测量液位时，将带有刻度的滑管拔出，当有液化石油气流出来时，即知液位高度。

7.2.2.5 温度计

温度计是在压力容器中应用相当广泛的一种仪器。压力容器在操作运行中对温度的控制一般都比压力控制更严格，因为温度对工业生产中的大部分反应物料或储运介质的压力升降具有决定性作用。温度计有多种类型，这里主要介绍四种常用温度计。

① 膨胀式温度计是根据水银、酒精、甲苯等液体具有热胀冷缩的物理特性制成的。它的工作原理是，感温包装有感温液体，当感温包插入被测介质中，受到温度的作用，感温液体便膨胀或收缩，而沿着毛细管上升或下降，在刻度标尺上直接显示温度的变化值。压力容器常用的是玻璃水银温度计和电节点水银温度计。

② 压力式温度计是基于密闭测温系统内蒸发液体的饱和蒸气压力和温度之间的变化关系，而进行温度测量的温度计。压力式温度计由温包、毛细管、游丝、小齿轮、扇形齿轮、连杆、弹簧管、指针等零件组成。这种温度计分为指示式和记录式两种，指示式可直接从表盘上读出当时的温度数值，记录式有自动记录装置，它可以记录出不同时间的温度数值。压力式温度计适用于对非腐蚀性气体、液体或蒸气的温度进行远距离的测量，被测介质的压力不超过 6MPa，温度不超过 400℃，常用于液化气槽车及球罐上。它的优点是使用方便并能将多处测温点集中指示、价格便宜，缺点是精度低、金属软管易损坏、不易修复。

③ 热电偶温度计是利用两种不同金属导线的节点受热产生热电势的原理，由热电偶、补偿导线、冷端补偿器、导线切换开关和电气测量仪表组成。这种温度计的优点是灵敏度高、测量范围大、便于远距离测量和自动记录等，缺点是需补偿导线、安装费用较高。

④ 热电阻温度计是利用金属半导体的电阻随温度变化的特性制成的，通过测量它的电阻值，即可得到被测温度的数值。热电阻温度计由测量元件、热电阻和电气测量仪表组成。其优点是精度高、能远距离测量和自动记录，既能测高温又能测低温，测温范围通常在–200～650℃，缺点是维护工作量较热电偶温度计大、振动场合易损坏。

7.2.2.6 常用阀门

阀门是压力容器中不可缺少的配套件。压力容器在运行中，操作人员通过对各种阀门的操作，达到对生产工艺系统的控制和调节。常用的阀门有截止阀、节流阀、闸阀、减压阀、止回阀、泄压阀、紧急切断阀、过流阀等。

截止阀是由阀芯、阀座、阀体、阀杆、填料、填料盖、手轮等元件构成。按介质流动方向的不同，它又可分为直通式、直流式和角式三种；按阀杆螺纹的位置则可分为明杆及暗杆两种。截止阀主要起到切断管路介质的作用。与闸阀相比，调节性能较好，开启高度小，关闭时间短，制造与维修方便，密封面不易磨损、擦伤，密封性能较好，使用寿命长。截止阀的阀体结构设计比较曲折，因此流阻大，能量消耗大；适用于蒸气、油品等介质，不宜用于黏度较大、带颗粒、易结焦、易沉淀的介质。

节流阀属于截止阀的一种，由于它形状如针形、直径又较小，故又称为针形阀，它主要由手轮、阀杆、阀体、阀芯和阀座等元件构成。它的原理是，开启时通过阀芯与阀座间隙的微量变化，准确地调节流量和压力。节流阀的特点是尺寸小、重量轻、密封好、调节流量和压力准确，但加工困难。它常用于压缩气体的节流、液化气体的装卸和液化石油气钢瓶的绞阀上等。

闸阀又称闸门阀，是由手轮、阀杆螺母、阀体等构件组成。工作原理是，阀体内装置一块与介质流动方向垂直的闸板，闸板升起时闸阀开启。阀杆有明暗之分，明杆式闸阀一般用于腐蚀性介质及室内，暗杆式闸阀用于非腐蚀性介质和操作位置受限制的地方。闸阀常用于截断物料、油气等介质。

减压阀是通过节流而使流体压力下降的一种减压装置，常用的减压阀有弹簧式、薄膜式等类型。

紧急切断阀是一种通常装置在液化石油气储罐或液化气体汽车槽车、火车槽车的气液出口管道上的安全装置。按切断的方式，有油压式、气压式、电动式、手动式四种类型。油压式紧急切断阀是利用油泵将油压输送到紧急切断阀的上部油罐中，把油罐中的活塞压下，通过活塞杆带动阀芯下降而开启阀门，液化石油气通过紧急切断阀流出，当事故发生须紧急切断时，应立即将油罐中的油放出，活塞在弹簧的作用下向上移动，带动阀芯向上关闭阀门以达到预期的目的。紧急切断阀的上部还装有易溶合金塞，当发生火灾时由于温度升高，易溶合金迅速溶化使油缸中的油漏出而关闭阀门。气压式紧急切断阀则是利用压缩空气使阀开启，事故发生时放掉压缩空气，使阀门自动关闭。电动式紧急切断阀的作用机制是，通电时由于电磁引力使阀门开启，断电时阀门自动关闭。紧急切断阀按安装的方法可分为内装式和外装式两种。内装式主要用于接管上，外装式安装时，应根据槽车的特点做成135°角接式，并应带有过流关闭装置。

7.3 压力容器的泄放

7.3.1 压力容器的超压安全泄放

安全泄放装置是一种保证压力容器安全运行，超压时能自动卸压，防止发生超压爆炸的附属机构，是压力容器的安全附件之一。其主要包括安全阀、爆破片以及两者的组合装置。

安全泄放原理及作用主要有两点。一是正常工作压力下运行时，保持严密不漏；超过限定值时，能自动、迅速地排泄出容器内介质，使容器内的压力始终保持在许用压力范围以内。二是自动报警作用。因为排放气体时，介质是以高速喷出，常发出较大的响声，相当于报警音响讯号。

7.3.1.1 安全泄放装置设置的一般规定

① 容器装有泄放装置时，一般以容器的设计压力作为容器超压限度的起始压力。需要时，可用容器的最大允许工作压力作为容器超压限度的起始压力。采用最大允许工作压力时，应对容器的水压试验、气压试验和气密性试验相应地取 1.25 倍、1.15 倍和 1.00 倍的最大允许工作压力值，并在图样和铭牌中注明。

② 当容器上安装一个泄放装置时，泄放装置的动作压力应不大于设计压力，且该空间的超压限度应不大于设计压力的 10%或 20kPa 中的较大值。

③ 当容器上安装多个泄放装置时，其中一个泄放装置的动作压力应不大于设计压力，其他泄放装置的动作压力可提高，但不得超过设计压力的 4%。该空间的超压限度应不大于设计压力的 12%或 30kPa 中的较大值。

④ 当容器有可能遇到火灾或接近不能预料的外来热源而可能酿成危险时，应安装辅助的泄放装置，应使容器内超压限度不超过设计压力的 16%。

⑤ 有以下情况之一者，可看成是一个容器，只需在危险的空间（容器或管道上）设置一个泄放装置。但在计算泄放装置的泄放量时，应把容器间的连接管道包括在内。a. 与压力源相连接的、本身不产生压力的压力容器，该容器的设计压力达到了压力源的设计压力时。b. 各压力容器的设计压力相同或稍有差异，容器间采用足够大的管道连接，且中间无阀门隔断时。

⑥ 同一台压力容器，由于有几种工况而具有两个以上设计压力时，该容器泄放装置的动作压力应能适用于各种工况下的设计压力。

⑦ 换热器等压力容器，若高温介质有可能泄漏到低温介质而产生蒸气时，应在低温空间设置泄放装置。

⑧ 容器内的压力若有可能小于大气压力，而该容器不能承受此负压条件时，应装设防负压的泄放装置。

⑨ 一般可任选一种类型的泄放装置，但符合下列条件之一者，必须采用爆破片装置。a. 压力快速增长；b. 对密封有更高要求；c. 容器内物料会导致安全阀失效；d. 安全阀不能适用的其他情况。

7.3.1.2 超压泄放装置的设置

① 应将超压泄放装置设置在压力容器本体或其附属管线上容易检查、修理的部位。安全阀的阀体处于垂直方向。

② 全启式安全阀和反拱型爆破片装置必须装在气相空间。用于液体的安全阀出口管公称直径至少为 15mm。

③ 容器与泄放装置之间一般不得设置中间截止阀。对于连续操作的容器，可在容器与泄放装置之间设置截止阀专供检修用。该截止阀应具有锁住机构，在容器正常工作期间，截

止阀必须处于全开的位置并被锁住。

④ 泄放装置的结构应有足够的强度，能承受该泄放装置泄放时所产生的反力。

7.3.1.3 安全阀与爆破片的组合装置

安全阀和爆破片组合而成的泄压装置同时具有阀型和断裂型的优点，它即可防止单独用安全阀的泄漏，又可以在完成排放过高压力的动作后恢复容器的继续使用。组合装置的爆破片可根据不同的需要，设置在安全阀的入口或出口侧。前者可利用爆破片把安全阀与容器内的气体隔离，以防安全阀受腐蚀或被气体中的污物堵塞或黏住，当容器超压时，爆破片断裂，安全阀也开启，容器降压后，安全阀再关闭，容器可以继续运行，等设备停机检修时再装爆破片。这种结构要求爆破片的断裂不妨碍后面安全阀的正常动作，而且要求在爆破片与安全阀之间设置检查器具，防止它们之间存有压力，影响爆破片的正常动作。当爆破片装在安全阀的出口侧时，可以使爆破片免受气体压力与温度的长期作用而疲劳破坏，爆破片则用以补救安全阀的泄漏。这种结构要求将爆破片与安全阀之间的气体及时排出，否则安全阀将失去作用。

组合型结构安全泄压装置一般用于介质具有腐蚀性的液化气体，或剧毒、稀有气体的容器。由于装置中的安全阀有滞后作用，不能用于升压速度极高的反应容器。

7.3.2 压力容器的安全泄放量

压力容器的安全泄放量是指压力容器在超压时为保证它的压力不再升高，在单位时间内所必须泄放的气量。

安全阀的排量是指安全阀处于全开状态时在排放压力下单位时间内的排放量。

对于锅炉，要求安全阀的总排量必须大于锅炉最大连续蒸发量，并且在锅炉和过热器上所有安全阀开启后，锅炉内蒸汽压力不得超过设计压力的 1.1 倍。对于压力容器，要求安全阀的排量必须大于等于压力容器的安全泄放量。

选用安全阀应从以下几个方面考虑。

① 结构型式。选用什么型式的安全阀，主要决定于设备的工艺条件和工作介质的特性。一般情况下，锅炉、压力容器大多选用弹簧式安全阀。如果容器的工作介质有毒、易燃易爆，则选用封闭式的安全阀。锅炉和高压容器以及安全泄放量较大而壁厚又不太富裕的中、低压容器最好选用全启式安全阀。

② 压力范围。安全阀是按公称压力标准系列进行设计制造的，每种安全阀都有一定的工作压力范围。选用时应按锅炉和压力容器的最大允许工作压力选用合适的安全阀。

③ 排放量。选用的安全阀，其排量必须大于设备的安全泄放量，这样才能保证锅炉或压力容器超压时，安全阀开放能及时排出一部分介质，避免容器内的压力继续升高。

7.3.3 爆破片的选用与设计计算

爆破片是压力容器、管道的重要安全装置。它能在规定的温度和压力下爆破，泄放压力。

爆破片安全装置具有结构简单、灵敏、准确、无泄漏、泄放能力强等优点，能够在黏稠、高温、低温、腐蚀的环境下可靠地工作，还是超高压容器的理想安全装置。其广泛用于引进的石油、化工、化肥、医药、冶金、空调等行业的大型装置和国产设备上。

按照结构型式来分类，爆破片主要有三种，即平板型、正拱型和反拱型。平板型爆破片的综合性能较差，主要用于低压和超低压工况，尤其是大型料仓。正拱型和反拱型的应用场合较多。对于传统的正拱型爆破片，其工作原理是利用材料的拉伸强度来控制爆破压力，爆破片的拱出方向与压力作用方向一致。在使用中发现，所有的正拱型爆破片都存在相同的局限：爆破时，爆破片碎片会进入泄放管道；由于爆破片的中心厚度被有意减弱，易于因疲劳而提前爆破；操作压力不能超过爆破片最小爆破压力的 65%。由此导致了反拱型爆破片的出现。这种爆破片利用材料的抗压强度来控制其爆破压力，较之传统的正拱型爆破片，其具有抗疲劳性能优良、爆破时不产生碎片且操作压力可达其最小爆破压力 90%以上的优点。反拱型爆破片可细分为反拱刻槽型、反拱腭齿型以及反拱刀架型等。

爆破片的特点：

① 适用于浆状、有黏性、腐蚀性工艺介质，这种情况下安全阀不起作用；

② 惯性小，可对急剧升高的压力迅速作出反应；

③ 在发生火灾或其他意外时，在主泄压装置打开后，可用爆破片作为附加泄压装置；

④ 严密无泄漏，适用于盛装昂贵或有毒介质的压力容器；

⑤ 规格型号多，可用各种材料制造，适应性强；

⑥ 便于维护、更换。

爆破片的适用场所：

① 工作介质为不洁净气体的压力容器；

② 由于物料的化学反应可能使压力迅速上升的压力容器；

③ 工作介质为剧毒气体的压力容器；

④ 介质为强腐蚀性的压力容器。

7.3.4 压力容器安全泄放

据统计，我国在役的压力容器有 3000 万台左右，防止这些容器发生超压破坏，是压力容器安全技术的重要内容之一。压力容器防超压主要采用安全泄放技术，主要包括安全阀技术和爆破片技术。

7.3.4.1 安全阀技术

安全阀技术是最早出现的一种防超压安全泄放技术，由于其应用经验丰富，至今仍处于被优先选用的地位。安全阀技术有两个重要技术性能：其一为排放性能；其二为密封性能。前者要求安全阀能在给定压力下自动开启，而且能在排放完一定数量的压力介质后及时回座；后者要求它在关闭状况时保证密封。保证安全阀排放性能的技术指标有开启压力、开启高度和启闭压差。检验其密封性能的技术指标是泄漏率。

由于结构和性能上的优点，弹簧式安全阀已在大多数场合下取代了其他形式的安全阀。弹簧式安全阀在开启压力下不能迅速开启，导致压力升高的缺点，也由利用反冲原理设计的反冲机构有效地克服了，但因此产生的不良后果是安全阀的启闭压差增大。实际上，这种全启式安全阀由于介质的反冲力，使其开启后阀瓣所受的介质作用力有时可增至介质对阀瓣冲击力的 2 倍左右。

现有安全阀的另一致命弱点是泄漏。一只即使在出厂检验时泄漏率为零的安全阀，在使用一段时间后，也会产生泄漏。这是由于安全阀在使用中，周围介质温度的变化（特别是当安全阀安装在露天时）会引起密封面变形。另外，密封面受到工作介质的侵蚀等，都会导致微量泄漏。微量泄漏的出现，会加剧介质对密封面的侵蚀，同时由于介质通过泄漏处产生节流，造成密封面径向温度梯度，从而引起密封面翘曲，这又促使泄漏增加。由于这些因素互相作用，最终导致安全阀不能继续使用。

安全阀的泄漏，会造成很大的经济损失。例如一个 1MPa 的化工厂蒸汽系统。若有一个安全阀泄漏，则每小时的泄漏量达 40kg，每年损失达 300 余吨蒸汽，若该厂有 100 个全阀泄漏点，则由此损失约 400 万元。安全阀的泄漏还会造成严重的环境污染，甚至引起爆炸事故。改善安全阀的密封性能一直是研究者致力研究的课题。近年来，虽然出现了一些新型密封结构，对安全阀密封性能起到了一定的改善效果，但安全阀的泄漏仍为该技术的最大难题。

尽管安全阀技术在我国的应用历史较长，但其发展却比较缓慢。目前，工业生产中广泛使用的安全阀，几十年一贯制的统一设计模式已经远远不能满足现代化发展的要求（例如高温、高压、大负荷，工作介质强蚀、易燃、易爆等）。产品的技术性能很难符合要求，例如规定蒸汽用安全阀的开启压力误差应小于 ±3%，启闭压差应小于 7%的开启压力，但实际产品的启闭压差有时高于 15%的开启压力，在做定压试验时，当安全阀启跳几次后，其开启压力误差可达 20%以上。

7.3.4.2 爆破片技术

与安全阀不同，爆破片没有统一的技术性能，不同形式的爆破片具有不同的适用性能。

爆破片技术有两大技术关键：其一为爆破压力；其二为泄放能力。前者要求爆破片在给定压力下准确爆破，后者要求它在爆破后能及时地将“多余”的介质释放出去。

对爆破片在快速超压时的动态爆破特性，目前研究得还不够充分。现有研究结果表明，在类似于化学燃爆（可燃气体、粉尘燃爆）这样的快速超压下，爆破片的爆破压力与升压速度成正比。但这一结论只限于爆破片不受燃爆介质的温度影响的场合。

关于爆破片的排放能力，GB 567.2—2012《爆破片安全装置 第 2 部分：应用、选择与安装》中有推荐的爆破片泄放量的计算方法。爆破片的排放能力，是反映爆破片安全保护性能的一个重要参数，如果在设计时确定不当，使爆破片的排放能力小于容器所需的安全泄放量，即使爆破片能准确爆破，被保护的容器也难免遭受超压破坏。

7.3.4.3 容器的安全泄放量

压力容器安全泄放包括两方面内容：其一是安全泄放技术；其二是压力容器的安全泄放量。对于压力容器的安全泄放量，目前可参考的资料主要是液化气体容器的安全泄放量。对于化学燃爆场合容器的安全泄放量，研究工作还不完善，要形成工程设计的基础，还需做大量的工作。

发展压力容器安全泄放技术的同时，一定要重视压力容器的安全泄放量，因为它是确定安全装置泄放面积的重要依据。如果一个安全装置不能准确动作，例如它的允许动作误差为±3%，而实际为±5%，对所保护的容器一般并不会造成危害，但如果对容器的安全泄放量估计不够，即使安全装置准确动作，容器仍会因超压而遭破坏。因此，如果不重视容器安全泄放量的研究工作，必将阻碍压力容器安全泄放技术的应用与发展。

拓展阅读 爆破片泄放面积的计算以及安全阀的选用与设计计算

（请扫描右边二维码获取）

7.4 压力容器安全运行管理

7.4.1 压力容器的安全运行

① 凡操作容器的人员必须熟知所操作容器的性能和有关安全知识，持证上岗。非本岗人员严禁操作。值班人员应严格按照规定认真做好运行记录和交接班记录，交接班应将设备及运行的安全情况进行交底。交接班时要检查容器是否完好。

② 压力容器及安全附件应检验合格，并在有效期内。

③ 压力容器本体上的安全附件应齐全，并且都灵敏可靠，计量仪表应经质监部门检验合格并在有效期内。

④ 需要抽真空的设备应按工作程序进行操作，当抽真空工作完成后，再进行下一步的工作。

⑤ 压力容器在运行过程中，要时刻观察运行状态，随时做好运行记录。注意液位、压力、温度是否在允许范围内，是否存在介质泄漏现象，设备的本体是否有肉眼可见的变形等，发现异常情况立即采取措施并报告。

⑥ 对盛装易燃易爆、有毒、有害介质的压力容器更要注意防火、防毒，不得靠近点火源。操作人员要穿戴好工作服、防护镜及防腐胶鞋和防护手套。

⑦ 有下列情况之一时，要进行水压试验。水压测试为设计压力的 1.5 倍。

a. 新装容器在投入运行前。

b. 大修后重新投入使用前。

c. 更换人孔、手孔、安全阀门及第一道阀门。

d. 未到期检修而提前停止运行检修的。

e. 其他可疑处必须做强度试验的。

⑧ 水压试验。试验前的准备工作有以下几点。

a. 压力容器与其他运行的工艺管线断开加装盲板。

b. 准备好试压泵，检查试压泵是否处在良好的工作状态。

c. 在压力容器上安装好经检验合格并在有效期内的压力表，表的读数为水压试验压力的 1.5～2 倍。

d. 泵的试压，泵出口应有止回阀、泄水阀及压力表。

e. 试压时不得使用低压胶管，可采用高压胶管或钢管。

水压试验步骤如下所示。

a. 将压力容器内注满水。

b. 上紧螺栓，关严阀门，连接试压管检查与水泵相连情况并详细检查无泄漏。

c. 应有专人观察压力并检查有无泄漏。在管口前，不要停留以免物体击伤人。

d. 在试压过程中发现有泄漏现象时，不要紧固，在泄掉压力容器内压力后，才可紧固，重新试压。严禁带压紧固。

e. 达到试验压力时立即停泵，关闭试压阀门作好记录，记下停泵时间，压力容器压力观测人员签字存档。

f. 保持试验压力 30min，如无降压，应缓慢降压至规定试验压力的 80%，保持足够时间进行检查。

g. 水压试验后，不得打开人孔，为气压试验做准备。

⑨ 压力容器气密性试验。压力容器在下列情况下进行气密性试验。试验压力等同设计压力。

a. 新压力容器在水压试验合格后，投产之前。

b. 经过大修水压试验合格后，投产之前。

c. 其他原因不能置换罐内介质，而求助于气压的，在采取安全措施后，可采用氮气或压缩空气及惰性气体进行气密性试验。

气密性试验程序如下所示。

a. 将压力容器与其他工艺管线断开并加装同等强度的盲板。

b. 准备好气源如压缩空气、氮气、惰性气体等，检查设备正常运转状态。

c. 连接压力容器与气源的管路，不可采用低压胶管连接，可采用高压胶管、无缝钢管连接。

d. 在压力容器顶部安装好经检验合格且在有效期内的压力表，表的读数为 1.5～2 倍。

e. 准备好肥皂水、毛刷、记录纸，记录当天的气温、试验压力、试验时间及试验结果。

f. 气密性试验前检查试压管路阀门是否畅通，压力表的阀门是否打开，罐体周围是否有无关人员，无关人员应离开。试验后，还要检查记录是否齐全。

操作步骤如下所示。

a. 启动空压机或打开气源。

b. 应先缓慢升压至规定试验压力的 10%保压 5～10min，并对所有焊缝和连接部位进行初次检查，如无泄漏可继续升压至规定压力的 50%。没有异常现象出现，按规定试验压力的 10%逐级升压，直到升至试验压力，保压 30min，然后降压至规定试验压力的 87%，保压足够的时间进行检查，检查期间压力应该保持不变，不得采用连续加压来维持试验压力不变。

c. 当气压上升到设计压力时，应停止升压，关闭气路，认真观察记录下压力读数。

d. 观测不少于 30min，无降压、无泄漏为合格。

7.4.2 压力容器的使用管理

7.4.2.1 压力容器管理理念

① 建立三级网络：公司级、基层单位级、班组级。

② 规范八大环节：设计、制造、安装、使用、修理、改造、检测、档案。

③ 控制十四个关键点：竣工图、监检证书、质量证书、安装告知、安装检验、操作证、压力容器管理人员资格证、使用证、使用记录、修理改造设计变更、修理改造告知、修理改造监检、自检报告、定检报告。

7.4.2.2 压力容器管理责任

（1）压力容器监管员职责

公司应意识到压力容器管理工作的重要性，设立压力容器监管员，因为压力容器监管员工作在最前线，和设备接触的时间也最多，发现问题的概率也更大，只有充分发挥压力容器监管员的作用，才能查找更多的安全隐患，也才能及时将各种隐患消灭在萌芽状态，为设备安全稳定运行保驾护航。

（2）压力容器操作人员的职责

① 按照安全操作规程的规定，正确操作使用压力容器。

② 认真填写操作记录、生产工艺纪录或运行纪录。

③ 做好压力容器的维护保养工作（包括停用期间对容器的维护），使压力容器保持良好的技术状态。

④ 经常对压力容器的运行情况进行检查，发现操作条件不正常时及时进行调整，遇有紧急情况应按规定采取紧急处理措施并及时向上级报告。

⑤ 对任何有害压力容器安全运行的违章指挥，应拒绝执行。

⑥ 努力学习业务知识，不断提高操作技能。

（3）压力容器操作人员操作要点

① 要了解设备，掌握设备的基本技术参数和结构，并掌握操作工艺条件。

② 严格遵守安全操作规程。

③ 运行期间保持压力和温度的相对稳定。

④ 严禁超压超温运行。

⑤ 坚持运行期间的巡回检查。

⑥ 认真填写操作记录。

⑦ 掌握紧急情况处理方法。

（4）压力容器检验

定期检验的目的：了解压力容器的安全状况、及时发现问题，及时处理和消除检验中发现的缺陷，或采取适当措施进行特殊监护，从而防止压力容器事故的发生，保证压力容器在检验周期内连续安全运行；进一步验证压力容器设计的结构、形式是否合理，制造、安装质量以及缺陷的发展情况等；及时发现运行管理中存在的问题，以便改进管理和操作。

定期检验方法如下所示。

① 宏观检查：检验容器表面的各种情况；

② 无损探伤检验：检查原材料、焊缝表面和内部缺陷；

③ 理化检验：检查原材料及焊缝化学成分、力学性能；

④ 整体性能检验：检查容器宏观强度及密封性的耐压试验和气密性试验；

⑤ 内外部检验：是指容器在定期停运状态下的全面检验。

内外检验周期如下所示。

① 投用后首次进行内外部检验的，一般为 3 年；特殊情况的，可按规定经批准后延长或缩短。

② 安全状况等级为 1、2 级的，每隔 6 年至少一次。

③ 安全状况等级为 3 级的，每隔 3 年至少一次。

④ 安全状况等级为 4 级的：出厂技术资料不全；主体材质不符合有关规定，或材质不明，或虽属选用正确，但已有老化倾向；强度经校核尚能满足使用要求，主体结构有较严重的不符合有关法规和标准的缺陷，根据检验报告，未发现由于使用因素而发展或扩大；焊接质量存在线性缺陷；在使用过程中造成腐蚀、磨损、损伤、变形等缺陷，其检验报告确定为不能在规定的操作条件下，按法规规定的检验周期安全使用；对经安全评定的，其评定报告确定为不能在规定的操作条件下，按法规规定的检验周期安全使用。必须采取有效措施，进行妥善处理，改善安全状况等级，否则只能在限定条件下使用。

⑤ 安全状况等级为 5 级的：缺陷严重、难于或无法修复、无修复价值或修复后仍难以保证安全使用的压力容器，应予以判废。

⑥ 监控使用的超高压容器，应根据技术状况和使用条件确定监控使用时间，一般不应超过 12 个月，且只允许监控使用一次。监控使用必须保证监控措施的落实。

内外部检验的重点：

① 外部检验的全部内容；

② 容器内外表面；

③ 开孔接管处有无介质腐蚀或冲刷磨损等现象；

④ 应力集中处有无断裂或裂纹。

7.4.2.3 压力容器安全装置管理

① 常见的压力容器安全装置：泄压装置、警报装置、计量装置、联锁装置和其他安全保护装置。

② 压力容器超压的原因：操作失误或零件破损；充装过量液体受热膨胀；容器内燃烧爆炸生成高温高压气体；容器内化学反应失控；容器内液化气体受热，饱和蒸气压增大。

安全阀定期检验：

① 一般至少每年检验一次；

② 校验定压要由专门机构按规程规定进行，校验单位应出具校验报告书并对校验合格的安全阀加装铅封，并由专人负责对号回装；

③ 在用压力容器安全阀现场校验和压力调整时，使用单位主管压力容器安全技术人员和具有相应资格的检验人员应到场确认；

④ 调校合格的安全阀应加铅封。

7.4.3 压力容器的维护保养

压力容器是指盛装气体或液体，承载一定压力的密闭容器。作为工业生产过程中的一种常用容器，压力容器又是涉及生命安全、危险性较大的一种设备。压力容器是否完好对整个反应安全运行起到了至关重要的作用。只有对压力容器正确保养才能保证其状态完好，才能提高压力容器的使用效率，延长其使用寿命。

7.4.3.1 保持压力容器防腐层完好

工作介质对容器本体材料有腐蚀性的压力容器，常采用防腐层来防止介质对容器的腐蚀，如涂漆、喷镀或电镀和衬里等。如果防腐层损坏，工作介质将直接接触容器壁而产生腐蚀。想要保持防腐层完好无损，就要经常检查防腐层有无自行脱落、在装料和安装容器内部附件时有无被刮落或撞坏、衬里是否开裂或焊缝处是否有渗漏现象。发现压力容器防腐层损坏时，应及时修补后方能继续使用。

7.4.3.2 消除产生化学腐蚀的因素

有些压力容器的介质，只在某种特定条件下才会对容器本体材料产生化学腐蚀，要尽力消除这种能引起压力容器化学腐蚀的因素。如盛装氧气的压力容器，常因氧气中带有较多的水分而在容器底部积水，造成水和氧气交界面严重腐蚀。要防止这种局部腐蚀，最好使氧气经过干燥，或者在容器运行过程中经常排放容器内的积水。碳钢容器的碱脆都是产生于不正常条件（包括设备、工艺条件）下碱液的浓缩和富集，因此介质中含有稀碱液的压力容器，必须采取措施以消除有可能产生稀碱液浓缩的条件，如接管渗漏、容器壁粗糙或存在铁锈等多孔性物质等。

在压力容器运行过程中，要消除压力容器的跑、冒、滴、漏，因为跑、冒、滴、漏不仅浪费原材料和能源，污染工作环境，还常常造成压力容器设备的腐蚀，严重时还会引起其损坏。

7.4.3.3 加强压力容器在停用期间的维护

实践证明，许多压力容器事故恰恰是忽略在停止运行期间的维护而造成的。从某种意义上讲，一台停用期间保养不善的压力容器甚至比正常使用的容器损坏更快，这是因为停用压力容器不仅受到未清除干净的容器内残余介质腐蚀，也受到大气的腐蚀作用。在大气中，未被水饱和的空气冷却至一定温度后，水蒸气将从空气中冷凝而汇集成水膜覆盖在压力容器表面。一方面，如果金属表面粗糙或表面附着有尘埃、污染物，或者防腐层有破损等，水蒸气更容易在压力容器这些部位析出并聚集。空气中的氮、氧以及其他杂质和二氧化碳、氮氧化合物、氯化氢等都能溶解于水膜中形成电解质溶液，因而具备了电化学腐蚀的条件。影响腐蚀的条件首先是大气温度和湿度，其次是空气中的杂质成分及其含量、压力容器壁材料的化学成分、容器壁表面的粗糙程度和污染情况等。另一方面，如果压力容器内部的介质（如合成氨系统的氮氢混合气、脱碳系统的碳丙液、尿素系统的尿素熔融液等）对容器壁材料具有腐蚀性，停用时未清除干净而残留于压力容器内某些转角、连接部件或接管等间隙处，也将溶解在水膜中继续腐蚀压力容器壁。对于停用压力容器的维护保养措施如下所示。

① 必须将内部介质排除干净。特别是腐蚀性介质，要经过排放、置换、清洗及吹干等技术处理。要注意防止容器内的死角积存腐蚀性介质。

② 经常保持压力容器的干燥和清洁，防止大气腐蚀。科学实践证明，干燥的空气，对碳钢等铁合金一般不产生腐蚀，只有在潮湿的情况下（相对湿度超过 60%），并且金属表面有灰尘、污垢或旧腐蚀产物存在时，腐蚀作用才开始进行。因此为了减轻大气对停用压力容器外表面的腐蚀，应保持容器表面清洁，经常把散落在压力容器表面的尘埃、灰渣及其他污垢擦洗干净，并保持压力容器及周围环境的干燥。

③ 压力容器外壁涂刷油漆，防止大气腐蚀，还要注意保温层下和压力容器支座处的防腐等。

7.5 容器破裂及其危害

7.5.1 压力容器的破裂方式

压力容器及其承压部件在使用过程中，尺寸、形状或材料性能发生改变而完全失去或不能良好的实现原定的功能或继续使用中失去可靠性和安全性，因而需要立即停用进行维修或更换，成为压力容器的破坏形式。压力容器的破裂从安全角度分类，通常可分为以下几种形式：韧性破裂、脆性破裂、疲劳破裂、应力腐蚀破裂、蠕变破裂、泄漏。

（1）韧性破裂

压力容器的韧性破裂往往是受到超过正常工作内压的作用，在其器壁截面上产生的总体薄膜拉伸使材料发生明显塑性变形，如压力升高，一旦应力超过材料的强度极限时，容器就会发生破裂。具有以下特征：容器发生显著的塑性变形，主要表现在容器的周长明显的拉长或面积明显的增大，中间部分有鼓胀，且壁厚减薄。

（2）脆性破裂

容器不发生或未发生充分塑性变形下就破坏的破裂形式称为脆性破裂。造成脆性破裂的原因主要有两方面：一是容器的材料原因，即容器本身的韧性差；二是容器本身在制造或使用中存在超标的缺陷。脆性破裂在发生断裂前外观没有明显的征兆和塑性变形，断裂时器壁内的应力比较低，且破坏的容器常断裂成碎块飞出。

（3）疲劳破裂

疲劳破裂是指在交变载荷（机械载荷或热载荷）下运行，经历长期作用后，在某些局部的应力集中部位发生了破裂或泄漏。造成疲劳破裂的主要原因是高应力低循环疲劳，指材料所受的交变载荷次数在 10^2～10^5，而相应的应力水平较高，接近或超过材料的屈服极限。有以下特征：常发生在结构局部应力较高或存在材料（包括焊缝及其热影响区）缺陷处；疲劳破裂的断口形貌与脆性断口不同，断口也有三个区，但由于裂纹萌生部分占断口尺寸很小，实际观察较明显的是裂纹扩展区和最终断裂区。

（4）应力腐蚀破裂

应力腐蚀破裂起源于环境对容器材料的腐蚀，即材料与周围环境介质产生化学或电化学作用，使材料厚度减薄或本身性能发生变化，从而导致容器破裂。腐蚀破裂是一种延迟性破坏，一旦萌生腐蚀裂纹，裂纹扩展的速度比纯腐蚀快得多，因此应力腐蚀破裂宏观形态具有脆性破裂的特征。

（5）蠕变破裂

在高温下工作的压力容器，操作温度超过一定极限，材料就在应力的作用下发生缓慢的塑性变形。蠕变破裂有明显的塑性变形和蠕变小裂纹，断口无金属光泽，呈粗糙颗粒状，表面有高温氧化层和腐蚀物。

上述压力容器可能发生的任何形式的破裂，最终都会表现为容器内的介质向外泄漏。根据泄漏的介质性质和容器工况不同，泄漏造成的灾害和危害也不同。

7.5.2 压力容器破裂的危害

（1）碎片的破坏作用

高速喷出的气体的反作用力把壳体向破裂的相反方向推出。有些壳体则可能裂成碎块或碎片向四周飞散而造成危害。

（2）冲击波危害

容器破裂时的能量除了小部分消耗于将容器进一步撕裂和将容器或碎片抛出外，大部分产生冲击波。冲击波可将建筑物摧毁，使设备、管道遭到严重破坏，远处的门窗玻璃破碎。冲击波与碎片一样可导致周围人员伤亡。

（3）有毒介质的毒害

盛装有毒介质的容器破裂时，会酿成大面积的毒害区。有毒液化气体则蒸发成气体，危害很大。一般在常温下破裂的容器，大多数液化气体生成的蒸气体积约为液体的二三百倍。如液氨为240倍，液氯为150倍，氢氰酸为200～370倍，液化石油气约为180～200倍。有毒气体在大范围内导致生命体的死亡或严重中毒。如1t液氯容器破裂时可酿成$8.6\times10^4m^3$的致死范围、$5.5\times10^6m^3$的中毒范围。

（4）可燃介质的燃烧及二次空间爆炸危害。

盛装可燃气体、液化气体的容器破裂后，可燃气体与空气混合，遇到触发能量（火种、静电等）在器外发生燃烧、爆炸，酿成火灾事故。其中可燃气体在器外的空间爆炸危害更为严重。液态烃汽化后的混合气体爆炸燃烧区域，可为原有体积的6万倍。例如一台盛装$1600m^3$乙烯的球罐破裂后燃烧区范围可达直径700m、高350m，其二次空间爆炸的冲击波可达十余公里。这种危害绝非是蒸汽锅炉物理爆炸所能比拟的。

【事故案例及分析】通辽市油脂化工厂癸二酸车间蓖麻油水解釜爆炸

（1）事故基本情况

1992年6月27日15时20分，通辽市油脂化工厂癸二酸车间两台正在运行的蓖麻油水解釜突然发生爆炸，设备完全炸毁，癸二酸车间厂房东侧被炸倒塌，距该车间北侧6m多远的动力站房东侧也被炸毁倒塌，与癸二酸车间厂房东侧相隔18m的新建药用甘油车间西墙被震裂，玻璃全部被震碎，钢窗大部分损坏，个别墙体被飞出物击穿，癸二酸车间因爆炸局部着火。现场及动力站、药用甘油车间当场死亡5人，另有1人在送往医院途中死亡，1人在医院抢救中死亡；厂外距离爆炸点西183m处，1名老人在路旁休息，被爆炸后飞出的重40kg的水解釜残片拦腰击中身亡。这次事故共死亡8人，重伤4人，轻伤13人，直接经济损失36万余元。

爆炸的两台水解釜，是油脂化工厂委托通辽市锅炉厂设计制造的。水解釜筒体直径1800mm，材质为20g，筒体壁厚14mm，封头壁厚16mm，容积为$15.3m^3$，工作压力为0.78MPa，工作温度为175℃，工作介质为蓖麻油、氧化锌、蒸汽、水及水解反应后生成的甘油和蓖麻油酸。釜顶装有安全阀和压力表，设备类别为Ⅰ类压力容器，1989年3月投入使用。在使用过程中，哲盟锅检所于1991年7月5日，进行过一次使用登记前的外部检查。1992年6月23日，爆炸的1号釜曾发生泄漏事故。次日，癸二酸车间在既没有报告工厂有关部门，又没有分析泄漏原因的情况下，对1号釜泄漏部分进行了补焊。补焊后第四天（即 6 月 27 日）即发生了爆炸事故。每台釜实际累计运行时间约为 19 个月。

（2）事故原因分析

这起爆炸事故的原因是水解釜内介质在加压和较高温度下，对釜壁的腐蚀以及介质对釜内壁的冲刷和磨损造成釜体壁厚迅速减薄，使水解釜不能承受工作压力，从而发生了物理性爆炸。

① 设计时依据的数据不够准确

通辽市锅炉厂在设计该两台水解釜时，对介质造成水解釜的内壁腐蚀和磨损考虑不够，只是根据通辽市油脂化工厂提供的介质无腐蚀性的介绍选取了有关的设计参数。实际上通辽化工厂本身也不太了解介质对设备内壁具有较强的腐蚀性和磨损作用，并会在较短时间内造成壁厚迅速减薄。

② 检验时没有测量实际壁厚

检验人员对该两台设备进行外部检查时，没有测量设备的壁厚，取得相应的数据，只是根据介质对设备内壁基本无腐蚀的介绍，认为壁厚没有减薄，而在报告上填写了设备原始资料中记载的壁厚数据。

③ 对已产生的事故苗头没有引起足够重视

爆炸设备中有一台在爆炸前四天曾发生泄漏，但生产车间没有重视此事，未向工厂有关部门报告，在泄漏原因未查明之前，便自主决定进行补焊后继续使用。

（3）防止同类事故发生的措施

① 压力容器设计单位选取的设计参数要正确、可靠，设计人员对所承担的设计产品的使用性能应了解，以保证设计结果符合实际使用状况。

② 检验人员应按国家的有关规定认真履行检验职责，保证检验质量，检验报告的填写应完整、正确。

③ 使用单位应对有关操作人员做好培训教育，使其能正确操作。当设备发生异常现象时，要认真分析原因，在原因查找正确的前提下，采取有效的防范措施，及时消除事故隐患。

拓展阅读 压力容器事故案例及分析（请扫描右边二维码获取）

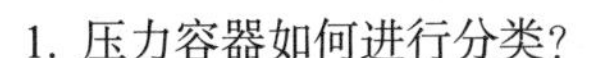

思考题

1. 压力容器如何进行分类？
2. 压力容器有哪些常见的安全装置？它们都有哪些优缺点？
3. 压力容器制造过程中需要注意哪些问题？
4. 压力容器使用过程中需要注意哪些问题？如何保障压力容器的安全运行？
5. 国内外有关压力容器的规范有哪些？分别用于规范压力容器制造和使用的哪些环节？

第8章

化学反应过程热风险

化工过程是一种特殊的产品加工过程，其特点在于加工过程中存在物质转化。化工过程一般包括原料准备、化学反应、产品纯化三个环节，涉及物料的粉碎与筛分、物料输送、精馏、吸收、反应等多种化工单元操作。物料在这些单元中将经历各种来自内部或外部的作用，包括化学作用、机械作用（摩擦与撞击）、热作用、静电作用等。物料在这些作用下的行为千差万别，其安全性也有很大区别。但是在所有的化工过程中，反应过程是物质发生本质变化的过程，其风险也最大，特别是放热反应过程。正常的化学反应过程在可控的反应器中进行，以使反应物、中间体、反应产物的温度和压力等反应条件处于规定的安全范围之内。若出于某些原因，反应条件发生变化，致温度升高、压力增大到无法控制，则会导致反应失控。

反应失控是由于反应放热使系统温度升高，系统温度升高使得放热反应加速，反应加速进一步导致系统温度升高，当反应系统放热量超过了反应器冷却能力的极限，形成恶性循环后，温度失控，有些情况下反应物和（或）产物分解，生成大量气体，系统压力急剧升高，最后导致反应器破坏，甚至燃烧、爆炸的现象。

这种反应失控的风险不仅可能发生在运行的反应器中，也可能发生在其他的运行单元，甚至储存过程中。化学反应过程的热风险是决定过程本质安全化的核心问题之一。

化学反应过程的热风险主要涉及热风险评价的理论、方法及实验技术，目标反应（二次分解反应）的热释放过程及工业规模下的控制技术。本章重点介绍化工过程热风险评价的基本概念、基本理论以及评估方法与程序，并利用这些概念、方法对相关案例进行热风险评价。

本章学习要求

1. 掌握热风险的基础知识。
2. 掌握化学反应热风险的评价方法。
3. 了解评价参数的实验获取。
4. 了解化学反应热风险的评价程序。
5. 能够对化学反应进行热风险评价。

【警示案例】反应放热未及时移除引发事故

（1）事故基本情况

2007年5月10日16时许，由于蒸汽系统压力不足，氢化和光气化装置相继停车。20时许，硝化装置由于二硝基甲苯储罐液位过高而停车，由于甲苯供料管线手阀没有关闭，调节阀内漏，导致甲苯漏入硝化系统。22时许，氢化和光气化装置正常后，硝化装置准备开车时发现硝化反应深度不够，生成黑色的络合物（配合物），遂采取酸置换操作。该处置过程持续到5月11日10时54分，历时约12小时。此间，装置出现明显的异常现象：一是一硝基甲苯输送泵多次跳车；二是一硝基甲苯储槽温度高（有关人员误认为仪表不准）。其间，由于二硝基甲苯储罐液位降低，导致氢化装置两次降负荷。

5月11日10时54分，硝化装置开车，负荷逐渐提到42%。13时02分，厂区消防队接到报警：一硝基甲苯输送泵出口管线着火。13时07分厂内消防车到达现场，与现场人员一起将火迅速扑灭。13时08分系统停止投料，现场开始准备排料。13时27分，一硝化系统中的静态分离器、一硝基甲苯储槽和废酸罐发生爆炸，并引发甲苯储罐起火爆炸。

（2）事故原因分析

这次爆炸事故的直接原因是一硝化系统在处理系统异常时，酸置换操作使系统硝酸过量，甲苯投料后，导致一硝化系统发生过硝化反应，生成本应在二硝化系统生成的二硝基甲苯和不应产生的三硝基甲苯（TNT）。因一硝化静态分离器内无降温功能，过硝化反应放出的大量的热无法移出，静态分离器温度升高后，失去正常的分离作用，有机相和无机相发生混料。混料流入一硝基甲苯储槽和废酸罐，并在此继续反应，致使一硝化静态分离器和一硝基甲苯储槽温度快速上升，硝化物在高温下发生爆炸。

8.1 基础知识

8.1.1 化学反应的热效应

8.1.1.1 反应热

化工行业中的大部分化学反应是放热的，即在反应过程中有热能的释放。如果发生事故，热能的释放量直接影响可能的损失程度。因此，**反应热**是衡量反应过程热风险的一类关键数据，这些数据是评估工业规模下化学反应热风险的依据。

用于描述反应热的数据主要有摩尔反应焓以及比反应热。

（1）摩尔反应焓

摩尔反应焓$\Delta_r H_m$是指在一定状态下发生了1mol化学反应的焓变，kJ/mol。

如果在标准状态下，则为标准摩尔反应焓。表8-1列出了一些典型的摩尔反应焓值。

摩尔反应焓的获取方式有以下几种。

① 通过键能计算

键能 E_b：拆开 1mol 某化学键所需要的能量，kJ/mol。

当已知化合物的分子结构和平均键能数据时，可以通过文献报道的产物与原料的键能数值进行估算。摩尔反应焓（$\Delta_r H_m$）等于反应物的键能（$E_{b,i}$）总和与产物键能（$E_{b,j}$）总和之差。

$$\Delta_r H_m = \sum_i E_{b,i} - \sum_j E_{b,j} \tag{8-1}$$

表 8-1 反应焓的典型值

反应类型	摩尔反应焓$\Delta_r H_m$/（kJ/mol）	反应类型	摩尔反应焓$\Delta_r H_m$/（kJ/mol）
中和反应（HCl）	–55	环氧化	–100
中和反应（H_2SO_4）	–105	聚合反应（苯乙烯）	–60
重氮化反应	–65	加氢反应（烯烃）	–200
磺化反应	–150	加氢（氢化）反应（硝基类）	–560
胺化反应	–120	硝化反应	–130

许多常规化学键的键能可以通过文献或相关手册查得。例如常见化学键的键能数据如表 8-2 所示。

表 8-2 常见化学键的键能

化学键	键能/（kJ/mol）	化学键	键能/（kJ/mol）	化学键	键能/（kJ/mol）
B – F	732	H – F	570	P – Cl	376
B – O	809	H – I	298	P – H	297
Br – Br	194	I – I	152	P – O	589
C – B	448	K – Br	379	P – P	489
C – Br	318	K – Cl	433	Pb – O	382
C – C	618	K – F	489	Pb – S	398
C – Cl	395	K – I	323	Rb – Br	381
C – F	514	Li – Cl	469	Rb – Cl	428
C – H	338	Li – H	238	Rb – F	494
C – I	253	Li – I	345	Rb – I	319
C – N	750	N – H	339	S – H	354
C – O	1076	N – N	945	S – O	518
C – P	508	N – O	632	S – S	425
C – S	713	Na – Br	363	S – Si	617
C – Si	447	Na – Cl	412	Se – Se	331
Cl – Cl	436	Na – F	477	Se – H	313
Cs – I	339	Na – H	186	Si – Cl	417
F – F	159	Na – I	304	Si – F	576
H – H	436	O – H	430	Si – H	293
H – Br	366	O – O	498	Si – O	800
H – Cl	431	P – Br	329	Si – Si	310

② 通过生成焓计算

反应焓也可以由生成焓$\Delta_r H_f$根据下式计算得到：

$$\Delta_r H_m^{\ominus} = \sum_i \Delta_r H_{f,i}^{\ominus} - \sum_j \Delta_r H_{f,j}^{\ominus} \tag{8-2}$$

生成焓可以查阅有关热力学性质表得到，或者采用 Benson 基团贡献法计算得到，采用该方法计算得到的生成焓是假定分子处于气相状态，因此，对于液相反应必须通过冷凝潜热来修正，这些值可以用于初步的、粗略的近似估算。

③ 根据盖斯定律计算

盖斯定律是指一个化学反应不管是一步完成还是分几步完成，其反应热是相同的。以分两步完成为例，反应热可按照下式计算：

$$\Delta_r H_m = \Delta_r H_{m1} + \Delta_r H_{m2} \quad (8\text{-}3)$$

（2）比反应热

比反应热 Q_r' 是单位质量反应物料反应时放出或吸收的热量，kJ/kg。

比反应热和摩尔反应焓的关系如下：

$$Q_r' = -\Delta_r H_m \times \frac{c}{\rho} \quad (8\text{-}4)$$

式中，ρ 为反应物料的密度，kg/m^3；c 为反应物的浓度，mol/m^3；$\Delta_r H_m$ 为摩尔反应焓，kJ/mol。

显然，反应物的浓度影响比反应热，不同的工艺、不同的操作方式均会影响比反应热的数值。按照习惯，放热反应的比反应热为负值，吸热反应为正值。

比反应热是与安全相关的实用参数，可以通过摩尔反应焓计算得到，也可以采用量热仪器通过测试的方法得到。大多数量热设备直接以 kJ/kg 为单位给出测试结果。对于有些反应来说，摩尔反应焓也会随着操作条件的不同而在很大范围内变化。例如，根据磺化剂的种类和浓度的不同，磺化反应的反应焓会在–150～–60kJ/mol 的范围内变动。此外，反应过程中的结晶热和混合热也可能会对实际热效应产生影响。在规避反应风险的过程中，能否做好反应热数据的测定是影响风险评估成功与否的重要因素。因此，建议尽可能根据实际条件通过量热设备测量比反应热，此数据可用于工艺放大过程。实在没有实验条件的情况下，可以通过摩尔生成焓、键能等数据通过估算得到比反应热参考值。

8.1.1.2　分解热

化工行业所使用的化合物中，有相当比例的化合物处于亚稳定状态（Meta-stable State）。一旦有一定强度的外界能量输入（如通过热作用、机械作用等），就可能会使这样的化合物变成高能和不稳定的中间状态，这个中间状态通过难以控制的能量释放使其转化成更稳定的状态。图 8-1 显示了这样的一个反应路径。沿着反应路径，能量首先增加，然后降到一个较低的水平，分解热（ΔH_d）沿着反应路径释放。它通常比一般的反应热数值高，但比燃烧热低。分解产物往往未知或者不易确定，因此难以由标准生成焓估算分解热。

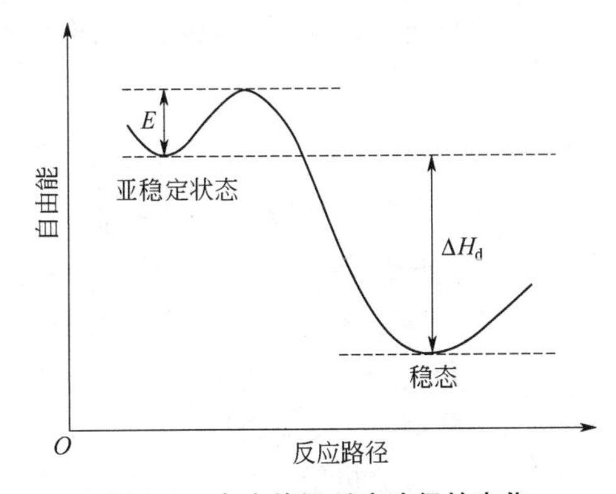

图 8-1　自由能沿反应路径的变化

8.1.1.3　热容

热容 C 是指体系温度上升 1K 时所需要的能量，J/K。工程上常用单位质量物料的热容即比热容 c_p 来计算和比较，kJ/（K・kg）。典型物质的比热容见表 8-3。

表 8-3　典型物质的比热容

化合物	比热容 c_p/[kJ/（K・kg）]	化合物	比热容 c_p/[kJ/（K・kg）]
水	4.20	甲苯	1.69
甲醇	2.55	*p*-二甲苯	1.72
乙醇	2.45	氯苯	1.30
2-丙醇	2.58	四氯化碳	0.86
丙酮	2.18	氯仿	0.97
苯胺	2.08	10%的 NaOH 水溶液	1.40
n-己烷	2.26	100%H_2SO_4	1.40
苯	1.74	NaCl	4.00

水的比热容较高，无机化合物的比热容较低，有机化合物适中。混合物的比热容可以根据混合规则由不同化合物的比热容估算得到：

$$c_p = \frac{\sum_i M_i c_{pi}}{\sum_i M_i} \tag{8-5}$$

比热容随着温度升高而增加，例如液态水在 20℃时比热容为 4.182kJ/(K・kg)，在 100℃时为 4.216kJ/（K・kg）。它的变化通常用维里方程来描述：

$$c_p = c_{p0}\left(1 + aT + bT^2 + \cdots\right) \tag{8-6}$$

为了获得精确的结果，当反应物料的温度可能在较大的范围内变化时，就需要采用该方程。然而对于凝聚相物质，热容随温度的变化较小。出于安全考虑，比热容应当取较低值，即忽略比热容的温度效应。通常采用在较低工艺温度下的热容值进行绝热温升的计算。

8.1.1.4　绝热温升

绝热温升ΔT_{ad}是指在绝热条件下进行反应，反应释放的全部能量完全用来提高反应体系自身的温度，导致反应体系温度的升高，K。

绝热温升是在冷却失效条件下，反应失控可能达到的最坏情况。绝热温升与反应的放热量成正比，一旦发生反应失控，反应的放热量越大，导致的后果越严重。因此，实际中常用绝热温升作为评估反应失控严重程度的判据。

绝热温升可由比反应热除以比热容得到：

$$\Delta T_{ad} = \frac{Q'_r}{c_p} = \frac{\left(-\Delta_r H_m\right)C}{\rho c_p} \tag{8-7}$$

由式（8-7）可以看出，绝热温升是体系摩尔反应焓和反应物浓度的函数。当需要对量热实验的测试结果进行解释时，必须考虑其工艺条件，尤其是浓度。

当反应器冷却系统失效时，正常进行的反应体系将进入绝热状态，体系的绝热温升越高，则体系达到的最终温度将越高。这还只是考虑目标反应的情况。当绝热温升高到足以使物料产生二次分解时，反应失控的风险将大大增加。这是由于典型的二次分解反应的放热量远远大于目标反应放热量。如果反应体系中存在溶剂，一旦发生反应物料的分解反应，放出的热量足以使溶剂汽化，溶剂汽化可能导致反应容器内压力增长，随后可能发生容器破裂并形成可以爆炸的蒸气云。如果蒸气云被点燃，会导致严重的室内爆炸，在进行风险评估时必须重视这种情形。

8.1.2 化学反应的压力效应

化学反应发生失控后，其破坏作用不仅与热效应有关，还常常与压力效应有关。可导致反应器压力升高的因素主要有如下几点。

① 目标反应过程中生成的气体产物。

② 二次分解反应生成的气态产物。分解反应常伴随高能量的释放，温度升高导致反应混合物的高温分解，在此情况下，热失控总是伴随着压力增长。

③ 反应（含目标反应及二次分解反应）过程中低沸点组分挥发形成的蒸气。这些低沸点组分可能是反应过程中的溶剂，也可能是反应物。

化工过程中，反应容器的破裂总是与内部的压力有关，因此必须对目标反应及其可能引发的二次分解反应的压力效应进行评估。

8.1.2.1 气体释放

无论是目标反应还是二次分解反应，均可能产生气体。在封闭容器中，压力增长可能导致容器破裂，并进一步导致气体泄漏乃至容器爆炸。在封闭体系中可以利用理想气体方程近似估算压力：

$$pV = nRT \tag{8-8}$$

在开放容器中，气体产物可能导致气体、液体的逸出或气溶胶的形成，也可能产生中毒、火灾、蒸气云爆炸等后果。因此，对于评估事故的潜在严重度而言，反应或分解过程中释放的气体量也是一个重要的因素。开放体系生成的气体量同样可以利用理想气体方程来估算：

$$V = \frac{nRT}{p} \tag{8-9}$$

解决实际工程问题时还需要考虑气体释放的产气速率等问题，从而为压力泄放装置的设计和选型提供依据。目前，尚无可靠方法可以预测产气速率，该参数主要通过实验测试获得。

8.1.2.2 蒸气压

对于封闭体系来说，随着物料体系的温度升高，低沸点组分逐渐挥发，体系中蒸气压也相应增加。蒸气产生的压力可以通过 Clausius-Clapeyron 方程进行估算：

$$\ln\frac{p}{p_0} = \frac{-\Delta_v H}{R}\left(\frac{1}{T} - \frac{1}{T_0}\right) \tag{8-10}$$

式中，T_0、p_0 为初始状态的温度及压力；R 为摩尔气体常数，8.314J/（mol·K）；$\Delta_v H$ 为摩尔蒸发焓，J/mol。

通过上式可知，蒸气压随温度呈指数关系增加，温升的影响可能会很大。工程应用中可以采用经验法则：温度每升高 20K，蒸气压加倍。

8.1.2.3 溶剂蒸发量

在反应失控过程中体系温度达到溶剂的沸点时，低沸点溶剂将大量蒸发。如果产生的蒸气出现泄漏，将可能带来二次危害：形成爆炸性的蒸气云，遇到合适的点火源将发生严重的蒸气云爆炸。因此，需要计算**溶剂蒸发量**。

溶剂蒸发量可以根据反应热或分解热来计算，如下式：

$$M_v = \frac{Q_r}{-\Delta_v H'} = \frac{M_r Q_r'}{-\Delta_v H'} \tag{8-11}$$

式中，M_v为溶剂蒸发量，kg；M_r为反应物料总质量，kg；Q_r为反应热，$Q_r = M_r Q_r'$；$\Delta_v H'$为比蒸发焓，即单位质量溶剂的蒸发焓，kJ/kg。

通常，反应体系的温度低于溶剂的沸点。冷却系统失效后，反应放出的热量首先将反应物料加热到溶剂的沸点，然后剩余部分的热量用于物料蒸发。因此，溶剂蒸发量可由下式来计算：

$$M_v = \left(1 - \frac{T_b - T_0}{\Delta T_{ad}}\right) \frac{Q_r}{-\Delta_v H'} \tag{8-12}$$

式中，T_b为溶剂沸点；T_0为反应体系开始失控时的温度。

式（8-11）和式（8-12）只能计算溶剂蒸发的静态参数——溶剂蒸发量，无法计算动态参数——蒸气流率。

8.1.2.4 蒸气管的溢流现象

溶剂大量蒸发时，蒸气流在液体中上升，冷凝液流下降，两者发生逆向流动，液体表面就会形成液波，这些液波将在管中形成液桥导致溢流。给定蒸气释放速率（即蒸发速率），如果蒸气管的直径太小，高的蒸发速率会导致反应器内压力增长，反过来使沸点升高，反应进一步加快，蒸发速度更快，形成更大的蒸发速率。其结果是将会发生反应失控，直到设备的薄弱部分破裂并释放压力。为了避免出现这样的情形，必须知道给定溶剂、给定回流管径下的**最大允许蒸气速率**，并保持反应过程中溶剂的蒸发速率小于最大允许蒸气速率。溶剂的蒸发速率实际上与反应的放热速率有关。所以，控制溶剂的蒸发速率实际上是控制反应的最大允许放热速率。

8.1.2.5 溶剂的蒸气流速

如果反应混合物中有足够的溶剂，且溶剂蒸发后能安全回流或者蒸馏到冷凝管、洗涤器中，则溶剂挥发可以使体系温度稳定在沸点附近，对反应体系来说，溶剂蒸发相当于提供一道移热的“安全屏障”，这是对安全有利的一面。另外，大量溶剂蒸气通过回流重新进入反应器对保持反应物料的热稳定性也是有利的。为此，需要计算溶剂的蒸气流率，并通过该参数评估蒸气回流装置、洗涤装置等的能力是否匹配。

溶剂蒸发过程中的**蒸气质量流率**$(\dot{m}_v)$可以按下式计算：

$$\dot{m}_v = \frac{q_r' M_r}{\Delta_v H'} \tag{8-13}$$

式中，q_r'为反应的比放热速率，kW/kg。

作为初步近似，如果系统压力（p）接近于大气压，蒸气可看成是理想气体。蒸气的摩尔质量为M_w，则密度（ρ_v）为：

$$\rho_{\mathrm{v}}=\frac{pM_{\mathrm{w}}}{RT_{\mathrm{b}}} \tag{8-14}$$

于是，蒸气流速可根据蒸气管的横截面积（S）来计算：

$$u=\frac{q_{\mathrm{rx}}}{\left(-\Delta_{\mathrm{v}}H'\right)\rho_{\mathrm{v}}S} \tag{8-15}$$

式中，q_{rx} 为反应的放热速率，$q_{\mathrm{rx}}=M_{\mathrm{r}}q'_{\mathrm{r}}$。

如果蒸气管的内径为 d，则**蒸气流速**为：

$$u=\frac{4R}{\pi}\times\frac{q'_{\mathrm{r}}M_{\mathrm{r}}T_{\mathrm{b}}}{\Delta_{\mathrm{v}}H'd^2pM_{\mathrm{w}}}=10.6\times\frac{q'_{\mathrm{r}}M_{\mathrm{r}}T_{\mathrm{b}}}{\Delta_{\mathrm{v}}H'd^2pM_{\mathrm{w}}} \tag{8-16}$$

蒸气流速是评价反应器在溶剂沸点是否安全的基本信息，该信息对反应器正常工作主要采取蒸发冷却方式或反应器发生故障后温度将达到沸点等情况尤其重要。式（8-16）建立了蒸气流速（u）与反应的比放热速率$\left(q'_{\mathrm{r}}\right)$及蒸气管径（$d$）之间的关系。通过此式，一方面可以根据反应的放热情况进行蒸气回流装置的选型，另一方面可以对现有蒸气回流装置是否满足安全要求进行评估。

8.1.3 温度对反应速率的影响

评价工艺热风险必须考虑如何控制反应进程，而控制反应进程的关键在于控制反应速率，这是失控反应的原动力。因为反应的放热速率与反应速率成正比，所以在一个反应体系的热行为中，反应动力学起着根本性的作用。图 8-2 给出了温度对反应速率影响的几种类型。其中 a 型是常见的类型，反应速率与温度的关系符合阿伦尼乌斯（Arrhenius）方程，反应速率随温度的升高而呈指数增长，是我们需要关注的类型。d 型是典型的爆炸反应，也是安全评估需要重点关注的类型。

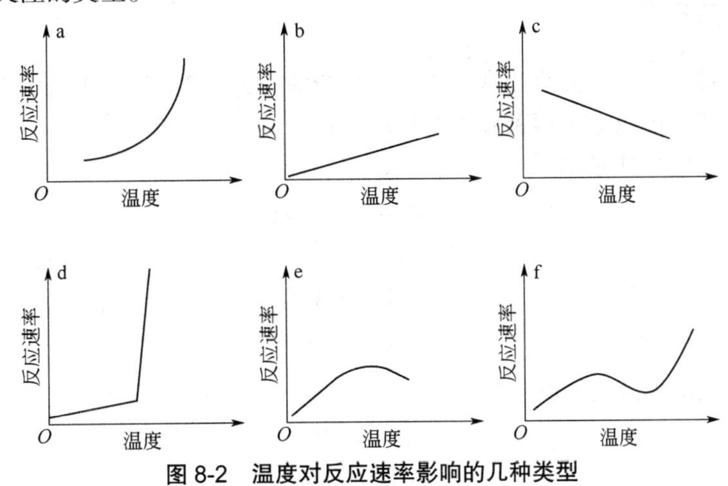

图 8-2 温度对反应速率影响的几种类型

8.1.3.1 一步反应

一步反应 A⟶P，如果其反应级数为 n，转化率为 X_{A}，反应速率可由下式得到：

$$-r_{\mathrm{A}}=kc_{\mathrm{A0}}^{n}\left(1-X_{\mathrm{A}}\right)^{n} \tag{8-17}$$

这表明反应速率随着转化率的增加而降低。根据 Arrhenius 方程，速率常数 k 是温度的指数函数：

$$k=\frac{\mathrm{d}c_{\mathrm{A}}}{\mathrm{d}t}=k_0\mathrm{e}^{-E/RT} \tag{8-18}$$

式中，k_0 是频率因子，也称指前因子；E 是反应的活化能，J/mol；摩尔气体常数 R 取 8.314J/（mol·K）。当然，工程上也常用 Van't Hoff 定律粗略地考虑温度对反应速率的影响，即温度每上升 10K，反应速率加倍。

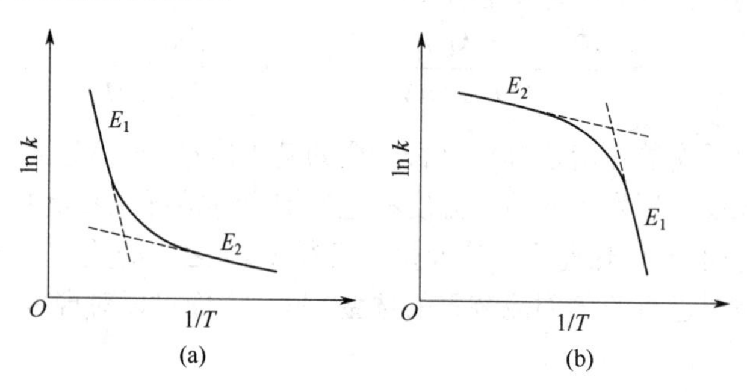

图 8-3　表观活化能随温度变化的类型

活化能是反应动力学中一个重要参数，可以从两个角度理解：第一，活化能是反应要克服的能垒（图 8-1）；第二，活化能是反应速率对温度变化的敏感度（图 8-3）。

对于合成反应，活化能通常在 50～100kJ/mol 之间变化。在分解反应中，活化能可达到160kJ/mol，甚至更大。低活化能（小于 40kJ/mol）可能意味着反应受传质控制，较高活化能则意味着反应对温度的敏感性较高，一个在低温下很慢的反应可能在高温时变得剧烈，从而带来危险。

8.1.3.2　复杂反应

工业实践中接触的反应混合物常常表现出复杂的行为，且总反应由若干步反应组成，构成复杂反应的形式。可以通过两种基本的反应形式来说明复杂反应。

第一种基本反应形式是串联反应。

$$\mathrm{A}\xrightarrow{k_1}\mathrm{P}\xrightarrow{k_2}\mathrm{S}$$

$$\begin{cases} r_{\mathrm{A}}=-k_1c_{\mathrm{A}} \\ r_{\mathrm{P}}=k_1c_{\mathrm{A}}-k_2c_{\mathrm{P}} \\ r_{\mathrm{S}}=k_2c_{\mathrm{P}} \end{cases} \tag{8-19}$$

第二种基本反应形式是并联反应。

$$\mathrm{A}\xrightarrow{k_1}\mathrm{P}$$

$$\mathrm{A}\xrightarrow{k_2}\mathrm{S}$$

$$\begin{cases} r_{\mathrm{A}}=-\left(k_1+k_2\right)c_{\mathrm{A}} \\ r_{\mathrm{P}}=k_1c_{\mathrm{A}} \\ r_{\mathrm{S}}=k_2c_{\mathrm{A}} \end{cases} \tag{8-20}$$

在式（8-19）和式（8-20）中，假定反应是一级反应，但实际上也存在不同的反应级数。对于复杂反应，每一步的活化能都不同，因此不同反应对温度变化的敏感性不同，其结果取决于温度，在这些多步反应中，有一个反应占主导。由于复杂反应的活化能可能随温度有较大变化，因此，进行量热测试的温度范围必须在操作温度或贮存温度附近才有意义。

8.1.4 绝热条件下的反应速率

绝热条件下进行放热反应，导致体系温度升高，并因此使反应加速，但同时反应物的消耗会导致反应速率的降低。这两个作用相反的因素对反应速率的影响结果取决于两个因素的相对显著性。

假定绝热条件下进行的是一级反应，速率随温度的变化如下：

$$-r_{\mathrm{A}} = k_0 \mathrm{e}^{-E/RT} c_{\mathrm{A0}} \left(1 - X_{\mathrm{A}}\right) \tag{8-21}$$

绝热条件下温度和转化率成线性关系。反应热不同，一定转化率导致的温升有可能使反应速率升高抵消反应物浓度降低造成的反应速率下降，也有可能无法抵消。

如图 8-4 所示，纵坐标比反应速率以 100℃的初始反应速率为基准。对于绝热温升 50K 的反应，反应速率随着反应进行一直减小；对于绝热温升 100K 的反应，反应速率开始略有增大，随后反应物的消耗占主导，反应速率减小；对于绝热温升 200K 的反应，反应速率在很大的温度范围内急剧增大。反应物的消耗降低反应速率的效果仅仅在较高温度时才有明显的体现，这种现象称为热爆炸。

图 8-5 显示了一系列具有不同反应热，但具有相同初始放热速率和活化能的反应绝热条件下的温度变化。对于反应热较低的情形，即ΔT_{ad}<200K，反应物的消耗导致一条 S 形曲线的温度-时间关系，这样的曲线并不体现热爆炸的特性，而只体现了自加热的特征。很多放热反应没有这种特征，意味着反应物的消耗实际上对反应速率影响不大，只有在高转化率情形时才出现速率降低。对于总反应热高（绝热温升大于 200K）的反应，即使大约 5%的转化率就可导致 10K 或者更多的温升。因此，由温升导致的反应加速远远大于反应物消耗带来的影响，这相当于是零级反应。基于这样的原因，从热爆炸的角度出发，常常将反应级数简化成零级。这是一种保守的近似方法，因为零级反应与较高级数的反应相比有更短的热爆炸形成时间（诱导期）。

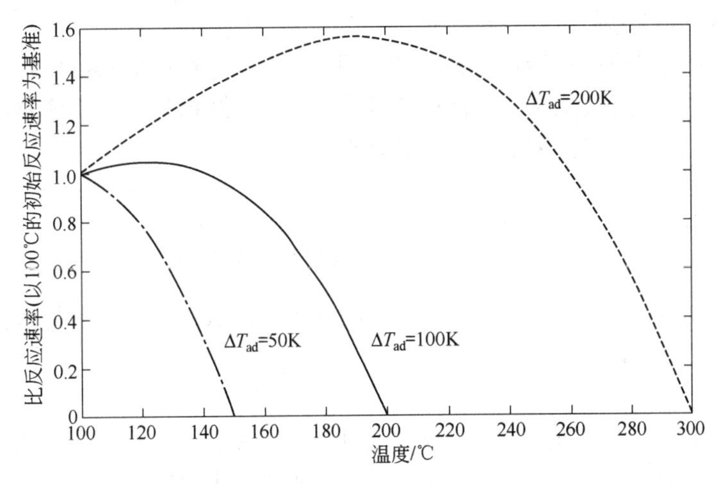

图 8-4 反应绝热条件下不同反应热的反应速率

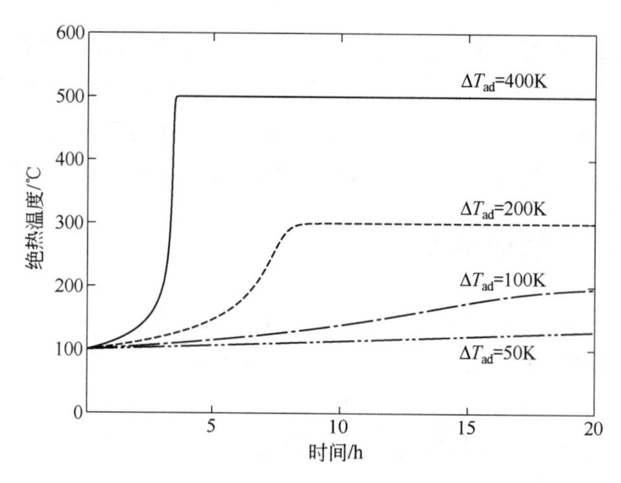

图 8-5　不同反应热的反应绝热温度与时间的函数关系

8.1.5　热平衡相关的基本概念

考虑工艺热风险时，必须充分理解热平衡的重要性。这方面的知识对于反应器或储存装置的工业放大同样适用，当然也是解析实验室规模量热实验结果的必备知识。下面首先介绍反应器热平衡中的各项表达式，然后介绍简化的热平衡关系。

8.1.5.1　热平衡项

（1）反应放热

反应放热速率正比于反应的反应速率（r_A）。因此，反应放热速率与摩尔反应焓成正比：

$$q_{rx}=\left(-r_A\right)V\left(-\Delta_r H_m\right) \tag{8-22}$$

对反应器安全来说，控制反应放热是反应器安全的关键。对于简单的 n 级反应，反应速率可以表示成：

$$-r_A=k_0 e^{\frac{-E}{RT}} c_{A0}^n\left(1-X\right)^n \tag{8-23}$$

式中，X 为反应转化率。

该方程强调了放热速率是转化率的函数，因此，在非连续反应器或储存过程中，放热速率会随时间发生变化。间歇反应器不存在稳定状态。在连续搅拌釜式反应器中，放热速率为常数；在管式反应器中放热速率随位置变化而变化。

放热速率为：

$$q_{rx}=k_0 e^{\frac{-E}{RT}} c_{A0}^n\left(1-X\right)^n V\left(-\Delta_r H_m\right) \tag{8-24}$$

从该方程可以看出：反应的放热速率是温度的指数函数；放热速率与体积成正比。就安全问题而言，上述两点非常重要。

（2）热移出

反应介质和载热流体之间的热交换存在几种可能的途径：传导、对流和辐射。这里只考虑对流。通过强制对流，载热流体通过反应器壁面的热移出速率$\left(q_{ex}\right)$与传热面积（A）及传热驱动力（$T_r - T_c$）成正比。比例系数就是综合传热系数 K。

$$q_{ex} = KA\left(T_c - T_r\right) \tag{8-25}$$

式中，T_r是反应介质的温度；T_c是载热流体的温度。

需要注意的是，如果反应混合物的物理化学性质发生显著变化，综合传热系数 K 也将发生变化。热传递特性通常是温度的函数，反应物料的黏度变化起着主导作用。

就安全问题而言，这里必须考虑两个重要方面：①热移出是温度（差）的线性函数；②由于热移出速率与热交换面积成正比，因此它正比于设备线尺寸的平方值（L^2）。这意味着当反应器尺寸必须改变时（如工艺放大），热移出能力的增加远不及反应放热速率。因此，对于较大的反应器来说，热平衡问题是比较严重的问题。尽管不同几何结构的容器设计，其换热面积可以在有限的范围内变化，但对于搅拌釜式反应器而言，这个范围非常小。表 8-4 以一个高径比大约为 1 : 1 的圆柱体为例给出了一些典型的特征尺寸。

表 8-4　不同反应器的热交换比表面积

规模	反应器体积/m^3	热交换面积/m^2	比表面积/m^{-1}
研究规模	10^{-4}	10^{-2}	10^2
实验室规模	10^{-3}	3×10^{-2}	3×10^1
中试规模	10^{-1}	1	10
生产规模	10^0	3	3
生产规模	10^1	13.5	1.35

从实验室规模按比例放大到生产规模时，反应器的比冷却能力大约相差一个数量级，这对实际应用很重要，因为在实验室规模中没有发现放热效应，并不意味着在更大规模的情况下反应是安全的。实验室规模情况下，冷却能力可能高达 450W/kg，而生产规模时大约只有 20～45W/kg（表8-5）。这也意味着反应热只能由量热设备测试获得，而不能仅仅根据反应介质和冷却介质的温差来推算得到。

表 8-5　不同规模反应器典型的比冷却能力

规模	反应器体积/m^3	比冷却能力/[W/（kg・K）]	典型冷却能力/（W/kg）
研究规模	10^{-4}	30	1500
实验室规模	10^{-3}	9	450
中试规模	10^{-1}	3	150
生产规模	10^0	0.9	45
生产规模	10^1	0.4	20

注：容器比冷却能力的计算条件：将容器盛装介质至公称容积。其综合传热系数取 300W/（kg・K），密度为 1000kg/m^3，反应器内物料与冷却介质的温差为 50K。

在式（8-25）中，传热系数 K 起到重要作用。因此，需要根据不同反应物料的特性实际测量其在具体反应器中的综合传热系数。对于反应器内物料组分给定的情形，雷诺数对传热系数的影响很大。这意味着对于搅拌釜式反应器，搅拌桨类型、形状以及转速都将影响传热系数。有时必须对沿反应器壁的温度梯度和热交换的驱动力（温度差）进行限制，以避免器壁的结晶或结垢。这可以通过限制载热体的最低温度使其高于反应物料的熔点来实现。在其他情况下，可以通过限制冷却介质的温度或流速来调节综合传热系数。

（3）热累积

热累积速率（q_{ac}）体现了体系能量随温度的变化：

$$q_{ac}=\frac{\mathrm{d}\sum_i\left(M_i c_{p,i}T_i\right)}{\mathrm{d}t}=\sum_i\left(\frac{\mathrm{d}M_i}{\mathrm{d}t}c_{p,i}T_i\right)+\sum_i\left(M_i c_{p,i}\frac{\mathrm{d}T_i}{\mathrm{d}t}\right) \tag{8-26}$$

计算总的热累积时，既要考虑反应物料也要考虑设备——至少与反应体系直接接触部分的反应器或容器热容是必须要考虑的。对于非连续反应器，热积累可以用如下考虑质量或容积的表达式来表述：

$$q_{ac}=M_r c_p\frac{\mathrm{d}T_r}{\mathrm{d}t}=\rho V c_p\frac{\mathrm{d}T_r}{\mathrm{d}t} \tag{8-27}$$

由于热累积速率源于反应放热速率和移热速率的不同，它会导致反应器内物料温度的变化。因此，如果热交换不能完全移除反应的放热，温度将发生如下变化：

$$\frac{\mathrm{d}T_r}{\mathrm{d}t}=\frac{q_{rx}-q_{ex}}{\sum_i M_i c_{p,i}} \tag{8-28}$$

式（8-26）与式（8-28）中，i是指反应物料的各组分和反应器本身。然而实际过程中，相比于反应物料的热容，搅拌釜式反应器的热容常常可以忽略，为了简化表达式，设备的热容可以忽略不计。此外这样的简化处理会得到更保守的评价结果，这对安全而言是有利的。然而，对于某些特定的场合，容器的热容是必须要考虑的，如连续反应器，尤其是管式反应器，可以有意识地增大反应器本身的热容，从而增大总热容，实现反应器的安全。

（4）物料流动引起的对流热交换

在连续体系中，加料时原料的入口温度并不总是和反应器出口温度相同，反应器进料温度（T_f）和出料温度（T_o）之间的温差导致物料间的对流热交换。热流与比热容、体积流率（$\dot{v}$）成正比：

$$q_{ex}=\rho\dot{v}c_p\Delta T=\rho\dot{v}c_p\left(T_f-T_o\right) \tag{8-29}$$

（5）加料引起的显热

如果加入反应器物料的入口温度（T_{fd}）与反应器内物料温度（T_r）不同，那么进料的热效应必须在热平衡中予以考虑。这个效应被称为“加料显热效应”。

$$q_{fd}=\dot{m}_{fd}c_{pfd}\left(T_{fd}-T_r\right) \tag{8-30}$$

此效应在半间歇反应器中尤其重要。如果反应器和原料之间温差大，或加料速率很高，加料引起的显热可能起主导作用，加料显热效应将明显有助于反应器冷却。在这种情况下，一旦停止进料，可能导致反应器内温度的突然升高。这一点对量热测试也很重要，必须进行适当的修正。

（6）搅拌装置

搅拌器产生的机械能耗散转变成黏性摩擦能，最终转变为热能。大多数情况下，相对于化学反应释放的热量，这部分热量可忽略不计。然而，对于黏性较大的反应物料（如聚合反应中的），这部分热量必须在热平衡中考虑。当反应物料存放在一个带搅拌的容器中时，搅拌器的能耗可能会很重要。搅拌引入系统中的能量可以由下式估算：

$$q_s=N_e\rho n^3 d_s^5 \tag{8-31}$$

式中，q_s为搅拌引入的能量流率；N_e为搅拌器的功率数，不同形状搅拌器的功率数不一样；n为搅拌器的转速；d_s为搅拌器的叶尖直径。表 8-6 列举了一些常见搅拌器功率数及流体流动类型。

表 8-6　常见搅拌器功率数及流体流动类型

搅拌器类型	功率数 N_e	流动类型
桨式搅拌器	0.35	轴向流动
推进式搅拌器	0.2	容器底部的径向及轴向流动
锚式搅拌器	0.35	进壁面的切线流动
圆盘式搅拌器	4.6	强烈剪切效应的径向流动
斜叶涡轮搅拌器	0.6～2.0	轴向流动且具有强烈径向流动
mig2 段式搅拌器	0.55	轴向、径向和切向的复合流动
intermig2 段式搅拌器	0.65	带径向的复合流动，且在壁面处局部有强烈的湍流

（7）热损失

出于安全原因（如考虑设备热表面可能引起人体的烫伤）和经济原因（如设备的热损失），工业反应器的表面都是隔热的。然而，在温度较高时，**热损失**可能变得比较重要。热损失的计算比较烦琐，因为热损失通常要考虑辐射热损失和自然对流热损失。工程上，为了简化，热损失流率（q_{loss}）可利用总的热损失系数α来简化估算：

$$q_{loss}=\alpha\left(T_{amb}-T_r\right) \tag{8-32}$$

式中，T_{amb}为环境温度。

表 8-7 列出了一些热损失系数α的数值（以单位质量物料的热损失系数，即比热损失系数表示），并对比列出了实验室设备的热损失系数（通过容器自然冷却，确定**冷却半衰期**$t_{1/2}$得到）。可见，工业反应器和实验室设备的热散失可能相差 2 个数量级，这就解释了为什么在小规模实验中发现不了放热化学反应的热效应，而在大规模设备中却可能变得很危险。1L 的玻璃杜瓦瓶具有的热损失与 $10m^3$ 工业反应器相当。确定工业规模装置总的热损失系数的最简单办法就是直接进行测量。

8.1.5.2　热平衡的简化表达式

考虑到上述所有因素，可建立如下的热平衡方程：

$$q_{ac}=q_{rx}+q_{ex}+q_{fd}+q_s+q_{loss} \tag{8-33}$$

表 8-7　工业容器和实验室设备的典型比热损失系数

容器	比热损失/[W/（kg・K）]	$t_{1/2}$/h
$2.5m^3$ 反应器	0.054	14.7
$5m^3$ 反应器	0.027	30.1
$12.7m^3$ 反应器	0.020	40.8
$25m^3$ 反应器	0.005	161.2
10mL 试管	5.91	0.117
100mL 玻璃烧瓶	3.68	0.188
DSC-DTA	0.5～5	—
1L 杜瓦瓶	0.018	43.3

然而，在大多数情况下，只包括上式右边前两项的简化热平衡表达式对于安全问题来说已经足够了。考虑一种简化热平衡，忽略如搅拌器带来的热损失等因素，则间歇反应器的热平衡可写成：

$$q_{ac}=q_{rx}+q_{ex} \tag{8-34}$$

$$\rho Vc_p\frac{dT_r}{dt}=(-r_A)V(-\Delta_r H_m)-KA(T_r-T_c) \tag{8-35}$$

对一个 n 级反应，着重考虑温度随时间的变化，于是：

$$\frac{dT_r}{dt}=\Delta T_{ad}\frac{-r_A}{c_{A0}}-\frac{KA(T_r-T_c)}{\rho Vc_p} \tag{8-36}$$

式中，$\dfrac{KA}{\rho Vc_p'}$ 项是反应器热时间常数的倒数。利用该时间常数可以方便地估算出反应器从室温升温到工艺温度的加热时间以及从工艺温度降温到室温的冷却时间。

8.1.6 失控反应

8.1.6.1 热爆炸

若反应器冷却系统的冷却能力低于反应的反应放热速率，反应体系的温度将升高，温度越高，反应速率越大，这反过来又使反应放热速率进一步加大。反应放热随温度升高呈指数增加，而反应器的冷却能力随着温度升高只是线性增加，所以冷却能力更加不足，温度进一步升高，最终发展成反应失控或热爆炸。

8.1.6.2 Semenov 热温图

考虑一个涉及零级动力学放热反应（即强放热反应）的简化热平衡。反应放热速率 $q_{rx}=f(T)$ 随温度呈指数关系变化。热平衡的第二项，用牛顿冷却定律[式（8-25）]表示，通过冷却系统移去的热量流率 $q_{ex}=g(T)$ 随温度呈线性变化，直线的斜率为 KA，与横坐标的交点是冷却介质的温度 T_c。热平衡可通过 Semenov 热温图（图 8-6）体现出来。热量平衡是放热速率等于热移出速率（$q_{rx}=q_{ex}$）的平衡状态，这发生在 Semenov 热温图中指数放热速率曲线 q_{rx} 和线性移热速率曲线 q_{ex1} 的两个交点上，较低温度下的交点（S）是一个稳定平衡点。

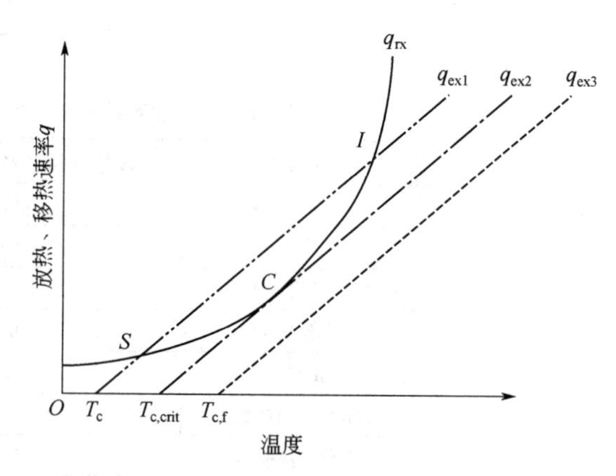

图 8-6 Semenov 热温图：冷却介质温度变化

当温度由 S 点向高温移动时，热移出占主导地位，温度降低直到反应放热速率等于移热速率，系统恢复到其稳态平衡。反之，温度由 S 点向低温移动时，反应放热占主导地位，温度升高直到再次达到稳态平衡。因此，这个较低温度处的 S 交点对应于一个稳定的工作点。对较高温度处

交点 I 作同样的分析，发现系统变得不稳定，从这点向低温方向的一个小偏差，冷却占主导地位，温度降低直到再次到达 S 点，而从这点向高温方向的一个小偏差导致产生过量热，因此形成失控条件。

冷却线 q_{ex1} 和温度轴的交点代表冷却系统（介质）的温度 T_c。因此，当冷却系统温度较高时，相当于冷却线向右平移（图 8-6 中 q_{ex2}）。两个交点相互逼近直到重合为一点。这个点对应于切点，是一个不稳定工作点，此时冷却系统的温度叫作临界温度（$T_{c,crit}$），相应的反应体系的温度为不回归温度（T_{NR}，Temperature of No Return）。当冷却介质温度大于 $T_{c,crit}$ 时，冷却线 q_{ex3} 与放热曲线 q_{rx} 没有交点，意味着热平衡方程无解，失控不可避免。

8.1.6.3　参数敏感性

若反应器的冷却系统在临界冷却温度下运行，冷却温度一个无限小的增量也会导致失控状态，这就是所谓的参数敏感性，即操作参数的一个小的变化导致状态由受控变为失控。此外，除了冷却系统温度改变会产生这种情形，传热系数的变化也会产生类似的效应。

由于移热曲线的斜率等于 K_A，综合传热系数 K 的减小会导致 q_{ex} 斜率的降低，从 q_{ex1} 变化到 q_{ex2}，从而形成临界状态（图 8-7 中点 C），在热交换系统存在污垢、反应器内壁结垢或固体物沉淀的情况下可能出现这种现象。在传热面积 A 发生变化（如工艺放大）时，也可能产生同样的现象。操作参数如 K、A 和 T_c 即使发生很小的变化，也有可能产生由稳定状态到不稳定状态的转变。因此反应器稳定性对这些参数具有潜在的高敏感性，实际操作时反应器很难控制。

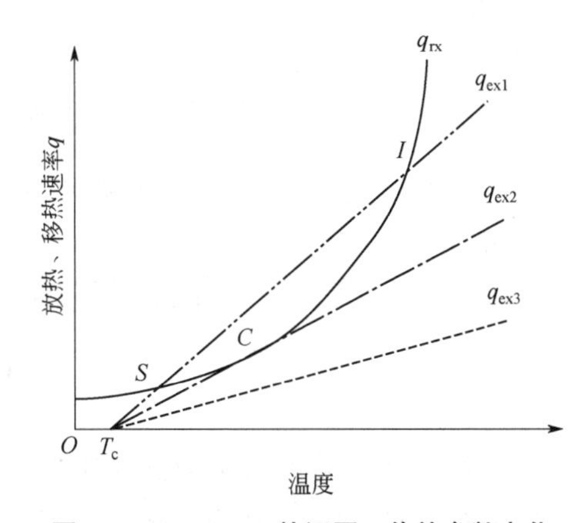

图 8-7　Semenov 热温图：传热参数变化

8.1.6.4　临界温度

分析化学反应器的稳定性需要了解其热平衡知识，其中，**临界温度**的概念也很有用。如上所述，如果反应器冷却系统运行时冷却介质的温度接近临界温度，冷却介质温度的微小变化就有可能会打破热平衡，从而发展到失控状态。因此，为了分析操作条件的稳定性，了解反应器冷却系统运行时冷却介质温度是否远离或接近临界温度就显得很重要了。这可以利用 Semenov 热温图（图 8-8）来评估。

我们考虑零级反应的情形，其放热速率表示为温度的函数：

$$q_{rx} = k_0 e^{-E/RT_{NR}} Q_r \qquad (8\text{-}37)$$

式中，T_{NR} 为**反应失控温度**。

在临界状态下，反应的放热速率与反应器的冷却能力相等：

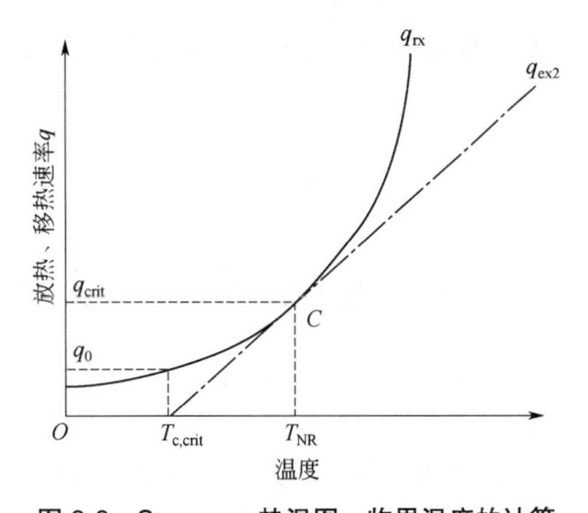

图 8-8　Semenov 热温图：临界温度的计算

$$q_{rx}=q_{ex}\Longleftrightarrow k_0 e^{-E/RT_{NR}}Q_r=KA\left(T_{NR}-T_{c,crit}\right) \tag{8-38}$$

由于两线相切于此点，则其导数相等：

$$\frac{dq_{rx}}{dT}=\frac{dq_{ex}}{dT}\Longleftrightarrow k_0 e^{-E/RT_{NR}}Q_r\frac{E}{RT_{NR}^2}=KA \tag{8-39}$$

两个方程同时满足，得到反应失控温度和临界温度的差值（即**临界温差**ΔT_{crit}）：

$$\Delta T_{crit}=T_{NR}-T_{c,crit}=\frac{RT_{NR}^2}{E} \tag{8-40}$$

临界温差是保证反应器稳定所需的最低温度差。所以，在一个给定的反应器（指该反应器的热交换系数 K 与有效换热面积 A、冷却介质温度 T_0 等参数已知）中进行特定的反应（指该反应的热力学参数 Q_r 及动力学参数 k_0、E 已知），只有当反应体系温度与冷却介质温度之间的差值大于临界温差时，才能保持反应体系（由化学反应与反应器构成的体系）稳定。

反之，如果需要对反应体系的稳定性进行分析，必须知道两方面的参数：反应的热力学、动力学参数和反应器冷却系统的热交换参数。可以运用同样的原则来分析物料储存过程的热稳定状态，即需要知道分解反应的热力学、动力学参数和储存容器的热交换参数，才能进行分析。

8.1.6.5 绝热条件下热爆炸形成时间

失控反应的另一个重要参数就是绝热条件下热爆炸的形成时间，也称为绝热诱导期（TMR_{ad}）。

对于一个零级反应，绝热条件下的最大反应速率到达时间为：

$$TMR_{ad}=\frac{c_p RT_0^2}{q'_{T0}E} \tag{8-41}$$

TMR_{ad}是一个反应动力学参数的函数，如果初始条件 T_0 下的反应比放热速率 q'_{T_0} 已知，且知道反应物料的比热容 c_p 和反应活化能 E，那么 TMR_{ad} 可以计算得到。由于 q'_{T_0} 是温度的指数函数，所以 TMR_{ad} 随温度呈指数关系降低，且随活化能的增加而降低。

如果初始条件 T_0 下的反应比放热速率 q'_{T_0} 已知，且反应过程的机理不变（即动力参数不变），则不同引发温度 T 下的绝热诱导期可以如下计算得到：

$$TMR_{ad}(T)=\frac{c_p RT^2}{q'_{T_0}Ee^{\frac{-E}{R}\left(\frac{1}{T}-\frac{1}{T_0}\right)}} \tag{8-42}$$

8.1.6.6 绝热诱导期为 24h 时的引发温度

进行工艺热风险评价时，还需要用到一个很重要的参数——**绝热诱导期为 24h 时的引发温度**，T_{D24}。该参数常常作为确定工艺温度的一个重要依据。

如图 8-9 所示，绝热诱导期随温度呈指数关系降低。一旦通过实验测试等方法得到绝热诱导期与温度的关系，可以由图解或求解方程（8-42）获得 T_{D24}。

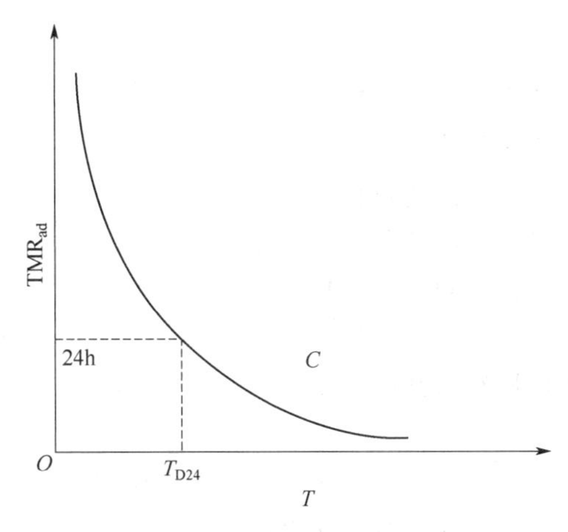

图 8-9　TMR_{ad} 与温度的变化关系

8.2　化学反应热风险的评价方法

8.2.1　热风险

风险被定义为潜在事故的严重度和发生可能性的组合。因此，风险评价必须既评估事故的严重度又分析其可能性。对于特定的化学反应或工艺，其固有热风险的严重度和可能性到底是什么含义？

实际上，化学反应的热风险就是指由反应失控及其相关后果（如引发的二次效应）带来的风险。所以，必须搞清楚一个反应怎样由正常过程转变到失控状态。为了进行严重度和发生可能性的评估，必须对事故情形包括其触发条件及导致的后果进行辨识、描述。通过定义和描述事故的引发条件和导致结果，分别对其严重度和发生可能性进行评估。

对于热风险，最糟糕的情形是发生反应器冷却失效，或通常认为的反应物料处于绝热状态。

8.2.2　冷却失效模型

此处以一个放热的间歇反应为例来说明热失控时体系的化学反应行为。对该情形的描述模型，目前普遍认可的是 R. Gygax 提出的冷却失效模型，模型描述如下。a. 正常情况。在室温下将反应物加入反应器，在搅拌状态下将目标反应的物料加热到目标反应温度（图 8-10 中阶段Ⅰ）。反应完成后，冷却并清空反应器（图 8-10 中第Ⅱ阶段）。b. 冷却失效。假定反应器处于反应温度 T_P 时发生冷却失效，可近似认为系统处于绝热状态，则发生故障后系统中未反应物质仍继续反应，并将导致系统温度的升高。此温升取决于未反应物料的累积量，即取决于工艺操作条件。温度将到达**合成反应的最高温度**（MTSR），如图 8-10 中第Ⅱ阶段所示。c. 二次分解反应。当系统温度达到 MTSR 后，如此高温有可能引发反应物料的分解反应（即二次分解反应），而二次分解反应放热会导致温度的进一步上升（图 8-10 中阶段Ⅲ），

到达最终温度 T_{end}。

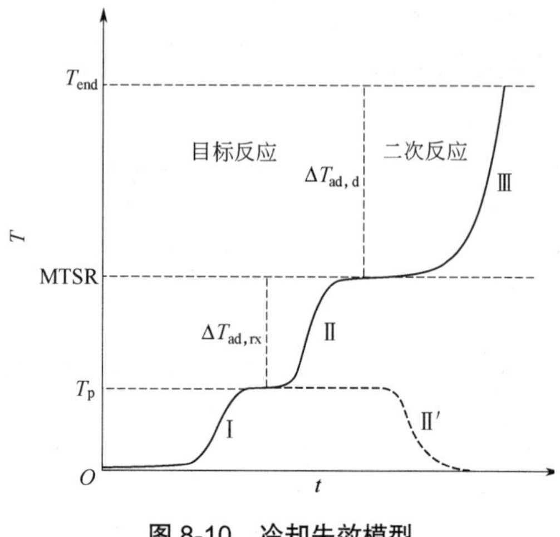

图 8-10　冷却失效模型

由此可见，目标反应的失控，有可能会引发二次反应。目标反应与二次反应之间存在的这种差别可以使评估工作简化，因为这两个由 MTSR 联系在一起的反应阶段事实上是分开的，允许分别进行研究。于是，对目标反应热风险的评价就转化为下列 6 个问题的研究。

（1）正常反应时，通过冷却系统是否能控制反应物料的工艺温度

正常操作时，必须保证足够的冷却能力来控制反应器的温度，从而控制反应历程，工艺研发阶段必须考虑到这个问题。为此，必须获得反应的放热速率 q_{rx} 和反应器的冷却能力 q_{ex}。这些数据可以通过反应量热实验得到。

在考虑反应器的冷却能力时，特别需要注意：①反应物料可能出现的黏性变化问题；②反应器壁面可能出现的积垢问题；③反应器是否在动态稳定性区内运行。

（2）目标反应失控后体系温度会达到什么样的水平

反应器发生冷却系统失效后，如果反应混合物中累积有未转化的反应物，则这些未转化的反应物将在不受控的状态下继续反应并导致绝热温升 $\Delta T_{ad,rx}$，累积物料产生的放热与积累百分数成正比。所以，要回答这个问题就需要研究反应物的转化率和时间的函数关系，以确定未转化反应物的累积度 X_{ac}。由此可以得到**合成反应的最高温度**（MTSR）：

$$\text{MTSR} = T_p + X_{ac}\Delta T_{ad,rx} \tag{8-43}$$

反应量热仪可以提供目标反应的反应热，从而确定物料累积度为 100%时的绝热温升 $\Delta T_{ad,rx}$。对放热速率进行积分就可以确定热转化率和累积度 X_{ac}。当然，累积度也可以通过其他测试获得。

（3）二次反应失控后温度将达到什么样的水平

由于 MTSR 温度高于设定的工艺温度，有可能触发二次反应。不受控制的二次反应将导致进一步的失控。由二次反应的热数据可以计算出绝热温升 $\Delta T_{ad,d}$，并确定从 MTSR 开始物料体系将到达的最终温度：

$$T_{end} = \text{MTSR} + \Delta T_{ad,d} \tag{8-44}$$

式中，温度 T_{end} 表示反应失控发生二次反应的可能最高温度；$T_{ad,d}$ 表示物料体系发生绝热二次分解时的温升。

这些数据可以由量热法获得，量热法通常用于二次反应和热稳定性的研究。相关的量热设备有差示扫描量热仪（DSC）、Calvet 量热仪和绝热量热仪等。

（4）目标反应在什么时刻发生冷却失效会导致最严重的后果

反应器发生冷却系统失效的时间不定，更无法预测，为此必须假定其发生在最糟糕的瞬间，即假定发生在物料累积达到最大或反应混合物的热稳定性最差的时候。未转化反应物的量以及反应物料的热稳定性会随时间发生变化，因此知道在什么时刻累积度最大（潜在的放热最大）是很重要的。反应物料的热稳定性也会随时间发生变化，这常常发生在反应需要中间步骤才能进行的情形中。因此，为了回答这个问题必须了解合成反应和二次反应。即具有最大累积又存在最差热稳定性的情况是最糟糕的情况，必须采取安全措施予以解决。

对于这个问题，可以通过反应量热获取物料累积方面的信息，并同时组合采用 DSC、Calvet 量热和绝热量热来研究物料体系的热稳定性问题。

（5）目标反应发生失控有多快

工艺温度开始到达 MTSR 需要经过一定的时间。然而，为了获得较好的经济性，工业反应器通常在物料体系反应速率很快的情况（反应温度较高）运行。因此，正常工艺温度之上的温度升高将显著加快反应速率。大多数情况下，这个时间很短。

可通过反应的初始比放热速率 q'_{T_p} 来估算目标反应失控后的绝热诱导期 $TMR_{ad,rx}$：

$$TMR_{ad,rx}=\frac{c_p R T_p^2}{q'_{T_p} E_{rx}} \quad (8\text{-}45)$$

式中，E_{rx} 为目标反应的活化能。

（6）从 MTSR 开始，二次分解反应的绝热诱导期有多长

由于 MTSR 温度高于设定的工艺温度，有可能触发二次反应，从而导致进一步的失控。二次分解反应的动力学对确定事故发生可能性起着重要的作用。运用 MTSR 温度下分解反应的比放热速率 $q'_{T_{MTSR}}$ 可以估算其绝热诱导期 $TMR_{ad,d}$：

$$TMR_{ad,d}=\frac{c_p R T_{MTSR}^2}{q'_{T_{MTSR}} E_d} \quad (8\text{-}46)$$

式中，E_d 为二次分解反应的活化能。

以上 6 个关键问题说明了工艺热风险知识的重要性。从这个意义上说，它体现了工艺热风险分析和建立冷却失效模型的系统方法。

一旦模型建立，下面要做的就是对工艺热风险进行实际评价，这需要评价准则。

8.2.3 严重度评价准则

所谓化工工艺热风险的严重度即指失控反应未受控的能量释放可能造成的破坏。由于精细化工行业的大多数反应是放热的，反应失控的后果与释放的能量有关，而绝热温升与反应的放热量成正比，因此，可以采用绝热温升作为严重度评估的一个非常直观的判据。绝热温升可以用比反应热 Q'_r 除以比热容 c_p 得到[式（8-7）]。作为估算，可以采用一些近似的比热容参数，例如水、有机液体、无机酸的比热容可以分别按 4.2kJ/（kg・K）、1.8kJ/（kg・K）、1.3kJ/（kg・K）进行估算。初步估算时也可以采用一个很易记住的值 2.0kJ/（kg・K）。

最终温度越高，失控反应的后果越严重。如果温升很高，反应混合物中一些组分可能蒸发或分解产生气态化合物，因此，体系压力将会增加。这可能导致容器破裂和其他严重破坏。例如，以丙酮作为溶剂，如果最终温度达到 200℃就可能具有较大危险性。

绝热温升不仅是影响温度水平的重要因素，而且对失控反应的动力学行为也有重要影响。通常而言，如果活化能、初始放热速率和起始温度相同，放热量大的反应会导致快速失控或热爆炸，而放热量小的反应（绝热温升低于 100K）导致较低的温升速率（图 8-5）。如果目标反应（问题 2）和二次分解反应（问题 3）在绝热条件下进行，则可以利用所达到的温度水平来评估失控严重度。

表 8-8 给出了一个严重度四等级分级的评价准则。该评价准则基于这样的事实：如果绝热条件下温升达到或超过 200K，则温度-时间的函数关系将产生急剧的变化（图 8-5），导致剧烈的反应和严重的后果。另一方面，对应于绝热温升为 50K 或更小的情形，反应物料不会导致热爆炸，这时的温度-时间曲线较平缓，相当于体系自加热而不是热爆炸，因此，如果没有类似溶解气体导致压力增长带来的危险时，这种情形的严重度是“低的”。

表 8-8　失控反应严重度的评价准则

三等级分级准则	四等级分级准则	ΔT_{ad}/K	Q' 的数量级/（kJ/kg）
高（High）	灾难性（Catastrophic）	≥400	≥800
	危险（Critical）	200～400	400～800
中等（Medium）	中等（Medium）	50～200	100～400
低（Low）	可忽略（Negligible）	<50 且无压力	<100

注：表中 ΔT_{ad} 和 Q' 的上限值按照从高原则确定等级。

四个等级的评价准则由苏黎世保险公司在其推出的苏黎世危险性分析（Zurich Hazard Analysis，ZHA）法中提出，通常用于精细化工行业。如果按照严重度三等级分级准则进行评价，则可以将位于四等级分级准则顶层的两个等级（“灾难性的”和“危险的”）合并为一个等级（“高的”）。

需要强调的是，当目标反应失控导致物料体系温度升高后，影响严重度的因素除了绝热温升、体系压力，还应该考虑溶剂的蒸发速率、有毒气体或蒸气的扩散范围等因素，这样建立的严重度判据才比较全面、科学，但相对而言，这样的判据体系比较复杂。从初学者建立概念的目的出发，本章仅考虑将绝热温升作为严重度的判据。

8.2.4　可能性评价准则

目前，还没有能直接对工艺热风险中失控反应发生的可能性进行定量的方法。然而，如果考虑如图 8-11 所示的失控曲线 A 和 B，则发现这两种状况的差别是明显的。在 B 状况下，由目标反应失控导致温度升高后，将有足够的时间来采取措施使系统恢复到安全状态。如果比较两种状况发生失控的可能性，显然状况 A 比状况 B 引发二次分解失控的可能性大。因此，尽管不能严格地对发生可能性进行定量，但至少可以采用半定量化的方法进行评价。

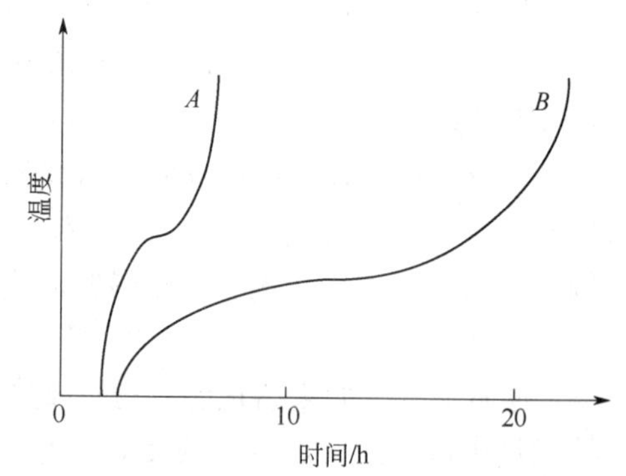

图 8-11　评价可能性的时间尺度

通常，采用时间尺度（Time-scale）对事故发生的可能性进行评价，也就是说如果在冷却失效[问题（4）]后，有足够的时间[问题（5）和问题（6）]在失控变得剧烈之前采取应急措施，则失控演化为严重事故的可能性就降低了。

对于事故发生可能性的评价，通常使用 ZHA 法提出的六等级分级评价准则，参见表 8-9。如果使用三等级分级评价准则，则可以将等级“频繁发生的”和“很可能发生的”合并为同一级“高的”，而等级“很少发生的”“极少发生的”和“几乎不可能的”合并为同一级“低的”，中等等级“偶尔的”变为“中等的”。对于工业规模的化学反应（不包括存储和运输），如果在绝热条件下失控反应最大速率到达时间超过1天，则认为其发生可能性是“低的”，如果最大速率到达时间小于8h（1个班次），则发生可能性是“高的”。这些时间尺度仅仅反映了数量级的差别，实际上取决于许多因素，如自动化程度、操作者的培训情况、电力系统的故障频率、反应器大小等。

注意：这种关于热风险可能性的分析评价准则仅适用于反应过程，而不适用于物料的储存过程。

表 8-9 失控反应发生可能性的评价判据

三等级分级准则	六等级分级准则	TMR_{ad}/h
高（High）	频繁发生（Frequent）	<1
	很可能发生（Probable）	1～8
中等（Medium）	偶尔发生（Occasional）	8～24
低（Low）	很少发生（Seldom）	24～50
	极少发生（Remote）	50～100
	几乎不可能发生（Almost impossible）	>100

注：表中 TMR_{ad} 的上限值按照从高原则确定等级。

8.2.5 工艺热风险评价准则

上述冷却系统失效状况利用温度尺度来评价严重度，利用时间尺度来评价可能性。一旦发生冷却故障，温度从工艺温度（T_p）出发，首先上升到合成反应的最高温度（MTSR），在该温度点必须确定是否会发生由二次反应引起的进一步升温。为此，二次分解反应的绝热诱导期 $TMR_{ad,d}$ 很有用，因为它是温度的函数。从 $TMR_{ad,d}$ 随温度的变化关系出发，可以寻找一个温度点使 $TMR_{ad,d}$ 达到一个特定值如24h或8h（图8-9），对应的温度为 T_{D24} 或 T_{D8}，因为这些特定的时间参数对应于不同的可能性评价等级（从热风险发生可能性的三等级分级准则来看，诱导期超过24h的可能性属于“低的”级别；少于8h的属于“高的”级别）。

除了参数 T_p、MTSR及 T_{D24}，还有另外一个重要的温度参数：设备的技术极限温度（MTT）。这取决于结构材料的强度设计参数如压力或温度等。在开放的反应体系里（即在标准大气压下），常常把沸点看成是这样的一个参数。在封闭体系中（即带压运行的情况），常常把体系达到压力泄放系统设定压力所对应的温度看成是这样的一个参数。

因此，考虑到温度尺度，对于放热化学反应，以下4个温度可以视为热风险评价的特征温度：

① 工艺温度（T_p）。指目标反应出现冷却失效情形的温度，对于整个失控模型来说，是一个初始引发温度。

② 合成反应的最高温度（MTSR）。这个温度本质上取决于未转化反应物料的累积度，因此，该参数强烈地取决于工艺设计。

③ 二次分解反应的绝热诱导期为24h的引发温度（T_{D24}）。这个温度取决于反应混合物的热稳定性。

④ 技术极限温度（MTT）。对于开放体系而言即为沸点，对于封闭体系是最大允许压力（安全阀或爆破片设定压力）对应的温度。

根据这4个温度参数出现的不同次序，可以对工艺热风险的危险度进行分级，对应的危险度指数（Criticality Index）为 1～5 级（图 8-12）。该指数不仅对风险评价有用，对选择和确定足够的风险降低措施也非常有帮助。

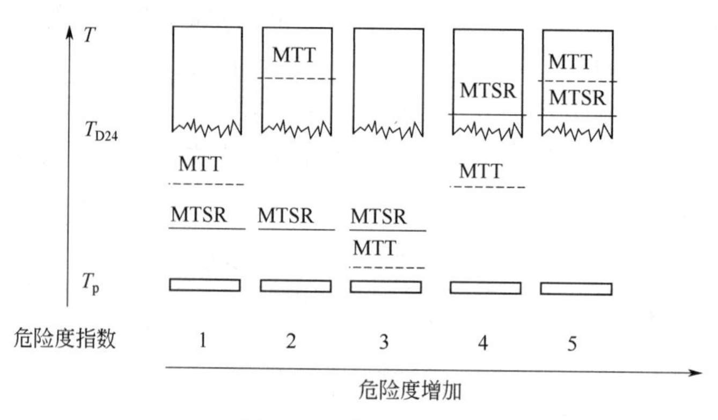

图 8-12 危险度分级

需要说明的是，根据图 8-12 对合成工艺进行的热风险分级体系主要基于 4 个特征温度参数，没有考虑到压力效应、溶剂蒸发速率、反应物料液位上涨等更加复杂的因素，因而是一种初步的热风险分级体系。

（1）1 级危险度情形

在目标反应发生失控后，温度没有达到技术极限（MTSR < MTT），且由于 MTSR 低于 T_{D24}，不会触发分解反应。只有当反应物料在热累积情况下停留很长时间，才有可能达到 MTT，且蒸发冷却能充当一个辅助的安全屏障。这样的工艺是热风险低的工艺。

对于该级危险度的情形不需要采取特殊的措施，但是反应物料不应长时间停留在热累积状态。只要设计适当，蒸发冷却或紧急泄压可起到安全屏障的作用。

（2）2 级危险度情形

目标反应发生失控后，温度达不到技术极限（MTSR < MTT），且不会触发分解反应（MTSR<T_{D24}）。情况类似于 1 级危险度情形，但是由于 MTT 高于 T_{D24}，如果反应物料长时间停留在热累积状态，会引发分解反应，达到 MTT。在这种情况下，如果 MTT 时的放热速率很高，到达沸点可能会引发危险。只要反应物料不长时间停留在热累积状态，则工艺过程的热风险较低。

对于该级危险度情形，如果能避免热累积，不需要采取特殊措施。如果不能避免出现热累积，蒸发冷却或紧急泄压最终可以起到安全屏障的作用。所以，必须依照这个特点来设计相应的措施。

（3）3 级危险度情形

目标反应发生失控后，温度达到技术极限（MTSR> MTT），但不触发分解反应（MTSR<T_{D24}）。这种情况下，工艺安全取决于 MTT 时目标反应的放热速率。

第一个措施是利用蒸发冷却或减压使反应物料处于受控状态，必须依照这个特点来设计蒸馏装置，且即使是在公用工程发生失效的情况下该装置也必须能正常运行。还需要采用备用冷却系统、紧急放料或骤冷等措施。也可以采用泄压系统，但其设计必须能处理可能出现的两相流情形，为了避免反应物料泄漏到设备外，必须安装一个集料罐。当然，所有这些措施的设计都必须保证能实现这些目标，而且必须在故障发生后立即投入运行。

（4）4 级危险度情形

在合成反应发生失控后，温度将达到技术极限（MTSR> MTT），并且从理论上说会触发分解反应（MTSR>T_{D24}）。这种情况下，工艺安全取决于 MTT 时目标反应和分解反应的放热速率。蒸发冷却或紧急泄压可以起到安全屏障的作用。情况类似于 3 级危险度情形，但有一个重要的区别：如果技术措施失效，则将引发二次反应。

所以，需要一个可靠的技术措施。它的设计与 3 级危险度情形一样，但还应考虑到二次反应附加的放热速率，因为放热速率加大后的风险更大。

需要强调的是，对于该级危险度情形，由于 MTSR 高于 T_{D24}，这意味着如果温度不能稳定于 MTT 水平，则可能引发二次反应。因此，二次反应的潜能不可忽略，且必须包括在反应严重度的评价中，即应该采用体系总的绝热温升（$\Delta T_{ad}=\Delta T_{ad,rx}+\Delta T_{ad,d}$）进行严重度分级。

（5）5 级危险度情形

在目标反应发生失控后，将触发分解反应（MTSR>T_{D24}），且温度在二次反应失控的过程中将达到技术极限。这种情况下，蒸发冷却或紧急泄压很难再起到安全屏障的作用。这是因为温度为 MTT 时二次反应的放热速率太快，会导致一个危险的压力增长。所以，这是一种很危险的情形。另外，其严重度的评价同 4 级危险度情形一样，需同时考虑到目标反应及二次反应的潜能。

因此，对于该级危险度情形，目标反应和二次反应之间没有安全屏障。所以，只能采用骤冷或紧急放料措施。由于大多数情况下分解反应释放的能量很大，必须特别关注安全措施的设计。为了降低严重度或至少是减小触发分解反应的可能性，非常有必要重新设计工艺。

进行替代工艺设计时，应考虑到下列措施的可能性：a. 降低浓度；b. 将间歇反应变换为半间歇反应；c. 优化半间歇反应的操作条件从而使物料累积最小化；d. 转为连续操作等。

8.2.6 技术极限温度作为安全屏障时的注意事项

在 3 级和 4 级危险度情形中，技术极限温度（MTT）发挥了重要的作用。在开放体系中，这个温度可能是沸点，这时应该按照这个特点来设计蒸馏或回流系统，其能力必须足够适应失控温度下的蒸气流率。尤其需要注意可能出现的蒸气管溢流问题或反应物料液位上涨的问题，这两种情况都会导致压头损失加剧。冷凝器也必须具备足够的冷却能力，即使是在蒸气流速很高的情况也必须如此。此外，回流系统的设计必须采用独立的冷却介质。

在封闭体系中，MTT 为反应器压力达到泄压系统设定压力时的温度。这时，压力达到设定压力之前，可以对反应器采取控制减压的措施，这样可以在温度仍然可控的情况下对反应进行调节。

如果反应体系的压力升高到紧急泄压系统（安全阀或爆破片）的设定压力，压力增长速率可能足够快从而导致两相流和相当高的释放流率。必须提醒的是，紧急泄压系统必须由具有资质的部门专门设计。

8.3 评价参数的实验获取

对一个具体工艺的热风险进行评价，必须获得相关的放热速率、放热量、绝热温升、分解温度等参数，而这些参数的获取必须通过量热测试。本节首先介绍量热仪的运行模式，然后介绍几种常用的量热设备。

8.3.1 量热仪的运行模式

大多数量热仪都可以在不同的温度控制模式下运行。常用的温控模式如下。

（1）等温模式

等温模式（Isothermal Mode）是指采用适当的方法调节环境温度从而使样品温度保持恒定。这种模式的优点是可以在测试过程中消除温度效应，不出现反应速率的指数变化，直接获得反应的转化率。缺点是如果只单独进行一个实验不能得到有关温度效应的信息，如果需要得到这样的信息，必须在不同的温度下进行一系列这样的实验。

（2）动态模式

动态模式（Dynamic Mode）是指样品温度在给定温度范围内呈线性（扫描）变化。这种模式能够在较宽的温度范围内显示热量变化情况，且可以缩短测试时间，非常适合反应放热情况的初步测试。对于动力学研究，温度和转化率的影响是重叠的。因此，对于动力学问题的研究还需要采用更复杂的评价技术。

（3）绝热模式

绝热模式（Adiabatic Mode）是指样品温度源于自身的热效应。这种模式可直接得到热失控曲线，但是测试结果必须利用热修正系数进行修正，因为样品释放的热量有一部分用来升高样品池温度。

8.3.2 几种常用的量热设备

8.3.2.1 反应量热仪

以 Mettler-Toledo 公司的反应量热仪（RC1mx）为例，说明反应量热仪的工作原理。

该型量热仪（图 8-13）以实际工艺生产的间歇、半间歇反应釜为真实模型，可在实际工艺条件的基础上模拟化学工艺过程的具体过程及详细步骤，并能准确地监控和测量化学反应的过程参量，例如温度、压力、加料速率、混合过程、反应热流、热传递数据等。所得出的结果可较好地放大至实际工厂的生产条件。其测量原理见图 8-14。

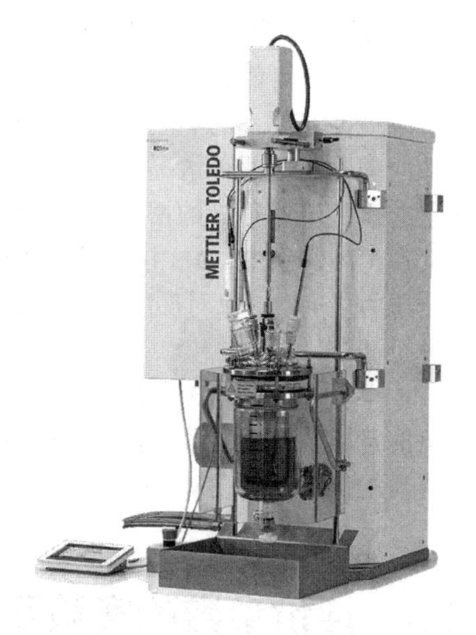

图 8-13 RC1mx 实验装置图

图 8-13 显示，RC1mx 的测试系统主要由 5 部分组成：RC1mx 主机、控制器、反应釜、搅拌器以及各种传感器。实验过程中，控制器根据热传感器所测得的反应物料的温度 T_r、夹套温度 T_c（也可以用 T_j 表示）等参数来控制 RC1mx 主机运行。

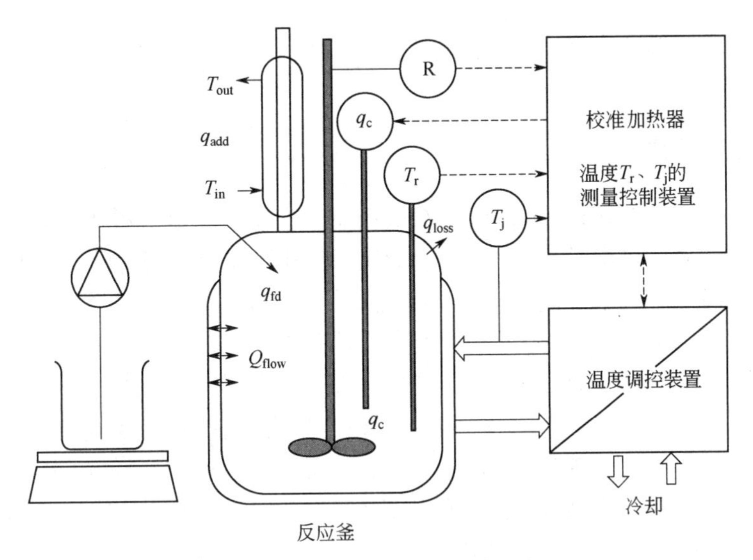

图 8-14　RC1mx 的测量原理示意图

反应量热仪的测试基于如下热平衡理论（热量输入=热累积 + 热量输出）：

$$q_{rx}+q_c+q_s=(q_{acc}+q_i)+(q_{ex}+q_{fd}+q_{loss}+q_{add}) \tag{8-47}$$

式中，q_{rx}为化学反应过程中的放热速率，W；q_c为校准功率，即校准加热器的功率，W；q_s为搅拌装置导入的热流速率，W；q_{acc}为反应体系的热累积速率，W；q_i为反应釜中插件的热累积速率，W；q_{ex}为通过夹套传递的热流率，W，$q_{ex}=KA(T_r-T_j)$，K、A分别为传热系数[W/（$m^2 \cdot K$）]和传热面积（m^2），用热量已知的校正加热器加热一定时间后，通过记录T_r和T_j变化经计算可求得$KA=q_{ex}/(T_r-T_j)$；q_{fd}为半间歇反应物料加入所引起的加料显热，W；q_{loss}为反应釜的釜盖和仪器连接部分等的散热速率，W；q_{add}为自定义的其他一些热量流失速率，W。可能的热量流失速率有回流冷凝器中散发的热流速率（q_{reflux}）、蒸发的热流速率（q_{evap}）等。

当反应无需回流，且忽略搅拌、反应釜釜盖和仪器连接部分等的散热时，反应放热速率可以由下式求得：

$$q_{rx}=(q_{acc}+q_i)+(q_{ex}+q_{fd}-q_c) \tag{8-48}$$

对上式积分便可以得到反应过程中总的放热：

$$Q_r=\int_{t_0}^{t_{end}} q_{rx}\mathrm{d}t \tag{8-49}$$

式中，t_0为反应开始时刻；t_{end}指反应结束时刻。

反应热使目标反应在绝热状态下升高的温度$\Delta T_{ad,rx}$可由下式得到：

$$\Delta T_{ad,rx}=Q_r/M_r c_p=\int_{t_0}^{t_{end}} q_{rx}\,\mathrm{d}t/M_r c_p \tag{8-50}$$

由任意时刻反应已放出热量和反应总放热的比可得到反应的热转化率X_{th}：

$$X_{th}=\frac{\int_{t_0}^{t} q_{rx}\mathrm{d}t}{Q_r}=\frac{\int_{t_0}^{t} q_{rx}\mathrm{d}t}{\int_{t_0}^{t_{end}} q_{rx}\mathrm{d}t} \tag{8-51}$$

如反应物的实际转化率较高或完全转化为产物时，任意时刻的热转化率 X_{th} 即可认为是目标反应的实时转化率。

8.3.2.2 绝热量热仪

绝热加速量热仪（Accelerating Rate Calorimeter，ARC）是一种绝热量热仪，其绝热性不是通过隔热而是通过调整炉膛（图 8-15）温度，使其始终与所测得的样品池（也称样品球）外表面热电偶的温度一致来控制热损失。因此，在样品池与环境间不存在温度梯度，也就没有热流动。测试时，样品置于约 8cm^3 的钛质球形样品池（S）中，试样量为 g 级（根据样品的放热量、放热速率调整试样量）。样品池安放于加热炉腔（H）的中心，炉腔温度通过温度控制系统（Th）进行精确调节。样品池还可以与压力传感器（P）连接，从而进行压力测量。该设备的主工作模式为加热-等待-搜索（Heating- Waiting-Seeking，HWS）模式：通过设定的一系列温度步骤来检测放热反应的开始温度。对于每个温度步骤，在设定的时间内系统达到稳定状态，然后控制器切换到绝热模式。如果在某个温度步骤中检测到放热温升速率超过某设定的水平值（一般为 0.02K/min），炉膛温度开始与样品池温度同步升高，使其处于绝热状态。如果温升速率低于这一水平，则进入下一个温度步骤（图 8-16）。

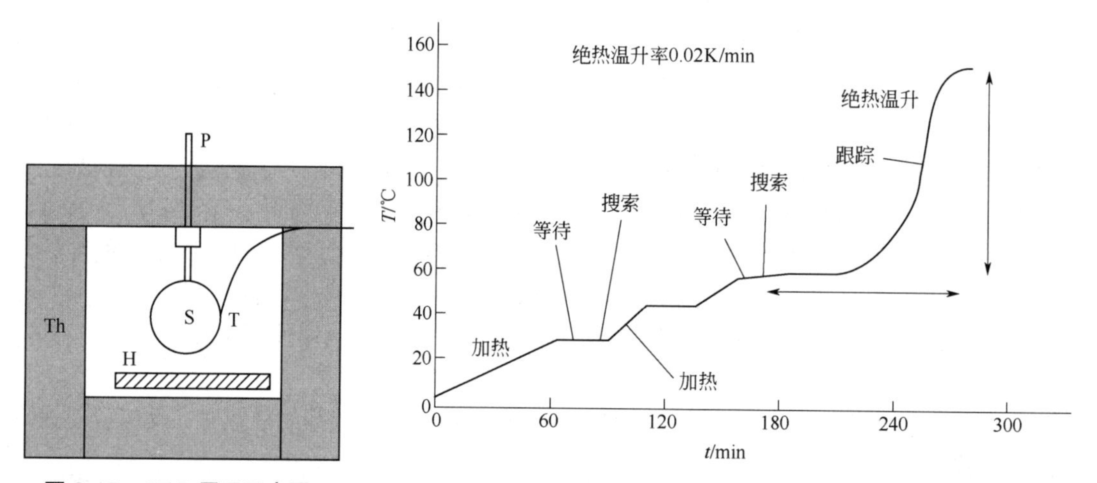

图 8-15 ARC 原理示意图

图 8-16 HWS 模式的 ARC 获得的典型温度曲线

然而，ARC 只能认为是在伪绝热状态（Pseudo-adiabatic Conditions）下直接记录放热过程的温度、压力变化，之所以称为“伪”，是因为样品释放热量的一部分用来加热样品池本身。为了得到大量物料的绝热行为，必须对测试结果进行修正。

除了 ARC，属于绝热量热仪的设备还有高性能绝热量热仪（PHiTEC Ⅱ）、杜瓦瓶量热仪（Dewar Calorimeter）、泄放口尺寸测试装置（Vent Sizing Package，VSP）和反应系统筛选装置（Reactive System Screening Tool，RSST）等。

8.3.2.3 差示扫描量热仪

微量热仪的设备有很多，包括差热分析（Differential Thermal Analysis，DTA）、差示扫描量热仪（Differential Scanning Calorimeter，DSC），Calvet 量热仪、热反应性监测仪（Thermal Activity Monitor，TAM）等。这里主要以差示扫描量热仪为例说明其工作原理。

将样品装入坩埚（样品池），然后放入温控炉中。由于是差值方法，需要采用另一个坩埚作为参比。参比坩埚可为空坩埚或装有惰性物质的坩埚。早先的 DSC 是在每个坩埚下面装一个加热电阻，来控制两个坩埚的温度并使其保持相等，这两个加热电阻之间加热功率的差值直接反映了样品的放热功率（功率补偿原理）。目前采用的测量原理：允许样品坩埚和参比坩埚之间存在温度差（图 8-17），记录温度差，并以温度差–时间或温度差–温度关系作图。仪器必须进行校准，来确定放热速率和温差之间的关系。通常利用标准物质的熔化焓（Melting Enthalpy）进行校准，包括温度校准和量热校准等。加热炉的温度控制主要采用动态模式，特定的研究（例如自催化反应的甄别等）也采用等温模式。

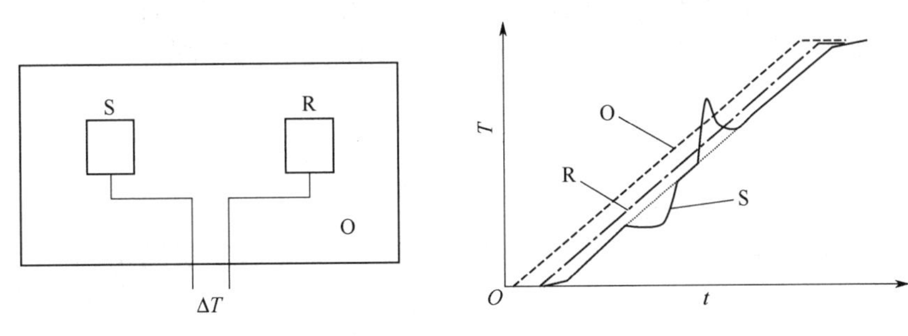

图 8-17　DSC 的原理

S—样品；R—参比物；O—温控

由于 DSC 测试的样品量少，仅为毫克量级，因此，很少量的样品就可以给出丰富的信息，且即使在很恶劣条件下进行测试对实验人员或仪器也没有任何危险。此外，扫描实验从环境温度升至 500℃，以 4K/min 的升温速率仅需要 2h。因此，对于筛选实验来说，DSC 已经成为广泛应用的仪器。

需要注意的是，由于 DSC 测试样品量为毫克量级，温度控制大多采用非等温、非绝热的动态模式，样品池、升温速率等因素对测试结果影响大，所以 DSC 的测试结果不能直接应用于工程实际。

8.4　化学反应热风险的评价程序

8.4.1　热风险评价的一般规则

两个规则可以简化程序并将工作量降低到最低程度。

① 简化评价法。将问题尽可能地简化，从而把所需要的数据量减到最少。这种方法比较经济，适合于初步的评价。

② 深入评价法。该方法从最坏情形出发，需要更多、更准确的数据才能做出评价。

如果由简化评价法得到的结果为正面结果（即被评价的工艺、操作在安全上可行），则应保证有足够大的安全裕度。如果简化评价法得到的是一个负面结果，也就是说得到的结果不能保证工艺、操作的安全，这意味着需要更加准确的数据来做最后的决定，即需要进一步采用深入的更加复杂的评价体系与方法进行评价。通过这样的评价，可以为一些工艺参数的调整提供充分的依据并解决安全上的难点问题。

8.4.2 热风险评价的实用程序

冷却失效情形中描述的 6 个关键问题使得我们能够对化工工艺的热风险进行识别和评价。首先需要构建一个冷却失效情形，并以此作为评价的基础。图 8-18 提出的评价程序将严重度和可能性分开进行考虑，并考虑到了实验室中获取数据的经济性。其次，在所构建情形的基础上，确定危险度等级，从而有助于选择和设计风险降低措施。

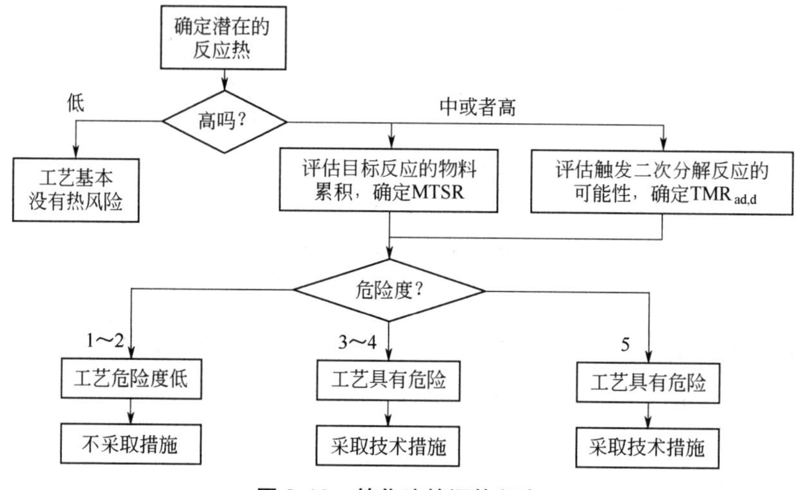

图 8-18　简化法的评估程序

如果采用的简化评价法评价的结果为负面结果，则需要开展进一步的深入评价。为了保证评价工作的经济性（只对所需的参数进行测定），可以采用如图 8-19 所示的评价程序。在程序的第一部分假定了最坏条件，例如对于一个反应，假设其物料累积度为 100%（这可以认为是基于最坏情况的评价）。

评价的第一步是对反应物料所发生的目标反应进行鉴别，考察反应热的大小、放热速率的快慢，对反应物料进行评价，考察其热稳定性。这些参数可以通过对不同阶段（反应前、反应期间和反应后）的反应物料样品进行 DSC 实验获得。显然，在评价样品的热稳定性时，可以选择具有代表性的反应物料进行分析。如果没有明显的放热效应（如绝热温升低于 50K），且没有超压，那么在此阶段就可以结束研究工作。

如果发现存在显著的反应放热，必须确定这些放热是来自目标反应还是二次分解反应：如果来自目标反应，必须研究放热速率、冷却能力和热累积，即 MTSR 有关的因素；如果来自二次反应，必须研究其动力学参数以确定 MTSR 时的 $TMR_{ad,d}$。

具体评估步骤如下。

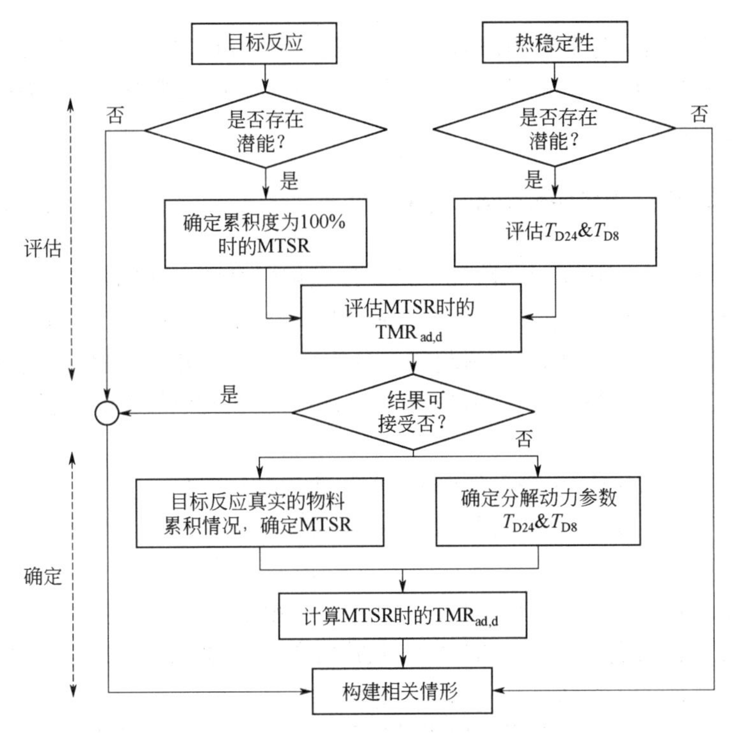

图 8-19　基于参数准确性递增原则的评估流程

① 首先考虑目标反应为间歇反应，此时物料累积度为 100%（按照最坏情况考虑问题）。计算间歇反应的 MTSR。

② 计算 $TMR_{ad,d}$ 为 24h 的温度 T_{D24}。如果所假设的最坏情况的后果不可接受，则继续以下步骤。

③ 采用反应量热的方法确定目标反应中反应物的累积情况。反应量热法可以确定物料的真实累积情况，因此可以得到真实的 MTSR。反应控制过程中要考虑最大放热速率与反应器冷却能力相匹配的问题、气体释放速率与洗涤器气体处理能力相匹配的问题等。

④ 根据二次反应动力学确定 $TMR_{ad,d}$ 与温度的函数关系，由此可以确定诱导期为 24h 的温度 T_{D24}。

然后，将这些数据概括成如图 8-20 所示的形式。通过该图可以对给定工艺的热风险进行快速的检查与核对。

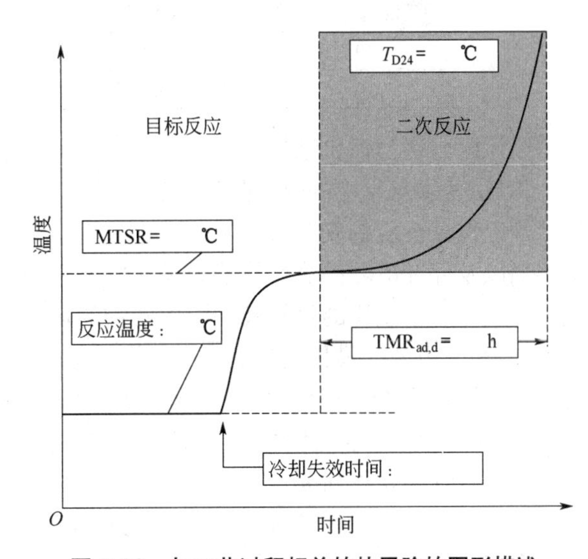

图 8-20　与工艺过程相关的热风险的图形描述

本章基于最糟糕情形所建立的目标反应冷却失效导致反应失控的模型不仅仅适用于间歇反应，对于半间歇反应也同样适用。然而，对于半间歇反应热风险的评价涉及内容更加广泛，考虑到初学者以形成科学的安全理念、建立评价思路、掌握基本概念与基础知识为目的，本节主要通过 1 个反应工艺（半间歇磺化反应）为例说明热风险评价的应用，将可能涉及的反应量热、绝热量热等测试及数据处理的过程略去，直接给出了测试结果。

8.4.3 甲苯磺化反应的热风险评估

芳香烃的硝化、磺化是相对危险的工艺，现已被国家列入 15 种首批重点监管的危险工艺中。这里以甲苯一段硝化（产物主要是一硝基甲苯）的半间歇工艺为例，说明其热风险的评价过程。为了简化起见，采用的原材料均为分析纯（需要指出的是针对工程中的具体工艺，应采用与实际工艺一样规格的原材料进行研究，这样的分析测试结果才能最大限度地服务于工程应用）。

甲苯磺化的反应采用半间歇模式进行。首先将甲苯加入反应釜，加热至沸点（110℃左右），在蒸馏模式下慢慢加入硫酸，加料时间为 60min，总反应时间为 4h，搅拌速度为 300r/min。甲苯与硫酸的物质的量比为 5 : 1。

反应量热仪的测试条件：反应量热仪 RC1e（Mettler-Toledo，瑞士），配备 1L 的玻璃中压反应釜（MP10）、温度传感器（Pt100）、校准加热器、锚式搅拌桨、不锈钢釜盖、RD10 控制器、回流装置、冷却水循环泵（HZXH-2-D-A）等。

加速量热仪的测试条件：采用的加速量热仪为 THT ESARC（英国），加热梯度 5℃，灵敏度 0.02℃/min，等待时间 10min，测试样品量 0.585g，起始温度 85℃，终止温度 350℃，测试样品池材质为不锈钢，其质量为 14.586g。为了简化起见，测试样品采用了甲苯磺酸（需要说明的是，实际工程应用中，试样物质应为包含未反应物、产物、中间产物等在内的混合体系）。

尽管反应过程的量热测试是在半间歇模式下进行的，但测试结果不仅可以用于半间歇模式的评价，还可以应用于间歇模式。具体结果见表 8-10。

表 8-10　甲苯磺化反应热风险评价的 4 个特征温度参数

工艺温度 T_p/℃	MTSR/℃	MTT/℃	T_{D24}/℃
110	304.6（间歇模式）	110.6	152
110	169.3（半间歇模式）	110.6	152

热风险分级与评价结果：

① 甲苯磺化反应的热风险属于比较危险的“第 4 级”，要有备用的冷却系统或有足够多的溶剂以保证反应的安全。在甲苯磺化过程中，由于 MTT 低于 T_{D24}，保证反应体系具有足量溶剂以及保证冷凝回流移热能力是非常重要的，因为，一旦全部溶剂被挥发且不能有效回流，反应体系中累积的物料极易引发产物的热分解，并很快导致燃烧爆炸事故。

② 对于甲苯的磺化反应而言，甲苯具有双重性，一方面是反应物，另一方面起到了“溶剂”的蒸发冷凝移热作用。由于反应温度基本处于甲苯的沸点附近，大量甲苯处于沸腾状态。此时，不仅要考虑反应过程的热风险，还必须充分重视甲苯溶剂蒸气的泄漏问题以及由此可能引发的蒸气云爆炸问题。

需要说明的是，该案例一些测试参数是在简化条件下获得的。对于实际工艺情况，不完全具有可比性。

拓展阅读 热风险评价实例（请扫描右边二维码获取）

思考题

1. 如何判断是否需要考虑化学反应过程的热风险？
2. 何为反应失控？工艺温度低的反应是否存在反应失控的风险？
3. 如何对一个新的反应进行工艺热风险评价？
4. 国内外有哪些关于化学反应过程热风险严重度和可能性的评价准则？
5. 在评价反应热风险过程中需要的放热量数据有哪些获取途径？如何评价这些数据的可靠程度？

第9章

化工单元操作安全防范

化工过程由许多单元操作构成，从原料的混合、输送到反应、分离，化工单元操作在化工、轻工、冶金、制药、环保和生物工程以及原子能工业中都应用广泛。化工单元操作，按其过程原理、相态和操作目的，可分为以动量传递、热量传递、质量传递过程所对应的单元操作。由于物料性质和工艺要求，在不同的单元操作中会存在不同的危险性，了解这些化工单元操作的特点并掌握典型化工单元操作的危险性，掌握它们的安全控制技术是提升整个化工行业工艺过程安全的基础。本章选取了典型的化工单元操作，分析单元操作的危险性及相应的安全控制措施，并通过若干事故案例分析，学习化工单元操作事故预防的一般思路和控制措施。

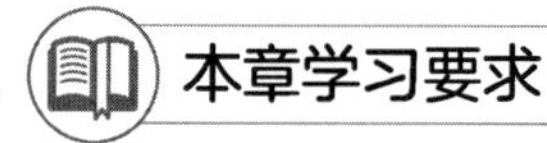

1. 了解化工单元操作类型和基本特点。
2. 熟悉化工单元操作的危险性及安全控制技术。

【警示案例】输油管道爆炸事故

（1）事故基本情况

2013年11月22日凌晨3点，位于青岛市黄岛区秦皇岛路与斋堂岛街交汇处的中石化管道储运分公司输油管道破裂，事故发现后，约3点15分关闭输油，斋堂岛街约1000平方米路面被原油污染，部分原油沿着雨水管线进入胶州湾，海面过油面积约3000平方米。黄岛区立即组织在海面布设两道围油栏。处置过程中，当日上午10点30分许，黄岛区沿海河路和斋堂岛街交汇处发生爆燃，同时在入海口被油污染海面上发生爆燃。山东省青岛市“11·22”中石化东黄输油管道泄漏爆炸特别重大事故认定为责任事故，事故共造成62人遇难，136人受伤，直接经济损失7.5亿元。

（2）原因分析

输油管道与排水暗渠交汇处管道腐蚀减薄、破裂，造成原油泄漏，流入排水暗渠及反冲到路面。原油泄漏后，现场处置人员采用液压破碎锤在暗渠盖板上打孔破碎，产生撞击火花，引发暗渠内油气爆炸。

9.1 概述

化工单元操作主要包括：物料输送、破碎、筛分、搅拌、混合、加热、冷却与冷凝、沉降、过滤、蒸馏、精馏、蒸发、结晶、萃取、吸收、干燥等。化工单元操作着重研究实现以上过程及其设备，故又称为化工过程及设备。

化工企业生产安全事故发生机理可分为两大类。

（1）生产误操作或失控

① 生产装置中的化学物质 → 反应失控 → 爆炸 → 人员伤亡、破坏等。

② 爆炸物质 → 受到撞击、摩擦或遇到火源等 → 爆炸 → 人员伤亡、财产损失、环境破坏等。

③ 易燃、易爆化学物质 → 遇到点火源 → 火灾、爆炸、放出有毒气体或烟雾 → 人员伤亡、财产损失、环境破坏等。

④ 有毒有害化学物质 → 与人体接触 → 腐蚀或中毒 → 人员伤亡、财产损失等。

⑤ 压缩气体或液化气体 → 物理爆炸 → 人员伤亡、财产损失、环境破坏等。

（2）危险化学物质泄漏

化工企业生产安全事故最常见的模式是危险化学物质发生泄漏而导致火灾、爆炸、中毒，这类事故的后果往往非常严重。

① 易燃易爆化学物质 → 泄漏，遇到点火源 → 火灾或爆炸 → 人员伤亡、财产损失、环境破坏等。

② 有毒化学物质 → 泄漏 → 急性中毒或慢性中毒 → 人员伤亡、财产损失、环境破坏等。

③ 腐蚀物质 → 泄漏 → 腐蚀 → 人员伤亡、财产损失、环境破坏等。

④ 压缩气体或液化气体 → 物理爆炸 → 易燃易爆、有毒化学物质泄漏 → 人员伤亡、财产损失、环境破坏等。

⑤ 危险化学物质 → 泄漏 → 没有发生变化 → 财产损失、环境破坏等。

为了预防单元操作中的火灾及爆炸等安全事故，必须对这些典型工艺设备、单元操作进行研究，了解其构造、工作原理和用途，对其危险性进行分析，了解安全控制措施以预防事故发生，保证安全稳定生产。

9.2 物料输送

物料输送是工业生产中最普遍的单元操作之一，它是工业生产的基础。物料输送是借助于各种输送机械设备实现的。由于所输送的物料形态不同（块状、粉态、液态、气态等），所采取的输送设备也各异。因此，要遵守不同的操作安全常识。

9.2.1 液体物料输送

9.2.1.1 概述

在化工生产中，为了满足工艺条件的要求，常需把流体从一处送到另一处，有时还需提高流体的压强或将设备造成真空，这就需采用为流体提供能量的输送设备。

液体输送的方法有如下几种。

① 自流。将液体打入高位槽，借流体的高位压差向低处流动。

② 虹吸。这种方法是借助插入储槽中的虹吸管，给管内造成负压，使液体在大气压作用下沿虹吸管上升到高处而输往较低处容器的方法，常用来吸出设备底部积料或积水。

③ 泵送。利用各种泵的机械作用输送液体，将液体由低处输往高处或由一地输往另一地（水平输送），或由低压处输往高压处。保证一定流量的液体克服阻力所需要的压强也需要依靠泵。

④ 真空抽送。这种方法适用于真空度不大的条件下进行液体短距离输送。

⑤ 压缩气体压送。利用某种流体的压力进行长距离的液体输送。使设备内进入压缩空气，造成一定压力，将设备内液体由出料管压出。经常用来输送酸、碱类强腐蚀性液体。

为液体提供能量的输送设备称为泵。化工生产中被输送的流体是多种多样的，且在操作条件、输送量等方面也有较大的差别，所用的输送设备必须能满足生产上的不同要求。化工生产又多为连续过程，如果过程骤然中断，可能会导致严重事故，因此要求输送设备在操作上安全可靠。输送设备运行时要消耗动力，动力费用直接影响产品的成本，故要求各种输送设备能在较高的效率下运转，以减少动力消耗。

液体输送设备的种类很多，按照工作原理的不同，分为离心泵、往复泵、旋转泵与旋涡泵等几种。其中，以离心泵在生产上应用最为广泛。

根据泵的工作原理划分为以下两种。

① 动力泵。又称叶片式泵，包括离心泵、轴流泵和旋涡泵等，由这类泵产生的压头随输送流量而变化。

② 容积式泵。包括往复泵、齿轮泵和螺杆泵等，由这类泵产生的压头与输送流量无关。

9.2.1.2 危险性分析

（1）泄漏

泵送可燃液体时，泵轴与泵壳之间以及泵体与管道连接处均是物料易泄漏的地方，即使正确使用泵和泵正常运转，可燃液体也可能发生渗漏，流淌到泵房，遇点火源发生燃烧。

泵故障和损坏的形式是填料密封圈（盘根）的密封性破坏或零件损坏，其主要由振动、摩擦、磨损、锈蚀、连接处不牢、轴偏斜、阀门断裂等所致。可燃液体输送设备停工检修期间，其内残留的可燃液体易外泄。输送的管件连接不严密，也会产生流体泄漏。

（2）爆炸

从设备中泄漏出来的可燃液体蒸发，与空气混合形成爆炸性混合物而发生爆炸。尤其是输送低闪点的液体时，这种危险性更大。

（3）火灾

① 明火作为点火源引起的火灾占较大比例。其来源比较复杂，如用火、用电、明火吸

烟、机动车排气管火星，尤其是设备检修、临时性作业的焊接切割火花，温度高达 1500～2000℃，飞溅距离可达 20 多米。

② 摩擦、撞击火花引起火灾。主要来源于泵轴摩擦、泵轴和金屑相互撞击，引燃可燃液体；泵轴轴线不正，运转时部件摩擦产生高热；滚珠轴承安装不标准或润滑不足，摩擦产生高热；盘根安装过紧，振动过热，泵空转造成泵壳发热，泵导管充气引起导管剧烈跳动，甚至折断、泄漏，发生事故。

③ 设备故障缺陷引起的火灾。当泵出现故障和损坏时，可能造成大量液体喷出、泄漏，引起火灾；温度超过自燃点以上的高温液体泄漏出来，即发生自燃。

电动机故障。泵房一般使用各种类型的防爆封闭电动机，在非正常的故障条件下，例如电动机过负荷运行，电动机匝间或相间短路或碰壳，机械摩擦使转子、定子发生扫膛，电动机接地不良等，都会导致电动机故障引起火灾。

泵故障。泵轴制造缺陷、长时间缺水，轴承水冷却系统结垢、严重堵塞、冷却水中断，泵齿轮断裂，烧毁轴瓦等都可能引起火灾。

④ 电气线路故障引起火灾。泵房使用电气设备较多，设备短路、绝缘损坏、导线连接松脱、过电压放电以及防爆电器防爆面损坏致失去防爆性能等，都是泵房火灾的重要原因。

⑤ 静电引起火灾。可燃液体输送过程中易产生静电，若静电消除不力，会产生静电火花。位于高处的泵房避雷保护装置不起作用而遭雷击引起火灾。在提升过程中由于流体的摩擦，很容易在高位槽或计量槽产生静电火花而引燃物系，因此，在往高位或计量槽输送物料流体时，除控制流速外，还应将流体入口管插入液下。凡是与物料相关的设备、管线、阀门等都应形成一体并可靠接地。

⑥ 管理、操作不当引起火灾。管理混乱，造成停电、停工、停产、可燃液体外泄，引起火灾；操作失误，错开阀门造成混油、跑油事故；违章作业、维修不当造成设备短路，电动机烧坏，绝缘下降，引发电气火灾。

（4）腐蚀和中毒

输送设备的腐蚀，人员的误触、误服等，存在一定的危险性。

9.2.1.3 防火防爆安全措施

（1）选择合适的输送设备

对于输送酸、碱以及易燃、易爆、有毒的液体，密封的要求就比较高，既不允许漏入空气，又力求不让液体渗出。近年来已广泛采用机械密封装置。它由一个装在转轴上的动环和另一个固定在泵壳上的静环所组成，两环的端面借弹簧力互相贴紧而作相对运动，起到了密封的作用。

输送设备的选择：

① 输送易燃液体宜采用往复泵。如采用离心泵，则泵的叶轮应该用有色金属制造，以防撞击产生火花。设备和管道均应有良好的接地，以防静电引起火灾。由于采用虹吸和自流的输送方法较为安全，故凡是输送距离短，有条件设置的，均应优先选择此输送方法。

② 对于易燃液体，不可采用压缩空气压送，因为空气与易燃液体蒸气混合，可形成爆炸性混合物，且有产生静电的可能。对于闪点很低的可燃液体，应用氮气或二氧化碳等惰

性介质压送。闪点较高及沸点在 130℃以上的可燃液体，如有良好的接地装置，可用空气压送。

③ 临时输送可燃液体的泵和管道（胶管）连接处必须紧密、牢固，以免输送过程中管道受压脱落漏料而引起火灾。

④ 用各种泵类输送可燃液体时，其管道内流速不应超过安全速度，且管道有可靠的接地措施，以防静电聚集。同时要避免吸入口产生负压，以防空气进入系统导致爆炸或抽瘪设备。

（2）控制和消除明火、摩擦、撞击火花

控制明火的产生，限制使用范围，严格用火管理，对于防止泵房火灾是十分必要的。在加热时应避免使用明火，严格执行机动车行驶和禁烟规定。保持轴承润滑良好；摩擦、撞击部分采用不发火金属；严禁穿带钉鞋进入危险区域。

（3）消除工艺设备的不安全因素

电动机的功率应考虑有一定的安全系数，防止因过载而发热燃烧；严格电动机质量检查，及时更换绝缘严重老化的电机，保持其线圈绝缘性能；注意维修保养电机，减少和避免定子、转子的摩擦。

泵应选性能良好的轴封装置。输送量大的低闪点可燃液体泵，其轴封应为密封性能良好的机械密封，渗漏率应小于 2 滴/min。黏液体泵也宜采用机械密封，如采用填料密封，渗漏率不应超过 8 滴/min。作业不频繁的、输送量小的泵，可采用填料密封，但其渗透率不大于 15 滴/min。泵应运转平稳，无异常的振动、杂音和撞击现象。压力、真空、流量、电压、电流、功率和转速等参数均在规定范围。冷却系统保持畅通。

加强阀门管线的维护保养，注意阀门的腐蚀、破损情况。泵房中各种设备和设施应清洁、整齐、无灰尘和油污。

（4）杜绝电气事故火灾发生

根据爆炸危险场所的要求，选用适当的防爆电气设备及线路，并在安装中严格执行防爆场所的电器安装规范。

防止静电产生和尽快消除已产生的静电。如泵体和管线必须装有静电接地装置，控制输送时油品的流速，加缓冲器消除油品飞溅、增湿，合理选择材质搭配，加抗静电剂等。操作人员应穿戴防静电服装、鞋帽及棉线手套，不准用化纤织物擦拭设备。采取防雷措施，如油泵房要求设置与罐区间合用的避雷保护网。

（5）保证设备检修安全

尽量将检修的设备卸下，移至安全地点动火。如泵房不能停止作业，又不能将带检修的泵移出泵房外，泵工作时不得检修作业。

要检修的泵必须断开与泵相连的各种管道和电源，管道加盲板堵严，防止物料窜入检修系统造成火灾事故。清除泵内、管组、过滤器、阀门等处残留的可燃液体，对特殊场合应用惰性介质或蒸汽彻底处理后再动火。

加强泵房通风，保证空气中可燃气体浓度在安全范围内。泵房内禁止点火源，拆卸零部件时只允许用木锤敲打，不得使用金属工具硬撬硬砸。电焊机、氧气瓶和乙炔发生器应分别安放在室外安全的地方。

（6）泵房的安全设计

可燃液体泵宜露天或半露天布置，以便可燃蒸气和气体散发。若在封闭式泵房内，泵的布置及其泵房的设计应符合以下规定：

液化烃泵、操作温度等于或高于自燃点的可燃液体泵，操作温度低于自燃点的可燃液体泵，应分别布置在不同房间内，各房间之间的隔墙应为防火墙；操作温度等于或高于自燃点的可燃液体泵房的门窗与操作温度低于自燃点的甲B、乙A类液体泵房的门窗或液化烃泵房的门窗距离不应小于4.5m；甲、乙A类液体泵房的地面不宜设地坑或地沟，泵房内应有防止可燃气体积聚的措施；在液化烃泵房、操作温度等于或高于自燃点的可燃液体泵房的上方不宜布置甲、乙、丙类工艺设备；泵房内不得有闷顶夹层；房基不能与泵基连在一起。

（7）设置安全装置

1）容积泵

在容积泵的出口管道上，应设安全阀，其放空管应接至泵的入口管道上，并宜设事故停车联锁装置。容积泵因靠泵体内容积的变化而吸入和排出液体，当流量减小时，如果压出管线闭塞，泵内的压力将急剧升高，以致造成爆炸事故，必须采用安装旁路控制阀，调节或改变转速、改变冲程大小来调节的方案。如图9-1所示，可让一部分液体从旁通管流回吸入管内，启动泵前控制阀必须打开。当系统压力超过一定限度时，安全阀自动开启，以保证系统安全运行。此方案亦适用于旋涡泵的流量调节。

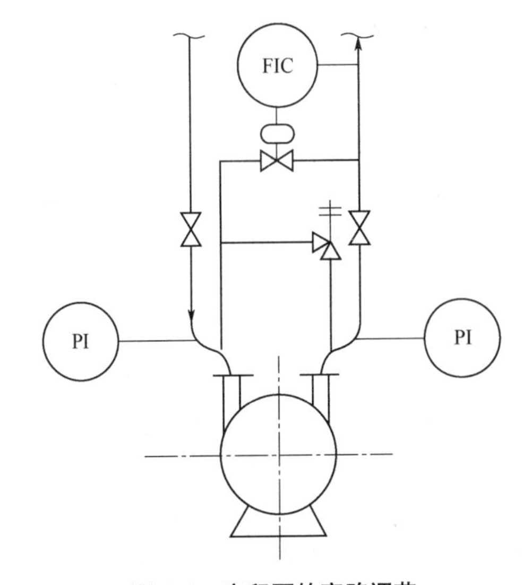

图9-1 容积泵的旁路调节

2）离心泵

离心泵流程设计一般包括：

① 泵的入口和出口均需设置切断阀；

② 为了防止离心泵未启动时物料的倒流，在其出口处应安装止回阀；

③ 在泵的出口处应安装压力表，以便观察其工作压力；

④ 泵出口管线的管径一般与泵的管口一致或放大一档，以减少阻力；

⑤ 泵体与泵的切断阀前后的管线都应设置放净阀，并将排出物送往合适的排放系统。

一般离心泵工作时，要对其出口流量进行控制，可以采用直接节流法、旁路调节法和改变泵的转速法。直接节流法是在泵的出口管线上设置调节阀，利用阀的开度变化调节流量，如图9-2（a）所示。这种方法简单易行，得到普遍的采用，但不适宜介质正常流量低于泵额定流量的30%以下的场合。旁路调节法是在泵的进出口旁路管道上设置调节阀，使一部分液体从出口返回到进口管线以调节出口流量。这种方法会使泵的总效率降低，它的优点是调节阀直径较小，可用于介质流量偏低的场合。当离心泵设有分支路时，即一台离心泵要分送几路并联管路时，可采用图9-2（c）所示的调节方法。

为泵的驱动机选用汽轮机或可调速电机时，可以调节汽轮机或电机的转速以调节泵的转速，从而达到调节流量的目的。这种方法的优点是节约能量，但驱动机及其调速设施的投资较高，一般只适用于较大功率的机泵。

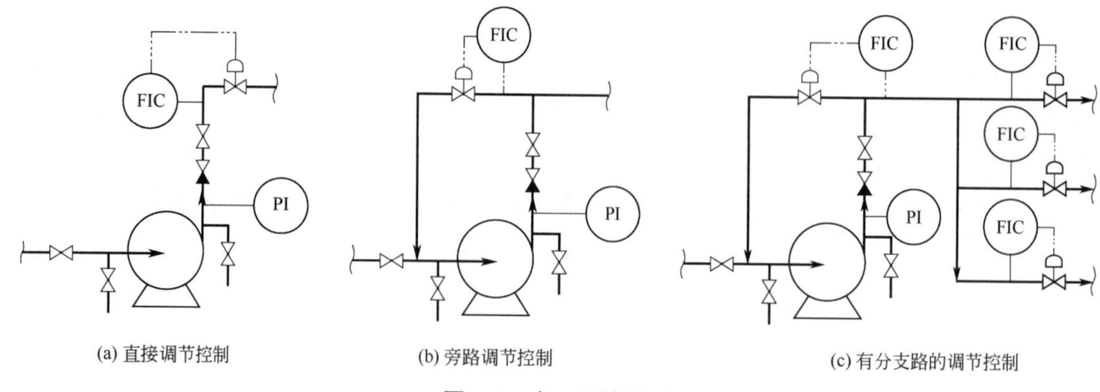

图 9-2　离心泵的控制

3）其他安全装置

为了使离心式压缩机正常稳定操作，防止喘震现象的产生，单级叶轮压缩机的流量一般不能小于其额定流量的 50%，多级叶轮（例如 7～8 级）的高压压缩机的流量不能小于其额定流量的 75%～80%。常用的流量调节方法有入口流量调节旁路法、改变进口导向叶片的角度和改变压缩机的转速等。改变转速法是一种最为节能的方法，应用比较广泛。由于调节转速有一定的限度，因此需要设置放空设施。

（8）安装报警系统

作为甲、乙类火灾危险性的泵房，要安装自动报警系统，以便发现泵房空气中的蒸气和气体的危险浓度，及时报警，并且与事故通风、切断供电电源、关闭电动闸阀联锁。在泵房的阀组场所，应有能将可燃液体经水封引入集液井的设施，集油井应加盖，并有用泵抽除的设施。

（9）设置灭火设施

一船泵房内应备有泡沫、干粉、二氧化碳等小型灭火器材和砂箱、铁锹钩斧等灭火工具。手提式灭火器材和灭火工具应放在拿取方便的地方。体积达 $500m^3$ 的室内泵房，要安装固定蒸气灭火系统；露天泵站和体积大于 $500m^3$ 的室内泵房，要安装固定泡沫灭火系统，建议对输送枢纽的泵房设置附加干粉储藏库的全淹没固定干粉灭火系统，对全泵房内的空间实行全淹没灭火。

9.2.2　气体物料输送

9.2.2.1　概述

气体输送是指气体压缩和输送的总称，在各工业部门应用极为广泛，主要用作下列三种用途。

① 将气体由甲处输送到乙处，气体的最初和最终压力不改变（用送风机）。

② 用来提高气体压力（用压缩机）；化学工业中一些化学反应过程需要在高压下进行，如合成氨反应、乙烯的本体聚合；一些分离过程也需要在高压下进行，如气体的液化与分离。这些高压下进行的过程对相关气体的输送设备出口压力提出了相当高的要求。

③ 用来降低气体（或蒸气）压力（用真空泵）。相当多的单元操作是在低于常压的情况下进行，这时就需要真空泵从设备中抽出气体以产生真空。

按气体压缩输送设备终压（出口压力）或压缩比大小，气体输送设备分为以下四类。

① 压缩机：终压为 0.3MPa（表压）以上，压缩比大于 4。

② 鼓风机：终压为 0.015～0.3MPa，压缩比小于 4。

③ 通风机：终压不大于 0.015MPa，压缩比为 1～1.15。

④ 真空泵：使设备产生真空，终压为当时当地的大气压强，其压缩比由设备的真空度决定。

气体输送方法主要有：压送、真空抽送两种。

① 压送。采用压送方式输送气体时，主要采用的机械有往复式压缩机、液环式压缩机、罗茨鼓风机、离心式风机、轴流式风机等。

② 真空抽送。采用真空抽送方式时，多采用往复真空泵、液环真空泵、滑片式真空泵、喷射式真空泵等。

9.2.2.2 危险性分析

（1）形成爆炸性混合物

输送可燃性气体，采用液环泵比较安全。抽送或压送可燃性气体时，进气吸入口应该经常保持一定余压，以免造成负压吸入空气而形成爆炸性混合物（雾化的润滑油或其分解产物与压缩空气混合，同样会产生爆炸性混合物）。

另外，由于设备老化，年久失修，可燃性气体通过缸体连接处、吸气阀门、排气阀门、轴封处、设备和管道的法兰、焊口和密封等缺陷部位泄漏，或设备外壳局部腐蚀穿孔、疲劳断裂等，导致高压可燃性气体喷出，与空气形成爆炸性气体混合物，遇点火源引起空间的爆炸或火灾。

压缩气体之前，若设备发生故障或停电、误操作等事故，而压缩输送设备未能及时随之停车，会使其入口处发生抽负现象，较轻时使管道抽瘪，严重时致使空气从不严密处进入设备系统内部，形成爆炸性气体混合物。此时如果在操作维护或检修过程中操作不当或检修不合理，达到爆炸极限浓度的混合物遇到点火源或经压缩升温、增压，就会发生异常激烈的燃烧甚至引起爆炸事故。

（2）设备内温度过高导致危险

气体经压缩后温度会迅速升高，如果设备内循环冷却水水质差，冷却效果不好，冷却系统不能有效地运行，会使设备内温度过高。高温会使润滑油黏度降低，失去润滑作用，使设备的运行部件摩擦加剧，进一步造成设备内温度超高；同时高温能使某些介质发生聚合、分解甚至自燃引起火灾。例如压缩的烃类气体中含有高碳不饱和烃类化合物，在较高的温度和压力下，可能发生聚合反应生成高分子聚合物。这些聚合物附着在汽缸内壁或阀片上，不但会增加摩擦，还会把活塞环卡死在环槽里使其失去密封作用引起泄漏，甚至堵塞气体管道引起超压爆炸。

（3）产生积炭发生燃烧爆炸

压缩机的汽缸润滑都采用矿物润滑油，它是一种可燃物，呈悬浮状存在的润滑油分子在高温高压条件下被氧化，特别是附着在排气阀、排气管道灼热金属壁面上的油膜，氧化性更为剧烈，生成酸、沥青及其他化合物。它们与气体中的粉尘、机械摩擦产生的金屑微粒结合在一起，在汽缸盖、活塞环槽、气阀、排气管道、缓冲罐、油水分离器和储气罐中沉积下来形成积炭。汽缸润滑油选择不当、润滑油牌号不符、加油量过多、油质不佳，使气体温度剧升；系统混入铁锈等杂质，导致发热；过滤器污垢严重，吸入气体含尘量大均易形成积炭。

积炭是一种易燃物质，在高温过热、意外机械撞击、气流冲击、电器短路、外部火灾等引燃条件下都有可能燃烧。积炭燃烧后产生大量的一氧化碳，当压缩机系统中一氧化碳的含量达到15%～75%时就会发生爆炸，在爆炸的瞬间释放出大量热量并产生强烈的冲击波，由于气体的压力和温度急剧升高，燃烧产物急速膨胀，冲击波沿压缩气体流动方向传播蔓延，引起压缩机的爆炸。

（4）气体带液造成压力升高

由于压缩机汽缸的余隙很小，而液体是不可压缩的，大量油水或其他液体进入汽缸之内，会造成很高的压力，呈现“液击”现象，使设备损坏，导致可燃气体泄漏。

（5）操作失误引起燃烧爆炸

操作人员因受心理、生理或情绪等方面的影响出现操作错误，致使设备系统内压高于所能承受的压力时，即会发生爆炸。例如，压缩机在运转过程中发现汽缸的温度异常偏高，操作人员错误地往炽热的汽缸套内注入冷却水，水在高温条件下迅速汽化，使汽缸内压力骤升，导致压缩机超压爆炸；压缩机发生事故需紧急停车时，操作人员因紧张而未能及时关闭进气阀，也会造成供气设备的增压，而最终导致爆炸；另外，堵塞、憋压也是造成设备超压物理性爆炸的一个重要原因，如压缩机的出口被人为关闭或未能及时清洗的异物堵塞都会造成憋压，导致爆炸。

（6）设备缺陷引起事故

设备缺陷或故障产生于设计、制造、安装、运行和检修等各个环节，主要是由于材质及制造工艺不良所致。例如安全阀被堵塞或损坏而失灵，超压部位得不到及时泄放，超压而致爆炸；压力或温度显示仪表出现读数差错或显示失真时，误导工人错误操作而引起爆炸；压缩机的受压部件机械强度本身不符合要求或因水蚀、腐蚀性介质等腐蚀，使其强度下降，在正常的操作压力下也可能引起物理性爆炸；带有叶轮的压送机械，叶轮与机壳之间摩擦碰击生热、打火也会引发事故。

9.2.2.3 防火防爆安全措施

（1）防止爆炸性气体混合物形成

要确保设备系统的高度密封性，尤其是导管的入口处连接要严密无漏，经常对系统进行检查诊断，例如气体泄漏检测、密封压力检测、密封油的喷淋量和工艺过程的压力与温度变化等检测；对于一些极易因腐蚀或疲劳断裂的部件，例如多级缸之间的连接螺纹，要加强管理和随时检查，并予以及时更换，保持受压元件的强度和密封性能，杜绝“跑、冒、滴、漏”现象。

压缩机吸入口应保持一定余压，如进气口压力偏低，压缩机应减少吸入量或停车，以免造成负压吸入空气形成爆炸性混合物。当压缩机发生抽负事故时，必须打开入口阀，注入氮气等惰性介质，用以置换压缩机系统内部的空气，使氧含量小于 0.4%，低于混合物爆炸浓度下限即能有效遏制爆炸事故。在正常运行中，要加强与前面工序的联系，及时按照进气压力的变化调节压力，保持进气压力在允许范围内，严防出现真空状态。

（2）防止汽缸内温度过高

采用先进的水质处理工艺，保证冷却水的质量。压缩机在运行中不能中断冷却水，要定期清除污垢，保证冷却水畅通。要密切注意吸、排气压力及温度、排气量、冷却水温度等各项控制指标，石油气压缩机的排气终了温度不得超过 100℃。冷却水的终温一般不超过 40℃。

如果冷却水中断以后，冷却器温度已升高，此时即使冷却水恢复，也不能急于通水，以防发生炸缸事故。

（3）保证设备润滑良好

在选择润滑油时，要根据所压缩的介质气体性质，选择闪点高、氧化后析炭量少的高级润滑脂。就天然气压缩机组而言，烃类气对油有很大的亲和力，会溶解油，使油的黏度下降，因而须用黏度适中、油性和黏附性较好的含油脂润滑油，不仅可改善压缩机的比功率，还可减少压缩机排气系统积炭沉淀的形成，减少压缩机着火和爆炸事故。

注油量要适当，维持正常的油面高度。曲轴箱中的油面高度降低时，会引起润滑不良，油温升高，导致烧瓦、卡活塞等事故。机油如果加得过多，运转时机油就会造成积炭。经常检查机油压力和温度，油压过低，会润滑不良，使磨损增加；油温过高会使机油氧化变质，黏度下降，润滑不可靠，零件磨损增加；油温过低，黏度增大，摩擦阻力增加。要定期进行油质分析，更换新油，更换滤清器滤芯，清洗油路。

（4）防止汽缸带液现象

经常检查油水分离器运行是否正常，并及时排放分离出来的油和水。控制润滑剂的量，以汽缸壁充分润滑而不产生“液击”现象为准，避免冷却水进入汽缸。加强与其他工序联系，防止汽缸带液使设备系统遭受机械破坏。

（5）严格执行操作规程

操作规程的合理编制和严格执行，能保证设备的安全运行和使用寿命。设备运行前必须对整个系统做全面检查，确保无异常并与前后工序沟通良好后，方可启动。

启动时要严格按照操作次序进行，升压速度不可过快，各段压力要平稳地按一定压缩比提高，防止压缩机系统因压力骤升而发生物理性爆炸。对外送气速度和压力也不可超高或波动过大，谨防发生抽负现象，形成爆炸性气体混合物，导致火灾爆炸。

在压缩机运行过程中，必须认真检查、巡视和监视，密切注视轴承温度和润滑油、密封油的压力、温度、油质状态，严格保证润滑部位的可靠运行。同时严格控制冷却水进出口的温度和流量，保持温度、压力稳定在操作范围内，确保冷却系统的有效工作，以控制压缩介质温度及设备转动、摩擦部位的温度，防止因设备内温度过高而使润滑油或某些物质分解、着火，导致爆炸事故。

压缩机停车时要缓慢卸去压力，高压与低压相通的阀门要迅速切断，如遇紧急停车时，应迅速与前工序联络，准确判断异常并快速切断，以防止发生气体倒流或高压气体窜入低压设备引起超压爆炸。采用离心式压缩机时，要在机组停车后继续向密封系统内注油，以防止泄漏；如机组需要做长时间停车，则应在机内气体卸压后用氮气置换，之后再用空气进一步置换，然后才能停止注油系统。

（6）配置安全设施

大中型压缩设备均应安装在独立的防爆隔离间内，并有良好的通风设施和可燃气体浓度监测报警装置，以及自动灭火系统，如必须与其他厂房或装置紧邻，中间应以防爆墙隔开。电动机应采用不会产生火花、电弧或危险温度，且能承受爆炸压力而不被损坏的封闭式防爆电机或正压通风结构形式的电机，并设有接地装置，它的轴穿过墙壁处应用密封填料紧密封闭。压缩设备也应有良好的导出静电接地装置。

为了及时地处置异常和减少人为的操作错误，保证压缩机的安全运行，压缩机系统应设置汽缸压力温度指示仪和自动调节、自动报警装置，以及设有压力、温度高于或低于正常值时能自动停车的安全联锁装置和安全泄压保护装置等，并保证这些装置的灵敏可靠，使之能真正起到预警、保护作用。

压缩机的进口压力调节一般可采用在压缩机进口前设置一缓冲罐，从出口端引出部分介质返回缓冲罐以调节缓冲罐的压力，见图9-3。

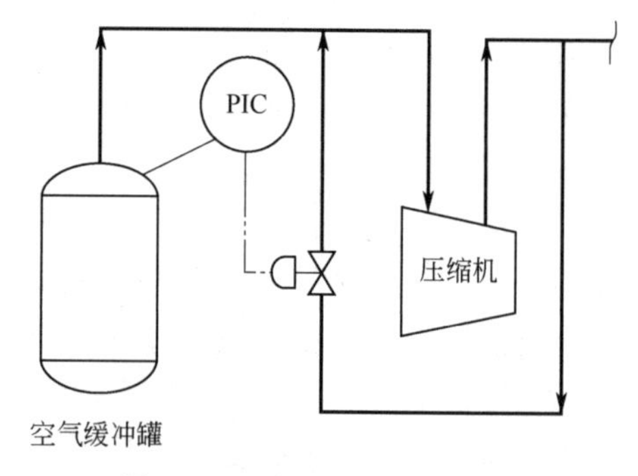

图 9-3　压缩机进口压力调节

可燃、易爆或有毒介质的压缩机应设置带三阀组盲板的惰性气体置换管道，三阀组应尽量靠近管道呈8字形的连接点处，置换气应排入火炬系统或其他相应系统。

压缩机的进出口管道上均应设置切断阀，但自大气抽吸空气的往复式空气压缩机的吸入管道上可不设切断阀。压缩机出口管道上应设置止回阀。离心式氢气压缩机的出口管道，如压力等级大于或等于 4MPa，可设置串联的双止回阀。多级往复式氢气压缩机各级间进出口管道上均应设置双切断阀。在两个切断阀之间的管段上应设置带有切断阀的排向火炬系统的放空管道。压缩机吸入气体中，如经常夹带机械杂质，应在进口管嘴与切断阀之间设置过滤器。

往复式压缩机各级吸入端均应设置气液分离罐，当凝液为可燃或有害物质时，凝液应排入相应的密闭系统。离心式压缩机应设置反飞动放空管线。空气压缩机的反飞动线可接至安全处排入大气，有毒、有腐蚀性、可燃气体压缩机的反飞动线应接至工艺流程中设置的冷却器或专门设置的循环冷却器，将压缩气体冷却后返回压缩机入口切断阀上游的管道中。

（7）维护检查设备

设备的安全运行与日常的维护保养、检修质量密不可分。要做好设备的日常巡检工作，及时安排检修，不让设备带病运行。应用仪器仪表对设备定期进行状态的监测、油品的定期化验、电动机的定期诊断，及时发现设备的不正常磨损，掌握轴承等部件运转情况，避免烧瓦拉缸、滚珠疲劳断裂等事故的发生。定期对压缩系统做探伤检查，发现裂纹、空隙等缺陷和严重腐蚀情况，必须及时修理。零部件要做好记录，不超期使用。带有叶轮的压送机械，叶轮和机壳之间要保持规定的间隙，防止摩擦、碰击、打火引起气体燃烧或爆炸。

（8）当输送可燃气体的管道着火时及时采取灭火措施

管径在150mm以下的管道着火时，一般可直接关闭闸阀熄火；管径在150mm以上的管道着火时，不可直接关闭闸阀熄火，应采取逐渐降低气压，通入大量水蒸气或氮气灭火的措施，但气体压力不得低于50～100Pa。严禁突然关闭闸阀或水封，以防回火爆炸。当着火管道被烧红时，不得用水骤然冷却。

9.2.3　固体物料输送

9.2.3.1　概述

化工生产中，许多原料、半成品和成品是处于固体状态，需要从一处输送到另一处。固体物料的输送要保证效率和维持物料的品质。

固体输送系统的设备主要分为机械输送及气力输送两大类。

机械输送设备一般由驱动装置、牵引装置、张紧装置、料斗、机体组成，如带式输送机、螺旋输送机、斗式提升机、刮板输送机等。该类设备输送距离短，但输送量大，机件局部磨损严重，维修工作量大。带式输送机广泛应用于医药制品的生产中，不仅适用于各种块状、粒状、粉状物料及成件物品的水平或倾斜方向的输送，还可作为清洗、选择、处理、检查物料的操作台，用在原料预处理、选择装填和成品包装等工段。

气力输送装置一般由发送器、进料阀、排气阀、自动控制部分及输送管道组成。负压抽吸输送、高压气力输送、空气输送斜槽等均属气力输送设备。气力输送设备结构简单、工艺布置灵活、便于自动化操作、一次性投资较小、适于长距离输送、易密封，广泛用于石油、化工、医药及建材等工业领域。

输送固体物料的设备除了上述几种常用的输送机械外，还有各种车式设备。

9.2.3.2 危险性分析

① 容易产生摩擦碰撞火花。输送机械运转部位多，极易产生碰撞打火和摩擦生热引燃物料。例如，输送带安装松紧不当，过松就会引起带与滚筒之间打滑，过紧就会增加摩擦阻力造成摩擦生热；缺乏润滑剂也会使摩擦热增高。斗式提升机牵引的链条长期使用可能变长，易引起料斗与机壳碰撞打出火花，成为点火源。

② 容易产生静电。输送固体粉料的管道，由于介质的高速流动摩擦而产生静电荷。

③ 容易产生电气火花。电动机及线路的绝缘容易损坏而发生漏电、短路；超负荷长期运转也会烧坏电机或引燃可燃物质造成火灾；其动力电气部分也容易发生漏电、短路等事故。

④ 容易造成粉尘飞扬。斗式提升机多用于输送粉状或颗粒状物料，若密封不严，则极易造成粉尘飞扬，使操作间内有发生粉尘爆炸的危险。气力输送也容易造成粉尘飞扬。

⑤ 容易发生堵塞。物料在输送过程中发生堵塞，若不及时处理，极易导致憋压发生爆炸事故。造成堵塞的主要原因是：具有黏性或湿度过高的物料较易在供料处、转弯处粘黏在管壁，逐渐造成堵塞，尤其是由水平向垂直过渡的弯管处最容易发生堵塞；管道连接不同心，有错偏或焊渣突起等障碍处，易沉积堵塞；输送管径突然扩大，物料在输送状态下突然停车，易造成堵塞；大管径长距离输送阻力增大，比小管径短距离输送更易发生堵塞。

9.2.3.3 防火防爆安全措施

① 防止摩擦生热。要注意保持输送带（或链条）松紧适宜，并应设置张紧装置，根据负荷调整紧度。输送机械传动装置的带与带轮的松紧也要适宜，防止打滑或摩擦生热引起着火事故。输送机械的传动和转动部位，要保持正常润滑，防止摩擦生热。

② 防止导线漏电或短路。对电动机及其线路要注意保护，特别是对移动式输送机械的动力导线，要注意保护，防止由于经常拖动、易损坏绝缘而发生漏电或短路事故。

③ 防止产生静电。粉料输送管道应选用导电性能好的材料制造，并应有良好接地措施。对于输送可燃粉料以及输送过程中能产生可燃粉尘的情况，输送速度应不超过规定值，风速、输送量不要急剧改变，防止产生静电发生危险。

④ 防止物料堵塞管道。为了避免发生堵塞，管道设计时应确定合适的输送速度；管道直径要尽量大些，管路弯曲和变径应缓慢，弯曲和弯径处要少，管道内壁应平滑，不应装设网格之类增大阻力的部件，严禁两个弯管靠近设置，其间距最小应为管径的 40 倍，并采用

转弯半径较大的弯管。要定期清扫管壁，防止物料堆积堵塞管道。

⑤ 减少空气中粉尘含量。输送微粒物料时，为了减少空气中粉尘含量，可采用封闭式输送带（提升机），并在设备吸尘罩处安装吸尘器和采用湿润物料的方法。

⑥ 设置安全装置。输送设备的开停车均应设置手动和自动双重操作系统，并宜设置超负荷、超行程和应急事故停车自动联锁控制装置。对于长距离输送系统，应安装开停车联系信号，以及给料、输送、中转系统的自动程序控制系统或联锁控制装置。轴、联轴器要安装防护罩，并不得随意拆卸。

9.3 传热

传热指热能的传递。传热在化工生产过程中的主要作用是维持化学反应需要的温度条件、维持单元操作过程需要的温度条件、热能综合利用和回收、隔热与限热，是促进化学反应，完成蒸馏、蒸发、熔融等单元操作的必要手段。

加热的方法一般有直接火加热、水蒸气或热水加热、载体加热以及电加热等。

热量传递有热传导、热对流和热辐射三种基本方式。实际上，传热过程往往不是以某种传热方式单独出现，而是两种或三种传热方式的组合。化工生产中的换热通常在两流体之间进行，换热的目的是将工艺流体加热（汽化）或是将工艺流体冷却（冷凝）。

9.3.1 直接火加热

9.3.1.1 概述

直接火加热工艺是在加热炉内利用直接火焰或热烟道气加热物料的过程。它能将物料加热到很高的温度（1000～1100℃），在生产中得到广泛应用。然而，在处理可燃物料时，这种加热过程危险性很大。工业上直接火加热主要设备有两种：加热釜和管式加热炉。

加热釜。加热釜又称为加热锅，被置于炉灶上受火直接作用。这种方法简单，适用于高温熟练的生产作业。加热釜所使用的燃料有煤、煤粉、天然气、液化石油气、燃料油等。

管式加热炉。化工生产中所使用的加热炉通常为管式加热炉。炉型有多种，但其结构一般包括辐射室、对流室、烟囱和燃烧器四个部分。在辐射室和对流室内装有炉管，在辐射室的底部、侧部或顶部装有燃烧器。先进的加热炉还有烟气热量回收系统、空气和燃料比的控制调节系统等。在设备运转中，低温物料经对流室炉管和辐射室炉管，在炉膛内吸热后升温，出加热炉时达到所需的工艺要求。管式加热炉也可以作为反应器使用，如烃类裂解反应器等。在这种场合的炉型往往更为复杂，炉管往往采用异形管，但基本原理不变。

管式加热炉所使用的燃料主要是液体和气体燃料，有燃料油、液化石油气、天然气等。如果将燃料与空气混合后再经燃烧器喷嘴进入辐射室燃烧，则燃烧速度快、燃烧完全、热效率高、加热均匀、炉管不易结焦与破裂。这种炉子燃烧时无火焰，称为无焰燃烧炉，是一种较先进的加热炉。

9.3.1.2 危险性分析

① 设备泄漏发生火灾。加热炉炉管损坏，管内物料漏入炉膛发生火灾。炉管破裂的原因有管壁烧穿、管材腐蚀和磨损、炉管压力高于规定压力等。管壁常由于热交换面局部温度过高，产生温差应力，材料的机械强度降低，金属出现屈服和不可恢复的变形而变薄，严重时导致管壁出现裂纹、破裂或洞穿，引起泄漏。

炉管过热经常发生在有各种积垢（如焦炭、盐类等）或其他传热差的外来杂质的管段。炉管外表面受到空气中氧的作用产生很脆的氧化层和燃烧产物中硫化物的作用而腐蚀，且腐蚀速度随空气供给系数和管表面温度的升高而升高；炉管内表面受到高温物料及其所含杂质的腐蚀，还会受到流动物料的机械腐蚀。物料压力增高的原因主要是管内结焦和盐的积垢，使系统流体传热阻力增大。

管式加热炉的回弯头也容易发生泄漏。物料外泄的情况有：管子和回弯头连接不严密，回弯头受到损坏；塞在回弯头的塞子贴合的不严密，塞子脱落等。

燃料管线由于法兰接头、开关、阀门出现故障和管道受损，泄漏出的液体、气体或蒸气会被燃烧器的火焰引燃而着火。

加热釜不密闭，炉灶和设备之间没有完全隔离，从设备中溢出的可燃气体或蒸气，接触到明火会立即着火。

② 利用直接火加热易燃易爆物质时，危险性非常大，温度不易控制，可能造成局部过热烧坏设备，或由于加热不均匀易引起易燃液体蒸气的燃烧爆炸，所以在处理易燃易爆物质时一般不采用此方法。

③ 容器的温度随火焰大小而改变，使操作压力不稳定，控制不当会溢漏。

④ 壁材除了与压力容器用钢的要求相同外，还应特别保证高温持久强度、较小的时效敏感性、耐腐蚀性等，因此，在进行设计、制造、检验和安全管理时，把此类容器与非直接火加热容器加以区别，并有相应的规范和标准。

⑤ 炉膛发生爆炸。燃气、燃油加热设备的炉膛可能发生爆炸，发生爆炸有两种情况。一是发生在点火开工阶段，若供燃料管道的燃料或管式加热炉炉管内的可燃物料漏进炉膛，可能与空气形成爆炸性混合物；点火时违反操作规程，也可能形成爆炸性混合物。二是燃烧器或喷嘴的火焰突然熄灭而燃料继续供应时发生爆炸。熄火的原因有多种，如水进入液体燃料而形成“水塞”，或者气体燃料管中产生了凝结水，临时中断进料，也可能发生熄火现象。熄火后，进入炉膛的燃料蒸发，其蒸气和空气可形成爆炸性混合物。

⑥ 烟道发生爆炸。当空气不足，不能保证燃料完全燃烧的情况下，加热炉的烟道内可能发生爆炸。燃料不完全燃烧的产物含有的可燃气，特别是氢、一氧化碳和空气混合能发生燃烧爆炸。燃烧过程处于不正常状态也会发生不完全燃烧。

⑦ 结焦引起危险。化工生产的加热炉操作温度较高，物料黏度又较大，如果物料在炉管中流量较低，停留时间过长，炉管壁温过高，极易在炉管内结焦。结焦一方面使炉管导热不良，引起局部过热，管壁温度升高，严重时导致炉管烧穿，介质大量泄漏，引起燃烧爆炸事故；另一方面使炉管内径变小，阻力增大，引起进料压力增加，同样引发火灾爆炸事故。

⑧ 操作不当引起事故。用直接火焰和烟道气加热易燃易爆物料时，温度不易控制，极易造成超温及局部过热现象。超温易导致送料、物料分解和设备增压爆炸等危险；局部过热

可使设备内壁结焦，出现过热点，造成设备局部烧穿，导致物料泄漏起火。

加热炉是采用明火对炉管内的原料进行加热，炉管内充满高温、高压物料，要求工艺系统必须稳定操作。如果工艺参数控制不当，如炉管进料流量不均匀、偏低，物料黏度过大，燃料油气压过大，燃烧器喷嘴燃料压力过大，炉膛和炉管温度过高，加热炉出口温度过高，炉膛产生负压等，都有可能导致火灾爆炸事故。

⑨ 加热炉成为可燃性混合物的点火源。加热炉明火、加热炉高温表面、高温物料输送管线都可成为可燃物质的点火源。邻近工艺设备发生了事故，产生的蒸气或气体与空气形成可燃性混合物与炉子的高温部件接触，即可发生燃烧或爆炸，火焰会很快沿着可燃性混合物向事故发生地蔓延；可燃性混合物还可能被吸入炉膛，在炉膛内着火，并向事故发生地传播。管式加热炉管冷却速度较慢，从1000℃冷却至250℃需3～6h，因此，即使燃烧器熄火之后，加热炉仍可能成为点火源。

9.3.1.3 安全防范措施

① 在采用直接用火加热工艺过程时，加热炉门与加热设备间应用砖墙完全隔离，不使厂房内存在明火。加热锅内残渣应经常清除以免局部过热引起锅底破裂。以煤粉为燃料时，料斗应保持一定存量，不许倒空，避免空气进入导致煤粉爆炸；制粉系统应安装爆破片。以气体、液体为燃料时，点火前应吹扫炉膛，排除积存的爆炸性混合气体，防止点火时发生爆炸。当加热温度接近或超过物料的自燃点时，应采用惰性气体保护。

② 加热锅内残渣应经常清除，以免局部过热引起锅底破裂。

③ 加热锅的烟囱、烟道等灼热部位，要定期检查、维修。

④ 容量大的加热锅发生漏料时，应将锅内物料及时转移。

⑤ 使用煤粉为燃料的炉子，应防止煤粉爆炸，在制粉系统上安装爆破片，煤粉漏斗应保持一定储量，不许用空，避免因空气进入形成爆炸性混合物。

⑥ 使用液体或气体燃烧的炉子，点火前应吹扫炉膛，防止积存的爆炸性混合气体被点燃后发生爆炸。

⑦ 加热炉温度和流量控制。加热炉中被加热介质的出炉温度和流量是工艺过程的一个重要参数，直接影响到后续工艺产品的收率、质量和装置的正常操作。

对多管程加热炉，其管程数宜为偶数。当炉管入口处的工艺介质为两相流流体时，其进出口工艺管道应分别采用对称形式的流程；当工艺介质为单相流流体时，其进出口工艺管道除可采用对称形式的流程外，也可采用非对称形式流程，但需在各管程入口管道上设置流量调节阀和流量指示仪表，并在多管程出口管道上设置温度指示仪表。

炉管内需要注水或蒸汽时，应在水或蒸汽管道上设置切断阀、检查阀和止回阀。炉出口过热蒸汽放空管道上应设置消声器，烘炉时炉管内一般要通入防护蒸汽，应设置相应的设施。

a. 出炉温度控制。根据被加热介质的出炉温度直接调节燃料量。在此情况下，由于传热元件及测温元件的滞后较大，当燃料的压力或热值稍有波动时，就会引起被加热介质出炉温度的显著变化。因此，这种单参数的控制方法只适用于对出炉温度要求不严格的场合。如果采用被加热介质出炉温度与炉膛烟气温度串级调节，见图9-4，就可克服被加热介质出口温度的滞后现象，显著地改善调节效果。

b. 进料的流量控制。进料在炉管中产生汽化或分解时，炉管的压力将随物料汽化的百分率或分解深度而变化，在这种情况下，应在进料前装设流量调节器。如果为多路进料，则需在每路进料管道上装设流量调节器。当进料来自上游的分馏塔底时，工艺要求既要保证塔底液位平衡，又要保证进料恒定。此时可采用均匀控制系统，用塔底液位给定流量调节器，见图 9-4。

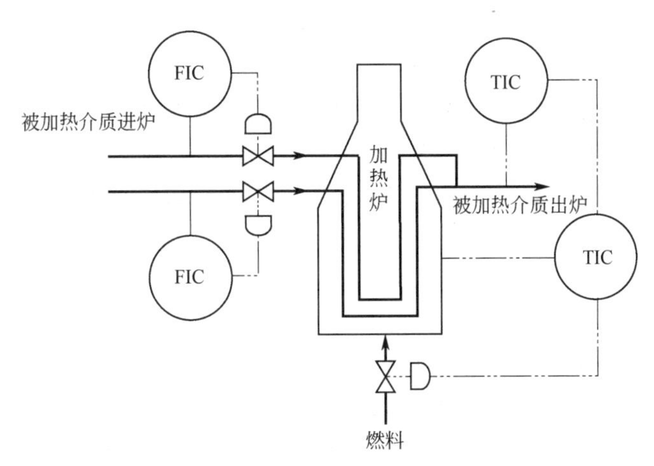

图 9-4 加热炉温度和流量控制

⑧ 安全合理布置。加热炉宜集中布置在装置的边缘，并且位于可燃气体、液化烃、易燃液体设备的全年最小频率风向的下风侧。加热炉和相邻设备（装置）之间要留有不小于规范要求的防火间距。加热炉和具有火灾爆炸危险的露天装置之间可布置封闭型的无危险生产房间，这样的建筑物是一种特殊的保护屏障。

加热设备的房间应单独设置，其建筑应为一、二级耐火警级。房间的门应为防火门，如确定生产需要设在厂房内，房间门应直通室外，并且应用砖墙与车间其他岗位隔开。

⑨ 保证设备完好无漏。加热炉的设计要合理，选材制造要严格，工艺要严谨，使用中要定期检测设备壁厚和耐压强度，并在设备和管道上加装压力计、安全阀和放空管，确保加热设备完好不漏。

⑩ 管式加热炉的回弯头塞子应按孔洞磨合好；检查回弯头的制造质量；炉管有过热、变形、膨胀等管段时要及时更换；对炉管进行水压试验，发现有缺陷和故障及时修理。

防止燃料管泄漏的措施有：查看燃料系统的状况，防止出现不严密和损坏现象；清除流淌的燃料；在离加热炉 10m 处的燃料管上安装附加闸阀，以便快速地断料停炉。

⑪ 防止炉膛爆炸。对燃油、燃气的加热炉，在炉子点火前，应检查供油、供气阀门的关闭状态，用蒸汽吹扫炉膛，排除其中可能积存的爆炸性混合气体，以免点火时发生爆炸。

⑫ 防止烟道爆炸。不允许空气被吸进烟道。安装防爆片，一旦发生爆炸能保护烟道。

⑬ 设置安全装置和灭火设施。对于有增压危险的加热设备，要设置温度、压力、液位等报警和安全泄放装置；容量较大的加热设备应备有事故排放槽，设备发生沸溢和漏料的紧急状态下，应将设备内物料及时排入事故排放罐，防止事故扩大，在燃气的加热设备进气管道上应安装阻火器，以防回火；用煤粉作燃料时，煤粉输送管道应装爆破片，防止爆炸时破坏设备；飞火严重的烟囱要设置火星熄灭器并清除邻近的可燃物质；加热炉内安装

灭火系统，以便于直接控制和熄灭燃烧室内的火灾；加热设备附近应备有蒸汽灭火管线及灭火器材。

9.3.2 换热

9.3.2.1 概述

换热是化工生产中最常见的操作之一，通过换热可以把低温流体加热或者把高温流体冷却，把液体汽化成蒸气或者把蒸气冷凝成液体。换热器是化工生产中最主要的换热设备，在化工生产中可作为加热器、冷却器、冷凝器、蒸发器和再沸器等使用。换热器在工艺设备中的地位十分重要，据统计，换热器的吨位约占整个工艺设备的 20%，有的甚至高达 30%。

根据所起作用的不同，换热设备有冷却器、加热器、再沸器、冷凝器（冷凝气态物流的设备）、蒸发器、过热器、废热锅炉和换热器等。

根据传热方式和结构的不同，间壁传热的换热设备主要有管壳式换热器、板式换热器、管式换热器、板壳式换热器。管壳式换热器又有固定管板式、浮头式、U 形管式等；板式换热器有板翅式、螺旋板式、夹套式等。管式换热器有套管式、蛇管式、翅管式、喷淋管式、箱管式、空冷器等；板壳式换热器由板组成传热面并且有外壳。此外，还有热管式、石墨换热器等。

9.3.2.2 危险性分析

① 泄漏引起事故。换热设备结构比较复杂，焊缝接头部位较多，加之介质的腐蚀作用，很容易造成泄漏。

② 设计缺陷，引起爆炸。换热器结构复杂，设计应该合理，使用应该得当，否则非常危险。

③ 违章操作，引起事故。换热器操作有严格的操作规程，许多换热事故的发生都与不严格按操作规程操作有关系。

9.3.2.3 防火防爆安全措施

（1）严格安全操作

应严格控制操作温度、压力、流量等工艺参数，使其操作条件平稳。根据不同情况，安装温度计或温度指示仪，温度、压力、流量自动调节系统及自动检测和报警装置，要保证仪器、仪表灵敏好用，避免故障所带来的火灾危险。

1）无相变管壳式换热器的控制措施

根据进出冷热流体温差情况，无相变管壳式换热器控制可以采用调节冷流体、调节热流体和同时调节三种控制调节方案，如图 9-5 所示。

① 当热流温差小于冷流温差时，冷流体流量的变化将会引起热流体出口温度的显著变化，调节冷流体效果较好。

② 当热流温差大于冷流温差时，热流体流量的变化将会引起冷流体出口温度的显著变化，调节热流体效果较好。

③ 当热流体进出口温差大于 150℃时，不宜采用三通调节阀，可采用两个两通调节阀，一个气开，一个气关。

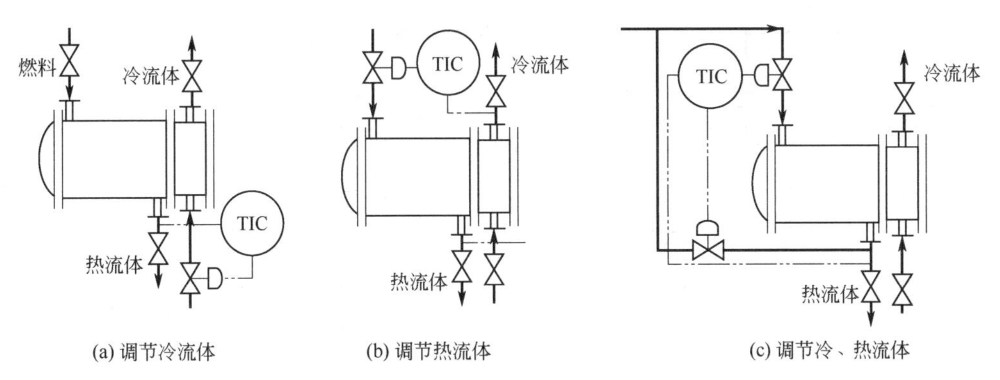

图 9-5 无相变管壳式换热器控制措施

2）一侧有相变管壳式换热器的控制措施

一侧有相变管壳式换热器控制可以采用调节传热面积、调节传热温差两种控制调节方案。如图 9-6 所示。

① 采用直接蒸汽加热时，必须严格控制蒸汽压力，防止压力升高引起冷流体温度的急剧升高，引发爆炸。一般采用调节蒸汽压力来改变冷凝温度，从而调节加热器的温度差来控制被加热介质的温度。

② 改变传热面积以控制冷介质的出口温度，这种方式是通过调节换热器中的冷凝水量来实现的，所以需要增加换热面积。

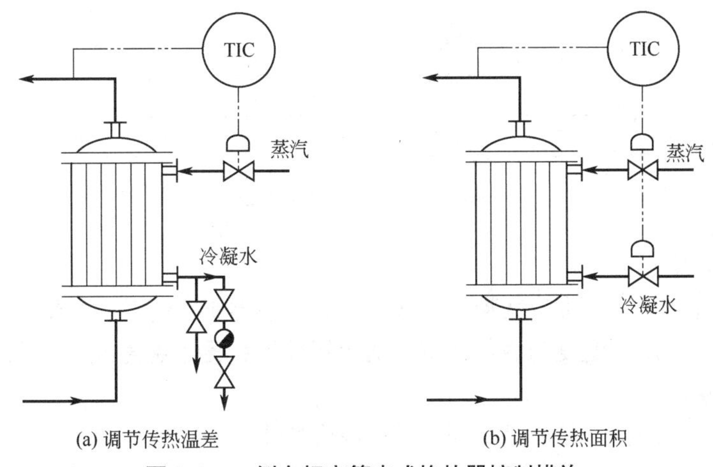

图 9-6 一侧有相变管壳式换热器控制措施

3）两侧都有相变管壳式换热器的控制措施

两侧有相变的管壳式换热器和一侧有相变的管壳式换热器类似。如图 9-7 所示。

① 蒸汽冷凝供热的加热器，一般采用调节蒸汽压力来改变冷凝温度，从而调节加热器的温度差来控制被加热介质的温度。

② 改变传热面积以控制冷介质的出口温度，这种方式是通过调节换热器中的冷凝水量来实现的，所以需要增加换热面积。

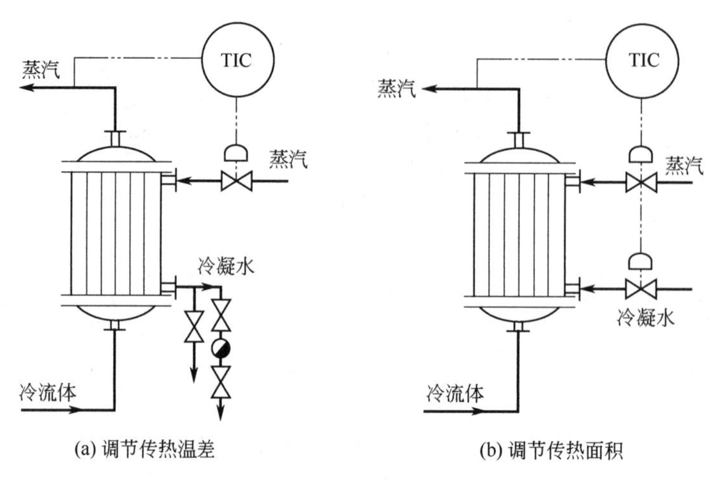

(a) 调节传热温差　　(b) 调节传热面积

图 9-7　两侧有相变管壳式换热器控制措施

4）再沸器控制措施

再沸器常用的控制方式是将调节阀装在热介质管道上，根据被加热介质的温度调节热介质的流量，见图 9-8（a）。当热介质的流量不允许改变时（如工艺流体），可在冷介质管道上设置三通调节阀以保持其流量不变，见图 9-8（b）。

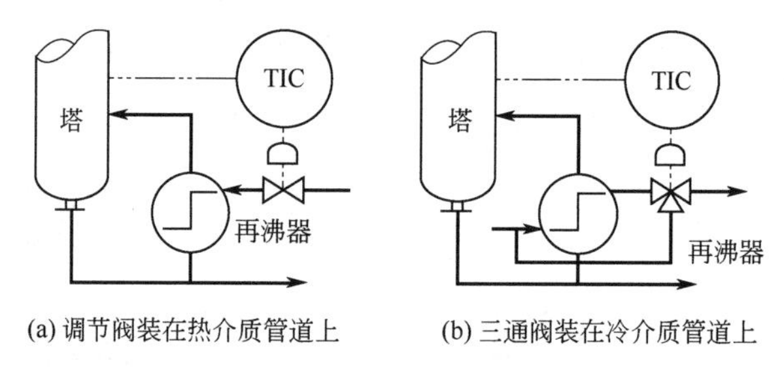

(a) 调节阀装在热介质管道上　　(b) 三通阀装在冷介质管道上

图 9-8　再沸器控制措施

5）釜式反应器温度控制

釜式反应器温度（采用夹套式换热器或蛇管式换热器）控制方式主要有冷却介质强制循环单回路温度控制、反应温度与载热体流量的串级控制、反应温度与夹套温度的串级控制三种，如图 9-9 所示。

图 9-9（a）方案的特点是通过冷却介质的温度变化来稳定反应温度。冷却介质采用强制循环式，流量大，传热效果好。但釜温与冷却介质温差比较小，能耗大。

图 9-9（b）和图 9-9（c）是两种串级温度控制方案。图 9-9（b）为反应温度与载热体流量串级，副参数选择的是载热体的流量，它对克服载热体流量和压力的干扰较及时有效，但对载热体温度变化的干扰却得不到反映。图 9-9（c）方案副参数选为夹套温度，它对载热体方面的干扰具有综合反映的效果，而且对来自反应器内的干扰也有一定的反映。

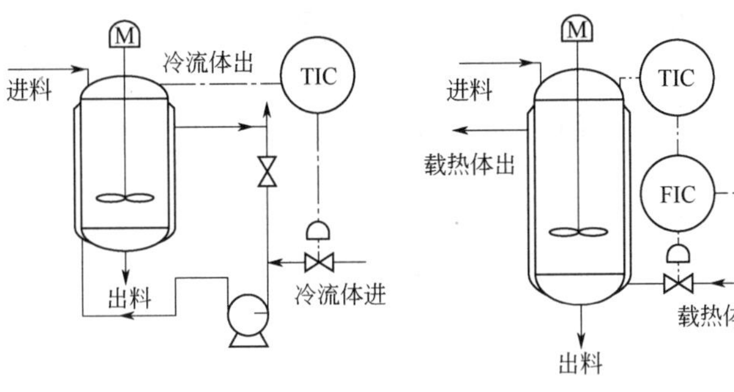

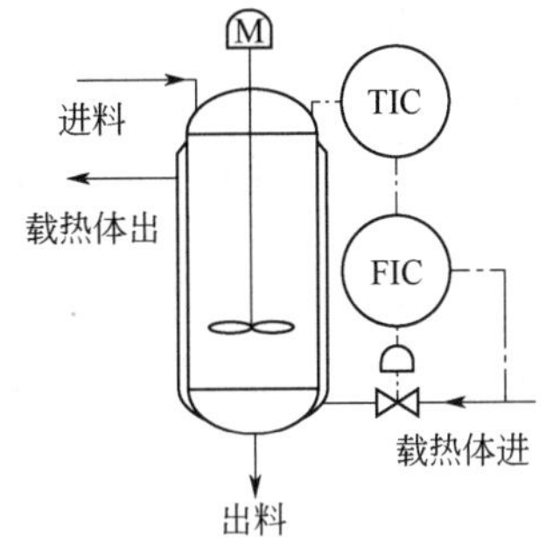

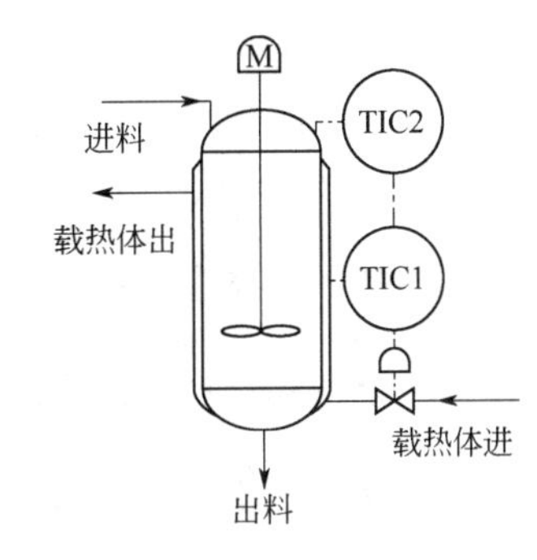

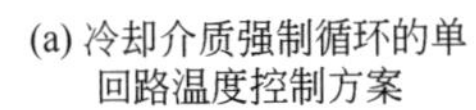

(a) 冷却介质强制循环的单回路温度控制方案 (b) 反应温度与载热体流量串级控制方案 (c) 反应温度与夹套温度串级控制方案

图 9-9 釜式反应器温度控制

（2）忌水性物质严禁用热水和水蒸气加热

与水能发生反应并存在火灾危险性的物料，不能用热水和水蒸气作加热热源，以防接触发生危险反应。

（3）控制和消除点火源

输送过热饱和水和高压蒸汽的管道及加热设备，应用不燃或难燃材料保温处理；其上严禁搭放烘烤可燃物质，并经常清除高温表面上的污垢和物料，防止因高温表面引起物料的自燃分解，管道和设备近旁严禁堆放可燃物质。

（4）保持操作条件稳定

如果操作条件不稳定或操作控制不当，频繁地开停车，超温、超压运行，易导致设备泄漏和失效。

（5）设备结垢要及时清理

污垢层的热阻比金属管材大得多，从而导致换热能力迅速下降，并且增大流体阻力和加快管壁腐蚀。若换热器长期不清污，易燃易爆物质积累过多，加之操作温度过高，会导致换热器发生爆炸事故。

9.3.3 冷却与冷凝

9.3.3.1 概述

冷却与冷凝是化工生产的基本操作之一，冷却与冷凝的主要区别在于被冷却物料是否发生相的改变，若发生相变（如气相变为液相）则称为冷凝，无相变只是温度降低则称为冷却。

根据冷却与冷凝所用的设备不同可分为直接冷却与间接冷却两种。

直接冷却，可直接向所需冷却的物料加入冷水或冰，也可将物料置入敞口槽中或喷洒于空气中，使之自然汽化而达到冷却的目的。在直接冷却中常用的冷却剂为水。直接冷却法的缺点是物料会被稀释。

间接冷却通常是在具有间壁式的换热器中进行的。壁的一边为低温载体，如冷水、盐水、冷冻混合物以及固体二氧化碳等，壁的另一侧为所需冷却的物料。

一般冷却水所达到的冷却效果不低于 0℃，20%浓度的盐水的冷却效果可达−15℃；冷冻混合物（以压碎的冰或雪与盐类混合制成），依其成分不同，冷却效果可达 0～−45℃。

在石油化工过程中经常使用各种各样的冷凝器，其中在两相流动传热的冷凝过程中应用最为广泛，如蒸馏塔顶气体馏出物的冷凝、水蒸气的冷凝、冷冻剂蒸气的冷凝等。在冷凝过程中涉及的主要设备有管壳式冷凝器、空气冷凝器、板式冷凝器和螺旋板式冷凝器等。

9.3.3.2 危险性分析

反应设备和物料未能及时得到应有的冷却或冷凝，是导致火灾、爆炸的常见原因。

9.3.3.3 安全防范措施

① 应根据被冷却物料的温度、压力、理化性质以及所要求冷却的工艺条件，正确选用冷却设备和冷却剂。忌水物料的冷却不宜采用水作冷却剂，必需时应采取特别措施。对于腐蚀性物料的冷却，最好选用耐腐蚀材料的冷却设备，如石墨冷却器、塑料冷却器等。

② 应严格注意冷却设备的密闭性，防止物料进入冷却剂中或冷却剂进入物料中。

③ 冷却操作过程中，冷却介质不能中断，否则会造成积热，使反应异常，系统温度、压力升高，引起火灾或爆炸。因此，冷却介质温度控制最好采用自动调节装置。

④ 开车前，首先应清除冷凝器中的积液；开车时，应先通入冷却介质，然后通入高温物料；停车时，应先停物料，后停冷却系统。

⑤ 为保证不凝可燃气体安全排空，可充氮进行保护。

⑥ 高凝固点物料，冷却后易变得黏稠或凝固，在冷却时要注意控制温度，防止物料卡住搅拌器或堵塞设备及管道。

9.4 干燥

（1）概述

干燥操作是利用热能将潮湿固体物料中的水分（或溶剂）除去的单元操作。干燥的热源有热空气、过热蒸汽、烟道气和明火等。

干燥按干燥时是否进行控制可分为自然干燥和人工干燥；按操作压力可分为常压干燥和减压干燥；按操作方式可分为间歇式干燥和连续式干燥；按干燥介质类别可分为空气干燥、烟道气干燥或其他介质干燥；按干燥介质与物料流动方式可分为并流干燥、逆流干燥和错流干燥等；按传热的方式可分为对流干燥、传导干燥和辐射干燥。所用的干燥器有厢式干燥器、气流干燥器、沸腾干燥器、转筒干燥器、喷雾干燥器、滚筒干燥器、真空盘架式干燥器、红外线干燥器、远红外线干燥器、冷冻干燥器、微波干燥器等。

（2）危险性分析

干燥过程极易发生超温物料分解、自燃、静电和粉尘爆炸。

（3）安全防范措施

① 合理选择干燥方法。对于热敏性、易氧化的物料应选择减压式干燥方式；易燃、易爆物料也应选择减压式干燥方式，此时蒸发速度快，干燥温度可适当控制低一些，防止由于高温引起物料局部过热和分解，大大降低火灾、爆炸的危险程度。注意真空干燥后清除真空时，一定要使温度降低后才能放入空气，空气过早放入，会引起干燥物着火或爆炸。干燥加

热介质不应选用空气或烟道气，而应采用氮气或其他惰性介质。

② 保持密封良好。干燥室与生产车间应用防火墙隔绝，并安装良好的通风设备，电气设备应防爆或将开关安装在室外。在干燥室或干燥箱内操作时，应防止可燃的干燥物直接接触热源，以免引起燃烧。当干燥物料中含有自燃点很低或含有其他有害杂质时必须在烘干前彻底清除掉，干燥室内也不得放置容易自燃的物质。

③ 消除火源。干燥过程中所产生的易燃气体和粉尘同空气混合很容易达到爆炸极限。在气流干燥过程中，物料由于迅速运动相互激烈碰撞、摩擦易产生静电；滚筒干燥过程中，刮刀有时和滚筒壁摩擦产生火花，与易燃气体和粉尘接触容易产生爆炸。因此，应该严格控制干燥气流风速，并将设备接地。对于滚筒干燥，应适当调整刮刀与筒壁间隙，并将刮刀牢牢固定，或采用有色金属材料制造刮刀，以防产生火花。用烟道气加热的滚筒式干燥器，应注意加热均匀，不可断料，滚筒不可中途停止运转，斗口有断料或停转应切断烟道气并通氮气。干燥设备上应安装爆破片。

④ 控制物料温度及受热时间。控制超温超时是安全操作的重要措施。对用明火进行加热的干燥要控制火焰强度和加热时间，蒸汽加热要控制蒸汽压力，电加热要控制加热温度，及时切断电源，对热敏性及易燃易爆性物料要严格控制加热温度及时间，在干燥系统应设置超温超时报警和自动调节等控制装置。在进行间歇式干燥时，物料大部分靠人力输送，热源采用热空气自然循环或鼓风机强制循环，温度控制不好易造成局部过热，引起物料分解造成火灾或爆炸，因此要严格控制温度。

⑤ 在间歇式干燥过程中，应严格控制干燥温度，根据具体情况，应安装温度计、稳定自动调节装置、自动报警装置以及防爆泄压装置。

⑥ 连续干燥过程连续进行，因此物料过热的危险性较小，且操作人员脱离了有害环境，所以连续干燥比间歇干燥安全。

⑦ 在采用滚筒式干燥器干燥时，应主要防止产生机械伤害，应有联系信号及各种防护装置。

⑧ 干燥室与生产车间应用防火墙隔绝，并安装良好的通风设备，电气设备应防爆或将开关安装在室外。在干燥室或干燥箱内操作时，应防止可燃的干燥物直接接触热源，以免引起燃烧。

9.5 冷冻与结晶

9.5.1 冷冻

9.5.1.1 概述

冷冻操作的实质是利用冷冻剂自身通过压缩-冷却-蒸发（或节流、膨胀）的循环过程，不断地从被冷冻物体取出热量（一般通过冷载体盐水溶液传递热量），并传给高温物质（水或空气），以使被冷冻物体温度降低。这一传递过程一般借助于冷冻剂实现。一般说来，冷冻程度与冷冻操作的技术有关，凡冷冻范围在-100℃以内的称为冷冻，在-100～-210℃或更低的温度则称为深度冷冻或简称深冷。

化工企业的冷冻操作一般由压缩冷冻机实现。一般常用的压缩冷冻机由压缩机、冷凝器、蒸发器与膨胀阀等四个基本部分组成。工业上常用的制冷剂有氨、氟利昂等。在石油化工生产中，常将石油裂解产品乙烯、丙烯作为深冷分离的冷冻剂。

9.5.1.2　危险性分析

冷冻机大多采用氨、氟利昂制冷，氟利昂属于四级轻度有毒有害物质，当空气中的氟利昂浓度达到一定的程度，就会让人感觉到窒息，而当空气中的氨气浓度达到 15.0%～28.0%时，遇到明火就可能引发爆炸。因此，压缩机的损坏、制冷剂的泄漏往往导致事故发生。

9.5.1.3　安全防范措施

冷冻压缩机在使用时应注意：

① 采用不发生火花的防爆型电气设备；

② 在压缩机出口方向，应于汽缸与出气阀间设一个能使氨通到吸入管的安全装置，以防压力超高管路爆裂，在旁通管路上不装阻气设施；

③ 易于污染空气的油分离器应设于室外，应采用低温不黏结且不与氨发生化学反应的润滑油；

④ 制冷系统的压缩机、冷凝器、蒸发器以及管路系统，应注意其耐压程度和气密性，防止设备、管路产生裂纹和泄漏，同时要加强安全阀、压力表的安全检查、维护；

⑤ 制冷系统因发生事故或停电而紧急停车时，应注意被冷冻物料的排空处理；

⑥ 装有冷料的设备及容器，应注意其低温材质的选择，防止金属的低温脆裂；

⑦ 应设有氨气浓度自动检测报警装置，室内空间应实现氨气浓度与强制排风系统的安全联锁；

⑧ 避免含水物料在低温下冻结堵塞管线，造成增压导致爆炸。

9.5.2　结晶

9.5.2.1　概述

结晶是固体物质以晶体状态从蒸气、溶液或熔融物中析出的过程。结晶是一个热、质同时传递的重要化工单元操作，从熔融体析出晶体的过程用于单晶制备，从气体析出晶体的过程用于真空镀膜，而化工生产中常遇到的是从溶液中析出晶体，主要用于制备产品与中间产品、获得高纯度的纯净固体物料。

结晶方法一般为两种，一种是蒸发结晶，一种是降温结晶。蒸发结晶适用于温度对溶解度影响不大的物质，沿海地区“晒盐”就是利用的这种方法。降温结晶适用于温度升高，溶解度也增加的物质，如北方地区的盐湖，夏天温度高，湖面上无晶体出现，每到冬季，气温降低，石碱（$Na_2CO_3 \cdot 10H_2O$）、芒硝（$Na_2SO_4 \cdot 10H_2O$）等物质就从盐湖里析出来。

通过改变温度或减少溶剂的办法，可以使某一温度下溶质微粒的结晶速率大于溶解速率，从而使溶质从溶液中结晶析出。用冷水或冰水迅速冷却并剧烈搅动溶液时，可得到颗粒很小的晶体，将热溶液在常温条件下静置使之缓缓冷却，则可得到均匀而较大的晶体。如果溶液冷却后晶体仍不析出，可用玻璃棒触控液面下的容器壁，也可加入晶种，或进一步降低溶液温度，晶体就会析出。

溶液结晶过程可以根据不同的方式进行分类。一般根据过饱和度的产生方式进行分类，可分为冷却结晶、蒸发结晶、超声波结晶和高压结晶等，其他还有溶析结晶、冷冻结晶和萃取结晶等。根据结晶操作方式可分为分批结晶和连续结晶等。随着科技进步，新的结晶方式不断涌现，主要有反应结晶、真空结晶、无溶剂结晶、膜结晶、萃取结晶、蒸馏-结晶耦合、超临界流体（SCF）结晶、升华结晶等。

9.5.2.2 危险性分析

结晶和重结晶采用的溶剂可能易燃、易爆，使用时防止和空气形成爆炸性混合物，避免火灾和爆炸事故的发生。因此，搅拌和结晶器的密封性要完好，而且也要防止静电的产生。

9.5.2.3 安全防范措施

① 当结晶设备内存在易燃液体蒸气和空气的爆炸性混合物时，要防止产生静电，避免火灾和爆炸事故的发生。

② 结晶过程中使用搅拌器时要注意搅拌轴，避免搅拌轴的填料函漏油，因为填料函中的油掉入结晶器会发生危险。例如，硝化反应时，反应结晶器内有浓硝酸，如有润滑油漏入，则油在浓硝酸的作用下会氧化发热，使反应物料温度升高，可能发生冲料和燃烧、爆炸。当反应器内有强氧化剂存在时，也有类似危险。

③ 对于易燃物料不得中途停止搅拌，因为搅拌停止时，物料不能充分混匀，反应结晶不良，且大量积累，当搅拌恢复后，大量未反应的物料迅速混合，反应剧烈，往往造成冲料，有燃烧、爆炸危险。如因故障导致搅拌停止时，应立即停止加料，迅速冷却；恢复搅拌时，必须待温度平稳，反应正常后方可继续加料，恢复正常操作。

④ 搅拌器应定期维修，严防搅拌器断落，造成物料混合不匀，最后突然反应而发生猛烈冲料，甚至爆炸起火。

⑤ 搅拌器应有足够的机械强度，以防止因变形而与反应结晶器器壁摩擦造成事故。

⑥ 搅拌器应灵活，防止卡死，引起电动机温升过高而起火。

9.6 蒸发与蒸馏

9.6.1 蒸发

9.6.1.1 概述

蒸发是在液体表面发生的汽化过程，以提高溶液中非挥发性组分的浓度（浓缩）或使溶质从溶液中析出（结晶）。

蒸发按其采用的压力可分为常压蒸发和减压（真空）蒸发；按其蒸发所需热量的利用次数可分为单效蒸发和多效蒸发。蒸发受温度、湿度、液体的表面积、液体表面上方空气流动的速度等因素影响。通常，温度越高、液面暴露面积越大，蒸发速率越快；溶液表面的压强越低，蒸发速率越快。

根据被冷却介质的种类不同，蒸发设备即蒸发器可分为两大类：

① 冷却液体载冷剂的蒸发器。冷却液体载冷剂有水、盐水或乙二醇水溶液等。这类蒸发器常用的有卧式蒸发器、立管式蒸发器和螺旋管式蒸发器等。

② 冷却空气的蒸发器。这类蒸发器有冷却排管和冷风机。

蒸发器由于其结构差异分为膜式蒸发器和一般蒸发器；根据料液循环速度的不同分为循环型和非循环型两种方式。膜式蒸发器的特点是溶液只通过加热室一次即可达到所需的蒸发浓度，特别适用于处理热敏性物料。

蒸发器主要由加热室和蒸发室两部分组成。

9.6.1.2 危险性分析

对于热敏性料液的蒸发，由于物料在加热室内的滞料量大，高温下停留的时间较长，须考虑温度的控制，尤其是溶液的蒸发产生结晶、沉淀和污垢的影响，这些将导致传热效率的降低，而这些物质不稳定时，局部过热可使其分解变质或燃烧、爆炸。

另外，根据蒸发物料的特性选择适宜的蒸发压力、蒸发器型式和蒸发流程是十分关键的。

9.6.1.3 安全防范措施

① 要根据被蒸发溶液的特点控制温度和选择加热方式。对易燃性溶剂，要选择间接加热方式；对热敏性溶液要控制蒸发温度，为防止热敏性物质的分解，可采用真空蒸发的方法，以降低蒸发温度，或采用高效蒸发器，尽量缩短溶液在蒸发器内的停留时间。

② 避免设备腐蚀。对于腐蚀性溶液的蒸发，要选择具有耐腐蚀的设备，定期检测设备受腐蚀的状况，及时维修，以免危险增大发生事故。

③ 一方面应定期停车清洗、除垢；另一方面改进蒸发器的结构，如把蒸发器的加热管加工光滑些，使污垢不易生成，即使生成也易清洗，提高溶液循环的速度，从而降低污垢生成的速度。

9.6.2 蒸馏

9.6.2.1 概述

蒸馏是利用混合液体或液-固体系中各组分沸点不同，使低沸点组分蒸发，再冷凝，以分离整个组分的单元操作过程，是蒸发和冷凝两种单元操作的联合。与其他的分离手段，如萃取、过滤、结晶等相比，它的优点在于不需要使用系统外的其他溶剂，从而保证不会引入新的杂质。

蒸馏的分类有以下几种。

① 按方式分：简单蒸馏、平衡蒸馏、常规精馏、特殊精馏（恒沸精馏、萃取精馏等）。

② 按操作压强分：常压蒸馏、加压蒸馏、减压（真空）蒸馏。

③ 按混合物中组分分：双组分蒸馏、多组分蒸馏。

④ 按操作方式分：间歇蒸馏、连续蒸馏。

挥发度差异大容易分离或产品纯度要求不高时，通常采用间歇蒸馏；挥发度接近难于分离或产品纯度要求较高时，通常采用连续蒸馏或特殊精馏；处理沸点适中（沸点为100℃左右）的物料，采用常压蒸馏较为适宜；处理低沸点（沸点低于30℃）物料，采用加压蒸馏较为适宜；处理高沸点（沸点高于150℃，易发生分解、聚合，热敏性）物料，则应采用真空蒸馏。

间歇蒸馏所用的设备为简单蒸馏塔；连续蒸馏采用的设备种类较多，主要有填料塔和板式塔两类；根据物料的特性，可选用不同材质和形状的填料，选用不同类型的塔板。

塔釜的加热方式可以是直接火加热、水蒸气直接加热、蛇管加热、夹套加热及电感加热等。

9.6.2.2 危险性分析

蒸馏过程主要危险性有：易燃液体蒸气与空气形成爆炸性混合物，遇点火源发生爆炸；塔釜复杂的残留物在高温下易发生热分解、自聚及自燃；物料中微量的不稳定杂质在塔内局部被蒸浓后分解爆炸；低沸点杂质进入蒸馏塔后瞬间产生大量蒸气造成设备压力骤然升高而发生爆炸；蒸馏温度控制不当，有液泛、冲料、超压、自燃及淹塔的危险；加料量控制不当，有蒸干的危险，同时造成塔顶冷凝器负荷不足，使未冷凝的蒸气进入产品槽后，因超压发生爆炸；回流量控制不当造成出口管堵塞，产生爆炸的危险。

9.6.2.3 安全防范措施

① 蒸馏过程可能涉及腐蚀性极强的料液，蒸馏腐蚀性液体时，应合理选择抗蚀性设备材质，防止塔壁、塔盘腐蚀，造成易燃液体或蒸气溢出，遇明火或灼热的炉壁而发生燃烧、爆炸。

② 在常压蒸馏中，热源不能采用明火，采用水蒸气或过热水蒸气加热较安全。还应注意防止管道、阀门被凝固点较高的物质凝结堵塞，导致釜内和塔压力升高而引起爆炸。

③ 蒸馏自燃点很低的液体，应注意蒸馏系统的密闭，防止泄漏遇空气自燃。对于高温的蒸馏系统，应防止冷却水突然漏入塔内，这将会使水迅速汽化，塔内压力突然增高而将物料冲出或发生爆炸。

④ 在用直接火加热蒸馏高沸点物料时，应防止产生自燃点很低的树脂油状物遇空气而自燃。同时，应防止蒸干，使残渣焦化结垢，引起局部过热而着火爆炸。焦油和残渣要经常清除。

⑤ 塔顶冷凝器中的冷却水或冷冻盐水不能中断，否则，未冷凝的易燃蒸气溢出后使系统温度增高，窜出的易燃蒸气遇明火会引起燃烧。

⑥ 减压蒸馏的密闭性要好，避免吸入空气。对于易燃易爆料液的蒸馏，蒸馏完毕，待其蒸馏锅冷却，充入氮气后，再停止真空泵运转，以防空气进入热的蒸馏锅引起燃烧或爆炸。因此，减压真空蒸馏所用的真空泵应安装单向阀，在排气管应安装阻火器，防止突然停泵空气进入设备。

⑦ 加压蒸馏设备的气密性和耐压性要好，应安装安全阀和温度、压力调节控制装置，严格控制蒸馏温度与压力。

⑧ 在蒸馏易燃液体时，应注意系统的静电消除，特别是苯、丙酮、汽油等不易导电液体的蒸馏，更应将蒸馏设备、管道良好接地。

⑨ 室外蒸馏塔应安装可靠的避雷装置。

⑩ 蒸馏设备应经常检查、维修。停车后、开车前清洗、置换系统。

⑪ 对易燃易爆物质的蒸馏厂房要符合防爆要求，有足够的泄压面积，室内电机、照明等电气设备均应采用灵敏可靠的防爆产品。

9.7 吸收与吸附

9.7.1 吸收

9.7.1.1 概述

吸收是利用气体混合物在液体吸收剂中溶解度的不同，使易溶的组分溶于吸收剂中，并与其他组分分离的过程。吸收操作是气液两相之间的接触传质过程，该过程通过扩散进行。除物理吸收过程外，伴有化学反应的吸收叫化学吸收。

吸收时，首先溶质从气体主体对流扩散到气膜边界，然后以分子扩散的方式通过气膜到达气液两相界面，在界面上溶解到液相中，再以分子扩散的方式通过液膜到达液膜边界，最后再对流扩散进入液体主体。由于分子扩散的阻力远大于对流扩散的阻力，所以整个吸收过程的阻力主要集中在气膜和液膜中。若增大流体流速，气膜和液膜的厚度均减小，则吸收阻力降低，所以增大流速、采用化学吸收是强化吸收过程的有效措施。

常用的吸收设备有吸收塔、表面吸收器、搅拌吸收器。吸收塔是实现吸收操作的设备，按气液相接触形态分为三类。

第一类是气体以气泡形态分散在液相中的板式塔、鼓泡吸收塔、搅拌鼓泡吸收塔。

第二类是液体以液滴状分散在气相中的喷射塔、文丘里管、喷雾塔。喷洒液滴可用高速转动的转盘，也可用液体喷嘴，以扩大相际接触面积。但用得最广的是通过高速气流分散液体的喷射塔。喷射塔的上部是喷射段，设有气液两相进口和喷杯。进入喷射段的吸收剂连续溢入喷杯内，气体以 20～26m/s 的高速度由喷杯喷出，将吸收剂分散成细小雾滴。塔中部是吸收段，气液两相在此充分接触，进行吸收。塔的底部是气液分离段。喷射塔结构简单，生产强度高，压降小，适用于易溶气体的吸收和伴有快速反应的化学吸收，一般用单级或双级。

第三类为液体以膜状运动与气相进行接触的填料吸收塔和降膜吸收塔。塔内气液两相的流动方式可以逆流也可并流。通常采用逆流操作，吸收剂从塔顶加入自上而下流动，与从下向上流动的气体接触，吸收了吸收质的液体从塔底排出，净化后的气体从塔顶排出。

影响吸收塔操作效果的主要因素有相组成、温度、压力、组分性质、吸收剂性质、吸收塔结构等与气液平衡状态有关的参数。吸收塔的控制常设塔温、塔压、吸收剂流量等控制系统。

工业吸收塔应具备以下基本要求：

① 塔内气体与液体应有足够的接触面积和接触时间；

② 气液两相应具有强烈扰动，减少传质阻力，提高吸收效率；

③ 操作范围宽，运行稳定；

④ 设备阻力小，能耗低；

⑤ 具有足够的机械强度和耐腐蚀能力；

⑥ 结构简单、便于制造和检修。

表面吸收器内具有固定的相际接触表面，气体在吸收器内掠过静止或缓慢流动的液体表面，适用于易溶气体的吸收和伴有快速反应的化学吸收。表面吸收器形状简单，可采用耐腐蚀材料制造，具体类型有陶瓷吸收罐、石英管吸收器、石墨板吸收器、管壳式湿壁吸收器等，其中有的类型能及时移去吸收产生的热量。

搅拌吸收器，用涡轮搅拌器分散从下方导入的气体，以增强相际接触。为增加气体在液体中的停留时间，在涡轮上面设置一个帽形环，使气体返回容器下部，也有的在液面处设置另一叶轮，推动气相返入液体中。这种吸收器适用于气体流量小或液相中悬浮有固体颗粒的吸收。

吸收操作常见于化工企业尾气吸收处理系统中，多为气液吸收。

9.7.1.2 危险性分析

除了吸收剂性质本身的危险外，另外应分别从吸收设备选材、结构设计、环境、运行操作等方面进行危险性分析。

① 设备选材：吸收过程可能涉及腐蚀性极强的气体吸收过程，因此应根据吸收过程合理选择抗蚀性设备材质，以免发生设备因长期使用产生腐蚀泄漏的不安全状况。

② 结构设计：吸收塔结构设计中尽量采用圆滑过渡以减少构件的应力集中。

③ 环境因素：金属材料和环境介质的相容性较差，会破坏材料表面的氧化膜，使材料表面呈现出不均匀的状态，降低设备的使用寿命。

④ 运行操作因素：设备运行过程中，应尽可能地避免频繁的交变载荷，避免超温运作及局部过热，温度的提高会增加金属的腐蚀速率。

9.7.1.3 安全防范措施

① 选择合适的吸收剂。这对吸收过程的安全性和经济性起到关键的作用。应优先选择挥发性小、选择性高、毒性低、燃爆性小的溶剂作为吸收剂。

② 吸收设备应合理选择抗蚀性的材料。对设备所处的腐蚀性环境实行检测，并尽量降低吸收体系温度等。

③ 合理选择操作条件。低温、高压有利于吸收过程的完成，但要兼顾经济性及吸收剂物性的变化对吸收效果的影响，综合考虑，优化吸收操作的工艺条件。

④ 吸收设备运行时，应首先正常循环吸收剂，然后再将混合气送入，停车时则相反，先停止混合气的通入，再停吸收剂的循环。

⑤ 监控尾气中吸收剂的含量，以免发生易燃易爆物质的过度排放，造成环境污染，严重时引发火灾或爆炸风险。长期停用设备应将其内液体排空。

⑥ 应做好吸收设备排放系统的接地，防止因静电引燃排放气。

9.7.2 吸附

9.7.2.1 概述

吸附是固体或液体表面对气体或溶质的吸着现象。由于共价键或离子键的作用而产生的吸附为化学吸附。由于氢键或范德华力的作用而产生的吸附为物理吸附。

吸附是一种传质过程，物质内部的分子和周围分子有互相吸引的引力，但物质表面的分子，其中相对物质外部的作用力没有充分发挥，具有过剩的分子自由能，所以液体或固体物质的表面可以吸附其他的液体或气体，尤其是表面面积很大的情况下。

吸附分离具有分离程度高和选择性好的特点，所以工业上经常利用大比表面积的物质进行吸附。吸附剂为多孔性固体物质，具有很大的比表面积。常用工业吸附剂有活性氧化铝、硅胶、活性炭、漂白土、活性白土、分子筛、水膜等。吸附过程常用在石油化工、医药生产、气体和液体精制、环境保护、食品工业、废水处理、空气调节等领域。

按照吸附过程、吸附设备的特点、吸附操作方法不同可分为：接触吸附法、固定床吸附法、移动床吸附法等。接触吸附法将吸附剂放入有搅拌的接触吸附器内，与要处理的液体混合，在直接接触中，吸附液体中的可被吸附物质；固定床吸附法，是工业上应用最广泛的吸附方法，既可用于气体吸附，又可用于液体吸附。方法是将气体或液体混合物除尘并降温后，由风机送入第一吸附器通过活性炭床层，其中溶质吸附在活性炭上，不被吸附的空气从吸附器的出口放到大气中，当活性炭表面上的溶质达到饱和后，经过再生，将含溶质的空气送入第二吸附器，吸附了溶质的第一吸附器进行再生。再生时以低压水蒸气从反方向通过活性炭床层，使床层吸附的溶质脱附而被水蒸气带走；移动床吸附法是使吸附剂在吸附器内定向移动，流体与它逆流接触，在接触过程中完成吸附操作。

化工生产中采用吸附设备完成以下任务：原料气的净化、有机物蒸气的回收、气体产物和有机物液体中微量水的脱除、水溶液中微量油状物的除去、产物的脱色与除臭、液体产物的分离等。

9.7.2.2 危险性分析

（1）存在大量易燃、可燃物质

在许多情况下，吸附操作处理的气体、液体混合物是可燃的。如从树脂生产和塑料生产放出的气体中吸附苯乙烯、氯乙烯、丁二烯等有机物蒸气，经分离浓缩再用于生产；经吸附回收的物质大多数也是易燃的，用吸附剂将油状物吸附，进行纯净水的加工；医药生产和试剂生产中用吸附法除去其中微量有机物杂质等。

（2）有形成爆炸性浓度的可能性

设备密闭性不好，高压、高温气流冲击作用使管道破裂，吸附器的阀门受活动性颗粒的影响，容易关闭不严，可燃气体很容易逸出，与空气形成爆炸性混合物，遇点火源引起爆炸。

在正常工作状态下，吸附器内的可燃气体或蒸气应处于爆炸范围之外，如果抽吸空气的抽风机停转、功率减少或正在运行的抽风系统接上额外的工作量，使抽吸的空气减少，就会临近爆炸浓度。

吸附器在较低的温度下操作，由于操作失误，吸附剂活性炭的温度升高，或原料气体混合物冷却不足时，器内温度上升，可能使被吸附的溶剂蒸发，蒸气与空气混合物达到爆炸浓度。

（3）吸附剂活性炭具有危险性

（4）生产中可能产生点火源

生产中存在摩擦、撞击可能，当抽风机发生故障、叶片损坏、壳体和叶轮之间间隙失调、轴承磨损、叶轮振动和外物进入抽风机时，都可能会形成摩擦、撞击火星。

9.7.2.3 安全防范措施

（1）建筑须符合防火要求

处理易燃、易爆物料的吸附过程，厂房建筑的耐火等级应为一、二级；门窗也应朝外开启；厂房的泄压面积也应足够。

（2）防止形成爆炸性混合物

要保证设备系统完好无损，在回收化学腐蚀性气体和吸收剂对设备有腐蚀作用时，设备要使用耐腐蚀材料，设备壁面要采用防腐保护方法。高压高速气流对管道，特别是弯头部位的冲刷作用会使管壁变薄，应建立管道、弯头的档案，定期进行测厚，发现管壁变薄，应及时更换。设备如经过焊接，需进行热处理，以消除热应力，防止产生应力腐蚀，造成设备局部穿孔，要对其连续或定时检测。输送被吸附气体混合物时，抽吸空气量应使蒸气-空气不能形成爆炸性混合浓度，抽风机应备有两套防蚀电源，要既能手动，也能在运转抽风机停止时自动启动，当运行的和备用的抽风机都停转时，要停止生产过程。

（3）防止活性炭自燃

使用的活性炭在粒度、坚固性、灰分、自燃点和其他指标上应符合技术要求，经常筛分，及时更新。

9.8 萃取

9.8.1 概述

萃取，又称溶剂萃取或液液萃取，亦称抽提，是利用系统中组分在溶剂中不同的溶解度或分配系数来分离混合物的单元操作，广泛应用于化学、冶金、食品等工业，通用于石油炼制工业。另外将萃取后两种互不相溶的液体分开的操作，叫作分液。

固-液萃取，也叫浸取，用溶剂分离固体混合物中的组分，如用水浸取甜菜中的糖类；用乙醇（酒精）浸取黄豆中的豆油以提高油产量；用水从中药中浸取有效成分以制取浸膏叫“渗沥”或“浸沥”。

萃取设备的主要性能是能为两液相提供充分混合与充分分离的条件，使两液相之间具有很大的接触面积，这种界面通常是将一种液相分散在另一种液相中所形成，两相流体在萃取设备内以逆流流动方式进行操作。萃取设备主要有塔器、混合沉降槽、离心式萃取器等。萃取塔有填料萃取塔、筛板萃取塔、转盘萃取塔、往复振动筛板塔和脉冲萃取塔。

工业生产中所采用的萃取流程有多种，主要有单级和多级之分。

9.8.2 危险性分析

萃取时萃取剂的选择是萃取操作的关键，不但影响萃取单元操作本身，而且其性质决定了萃取过程危险性的大小和特点。其选择取决于组分的溶解度或分配系数的差异，不受物系挥发性的影响，因此萃取过程常常用到毒性、易燃、易爆的稀释剂或萃取剂。设计除溶剂储存和回收的防爆外，还需要有效的界面控制，因为萃取过程包含相混合、相分离以及泵输送等操作，消除静电变得极为重要。

9.8.3 安全防范措施

① 选择安全性好的萃取剂。萃取剂除了与料液不溶或少溶外，应对待提取物有很好的溶解性；同时出于安全考虑，萃取剂尽量挥发性小、稳定不易分解、无毒，而且闪点较高，不易燃爆。

② 根据原料液性质选择相对安全的萃取装置。对于腐蚀性强的体系，宜采取结构简单的防腐性填料塔，或有防腐内衬的萃取设备；对于有放射性的体系，应采用脉冲塔。如果体系中有悬浮物，尽可能采用转盘塔或澄清器；如果体系易燃易爆，应采用密闭操作或惰性气体保护操作；在需要最小持液量和非常有效相分离的情形时，则应该采用离心式萃取器。

③ 萃取过程应充分考虑静电的消除。

9.9 其他化工单元操作安全技术

9.9.1 混合

9.9.1.1 概述

混合是指用机械的或流体动力的方法，使两种或多种物料相互分散而达到一定均匀程度的单元操作，包括液体与液体的混合、固体与液体的混合、固体与固体的混合。

混合目的主要是：a. 制备各种均匀的混合物，如溶液、乳浊液、悬浮液及浆状和糊状或固体粉粒混合物等；b. 为某些单元操作（如萃取、吸附、换热等）或化学反应过程提供良好的条件。

在制备均匀混合物时，混合效果以混合物的混合程度即所达到的均匀性来衡量。在化工生产中，混合的目的是加速传热、传质和化学反应（如硝化、磺化）及促进物理变化，制取许多混合体如溶液、乳浊液、悬浊液、混合物等。混合效果常用传质总系数、传热系数或反应速率增大的程度来衡量。

用于液态的混合装置有机械搅拌、气流搅拌。机械搅拌装置包括浆式搅拌器、螺旋浆式搅拌器、涡轮式搅拌器、特种搅拌器；气流搅拌装置是用压缩空气、蒸气以及气体通入液体介质中进行鼓泡，以达到混合目的的一种装置。用于固态糊状的混合装置有捏和机、螺旋混合器和干粉混合器。

9.9.1.2 危险性分析

混合操作是一个比较危险的过程。易燃液态物料在混合过程中蒸发速度较快，产生大量可燃蒸气，若泄漏，将与空气形成爆炸性混合物；易燃粉状物料在混合过程中极易造成粉尘漂浮而导致粉尘爆炸。

对强放热的混合过程，若操作不当也具有极大的火灾爆炸危险。

9.9.1.3 安全防范措施

① 根据物料的性质和工艺要求正确选择混合设备。对于利用机械搅拌进行混合的操作过程，设备桨叶的强度要符合强度要求，安装要牢固，不允许产生摆动。在修理或改造桨叶时，应重新计算其牢固度，加长桨叶时还应重新计算所需功率（因为桨叶消耗能量与其长度的 5 次方成正比）。

搅拌器不可随意提高转速，尤其当搅拌非常黏稠的物质时，随意提高转速可能造成电动机超负荷、桨叶断裂或物料飞溅等。因此，对于黏稠物料的搅拌，最好采用推进式或透平式搅拌机。为防止超负荷造成事故，需安装超负荷停车装置。对于混合操作的加料、出料，应实现机械化、自动化。

② 混合易燃、易爆或有毒物料时，混合设备应密闭，并通入惰性气体进行保护，还要设置安全泄压及防爆灭火等系统。对具有易燃蒸气和粉尘扩散的场所应设置完善的通风和除尘装置，及时排出可燃蒸气和粉尘。

③ 在混合操作中，应控制加料速度，特别是在混合时放热的场合，以避免局部过热而发生危险。

④ 对存在静电火花引燃危险的混合设备，应安装消除静电装置，设备应很好接地，对混合时产生静电的物料，应加入抗静电剂等，必要时设备上安装爆破片。

⑤ 混合设备不允许落入金属物件。

⑥ 混合过程中物料放热时，搅拌不可中途停止，否则，会导致物料局部过热，可能产生爆炸。因此，在安装机械搅拌的同时，还要辅助以气流搅拌或增设冷却装置。尾气应该回收处理。

⑦ 进入大型机械搅拌设备检修时，设备应切断电源并将开关加锁，以防设备突然启动造成重大人身伤亡。

9.9.2 过滤

9.9.2.1 概述

过滤是借助重力、真空、加压及离心力的作用，使固体微粒的液体混合物或气体混合物，通过具有多孔的过滤介质，将固体悬浮微粒截留，使之从混合物中分离出来的单元操作。

过滤操作依其推动力可分为重力过滤、加压过滤、真空过滤、离心过滤。按操作方式分为间歇过滤和连续过滤。连续过滤较间歇过滤更安全，连续式过滤机循环周期短，能自动洗涤和自动卸料，其过滤速度较间歇式过滤机高。

一个完整的悬浮溶液过滤过程应包括过滤、滤饼洗涤、去湿和卸料等四个阶段。常用的液-固过滤设备有板框压滤机、转筒真空过滤机、加压叶滤机、三足式离心机、刮刀卸料离心机、旋转分离器等；常用的气-固过滤设备有降尘室、袋滤器、旋风分离器等。

9.9.2.2 危险性分析

过滤的主要危险来自所处理物料的危险性，悬浮液中有机溶剂的易燃、易爆特性或挥发性、气体的毒害性和爆炸性、有机过氧化物滤饼的不稳定性，都可能带来一定的危害和危险。

9.9.2.3 安全防范措施

① 如果加压过滤时散发易燃、易爆、有害气体，则应采用密闭过滤机，并应用压缩空气或惰性气体保持压力；取滤渣时，应先释放压力。

② 在工艺中存在火灾、爆炸危险的，不宜采用离心过滤机，宜采用转鼓式或带式等真空过滤机。如必须采用离心过滤机时，应严格控制电机安装质量，安装限速装置。注意不要选择临界速度操作。

③ 离心过滤机应注意选材和焊接质量，转鼓、外壳、盖子及底座等应用韧性金属制造。

④ 离心过滤机超负荷运转，工作时间过长，转鼓磨损、腐蚀或启动速度过高均有可能导致事故的发生。当负荷不均匀时，运转会发生剧烈振动，不仅磨损轴承，且能使转鼓撞击外壳而发生事故。转鼓高速运转也可能使物料由外壳中飞出造成重大事故。

⑤ 离心过滤机盖或防护装置不良时，工具或其他杂物有可能落入其中，并以很大的速度飞出伤人。杂物留在转鼓边缘也可能引起转鼓振动造成其他危害。

⑥ 开停离心过滤机时，力求加料均匀。清理器壁必须待过滤机完全停稳后。

⑦ 有效控制各种点火源，以防事故发生。

⑧ 当处理具有腐蚀性物料时，不应使用铜质转鼓而应采用钢质衬里或衬硬橡胶的转鼓，并应经常检查衬里有无裂缝，以防腐蚀性物料由裂缝进入而腐蚀转鼓。镀锌、陶瓷或铝制转鼓，只适用于速度较慢、负荷较低的情况。

9.9.3 熔融

9.9.3.1 概述

熔融是通过加热将固体物料熔化为液态的单元操作，如将氢氧化钠、氢氧化钾、萘、硫黄、磺酸钠等熔融之后进行后续化学反应，将沥青、石蜡和松香等熔融之后，便于使用和加工。熔融温度一般为 150～350℃，可采用烟道气、油浴或金属浴加热。熔融过程有相转变，有焓、熵和体积的增大。

9.9.3.2 危险性分析

熔融操作的主要危险来自被熔融物料的化学性质、熔融时的黏度、熔融过程中的熔触设备、加热方式以及物料的破碎等方面，对人的主要危害形式为热灼烫、化学灼烫。

① 熔融物料的性质诱发的危险。例如，熔融过程中的碱，可使蛋白质变性，还可使脂肪变为胶状皂化物质。碱比酸具有更强的渗透能力且深入组织较快，因此，碱对皮肤的灼伤要比酸更为严重，尤其是固碱粉碎、熔融过程中碱屑或碱液飞溅，对眼睛的危险性更大，致使视力严重减退，严重者甚至失明。

② 熔融物中的杂质影响对安全操作非常重要。在碱熔过程中，若含有无机盐杂质，会形成不熔性结块，使物料局部过热、烧焦，引发熔融物喷出，灼烧操作人员；另外，沥青、石蜡等可燃物质中含水，熔融时极易形成喷油而引发火灾。

③ 熔融物具有较大的流动性，熔融时黏稠度大的物料极易熟结在锅底，当温度升高时易结焦，产生局部过热，极易引发着火、爆炸。

9.9.3.3 安全防范措施

① 进行熔融操作时，加料量应适宜，一般不超过设备容量的三分之二，并在熔融设备的台子上设置防溅装置，防止物料溢出与明火接触发生火灾。另外应设置淋洗和洗漱设施，保护半径应不大于 15m。

② 选择适宜的加热方式和加热温度。熔融过程一般在 150～350℃下进行，通常采用烟道气加热，也可采用油浴或金属盐浴加热。加热温度必须控制在被熔融物料的自燃点以下，同时应避免泄漏引起爆炸或中毒事故。

③ 熔融设备的选择。熔融设备分为常压设备和加压设备两种。常压设备一般采用铸铁，加压设备一般采用钢制设备。对于加压熔融，应安装压力表、安全阀等必要的安全设施。

④ 为了加热均匀，避免局部过热、烧焦，熔融应在搅拌下进行。对液体熔融物，可用桨式搅拌；对于非常黏稠的糊状熔融物，可采用锚式搅拌。

⑤ 降低碱熔过程危险性的措施。可用水将碱适当稀释，当苛性钠或苛性钾中含有水时，其熔点就显著降低，从而使熔融过程的危险性大大降低。另外，尽量使用液碱，必须使用熔融碱时，也尽量使用片状碱。

⑥ 流动性越好熔融过程就越安全。如用煤油稀释沥青，必须在煤油的自燃点以下进行操作，以免发生火灾。

9.9.4 粉碎

9.9.4.1 概述

粉碎是化工生产中一种单元操作，是一种纯机械过程的操作，对于体积过大不适宜使用的固体原料或不符合要求的半成品，要进行加工使其变小，这个过程就叫粉碎。

粉碎可以达到下列几个主要目的：

① 减小物料的粒度至一定大小，例如磨制面粉，粉碎饲料，磨细颜料、染料和水泥的生料与熟料，研磨制备悬浮液的浆料，以及增加物料的流动性、填充性和便于包装、储存、运输等；

② 将物料粉碎后筛分为不同粒度级别的小块、细粒或粉末，例如为混凝土和筑路工程制备块石、碎石和人造砂，将原煤按用户需要粉碎为中块、小块和煤粉等；

③ 增加物料的表面积以提高其物理作用的效果或化学反应的速度，例如磨碎有待人工

干燥的物料以加快其干燥速度，磨细催化剂和吸附剂以分别加强其催化效能和吸附作用，将煤块磨成煤粉以提高其燃烧速度和燃烧的完全程度等；

④ 使物料中的不同组分在粉碎后单体分离，以便进一步将彼此分开，例如将铁矿石粉碎后通过磁选或浮选来获得精铁矿粉，将铅锌矿石粉碎后分选出铅矿粉和锌矿粉等。

粉碎设备是破碎机械和粉磨机械的总称。两者通常按排料粒度的大小作大致的区分：排料中粒度大于3mm的含量占总排料量50%以上者称为破碎机械；小于3mm的含量占总排料量50%以上者则称为粉磨机械。有时也将粉磨机械称为粉碎机械，这是粉碎设备的狭义含义。利用粉碎机械进行粉碎作业的特点是能量消耗大、耐磨材料和研磨介质的用量多、粉尘严重和噪声大等。

粉碎设备一般分为机械式粉碎机（machine mill）、气流粉碎机（jet mill）、角磨机（angle grinder）和低温粉碎机（low-temperature mill）四个大类。

（1）机械式粉碎机

以机械方式为主，对物料进行粉碎的机械，它又分为齿式粉碎机、锤式粉碎机、刀式粉碎机、涡轮式粉碎机、压磨式粉碎机和铣削式粉碎机六类。

① 齿式粉碎机（tooth mill）：由固定齿圈与转动齿盘的高速相对运行，对物料进行粉碎（含冲击、剪切、碰撞、摩擦等）的机器。

② 锤式粉碎机（hammer mill）：由高速旋转的活动锤击件与固定圈的相对运动，对物料进行粉碎（含锤击、碰撞、摩擦等）的机器。锤式粉碎机又分活动锤击件为片状件的锤片式粉碎机（paddle mill）和活动锤击件为块状件的锤块式粉碎机（block mill）。

③ 刀式粉碎机（knife mill）：由高速旋转的刀板（块、片）与固定齿圈的相对运动对物料进行粉碎（含剪切、碰撞、摩擦等）的机器。刀式粉碎机又分为以下四种。

a. 刀式多级粉碎机（multi-stage knife mill）：主轴卧式，刀刃与主轴平行并具有单级或多级粉碎功能的机器。

b. 斜刀多级粉碎机（multi-stage inclined-knife mill）：主轴卧式，倾斜刀式并具有单级或多级粉碎功能的机器。

c. 组合立刀粉碎机（combined vertical-knife mill）：主轴卧式，多层立刀组合的粉碎机器。

d. 立式侧刀粉碎机（vertical type side-knife mill）：主轴立式，侧刀转盘运动并带有分级功能的粉碎机器。

④ 涡轮式粉碎机（turbo-mill）：由高速旋转的涡轮叶片与固定齿圈的相对运动，对物料进行粉碎（含剪切、碰撞、摩擦等）的机器。

⑤ 压磨式粉碎机（press-grind mill）：由各种磨轮与固定磨面的相对运动，对物料进行碾磨性粉碎的机器。

⑥ 铣削式粉碎机（milling breaker）：通过铣齿旋转运动，对物料进行粉碎的机器。

（2）气流粉碎机

通过粉碎室内的喷嘴把压缩空气（或其他介质）形成气流束变成速度能量，促使物料之间产生强烈的冲击、摩擦达到粉碎的机器。

（3）角磨机

通过研磨体、头、球等介质的运动对物料进行研磨，使物料成为超细度混合物的机器。它又分为以下三类。

① 球磨机（ball mill）：由瓷质球体或不锈钢球体为研磨介质的机器。

② 乳钵研磨机（mortar mill）：由立式磨头对乳钵的相对运动，对物料进行研磨的机器。

③ 胶体磨（colloid mill）：由成对磨体（面）的相对运动，对液固相物料进行研磨的机器。

（4）低温粉碎机

经低温（最低温度-70℃）处理，对物料进行粉碎的机器。

9.9.4.2 危险性分析

可燃物料的粉碎加工过程中，最危险的因素是粉尘爆炸。粉尘爆炸易产生二次爆炸，第一次爆炸气浪把沉积在设备或地面上的粉尘吹扬起来，在爆炸后的短时间内爆炸中心处会形成负压，周围的新鲜空气便由外向内填补进来，形成所谓的“返回风”，与扬起的粉尘混合，第一次爆炸的余火引燃它，引起第二次爆炸。第二次爆炸时粉尘浓度一般比第一次爆炸时高很多，故第二次爆炸威力比第一次要大得多。

在常温常压下与空气形成爆炸性混合物的粉尘、纤维或飞絮，称为可燃粉尘。如金属：镁粉、铝粉、锌粉；碳素：活性炭、电炭、煤；粮食：面粉、淀粉、玉米面；饲料：鱼粉；农产品：棉花、亚麻、烟草、糖；林产品：木粉、纸粉；合成材料：塑料、染料；火药与炸药：黑火药、TNT。粉尘爆炸危害性极大。

可燃气爆炸是可燃气分子与氧分子混合后遇点火源引起的爆炸，其反应极其迅速，升压速度快，爆炸压力高，但衰减也很快。而粉尘爆炸是粉尘粒子与氧气混合后遇点火源引起的爆炸，反应慢，升压慢，压力较低，一般为0.3～0.8MPa。粉尘爆炸压力、升压速度略低于可燃气爆炸，但正压作用时间较燃气爆炸长。但由于粉尘粒子不断释放可燃挥发分，所以压力衰减慢。

9.9.4.3 安全防范措施

① 加料、出料最好连续化、自动化。

② 具有防止破碎机损坏的安全装置；要注意设备的润滑，防止摩擦发热；对研磨易燃易爆物料的设备要通入惰性介质进行保护；可燃物质研磨后，应先行冷却，然后装桶，以防发热引起燃烧。

③ 产生粉末应尽可能少。保持操作室通风良好，以减少粉尘含量；在粉碎、研磨时料斗不得卸空，盖子要盖严；防止灰尘沉积。

④ 发生事故能迅速停车。对各类粉碎机必须有紧急联动装置，必要时可迅速停车，运转中的破碎机严禁检查、清理、调节和检修。发现粉碎系统中粉末阴燃或燃烧时，需立即停止送料并采取措施断绝空气来源，必要时通入二氧化碳或氮气等惰性介质保护，但不宜使用加压水流或泡沫进行扑救，以免可燃粉尘飞扬，引起事故扩大。

⑤ 粉碎操作应注意定期清洗机器，避免由于粉碎设备高速运转、挤压产生高温使机内存留的原料熔化后结块堵塞进出料口，形成密闭体发生爆炸事故。

⑥ 防止电火花和漏电放电，接地线必须连接牢固。

⑦ 增大物料湿度。增加湿度可降低粉尘的可爆性：一方面使粉尘结团，难以悬浮于空间，另一方面潮湿粉尘受热首先要蒸发水分，故引燃和传播火焰困难。保证空气的相对湿度在70%以上。

⑧ 惰性介质保护。惰性介质保护是抑制大多数工业粉尘爆炸的有效措施。特别危险的

物质如硫、电石等，通常加入 N_2、Ar_2、He 等，以减少设备中粉尘空气混合物中的氧气含量，金属粉尘则采用 N_2 保护，有机粉尘采用 Ar_2 保护比较有效。

⑨ 设置防爆、泄压、阻火装置。

⑩ 火灾事故处理措施。当粉碎或研磨设备出现故障时，操作人员必须立即停车处理。当发现系统的粉末阴燃或燃烧时，必须立即停止输送物料，清除空气进入系统的一切可能，发现着火可用蒸汽或二氧化碳熄灭，不宜用强水流进行施救，以免粉尘飞扬发生事故。

9.9.5 筛分

9.9.5.1 概述

利用固体物料的大小差异、质量不一，再加上液体沉降速度的不同，将固体原材料、产品进行粒度分级，选取符合工艺要求的粒度，这一操作过程称为筛分。筛分分为人工筛分和机械筛分，也可按筛网的形状分为转动式和平板式。筛分所用的设备称为筛子，通过筛网孔眼控制物料的粒度。筛分的颗粒级别取决于筛面。筛面分篦栅、板筛和网筛三种。

筛分机分固定筛和活动筛两类，活动筛又分转动筛和振动筛。固定筛大多采用栅装在破碎机进口上方，以防止超规格的物料落入。转动筛大多由板筛折成多角形或圆形筒体而成，其结构简单、寿命长，但生产率低、机体笨重、庞大，很少采用。

9.9.5.2 危险性分析

首先，在筛分可燃物质时，应采取防碰撞打火和消除静电措施，防止因碰撞和静电引起粉尘爆炸和火灾事故。其次，防止粉尘吸入引起尘肺病。

9.9.5.3 安全防范措施

① 在筛分操作过程中，粉尘如具有可燃性，需注意因碰撞和静电而引起燃烧、爆炸；

② 如粉尘具有毒性、吸水性或腐蚀性，需注意呼吸器官及皮肤的保护，以防引起中毒或皮肤伤害；

③ 要加强检查，注意筛网的磨损和避免筛孔堵塞、卡料，提防筛网损坏和混料；

④ 筛分设备的运转部分应加防护罩，以防绞伤人体；

⑤ 振动筛会产生大量噪声，应采取隔离等消声措施。

拓展阅读 **化工单元操作事故案例及分析**（请扫描右边二维码获取）

思考题

1. 化工单元操作的定义是什么？
2. 对反应温度较为敏感的化工反应过程应注意的安全措施有哪些？
3. 粉态物料气力输送的安全注意事项有哪些？
4. 干燥单元操作的安全措施有哪些？
5. 物料输送的主要设备有哪些？

第10章 化工工艺过程安全

化工工艺指的是化工技术或化学生产技术，指将原料经过化学反应转变为产品的方法和过程，包括实现这一转变的全部措施。化工工艺过程通常可概括为以下三个主要步骤。

（1）原料处理

为了使原料符合进行化学反应所要求的状态和规格，根据具体情况，不同的原料需要经过净化、提浓、混合、乳化或粉碎（对固体原料）等多种不同的预处理。

（2）化学反应

这是生产的关键步骤。在反应装置中经过预处理的原料在一定的温度、压力等条件下进行反应，以达到所要求的反应转化率和收率。反应类型很多，如氧化、还原、磺化、异构化、聚合、烷基化等。化学反应以后，目标产物通常与未反应的原料及副产物以混合物的形式离开反应装置进入下一步骤。

（3）产品精制

将由化学反应得到的混合物进行分离，除去副产物或杂质，以获得符合组成规格的产品。

完成上述每一个步骤都需要一定的温度、压力、物料配比等条件，并且根据步骤的差异在特定的设备中进行，才能完成相应的物理化学变化，制备出所需要的产品。

由于化学工业的特点，在每个不同的化工过程中，根据产品的不同和采用工艺的不同，存在的潜在危险因素也不相同，主要以中毒、火灾、爆炸为主。为减少化工生产中可能引发的危险，熟悉各个不同产品的工艺过程的安全技术要求是十分必要的。国家安全生产监督管理总局（现应急管理部）也编制了《重点监管危险化工工艺目录（2013 年完整版）》，一共列出了光气及光气化工艺、电解工艺、氯化工艺、合成氨工艺等 18 类危险化工工艺，并且对每种工艺都提出了安全控制要求、重点监控参数及推荐的控制方案。在某些化工发达的省份，又对某些反应过程如硝化反应进行了重点监控。但在此 18 类危险化工工艺之外的其他工艺过程，并不一定没有安全隐患，也存在符合自身特点的安全要求，因此本教材根据产品对工艺过程进行了划分，分别介绍各自的过程安全技术。

本章学习要求

1. 了解煤化工生产过程危险性及安全措施。
2. 掌握合成气生产过程危险性及安全措施。
3. 了解合成氨及化肥生产过程危险性及安全措施。

本章学习要求

4. 了解硫酸生产过程危险性及安全措施。
5. 掌握纯碱生产过程危险性及安全措施。
6. 了解石油炼制与石油化工过程危险性及安全措施。
7. 掌握精细化工过程危险性及安全措施。
8. 了解聚合反应生产过程危险性及安全措施。
9. 了解生物化工过程危险性及安全措施。

【警示案例】蒸馏釜因超压发生爆炸事故

（1）事故基本情况

正常的工艺过程：该厂某车间酒精蒸馏的工艺过程，是把生产过程中产生的废酒精（主要是水、酒精和少量氯化苄等的混合液）回收，再用于生产。具体过程和参数为：将母渣（废酒精）储罐中的母液抽至酒精蒸馏釜，关闭真空阀并打开蒸馏釜出料阀，使釜内呈常压状，然后开启蒸汽升温，并将冷凝塔塔下冷却水打开；待釜内母液沸腾时，及时控制进汽量，保持母液处于沸腾状态；馏出的酒精蒸气经冷凝塔凝结为液态经出料阀流出。通过釜上的视镜看母液下降的位置是否趋于蒸完。酒精蒸馏釜容积为20000L，夹套加热工作压力为0.25MPa（额定压力为0.6MPa），事故前夹套蒸汽压力估算为0.5MPa左右。酒精蒸馏釜釜体与釜盖由46个橄榄螺栓连接，其破坏强度为1.38×10^6～20.3×10^6N。当时釜内有约1m^3酒精，当夹套蒸汽压力达0.5MPa、釜内酒精蒸气作用力为172×10^6N时，便可把釜盖炸开（查当班锅炉送汽压力为0.85MPa）。

（2）事故原因分析

酒精蒸馏釜出料阀没有开启是造成这起事故的直接原因。由于出料阀未打开，当开通蒸汽升温后酒精蒸发，使蒸馏釜从常压状态变为受压状态；当釜内酒精蒸气压力超过釜盖螺栓的密封力时，将釜盖冲开，大量酒精蒸气冲出后与空气迅速混合，形成爆炸性混合物，遇火源瞬间发生化学爆炸。

10.1 煤化工生产过程安全

10.1.1 概述

煤是重要的能源之一，由于储存量大，可供开采年限可达几百年，合理利用煤资源有着十分重要的能源意义。

煤是古代植物堆积在地层中经炭化而成，根据煤炭化程度的不同可将煤分为泥煤、褐煤、烟煤和无烟煤四类。我国是产煤大国，因此煤化工在我国产煤区十分发达，合理利用煤资源生产化工产品是对石油化工的有益补充，在油价上涨的时候具有一定的战略意义。

煤的结构十分复杂，目前还不能完全弄清楚。煤主要是由含稠环芳香族的大分子构成，近似的组成为（$C_{135}H_{97}O_9NS$）n，图 10-1 显示煤中存在的主要结构类型。

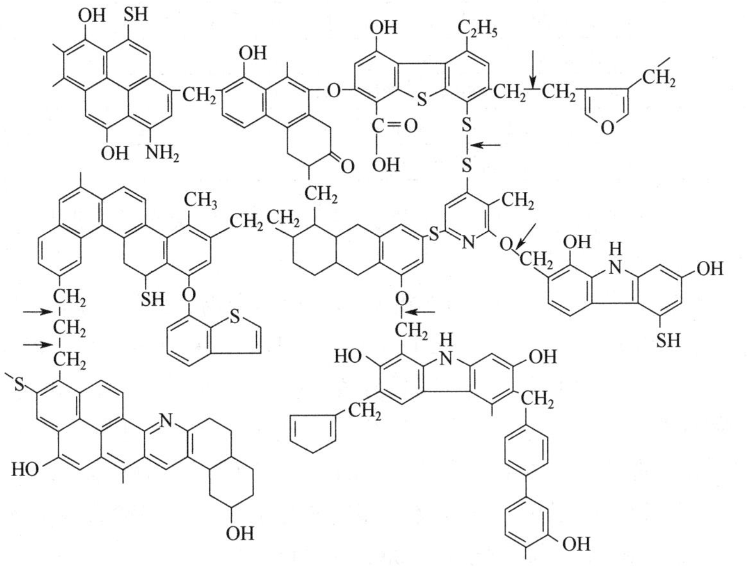

图 10-1 煤的典型化学结构

由图 10-1 可见，由于氢元素含量不足，与以石油为原料相比，用煤作一般有机化工原料，从化学上看是很不理想的。煤中氢元素含量少的另一个原因是煤的主要化学结构是稠环结构，要将稠环拆开并补充氢元素，才能将煤转化为有用的化学品。由此可知，将煤转化为常见的化工产品需要对煤进行深度加工，加工的主要方式有 5 种，即气化、液化、焦化、氧化制取腐殖酸和苯羧酸以及煤制电石法生产乙炔。

10.1.2 典型工艺过程危险性分析

由于煤的气化和液化与合成气的工艺过程重叠较多，将在 10.2 节中重点讨论，本节主要讨论煤的干馏与焦化。

10.1.2.1 煤的干馏与焦化

烟煤在隔绝空气的情况下加热，使之热分解而生成煤气、焦油和焦炭的过程称为煤的干馏。按加热终温的不同，可分为三种：

① 高温干馏，又称焦化，温度为 900～1100℃。焦化是应用最早且至今仍然是最重要的方法，其主要目的是制取冶金工业用焦炭，同时副产焦炉煤气和高温焦油。

② 中温干馏，温度为 700～900℃。

③ 低温干馏，温度为 500～600℃。低温干馏的焦油产率较高而煤气产率较低。一般兰炭为 50%～70%，低温煤焦油 8%～25%，煤气 80～100m^3/t（以原料煤计）。

煤在干馏时，主要经历的过程如表 10-1 所示。

表 10-1　煤在干馏过程中的变化

温度/℃	变化
>100	煤中的水分蒸发
>200	煤开始分解，释放出结合水及甲烷、一氧化碳等
>350	黏结性的煤（泥煤、褐煤除外）开始软化，形成黏稠的胶质体
400～500	大部分煤气和焦油析出
450～550	热分解继续，残留物逐渐变稠并固化形成兰炭
>550	兰炭继续分解，析出余下的挥发物（主要是氢气），兰炭失重同时收缩形成裂纹
>800	兰炭体积缩小变硬形成多孔焦炭。

当干馏在室式干馏炉内进行时，一次热分解产物与赤热焦炭及高温炉壁相接触，发生二次热分解，形成二次热分解产物。

煤经干馏过程生成煤气、焦油、氨、粗苯和焦炭等产物，其化学品的回收流程如图 10-2 所示。一般包括煤气和焦油的分离、氨吸收和粗苯回收。由焦炉导出的粗煤气经喷水激冷后，在初冷器中冷凝出煤焦油和氨水，经分离槽分离，氨水入蒸氨塔。蒸出的氨和气体中未溶于水的氨一起在饱和器中与硫酸进行中和反应生成硫酸铵，煤气经过酸分离除酸及终冷塔降温后入苯吸收塔，用洗油吸收气体中的粗苯，洗油中的粗苯在脱苯塔蒸出，脱除粗苯后的气体即焦炉煤气，经脱除硫化物以后，作为燃料煤气或化工原料。一般每吨配煤可得焦炭 0.7～0.8t、焦炉煤气 300～$350m^3$、炼焦化学品 0.03～0.06t。

干馏产物煤气的产率随原料煤的挥发分不同而异，其组成主要含 H_2 54%～59%、CH_4 23%～28%、CO 5.5%～7%、C_nH_m 2%～3%；焦炭则是煤经过热分解后的固体残余物，高温干馏时焦炭的产率为 70%～80%；煤焦油又称焦油，是从焦炉煤气中冷凝分离出来的一种混合物，这些化合物并不存在于煤中，而是在干馏中生成的。焦油是黑色黏稠的液体，相对密度大于 1.0，一般每吨干煤可得煤焦油 25～45kg、粗苯 7～14kg、氨 2.5～4.5kg。焦油中所含的化合物估计有上万种，目前已经被鉴定的化合物有 480 余种，而从煤焦油中可以单独分离出来的有 200 余种，其余大部分是含于沥青中的多环芳烃和杂环芳烃。工业上能广泛应用的焦油产品有 30～40 种，由于产品特殊，如吡啶、喹啉、萘、咔唑等仍然需要由煤化工提供。

煤的干馏需要在一定结构的焦炉中进行，焦炉的结构可由图 10-3 所示。

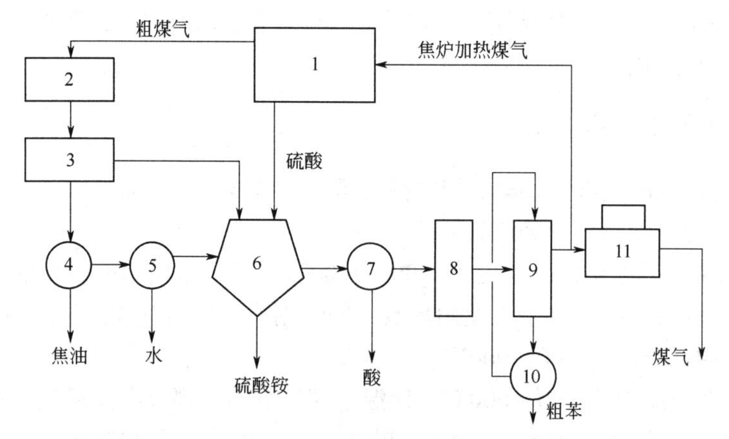

图 10-2　炼焦化学品回收流程

1—焦炉；2—喷水激冷器；3—初冷器；4—分离槽；5—蒸氨塔；6—饱和器；7—酸分离器；8—终冷塔；9—苯吸收塔；10—脱苯塔；11—煤气柜

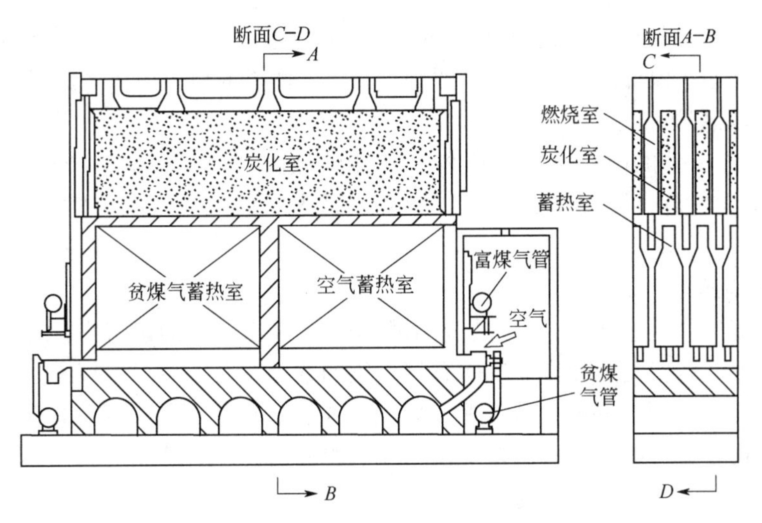

图 10-3 焦炉断面示意图

焦炉炉体主要由炭化室、燃烧室、蓄热室构成。一般炭化室宽 0.4～0.5m，长 10～17m，高 4～7.5m，顶部设有加煤孔和煤气上升管，两端用炉门封闭。燃烧室在炭化室两侧，由许多火道组成。

10.1.2.2 过程危险性分析

如工艺过程所述，煤的焦化是在高温条件下进行的，温度可高达 1000℃以上，同时反应产物中的 H_2、CH_4、CO 等都是易燃易爆气体，煤焦油中富含各种芳烃，包括苯和多环芳烃。因此焦化过程的安全风险涉及高温、易燃易爆和有毒有害化学品等方面。

（1）火灾与爆炸

焦炉是煤焦化的主要设备，现代焦炉主要部分由硅砖砌成，焦炉的火道温度可达 1400℃，炭化室的温度平均为 1100℃，因此焦炉装置操作时需要防止高温灼伤；同时，煤气的主要成分都易燃易爆，在空气中，氢气的爆炸极限是 4.0%～75.6%（体积比），甲烷的爆炸极限是 5.3%～14.0%（体积比），CO 的爆炸极限是 12.5%～74.0%（体积比），如果设备的密封出现问题，极易发生爆炸和中毒。

（2）中毒

煤气中的 CO 是无色、无臭、无刺激性的气体，除了易燃易爆以外，还有中毒的危险，如果不慎吸入过多的 CO，将使人体血液输氧功能丧失而导致死亡。煤焦油的主体成分都是芳烃化合物，其中苯在常温下是无色甜味有致癌毒性的液体，被列为一级致癌物。除苯以外，其他的芳烃类化合物很多也被列为致癌物，如萘等。

10.1.3 安全措施

（1）防火防爆措施

在设计和建设时，应该严格按照规范设置安全消防等防护措施。例如，在适当的地方设置压力释放措施，如安全阀、压力控制阀等，防止易燃易爆的煤气超压。一旦压力超过限定值，可把危险物料释放到安全的地方；同时可设定气体监测、报警和联锁系统；设计集中的正压通风控制系统，保证通风的空气不受任何污染，适当的位置应该考虑安装活性炭等作为介质的空气过滤装置。

在满足工艺条件的前提下，明确各个功能区域的划分，根据生产特点设计总平面布置图，按照安全规范设置安全距离，严格遵照采光、通风、日晒等防火、防爆和设备检修的要求。

（2）防毒措施

第一，根据生产工艺要求，无论是采用敞开式或半敞开式的建筑物，还是封闭式的建筑物，都要确保生产装置安全和作业场所有害物质的浓度符合安全卫生标准。其中封闭式的建筑物可设置强排风装置，而敞开或半敞开式的建筑物，可使用软管局部排风系统。

第二，在设备设计时，要严格保持密闭性。如采用较多的设计余量，使用适当的密封材料，对管道采用较高等级的压力标准等。

第三，要加强个人防护。在可能接触到有害物质而引起烧伤、刺激或人体伤害的区域内，设置紧急淋浴器和洗眼器；对关键操作必须强制使用人员防护措施，如带呼吸功能的防护面具、PVC 全身防护服、手套和眼镜等，千万不能嫌麻烦而忽略操作人员自身的防护。

10.2 合成气生产过程安全

10.2.1 概述

合成气是以氢气、一氧化碳为主要组分供化学合成用的一种原料气。

合成气的生产与应用在工业中有极其重要的地位。合成气由含碳矿物质如煤、石油、天然气等转化而来，可以作为煤气、合成氨原料气、甲醇合成气等。合成气的原料范围广泛，因此合成气的组成有很大差别，但基本组成如下：H_2 32%～67%、CO 10%～57%、CO_2 2%～28%、CH_4 0.1%～14%、N_2 0.6%～23%。

合成气的生产方式根据原料不同，主要有煤气化和蒸汽转化两种方法。

煤气化指煤或焦炭、兰炭等固体燃料，在高温高压或加压条件下，与气化剂空气或水蒸气发生反应，转化为合成气。在气化炉内发生的反应很多，其中最主要的反应为：

$$C + H_2O \longlongequal CO + H_2 \tag{10-1}$$

煤气化要在一定的气化炉中进行，目前应用最广泛的是多喷嘴对置式水煤浆煤气化技术，如图 10-4 所示。

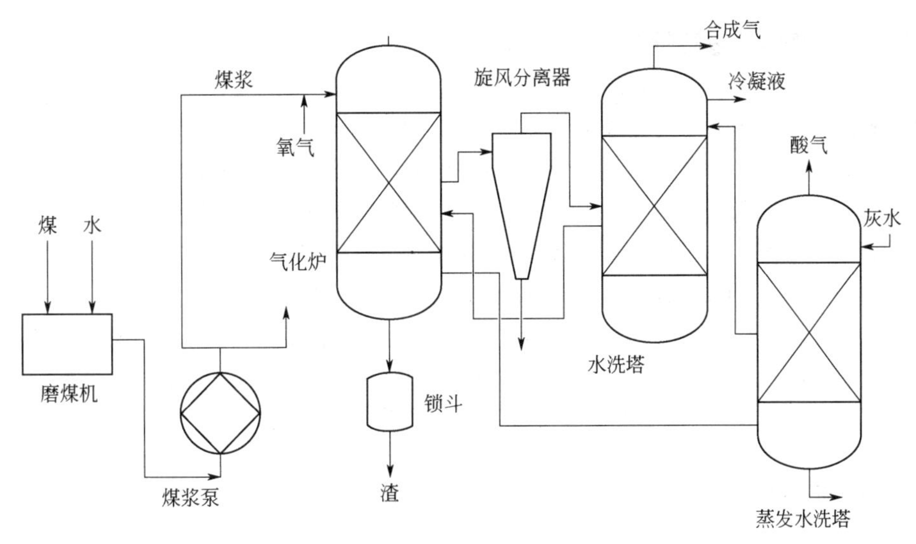

图 10-4 多喷嘴对置式水煤浆煤气化示意图

本工艺的水煤浆气化压力为 4.0～8.7MPa，温度为 1200～1400℃。在此高温下化学反应速率相对较快，而气化过程速率为传递过程控制。为此，通过喷嘴对置、优化炉型结构及尺寸，在炉内形成撞击流，以强化混合和热质传递过程，并形成炉内合理的流场结构，从而达到良好的工艺与工程效果：有效气成分高、碳转化率高、耐火砖寿命长。合成气也可以以天然气及石脑油等轻质烃类为原料，此时一般采用二段转化法。其中一段转化是在约800℃、2.5～3.5MPa 的情况下进行的，转化反应如下：

$$C_nH_m + nH_2O = nCO + (n + m/2) H_2 \quad (10\text{-}2)$$

一般转化以后的气体中含 10%左右的 CH_4，为了制取合成氨的原料气，一段转化以后的合成气，还必须在二段转化炉中，引入空气进行部分燃烧转化，使残余的甲烷浓度降至0.2%～0.5%，此时温度可达 1200℃。

如果在高温下利用氧气或富氧空气与重油进行反应，一部分重油与氧气完全燃烧，产生一氧化碳，同时放出大量热量；另一部分重油与二氧化碳、水蒸气作用生成一氧化碳和氢气，其反应是吸热的，所需热量由完全燃烧反应放出的热提供，反应式与二段转化法类似，此时反应条件为：1200～1370℃、3.2～8.4MPa。

以化石燃料为原料制备的合成气中含有一定量的杂质，还必须进行进一步的净化才能投入下一步的应用，净化主要包括脱硫、CO 变换和脱碳等，这里不再赘述。

10.2.2 典型工艺过程危险性分析

（1）物料的危险性分析

合成气的生产工艺过程中，从原料到中间产品及最终的合成气涉及较多的危险化合物。如果以天然气或石脑油为原料，它们本身就是易燃易爆化合物，与空气混合能形成爆炸性混合物，遇明火、高热会引起爆炸；合成气的中间产物CO 和 H_2，如 10.1.2.2 中所述，氢气是易燃易爆气体，在空气中的爆炸极限是 4.0%～75.6%，CO 为无色无味的易燃易爆气体，燃点 610℃，爆炸极限为 12.5%～74.0%，大量吸入则造成 CO 中毒。同时，在脱碳、脱硫过程中涉及的硫化氢、氨气等也属于易燃易爆、毒性气体，遇明火、高热会引起燃烧爆炸。

（2）生产过程中的危险性分析

在合成气的生产过程中，不管是水煤浆气化还是二段转化法，都会涉及压缩机、转化炉、工艺气体管道等，都有火灾或爆炸的危险。高温、高压气体物料从设备管线泄漏时会迅速与空气混合形成爆炸性混合物，遇到明火或静电火花会引发火灾和空间爆炸。为了达到反应所需的压力，气体压缩机是必不可少的设备，它们在高温下运行时润滑油容易裂解产生积碳，这些积碳有可能燃烧直至爆炸。同时不能忽略氢气或氮气对钢材的腐蚀，称为氢蚀或渗氮，加剧设备的疲劳腐蚀，降低其机械强度从而导致物理爆炸。

由于合成气生产装置中的转化炉、变换炉等都属于高温设备，如果保温层效果不好或绝热层损坏，当作业人员接触而未戴手套，极有可能造成高温烫伤。其他损害包括噪声伤害、机械伤害等。

10.2.3 安全措施

针对合成气生产过程中存在的各种危险因素，可采取以下的管理和技术措施，保证生产运行的安全稳定。

① 建立完善的安全生产管理制度和操作规程，建立操作工人上岗安全培训制度，严格按照操作工艺进行控制，不得随意改变条件。

② 加强机械设备，特别是有毒有害介质设备及管道的维护管理，防止危险物料泄漏。

③ 在可能存在可燃气体和有毒气体泄漏的部位安装气体检测报警系统和火灾报警系统，对关键控制点设置自动检测报警联锁及ESD紧急停车系统。

④ 所有可能存在机械、高温等危险场所的作业人员都要配备必要的劳动防护用品。

10.3 合成氨及化肥生产过程安全

10.3.1 概述

合成氨是化肥工业和基本有机化工的主要原料，主要任务是将脱硫、变换、净化后送来的合格的氢氮合成气，在高温、高压及催化剂存在的条件下直接合成氨。现代合成氨是以煤、天然气、石脑油等化石燃料为原料，从制备合格的合成气开始的，这部分已经在前面合成气部分介绍过了。本节将着重讨论合成氨过程的工艺安全。

工业上合成氨的各种工艺流程，一般以压力高低来区分。高压法的压力为70～100MPa，温度为550～650℃；中压法的压力则为40～60MPa，低的甚至达到15MPa，温度为450～550℃；低压法的压力为10MPa，温度为400～450℃。中压法是当前世界各国普遍采用的方法，它的能耗和经济效益明显。国内中型的合成氨厂一般也采用中压法生产氨，压力30MPa左右，而大型合成氨的工艺则大部分采用Kellogg制氨工艺，它的操作压力为15MPa。

典型的生产工艺流程中，经过精制的氢氮混合气由压缩机压缩到15MPa，然后升温送入合成塔进行氨的合成，出口气体经过冷冻系统分离出液氨，液氨产品采用低温常压氨罐储存，剩下的氢氮混合气用循环压缩机升压后重新输入合成塔。图 10-5 是 Kellogg 法合成氨的示意图。

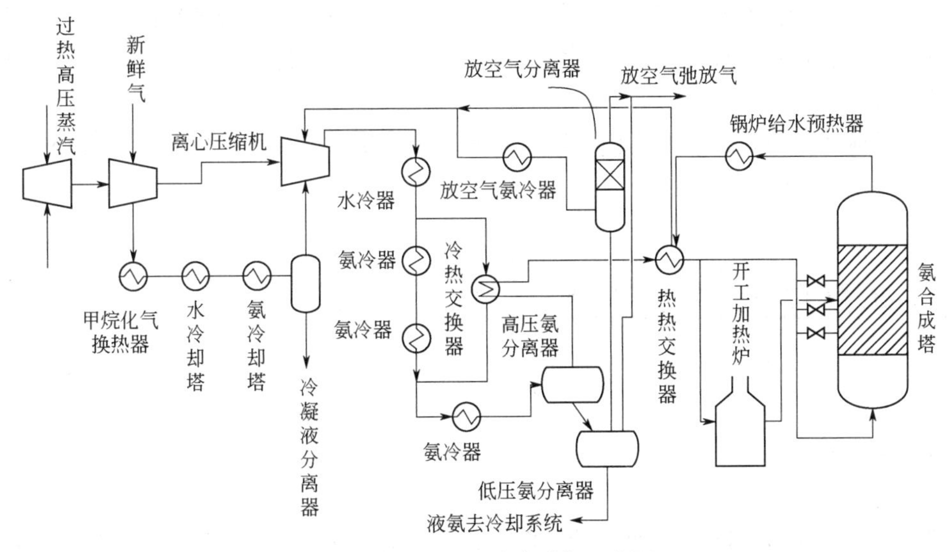

图 10-5　Kellogg 法合成氨示意图

10.3.2　典型工艺过程危险性分析

与合成气生产过程类似，合成氨的原料、中间产品都属于危险化学品。其产品氨与空气混合能形成爆炸性混合物，遇明火、高热能引起爆炸，H_2 与 CO 的危害已经在合成气中有所阐述，这里不再重复。

合成氨过程使用的设备有合成塔、分离器、冷凝器、氨蒸发器、氨循环压缩机等。同时工艺管线也存在一定的火灾或爆炸的危险。高温、高压气体物料从设备管线泄漏时会迅速与空气形成爆炸性的混合物等。

合成氨生产过程中涉及大量有毒窒息性气体，如硫化氢、氨、一氧化碳、氮气等。若系统超温超压运行容易造成设备、阀门、管道的疲劳、脆变、老化，此外低温、湿度、臭氧同时对设备、阀门和管道造成锈蚀、脆变等损伤。在生产过程中如果操作不当、安全设施未设置或设置不完善，都可能发生有毒有害气体、易燃液体、易燃气体的泄漏，造成人员窒息中毒事故，给工作人员带来很大的危险。

装置中的转化炉、变换炉、甲烷化炉、合成塔、蒸汽管道、锅炉等都属于高温设备，如果保温层效果不好或隔热层有损坏，当作业人员接触又未戴手套，极有可能造成高温烫伤。过热蒸汽及物料管道绝热层有损坏，高热介质会对人员造成烫伤。

其他潜在的伤害包括噪声伤害和机械伤害，因为装置中的各压缩机、风机和泵等转动设备都是噪声的发生源，同时这些转动设备的操作和检修等作业过程如果有不当操作或违规操作，容易发生机械伤害事故。

10.3.3　安全措施

针对合成氨生产过程中存在的各种危险因素，应该采取的安全措施包括：

① 建立健全的安全生产管理制度和操作规程，加强作业人员培训，严格控制工艺条件；

② 采用DCS集中控制系统实现自动化生产，减少人为操作失误，保证装置的稳定运行；

③ 定期检查特种设备，定期维护管道设备，防止有毒有害介质的泄漏，在可能泄漏可燃气体和有毒气体的部位设置可燃有毒气体报警系统和火灾报警系统，关键控制点设置自动检测报警联锁及ESD紧急停车系统；

④ 对可能造成机械伤害、噪声伤害和高温等危险场所的作业人员都要配备必要的劳动防护用品。

10.4 硫酸生产过程安全

10.4.1 概述

硫酸是三氧化硫和水的化合物，是一种无色透明的油状液体，有强烈的腐蚀性、氧化性。硫酸的用途十分广泛，在国民经济中占有十分重要的地位，如用于化肥工业制造磷酸和磷酸盐、硫酸铵，用于冶金工业的酸洗，用于精细化工工业的各类医药、农药的制造等。

目前，主要采用接触法生产硫酸，它是采用钒系固体催化剂，以空气中的氧直接氧化二氧化硫为三氧化硫。硫酸的生产过程大体上分为二氧化硫的制备、二氧化硫的转化和三氧化硫的吸收三个部分。

二氧化硫的制备指的是用含硫的原料制造含二氧化硫的气体。含硫的原料分为硫黄与硫铁矿，反应方程式如下：

以硫黄为原料：

$$S + O_2 \overset{}{=\!=\!=} SO_2 \tag{10-3}$$

以硫铁矿为原料：

$$4FeS_2+11O_2 =\!=\!= 2Fe_2O_3+8SO_2 \tag{10-4}$$

以硫铁矿为原料，制备二氧化硫的过程是焙烧过程，焙烧要在焙烧炉中进行，主要是沸腾焙烧炉。沸腾焙烧炉的炉体为钢制，内衬为保温砖和耐火砖，操作时控制炉温为850～950℃，炉底压力为9～12kPa。焙烧炉出来的炉气需要进行净化，净化的方法是水洗、酸洗和热浓硫酸洗，酸洗所用的是稀硫酸。经过净化以后的炉气，才可以进入转化工序。转化一般在多段间接或多段直接换热转化炉中进行，通常反应温度在400～600℃之间，沿着最佳转化率温度附近进行。经过转化反应以后从转化炉里出来的三氧化硫，就可以进入到吸收工序，三氧化硫的吸收包括物理吸收和化学吸收，发烟硫酸吸收三氧化硫是物理吸收，硫酸水溶液吸收三氧化硫是化学吸收，该过程通常会放出较多的热量。为了防止在吸收过程中产生酸雾和尽可能地吸收三氧化硫，一般采用浓度为98%的浓硫酸吸收三氧化硫，吸收的温度为60℃，吸收率可达99.95%以上。典型的“两转两吸”硫酸工艺如图10-6所示。

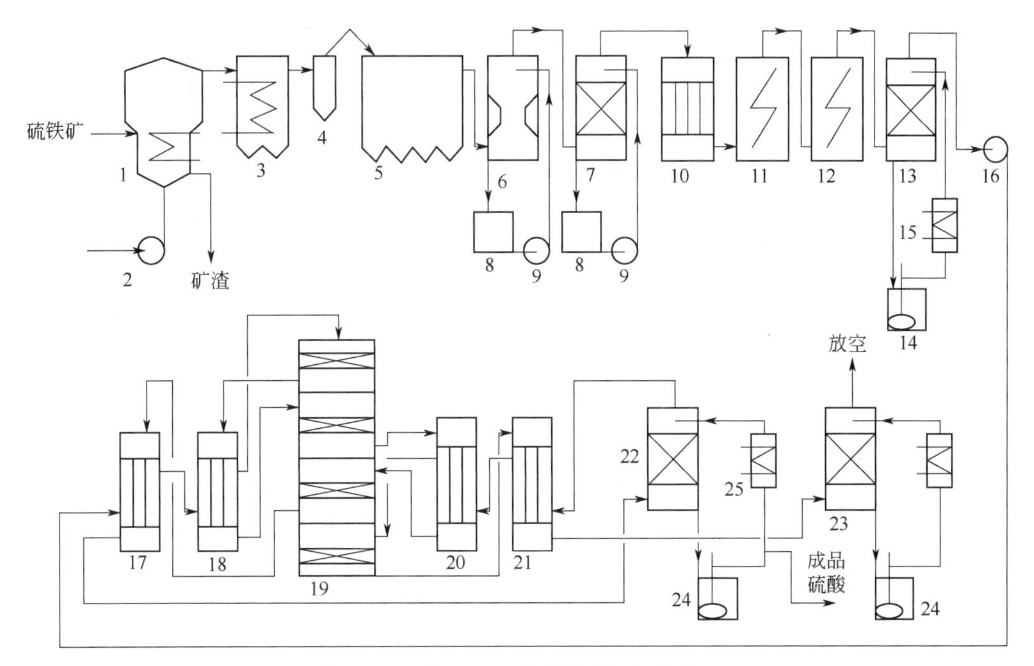

图 10-6　硫酸生产“两转两吸”示意图

1—沸腾焙烧炉；2—空气鼓风机；3—废热锅炉；4—旋风除尘器；5—电除尘器；6—冷却塔；7—洗涤塔；8—循环槽；9—烯酸泵；10—气体冷凝器；11—第一级电除雾器；12—第二级电除雾器；13—干燥塔；14,24—循环槽及酸泵；15,25—酸冷却器；16—二氧化硫鼓风机；17,18,20,21—气体换热器；19—转化器；22—中间吸收塔；23—最终吸收塔

10.4.2　典型工艺过程危险性分析

在硫酸的生产过程中，工艺要求的压力接近于常压，因此可以忽略压力的影响，但是，由于硫酸具有较强的氧化性和腐蚀性，生产设备易腐蚀，因此有特殊的危险性。

装置中的沸腾焙烧炉、转化炉是高温设备，前者的温度接近 1000℃，后者的温度在 400～600℃之间，因此都是高温设备，如果保温层效果不好或有损坏，操作工人或检修人员没有做好防护措施，极有可能带来高温烫伤。

从硫酸的生产过程来看，在气体净化阶段和三氧化硫吸收阶段，以及最后的产品浓硫酸或发烟硫酸，都涉及各种不同浓度的硫酸。这些硫酸都是酸性的，有很强的腐蚀性，而浓硫酸还有一个特点，即它的氧化性很强，因此它对人体的腐蚀性很强，是硫酸生产过程中必须注意的。

10.4.3　安全措施

在硫铁矿或硫黄的焙烧过程中，由于操作温度高，接近 1000℃，因此必须做好保温措施，焙烧炉的保温层如果有损坏，需要及时修补，操作检修人员在生产或设备检修过程中要注意防止高温烫伤，要佩戴合适的耐高温手套、眼镜和服装，等设备温度降低到一定程度才可以进行检修，严禁徒手操作或不等焙烧炉降温直接维修。同时，焙烧炉焙烧产生的气体二氧化硫具有强烈的刺激性，吸入过多的二氧化硫将腐蚀操作人员的呼吸系统直至死亡，因而必须注意管道的密封性，要经常检查管道，产生泄漏时需要及时修补。

转化塔是二氧化硫转化为三氧化硫的反应装置,由于转化塔中的反应温度高达400～600℃,因此同样必须做好保温措施，防止不必要的高温烫伤。产物三氧化硫具有强烈的腐蚀性，必须做好防腐蚀、防泄漏措施，防止三氧化硫泄漏到空气中腐蚀生产环境，对操作人员造成伤害。

“两转两吸”的生产工艺中，需要用93%的硫酸干燥二氧化硫气体进入转化塔，同时用98.3%的硫酸吸收转化气中的三氧化硫，这些浓度的浓硫酸都有很强的腐蚀性，因此在生产过程中要防止硫酸发生泄漏，对人员造成伤害。

需要注意的是，经过吸收三氧化硫后，从吸收塔排放的尾气中仍然含有少量未转化的二氧化硫和未吸收的三氧化硫。

10.5 纯碱生产过程安全

10.5.1 概述

纯碱的学名是碳酸钠，又名苏打或碱灰，是重要的化工原料。纯碱主要用于生产玻璃，制取钠盐、漂白粉，水处理和造纸等领域。

目前工业上生产纯碱的主要方法分为氨碱法和联碱法。氨碱法又称索尔维制碱法，是纯碱生产的主要方法。联碱法是1942年中国化学家侯德榜先生发明的，科学地把合成氨工艺和制碱工艺联合起来，同时生产纯碱和氯化铵，所以称为联碱法或“侯氏制碱法”。联碱法的工艺流程如图10-7所示。此法分为两个过程，第一个过程为生产纯碱的过程，简称制碱过程；第二个过程为生产氯化铵的过程，简称制铵过程，两个过程构成一个循环系统。只要向循环系统的不同位置依次连续加入原料氨、氯化钠、二氧化碳和水，就可以不断生产出纯碱和氯化铵。

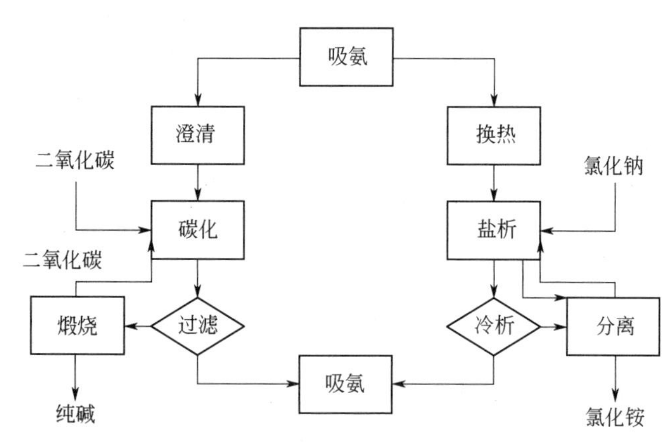

图10-7 联碱法生产纯碱

联碱法的生产过程如下。第一步是盐的精制，盐是制备纯碱的主要原料，来自于海盐、岩盐和天然盐水，这些盐的质量不一，但都含有钙镁、泥沙等杂质。精制的主要方法是洗涤法，用饱和食盐水洗涤原盐，这样可以得到净化并符合要求的盐。第二步是母液吸氨，是将定量的氨气通入到母液中，同时除去母液中钙镁杂质的过程。吸氨过程存在热效应，必须在过程中设置多个冷凝器，控制吸氨后盐水的温度，有利于氯化铵结晶析出。第三步是氨母液进行碳酸化，就是让吸氨母液在碳酸化塔中大量吸收二氧化碳，使其中的氯化钠和氨转化成为碳酸钠和氯化铵，并使碳酸氢钠结晶析出。最后一步是重碱过滤和煅烧，该步骤首先将碳酸化以后的碱液中的碳酸氢钠结晶与母液分离，主要采用机械分离装置，以回转真空过滤机为主。过滤所得的重碱是碳酸氢钠，还必须进行煅烧，煅烧在煅烧炉中进行，为了保证分解速度，煅烧的温度一般控制在200℃左右。煅烧以后就可以得到所需要的碳酸钠。

10.5.2 典型工艺过程危险性分析

纯碱生产具有高度的连续性，其中有一些物质具有易燃、易爆、易中毒和较强的腐蚀性，如有不慎，容易引发生产事故。纯碱生产过程的主要危险可能有以下几点。

一是火灾爆炸。纯碱生产中虽然没有氢气这类易燃易爆气体，但是在纯碱的生产过程中用到的氨气，可以在氧气中燃烧，也是一种易爆品，在空气中的爆炸范围约为15.0%～28.0%。氨气是纯碱生产的原料之一，在储存和输送及使用过程中，若设备管线等存在缺陷或人为操作失误可能导致液氨泄漏，遇明火时可能发生火灾及爆炸。

二是腐蚀性伤害。在纯碱的生产过程中，需要用到若干酸或碱，如在重碱车间用来对钛板进行洗涤的盐酸，热电车间用来水处理的氢氧化钠，都有很强的腐蚀性。同时，生产中的盐水吸氨以后也具有强腐蚀性，这些物质在储存、输送和使用过程中可能由于设备缺陷或人为操作失误而发生泄漏，具有潜在的危害，操作人员在生产过程中应该预防性地做好有效的防护设施。

三是中毒危害。在纯碱生产过程中，涉及多种有毒物质，如氨气、二氧化碳、盐酸及二氧化碳中可能包含的一氧化碳。吸入氨气较多的话会严重腐蚀操作人员的呼吸系统直至死亡；若生产环境中充满二氧化碳则空气中的氧气浓度会降低，使操作人员发生呼吸困难而窒息；当空气中包含的一氧化碳达到一定浓度将直接导致人员的一氧化碳中毒。

10.5.3 安全措施

针对纯碱生产过程中存在的安全隐患，在生产过程中主要应该做好以下措施。

① 盐的精制岗位。该岗位需要用到一些碱性的物质如石灰乳用来脱除粗盐中的钙和镁，石灰乳具有较强的碱性，主要导致腐蚀性的伤害，操作人员必须戴好必要的防护用具，防止石灰水直接接触到皮肤，同时必要的情况下要戴好口罩，避免吸入石灰粉尘及石灰乳蒸气，因为石灰乳的蒸气也往往含有一定量的石灰，有强烈的刺激性，千万不能贪图方便而忽视自身的防护。

② 母液吸氨岗位。母液1和母液2在吸氨器内吸收氨，该岗位必须防止氨气的泄漏，因此要经常检查氨气钢瓶到氨气吸收塔的管道及其他设备，发现氨气泄漏隐患要及时维护，防止氨气在空间内积聚，操作人员在进行生产检查及设备检修时要做好防护措施，避免吸入腐蚀性的氨气，严格禁止在没有确认氨气浓度的情况下动火，防止发生氨气爆炸。

③ 碳化岗位。碳化塔中二氧化碳不断和溶液发生反应，其中有部分氨气可能会从溶液中释放出来泄漏到空气中，因此要做好防护措施，防止发生氨气腐蚀性损失，同时，环境中的氨气积聚到一定程度达到爆炸极限时遇明火会发生爆炸，因此需要经常检修设备，防止发生氨气泄漏，闻到空气中有氨的味道时要立刻采取措施。同时，由于二氧化碳中经常混有少量的一氧化碳，而由于一氧化碳无色无味，不容易被发现，因此，该岗位不但要防止氨气中毒，也要防止一氧化碳中毒。

④ 重碱煅烧岗位。煅烧温度一般控制在200℃左右，而且加料口的温度通常可达270℃左右，因此本岗位主要的安全措施是做好保温工作，发生保温材料损坏时及时修理，操作人员要注意自身防护，防止用手接触高温的设备。同时，本岗位的碳酸氢钠在煅烧时分解为碳

酸钠，释放出二氧化碳，还可能发生残留的少量碳酸氢铵分解而放出氨气，除了在生产过程中回收这些气体以外，也要防止发生氨气腐蚀性中毒和二氧化碳窒息的危险。

10.6 石油炼制与石油化工过程安全

10.6.1 概述

石油是重要的能源和化工原料，石油炼制和石油化工能力是衡量一个国家化工发展水平的重要标志，原油的价格牵动着全世界的每个国家，影响产油国的经济状况。

石油的炼制从原油的加工开始，原油是一种褐黄色至黑色的可燃性黏稠液体，具有特殊气味，不溶于水。原油的性质因产地而异，原油的化学组成非常复杂，主要有碳、氢两元素组成的各种烃类，并还有少量的氮、硫、氧等化合物及镍、钒、硅等少量元素。通常含碳量为 83%～87%，含氢量为 11%～14%，剩下的为其他元素。它们形成了原油的主要组成：烃类化合物和非烃类化合物。按化学组成的含量划分，原油又可以分为石蜡基、中间基和环烷基三大类。石蜡基原油含烷烃量可达 50%以上，密度小，含蜡量高，是地质古老年代的原油，用来生产加工的汽油的辛烷值低、柴油的十六烷值高。而环烷基原油则含有较多的环烷烃和芳烃，密度较大，同时含有较多硫和胶质、沥青质，所生产的汽油的辛烷值高、柴油的十六烷值低。

由于原油的性质差异很大，因此原油必须经过各种加工以后才能使用。原油加工的方法有多种，加工以后的产品可多达上千种，主要的石油产品大致可分为燃料、润滑油和润滑脂、蜡与沥青和石油焦、石油化工产品。根据石油炼制工艺过程，粗略地将加工过程分为一次加工过程、二次加工过程和三次加工过程。石油炼制的目的是得到汽油、航空煤油、煤油、柴油、润滑油及其他化学品，涉及常减压蒸馏、催化裂化、热裂化、催化重整、加氢裂化、延迟焦化、石油产品炼制和异构化。经过这些加工过程得到的石油化工产品，有些作为燃料油直接进入民用领域，满足工农业生产及日常生活的需要，另一些则进行更深一步的加工，用来生产其他有机化工原料和产品，如乙烯、丙烯、丁二烯、苯、甲苯和醇酮及环氧化合物等，这些产品主要是制取三大合成材料、合成洗涤剂、表面活性剂、燃料、医药、农药、香料、涂料等有机化工产品的原料和中间体。

乙烯是石油化工中最重要的产品，它的发展也带动了其他有机产品的生产，通常可以用乙烯产量衡量一个国家石油化学工业的水平。乙烯的主要生产方法是烃类裂解，该过程通常联产丙烯、丁二烯、苯、甲苯等，烃类原料来自石油炼制生产的乙烷、丙烷、石脑油、轻柴油等。

烃类的裂解是十分复杂的化学反应，其中包括脱氢、断链、异构化、脱氢环化、芳构化、脱烷基及缩合和结焦等过程。烃类裂解是强吸热反应，因此需要在高温下进行，一般裂解温度控制在 750～900℃。由于烃类裂解是物质的量增加的反应，因而一般在较低压力下进行，一般在 150～300kPa 范围内。为了防止发生意外，通常要加入水蒸气以降低烃类的分压。

烃类裂解所得到的是含有多种烃类及杂质的混合气体，为此需要进行分离，分离的主要方法是精馏法和深冷分离法。深冷分离法的温度可达–100℃，实质是冷凝精馏法。油吸收精馏分离法是采用溶剂油选择性吸收裂解气中的不同组分，但油吸收精馏法所得产品的质量较差，因此主要采用深冷分离法分离裂解气。

10.6.2 典型工艺过程危险性分析

石油炼制和石油化工过程涉及的反应和分离过程很多，但它们有一个共同点：原料和产品多为易燃、易爆物质，且处于高温高压及临氢的操作条件较多，给装置运行安全带来挑战。这里以柴油加氢和裂解反应为例阐述石油炼制过程的危险性。

10.6.2.1 柴油加氢过程

柴油加氢的工艺流程如图 10-8 所示。

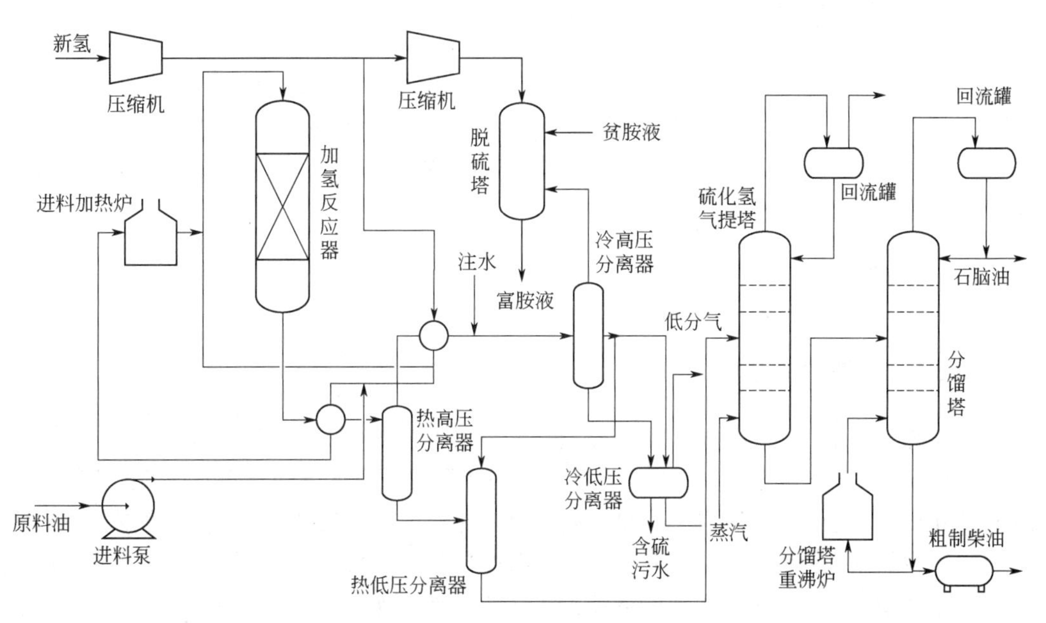

图 10-8 柴油加氢工艺流程图

（1）火灾及爆炸危险性分析

柴油加氢装置中涉及的原料柴油、石脑油、氢气等属于易燃易爆物质，而反应温度约400℃，压力约 8.0MPa，还有汽油等轻烃物质，在高温、高压和催化剂存在的情况下，装置原料油中的硫会与氢气生成易燃且有毒、有腐蚀性的硫化氢。同时，氢气在高温高压条件下会对钢材等设备产生氢蚀。由于设备设计或制造安装时存在的缺陷及腐蚀或操作不当对物料造成泄漏时，遇火花或静电等点火源会发生火灾及爆炸。加氢反应器的控制对生产安全也很重要，反应器的入口温度通过调节加热炉燃料气压力和流量来控制，压力通过新氢加入量来控制，加氢反应为放热反应，若反应器温度失控，或新氢/或循环氢压缩机故障停车，很容易使加氢反应器超温而引起火灾或爆炸。

（2）中毒窒息危险性分析

柴油加氢装置在生产过程中会产生硫化氢气体，硫化氢是无色、剧毒的酸性气体。生产中硫化氢气体主要分布区域为加氢反应区、脱硫区和分硫区，装置的含硫废水中也可能含有一定浓度的硫化氢。若硫化氢气体的局部浓度过高，通过呼吸系统进入人体后，可产生中毒现象。同时，加氢过程中使用的硫化剂二甲基二硫（DMDS）为剧毒品，生产过程中若接触这些有毒物质，也会导致中毒。同时，柴油或石脑油虽然为低毒物质，但在浓度超标的情况下，也会对人体皮肤等造成刺激作用，尤其是个别对油气成分比较敏感的操作人员。另外，通常在生产过程中会用到氮气将装置中的氢气及油气等进行置换以备检修，如果氮气置换后装置未进行空气置换，则装置中的含氧量不足，此时操作人员进入装置后将造成氮气窒息。

（3）腐蚀性分析

在柴油加氢生产过程中，装置中产生的硫化氢和原料氢气都会对设备产生腐蚀作用。硫化氢的腐蚀主要是化学腐蚀，而氢气在高压高温情况下的氢蚀也不容忽视，同时，高温还会使金属材料产生蠕变，增加腐蚀性介质的腐蚀性。极端情况下，加氢反应热大量积聚会加速钢材的 H_2S-H_2 腐蚀，降低钢材的强度，从而增加设备发生物料泄漏导致火灾等的可能性。

10.6.2.2　裂解反应

裂解反应主要分热裂解和催化裂化，一般将 600℃以上进行的反应称为热裂解，而催化裂化的反应温度则一般低于 600℃。但是，所有的裂解反应都需要在高温下进行，装置内的油品或产生的裂化气如发生泄漏则容易发生爆炸，裂解的主要危险也是火灾及爆炸，腐蚀或窒息的危险在裂解反应中几乎可以忽略。

10.6.3　安全措施

10.6.3.1　柴油加氢过程

针对柴油加氢过程可能存在的安全隐患，生产中要做好以下安全措施。

① 生产工艺和设备方面。对加氢装置的混氢点和注水点，要有专用的高液位报警开关，同时设置止回阀并经常检查设备以保证设备正常工作；对装置的原料油罐，可考虑采用氮气保护措施，减少氧气在原料油中的含量，避免原料油与空气接触产生聚合物；为防止高低压设备之间发生窜压事故，应该设置可靠的液位检测系统、超低液位报警和联锁装置，并安装自动切断阀门、止回阀等安全设施；其他如设备选材等应考虑硫化氢在湿环境下的腐蚀等问题。

② 电气及自动控制方面。依据国家安全监管总局公布的《首批重点监管的危险化工工艺目录》，柴油加氢过程为危险化工工艺。按要求必须对柴油加氢装置的原料油加热炉、高压加氢的反应系统、反应物质的冷却分离系统、循环氢压缩系统、原料供给系统和紧急泄压等工艺过程进行重点监控，自控设备的选型必须严格满足防爆、防腐和控制等要求。同时自动控制装置应采用先进可靠的集散控制系统（DCS），为提高装置的安全性，在装置内还应该设安全仪表系统（SIS），SIS 系统应独立于 DCS 系统设置，在紧急情况下，系统将自动关闭威胁装置安全的泵或阀门。同时也应该在发生误操作或意外事故时自动关闭危及安全的压缩机。此外，控制室应设计成抗爆结构的建筑物。

10.6.3.2　裂解反应

裂解反应的主要危险是火灾及爆炸，相应的安全措施首先是严格遵守安全操作规程，严格控制温度和压力；其次应该做好预防性的安全措施，如采用高镍铬合金钢制造热裂解的管式炉，将引风机和裂解炉、燃料炉和稀释蒸汽阀之间设成联锁关系，一旦引风机故障停车，则裂解炉自动停止进料并切断燃料供应和保证蒸汽供应，以稀释和带走炉内余热；设备系统还应该有完善的消除静电和避雷措施；备有双路电源和水源；注意检查和维修；除焦，避免炉管结焦造成局部过热，烧穿设备。

10.7 精细化工单元生产过程安全

10.7.1 概述

精细化工的范畴是化学工业中生产精细化学品。通常将产量小，按不同化学结构进行生产和销售的化学物质称为精细化学品。精细化学品大体包括染料、农药、医药、涂料、表面活性剂、助剂、食品添加剂、饲料添加剂和胶黏剂等，广泛应用于许多工业生产部门和人们的日常生活中，具有品种多、应用广、更新快、经济效益高的特点。

精细化学品繁多，更新快，涉及脂肪族、芳香族和杂环化合物。但是，精细化学品的制备过程基本是由一些单元反应构成的，这些单元反应包括磺化、硝化、卤化、还原、氨解、烷基化、酰化、氧化、羟基化、酯化和缩合反应等，它们通常在液相中进行反应，和石油化工过程相比，反应温度通常不会高于300℃，压力以常压为主，也有少量加压反应。但是，根据精细化工单元反应的特点，如果体系在反应过程中发生失控，造成温度突然升高，会引起反应物或产物发生分解从而导致反应体系的压力急剧上升引起爆炸。本节通过介绍氧化、还原、硝化、氯化、磺化和烷基化反应的危险性分析和应对措施，掌握精细化工单元生产过程的安全分析和预防方法。

10.7.2 氧化反应危险性分析及安全措施

物质失去电子的反应是氧化反应，失去电子的物质为还原剂。狭义的氧化反应是指物质与氧的反应。氧化反应在工业中有广泛的应用，如氨氧化制硝酸、乙醇氧化制乙醛、甲苯氧化制苯甲酸等。

氧化反应在工业中有如下特点：一是被氧化的物质大多数是易燃易爆的危险化学品，而氧化剂则通常是空气或氧气，反应体系随时都可能形成爆炸性的混合物。以乙烯氧化制环氧乙烷为例，乙烯在氧气中的爆炸下限是91%，即含氧量的上限是9%，因此反应体系的氧含量必须严格控制在 9%以下；同时，产物环氧乙烷在空气中的爆炸极限是3%～100%，且反应放出大量的热量，增加了反应体系的温度，在此条件下，由乙烯、环氧乙烷和氧气组成的循环气具有更大的爆炸危险性。二是氧化反应通常都是强放热反应，特别是完全氧化反应，所以在反应过程中必须及时有效地移走反应热。三是氧化反应有时涉及强氧化剂和有机过氧化物，强氧化剂是指高锰酸钾、氯酸钾、铬酸钾、过氧化氢、过氧化苯甲酰等，他们具有很强的助燃性，遇高温、撞击及与有机物接触都可能引起燃烧或爆炸；有机过氧化物同时是易燃物质，有时对温度特别敏感，遇高温则发生爆炸。

为了保障氧化反应的安全进行，氧化反应过程中需要注意以下几点：一是氧化温度的控制，氧化反应开始时往往需要加热，一旦氧化反应进行以后则需要及时将反应过程放出的热量移走。很多气相催化氧化反应的反应温度可达 250～600℃，反应器需要采用多点测温、分段氧化、分段移走反应热，将反应温度控制在操作范围内。二是氧化物质的控制，被氧化的物质大部分是易燃易爆的，工业上可采用加入惰性介质如氮气、二氧化碳的方法，改变气体的组成，使其偏离混合气的爆炸极限，增加反应的安全性，同时这些惰性介质具有较高的比热容，能有效地带走部分反应热，增加反应系统的稳定性。三是合理选择物料配比，通常将氧化剂的配比控制在爆炸极限的下限范围内，如氨在空气中氧化制硝酸和乙醇蒸气在空气中氧化制乙醛。同时氧化剂的加料速度也不宜过快，要有良好的搅拌和冷却装置，防止温度升高过快。同时，有些杂质混在反应体系中可能为氧化过程提供催化剂，如一些金属杂质对过氧化氢有催化作用，使用空气作氧化剂时必须将空气净化，除去空气中包含的水分、灰尘和油污。四是使用氧化剂氧化有机物以后，在烘箱里将有机物干燥前必须充分洗涤，将产品中残余的氧化剂洗涤干净，在烘的时候要控制烘箱温度不要超过燃点。

氧化反应还必须注意的是各种过氧化物，过氧化物特点是不稳定和反应能力强，因此处理过氧化物具有更大的危险性。过氧化物不稳定的原因是有机过氧化物分子中含有过氧基，过氧基不稳定，易断裂生成含有未成对电子的活泼自由基。自由基具有很强的反应活性，容易造成体系反应速度加快而导致反应失控。针对过氧化物的缺点，使用过氧化物时需要注意它的生产、储存、处理和包装条件，生产负责人在工业上使用过氧化物时特别需要确定操作过程中采用的有关正确处理过氧化物的措施。过氧化物往往在活性添加剂的作用下快速分解，所以它的包装和输送需要避开这些物质，过氧化物一般保存在玻璃或聚乙烯包装容器中，保证产品出厂包装不受污染。另外也可以在过氧化物中添加合适的惰性溶剂减少爆炸的危险，但为了防止固体纯过氧化物沉积，往往需要减少包装的量。过氧化氢是最简单最常用的过氧化物，但很容易受包装材料中铁的作用而发生分解，因此在储存和运输过程中宜采用非金属材料容器，其中玻璃是使过氧化氢最稳定的包装材料。

10.7.3 还原反应危险性分析及安全措施

和氧化反应相对应，物质得到电子的反应称为还原反应，得到电子的物质是氧化剂。还原反应是一类重要的精细有机合成单元反应，还原反应的种类很多，有些还原反应会产生氢气或使用氢气，有些还原剂和催化剂具有较大的燃烧、爆炸危险性。常用的还原剂有氢气，金属铁和锌，还原性化合物硫化钠、亚硫酸盐、连二亚硫酸钠、硼氢化物、四氢铝锂等。

和氧化反应相比，还原反应相对比较温和，几种危险性大的还原反应有金属还原、催化加氢还原、硼氢化物还原和四氢化物还原等。

10.7.3.1 金属还原

金属铁粉或锌粉在酸的作用下生成盐和原生态的氢用来还原有机化合物的应用曾经十分广泛，比如硝基苯在盐酸溶液中被铁粉还原成苯胺。这类还原反应需要注意的是铁粉和锌粉的活性都很大，它们在潮湿的空气中遇酸性气体即可引起自燃，因此必须注意储存条件。其次是注意反应时酸的浓度，浓度过高或过低都可能使生成的氢不稳定，同时也要控制反应温度，防止反应温度过高而导致冲料。铁粉或锌粉还原最大的问题是铁粉或锌粉的密度比较大，搅拌不好容易导致金属下沉，反应结束后仍然可能有残留的铁粉或锌粉继续作用使体系内充满氢气，贸然操作时容易发生危险，应该将这些残渣放入室外储槽中用冷水稀释，并将储槽加盖，用排气管导出氢气，最后待没有氢气以后用碱中和，切不可急着中和残渣中的酸，以免产生大量的反应热和氢气。

10.7.3.2 催化加氢还原

氢气在骨架镍（Raney-Ni）、钯炭等催化剂的作用下可将一些双键进行还原，如苯在镍催化剂的作用下生成环己烷的反应。

必须注意催化剂骨架镍或钯炭在空气中吸潮以后容易自燃，特别是钯炭，即使没有火源，也能使氢气和空气的混合物发生燃烧或爆炸。因此在反应过程中，必须先用氮气置换反应器内的空气，经分析反应器内的含氧量降低到要求以后才可以通入氢气。反之，反应结束以后，也必须用氮气先将反应器内的氢气置换干净以后才可以开阀出料，防止外界空气与氢气混合，在催化剂的作用下发生燃烧或爆炸。骨架镍及钯炭在不用时需要储存在酒精中，钯炭回收时要用酒精和清水充分洗涤干净，过滤抽真空时切不可抽的太干，以免氧化着火。

10.7.3.3 硼氢化物还原及其他

其他生产和实验中常用的还原剂还有硼氢化钠、硼氢化钾、四氢铝锂、氢化钠、连二亚硫酸钠、异丙醇铝等。

硼氢化钠和硼氢化钾的还原能力中等，它们容易吸潮并逐渐分解产生氢气，同时释放出反应热，有发生燃烧和爆炸的危险，因此硼氢化物必须储存于密闭的容器中并置于干燥处。硼氢化物一般在碱性溶液中比较安全，加酸可加快它的分解，因此在生产中调节溶液 pH 值时必须控制速度，防止加酸过多过快。

其他还原剂还有四氢铝锂等，四氢铝锂的还原性很强，但遇潮湿的空气和酸、水极易燃烧，应该将它保存在煤油中，使用时先将反应器中的空气用氮气置换干净，并在氮气的保护下投料和反应，同时注意反应器应该采用油类冷却剂冷却，防止用水进行冷却时因反应器破裂导致水漏入反应器而发生事故。

氢化钠的还原性更强，使用氢化钠作还原剂的注意事项与四氢铝锂类似，它甚至与甲醇或乙醇的反应都非常强烈。

异丙醇铝也是一种常用的还原剂，常用于高级醇的还原，反应比较温和，但异丙醇铝通常在现场使用异丙醇和铝片反应，反应时需要加热回流并产生大量的氢气和异丙醇蒸气，为防止发生冲料的意外情况，必须注意铝片的质量和催化剂三氯化铝的质量。

从上面的介绍可以看出，还原反应的危险性与还原剂的还原能力关系很大，还原能力越强，危险性越大，因此在还原过程中应该根据生产需要选用危险性小而还原能力足够的还原剂，同时也应该考虑不同还原剂之间在环保方面的差异，比如采用硫化钠代替铁粉还原，避免了氢气的产生，同时消除了铁泥的堆积。

10.7.4 硝化反应危险性分析及安全措施

有机化合物分子中引入硝基取代氢原子而生成硝基化合物的反应，称为硝化反应。但用硝酸根取代有机化合物分子中的羟基而生成硝酸酯或 O-硝基化合物的反应，或硝基与 N 相连而生成硝铵或 O-硝基化合物的反应也属于硝化反应。

硝化反应是生产染料、药物及某些炸药的重要反应。硝化反应一般使用硝酸作硝化剂、浓硫酸为催化剂，也有个别的使用氧化氮气体作为硝化剂。通常硝化反应是先将硝酸和硫酸配成混酸，然后在严格控制温度的条件下将混酸滴加入反应器，进行硝化反应。硝化过程中硝酸的浓度对反应有很大的影响，硝化反应一般是强放热反应，反应必须有良好的降温措施。对难硝化的物质或制备多硝基化合物时，可采用硝酸盐代替硝酸，先将被硝化的物质溶于浓硫酸中，然后再在搅拌下将某硝酸盐如硝酸钠、硝酸钾或硝酸铵渐渐加入到体系中进行硝化。

硝化反应的危险性在于硝化反应是放热反应，温度越高，硝化反应速度越快，放出的热量越多，容易造成温度失控而爆炸。通常硝化反应器要有良好的冷却和搅拌，不得中途停水停电。硝化的反应产物硝基化合物一般也有爆炸的危险性，特别是多硝基化合物，受热或摩擦、撞击都可能引起爆炸。硝化原料如甲苯等也是易燃易爆物质，浓硫酸和浓硝酸所配制的混酸具有强烈的氧化性和腐蚀性，硝酸蒸气对呼吸道有强烈的刺激作用，硝酸还容易分解放出氧化氮，对呼吸道不但有刺激作用，还有使血压下降、血管扩张的不良作用。硝基化合物严重中毒时，会使人失去知觉。

由于硝化产物具有爆炸性，因此处理硝化物时需要格外小心，必须避免摩擦、撞击、高温、日晒，也不能与明火接触，卸料或处理堵塞管道时，应使用蒸汽慢慢疏通管道，千万不能用金属敲打或明火加热。拆卸的管道也不能在车间内处理，应该转移到车间外面安全地点以后用蒸汽反复冲洗残留物，经检验分析合格以后才能检修。

考虑到反应过程的特殊性，下面对硝化反应的生产安全展开讨论。

（1）混酸配制过程安全措施

硝化多采用混酸，混酸中硫酸量与水量的比例应当计算确定，混酸中硝酸的量不应该小于化学计量数，通常稍稍过量 1%～10%。

配制混酸的步骤不能搞错，通常先用水将浓硫酸稀释到理论量，稀释的时候必须在有良好搅拌的情况下将浓硫酸慢慢加入到水中，防止温度升高过快。当浓硫酸适当稀释以后，同样必须在不断搅拌和冷却下将浓硝酸添加到硫酸中。必须注意浓硝酸和硫酸混合的时候会放出大量的热量，而当温度达到 90℃以上时，硝酸会发生部分分解生成二氧化氮和水，因此必须在配制的过程中保证良好的搅拌和冷却，保证混酸的温度不要过高，控制浓硝酸加入的速度，防止局部温度过高。需要说明的是，混酸配制过程千万不可将未稀释的浓硫酸和硝酸混合，因为浓硫酸会猛烈吸收浓硝酸中的水分而产生高热从而引发硝酸分解等事故。同时要注意配制好的混酸具有氧化性和腐蚀性，要严格防止触及棉、纸及其他有机物。

（2）硝化器的安全技术

硝化反应通常在搅拌式反应器中进行，这种设备安装有釜体、搅拌器、传动装置、夹套和蛇管，一般是间歇操作。混酸由上部加入反应釜，在搅拌下迅速与被硝化物混合进行硝化反应。为了快速移除反应热，通常会在反应釜中安装蛇管以加快冷却速度，防止体系温度过高。硝化反应釜的夹套中冷却水通常呈微负压，在冷却水的进水管上安装压力计，在进出排水管上安装温度计，防止冷却水因夹套缝隙而进入硝化物中，避免硝化体系遇到水以后温度快速上升而导致物质分解产生事故。为了减少事故发生的可能，也可以采用多段式硝化器，可实现过程的连续化，由于该反应器每次投料量少，爆炸的发生率明显下降。

（3）硝化过程的安全技术

硝化反应必须要严格控制反应温度，因此首先要控制好加料速度。为防止意外，硝化剂加料应采用双重阀门控制；为保证及时移走反应热，应该尽量设置冷却水源备用系统。反应中应该持续搅拌，保持物料混合良好，同时备有保护性气体搅拌和人工搅拌的辅助设施。搅拌机的电源同时还应该备有自动启动的备用电源，以防机械搅拌在突然停电时停止。必须注意的是搅拌轴应该采用硫酸作润滑剂，温度套管采用硫酸作导热剂，千万不可使用普通机械油或甘油，防止机械油或甘油被硝化而形成爆炸性物质。

硝化反应釜还应该附设相当容积的紧急放料槽，万一发生事故时，可将物料放出。放料阀应采用自动控制的气动阀和手动阀并用。硝化釜上的加料口关闭时，为了排出设备中的气体，还应该安装可以移动的排气罩。应采用抽气法或利用带有铝制透平的防爆型通风机进行通风。

从硝化釜中取样时可能发生烧伤事故，因此应使取样操作机械化，采用特制的真空仪表可解决这一问题。

向硝化釜中加入固体物质时，应该采用漏斗或翻斗车使加料工作机械化，如采用自动加料器使物料沿着专用的管子加入硝化釜中。

硝化反应最危险的是有机物质的氧化，特点是放出氧化氮的褐色蒸气并使混合物的温度迅速升高，使硝化混合物从设备中喷出而引起爆炸事故。因此必须仔细配制反应混合物并除去其中易氧化的组分，调节温度并连续混合。

由于硝基化合物具有爆炸性，因此必须特别注意处理此类物质过程的危险性。例如，二硝基苯酚在高温下也无危险，但当形成二硝基苯酚盐时，则成为危险物质。三硝基苯酚盐，特别是铅盐的爆炸力是相当大的，在蒸馏硝基化合物时，需要特别小心。蒸馏虽然在真空下进行，但像硝基甲苯这类物质的蒸馏残渣在热的时候也可能发生爆炸，因为可能与空气中的氧发生了相互作用。

10.7.5 氯化反应危险性分析及安全措施

氯化是化合物的分子中引入氯原子的反应，包含氯化反应的工艺过程称为氯化工艺，主要的氯化反应为取代氯化、加成氯化和氧氯化。

氯化反应的有害因素包括火灾、爆炸和中毒。氯化反应是一个放热反应，在较高温度下进行的氯化反应放热量大、反应速度快；另一方面，氯化反应的原料大多数具有易燃易爆的特点。氯气是常用的氯化剂，是剧毒的化学品，还具有很强的氧化性，而且通常以液氯的方式储存和使用，压力较高。氯气一旦泄漏会造成严重的危害，同时氯气中可能还有杂质，其中最危险的是三氯化氮，有引发爆炸的危险。氯气参与的氯化反应一般同时产生氯化氢气体，它在水中具有很强的腐蚀性。同时还应该重视的是氯原子的电化学腐蚀作用，如氯化钠的电化学腐蚀。

（1）氯化反应的危险性分析

氯化反应中的氯化剂有液氯和气态氯、气态氯化氢、各种浓度的盐酸、三氯氧磷、三氯化磷、硫酰氯、次氯酸酯等。其中氯气属于剧毒化学品，也是最常用的氯化剂，通常以液氯的形式储存，压力高，因此必须注意防止液氯泄漏。氯气还有氧化性，与可燃气体如甲烷、乙烷可形成爆炸性的化合物。

氯化反应产物一般也有毒性，一旦发生泄漏，可发生中毒事故，同时大多数氯化产物是易燃物质或可燃物质，须防止发生火灾或爆炸的次生事故。

氯化反应是放热反应，温度越高则氯化反应速度越快，放出的热量也越多，因此必须防止温度失控。如环氧氯丙烷生产中，丙烷预热至 300℃开始氯化，反应温度可升到 500℃。因此氯化反应须有良好的冷却系统，同时严格控制氯气的流量，以免氯气流量过大。

如果采用三氯氧磷、三氯化磷进行氯化，这些氯化剂遇水会猛烈分解，引起冲料或爆炸事故；在此类反应过程中，冷却剂最好不要用水，以免氯化氢气体遇水生成盐酸，腐蚀设备，造成泄漏。

（2）氯化反应的安全措施

氯气是最常见的氯化剂，在化工生产中，氯气通常以液氯的形式储存和使用。常用的容器是储罐和槽车。储罐中的液氯在进入液化反应器之前通常要进入汽化器进行汽化，一般不能拿储存液氯的槽车当储罐使用，因为这样可能使被氯化的有机物倒流入槽车引发事故。一般的氯化反应器应设置氯气缓冲罐，防止氯气断流时压力减小形成倒流。

氯化反应过程也可能有一定的危险性，因此进行氯化反应首先要了解被氯化物质的性质及反应过程的控制调节。考虑到氯气本身的危险性和被氯化物质大多数也是易燃易爆物质，因此要严格控制各种点火源，电气设备要符合防火防爆的要求。

液氯在使用前首先采用蒸发装置汽化，通常采用热水或汽水混合物进行加热升温，为安全起见，采用预先加热到一定温度的热水进行加热比较安全，加热温度通常不大于 50℃。通常液氯从钢瓶中放出减压时会吸热，吸热以后导致钢瓶出口温度降低，影响液氯流量，如果液氯流量较大时，可采用几个钢瓶并联使用。

由于氯化反应通常会产生氯化氢气体，因此所用设备必须有良好的防腐蚀措施，设备应保证严密不漏。氯化氢气体通常应该回收生产盐酸。吸收以后的尾气也不应该直接排放，为了提高吸收效果，通常采用三级吸收，可有效避免残余的氯化氢气体排放到空气中，尽管如此，最后的气体仍然应该采用碱液吸收或活性炭吸收等杜绝氯化氢气体直接排放到大气中，并且应该对排放的尾气进行检测以确保安全。

除氯以外，其他卤素的卤化反应中氟化反应是最危险的，因为氟是最活泼的元素，它的反应很难控制，氟直接与烃类反应会引起爆炸，同时产生不需要的 C—C 键的断裂，应该特别注意。气相氟化反应通常用惰性气体对氟进行稀释。相比之下，溴化和碘化反应的条件比较温和，但是要注意溴化氢的腐蚀作用。

10.7.6 磺化反应危险性分析及安全措施

磺化反应是指在有机化合物分子中引入磺酸基的反应。常用的磺化剂有发烟硫酸、亚硫酸钠、亚硫酸钾和三氧化硫。比如用硝基苯与发烟硫酸生产间氨基苯磺酸钠、卤代烷与亚硫酸钠在高温高压条件下生产磺酸盐等。

在磺化反应过程中，浓硫酸的氧化性和反应放出的高热是潜在的危险源。比如采用三氧化硫作氧化剂时，遇到比硝基苯易燃的物质时会很快引起着火；三氧化硫的腐蚀性不强，但三氧化硫遇水生成硫酸，同时释放出大量的热量，使反应温度升高，可能会导致冲料及燃烧，同时由于硫酸有很强的腐蚀性，增加了对设备的腐蚀破坏。

另一方面，被磺化的物质如苯、硝基苯、氯苯等都是可燃物质，而磺化剂为浓硫酸或发烟硫酸、氯磺酸，都是氧化性的物质，具有很强的氧化性，因此磺化反应具有一定的危险性。此时必须注意磺化反应的投料次序千万不能颠倒，若投料速度过快，搅拌不良，冷却效果不佳等，都有可能造成反应温度升高，使磺化反应过于激烈从而导致燃烧爆炸。

10.7.7 烷基化反应危险性分析及安全措施

（1）烷基化反应

烷基化反应是指在有机化合物中的氮、氧、碳等原子上引入烷基（R—）的化学反应。引入的烷基通常有甲基、乙基、丙基、丁基等。烷基化剂有烯烃、卤代烃、醇等能在有机化合物分子的碳、氧、氮等原子上引入烷基的物质。

（2）危险性分析与安全措施

作为被烷基化的反应物，通常都具有着火爆炸的危险。如苯，闪点-11℃；苯胺，闪点76℃。

烷基化剂通常也是易燃易爆的化合物，而且比被烷基化的物质更容易着火，比如丙烯是易燃气体；甲醇是易燃液体；十二烯是乙类液体，闪点77℃。

烷基化反应通常涉及催化剂，催化剂也有一定的危险性，比如三氯化铝是吸湿性物质，有强烈的腐蚀性，遇水或水蒸气则分解放热，并放出腐蚀性的氯化氢气体，极端情况下可引发爆炸；而三氯化磷也是一种烷基化催化剂，它容易吸湿，遇水或乙醇剧烈分解，放出大量的热量和氯化氢气体，有强烈的腐蚀性和刺激性，有着火爆炸的危险。

烷基化反应通常都在加热的条件下进行，如果原料、催化剂和烷基化剂的加料次序发生错误，速度过快或搅拌中断，能导致发生剧烈反应，引起冲料甚至造成着火爆炸事故。烷基化的产品也有一定的火灾危险。如异丙苯是乙类液体，闪点44℃，自燃点424℃；二甲基苯胺是丙类液体，闪点88℃，自燃点482℃。

10.8 聚合反应生成过程安全

10.8.1 概述

将若干个分子组合为一个较大的，组成相同而分子量较高的化合物的反应过程称为聚合反应。因此，聚合物就是由单体聚合而成的、分子量较高的物质。分子量高达几千、上万、上百万的称为高聚物或高分子化合物。比如，常见的三聚甲醛是甲醛的低聚物，聚氯乙烯则是氯乙烯的高聚物。聚合反应在现代化工中广泛用于合成各种高分子材料，例如由丁二烯聚合制造合成橡胶、由丙烯聚合制造聚丙烯材料等等。

10.8.2 典型工艺过程危险性分析

聚合反应根据聚合方法的不同有很多种类型，主要有本体聚合、悬浮聚合、溶（乳）液聚合和缩合聚合。

（1）本体聚合

本体聚合是指在没有其他介质的情况下，用浸在冷却剂中的管式聚合釜进行聚合的一种方法。这种聚合的方法可能由于聚合热不易传导转移而产生危险，例如甲醛的聚合、乙烯的高压聚合等。在低密度高压聚乙烯的生产中，每聚合1kg乙烯，释放出3.8MJ的热量，若这些热量不能及时移走，则每聚合1%的乙烯，釜内温度可升高12～13℃，温度升高会加快聚合反应速度，致使更多的热量未能转移导致聚合釜的温度继续上升，到一定温度时会促使乙烯分解，强烈放热，可导致暴聚而堵塞设备，使设备的压力骤然上升而发生爆炸。

（2）悬浮聚合

悬浮聚合是指用水作分散介质的聚合方法。它利用有机分散剂或无机分散剂，将不溶于水的液态单体，连同溶在单体中的引发剂经过激烈搅拌，打碎成小珠状，分散在水中成为悬浮液，在极细的单位小珠液滴中进行聚合，故又名珠状聚合。在聚合过程中，必须严格控制工艺条件，若设备运转不正常，容易出现溢料，溢料后的未聚合单体和引发剂在水分蒸发以后遇点火源极易引起燃烧或爆炸事故。

（3）溶液聚合

溶液聚合是采用一种非水溶剂，使单体溶成均相体系，加入催化剂或引发剂后，产生聚合物的一种方法。这种聚合方法在聚合和分离过程中，易燃的溶剂容易挥发和产生静电火花。

（4）乳液聚合

与悬浮聚合相似，乳液聚合是在机械强烈搅拌或超声波振动下，引发剂溶在水里，利用乳化剂使液态单体分散在水中而进行聚合的一种方法。这种聚合方法常用无机过氧化物作引发剂，而过氧化物是不稳定的，在介质水中的配比不当或温度太高，反应速度过快，会引发冲料。

（5）缩合聚合

缩合聚合也称缩聚反应，是具有两个或两个以上功能团的单体互相缩合，并析出小分子副产物而形成聚合物的聚合反应。缩聚反应是吸热的，但如果温度过高，也会导致系统的压力上升，甚至引起爆裂，泄漏出易燃易爆的单体。

10.8.3 安全措施

聚合反应的单体大部分都是易燃易爆的物质，同时聚合反应多在高压下进行，而且一般聚合反应是放热的，因此如果反应条件控制不当，是很容易引起事故的。聚合反应的各种危险因素主要有：

单体、溶剂和引发剂、催化剂大多属于易燃、易爆物质，在压缩或高压系统中泄漏时容易发生火灾及爆炸事故；

聚合反应通常需要加入引发剂，这些引发剂都是化学性质活泼的过氧化物，一旦配比不当或控制不好，容易引起暴聚，使得反应器压力飞速升高而爆炸；

聚合反应过程中如果搅拌发生故障或停电停水，由于反应釜内聚合物有黏壁作用，使反应热不能及时导出，容易使反应釜局部过热或飞温发生爆炸。

从这些危险因素可以看出，为保证聚合反应过程的安全，应该设置可燃气体检测报警器，一旦发现设备、管道有可燃气体泄漏、应立刻自动停止反应。高压的分离系统则应该设置安全阀、爆破片、导爆管，并有良好的静电接地系统，一旦出现异常能及时泄压。反应釜的搅拌和温度应该有检测和联锁系统，发现异常能自动停车或打入终止剂停止反应进行。同时，也要加强催化剂和引发剂的管理。

聚合物很多，以聚氯乙烯聚合为例。氯乙烯聚合属于链聚合反应，反应过程分为三个阶段，即链的引发、链的增长和链的终止。氯乙烯聚合的原料除了氯乙烯单体外，还有分散剂和引发剂。氯乙烯聚合的第一阶段链的引发是吸热过程，因此需要加热；在链的增长阶段又放热，需要将所释放的热量及时移走，将反应温度控制在规定的范围内。这两个过程需要分别向夹套内通入加热蒸汽和冷却水，聚合釜的形状是一个长形圆柱体，夹套带有加热蒸汽和冷却水的进出管。为了获得良好的搅拌效果，大型的聚合釜还配有双层三叶搅拌器，同时设置半管夹套以方便除去反应热，搅拌器有顶伸式和底伸式。为了防止气体泄漏，搅拌轴穿出釜外部分一般采用具有水封的填料或机械密封。氯乙烯聚合过程是间歇操作的，聚合物黏壁是造成聚合岗位毒性危害的最大问题，同时影响反应热的移出，目前国内外悬浮聚合采用加水相阻聚剂或单体水相溶解抑制方法减少聚合物的黏壁作用，并采用高效涂釜剂和自动清釜装置，减少清釜的次数。

10.9 生物化工过程安全

10.9.1 概述

生物化工产品是一大类为数众多的由各种生物反应过程即发酵过程、酶反应过程或动植物细胞大量培养等过程所获得的产品。生物化工的原料是生物来源为主的物料，通过生物催化剂的作用，在生物反应器中形成，并通过生化分离工程方法将其提纯转化。生物化工产品众多，传统的有乙醇、丁醇、柠檬酸，其次是各种通过发酵方法生产的抗生素等精细化工产品，其他还包括生物农药、食用及药用酵母、饲料蛋白、干扰素、单克隆抗体等。

由上面的简介可知，生物化工的催化剂是各种微生物、酶和特定的菌种。微生物包括线菌、细菌、霉菌和酵母菌。微生物用于实际工业生产时，首先要进行培养，在微生物的培养过程中，灭菌操作非常重要，灭菌的目的是除掉特定所需的微生物以外的其他微生物，灭菌通常采用加热灭菌、化学灭菌或过滤灭菌等方法。加热灭菌的温度可达120℃左右，因此在灭菌过程中需要做好设备耐压检修，防止发生不必要的烫伤等热伤害。而化学灭菌主要用在有热敏性物质的操作中，此时需要采用甲醛、环氧乙烷、过氧化氢等化学药品，这些药品对操作工人也存在一定的危害，因此在使用过程中要注意。

现代生物化工大部分需要发酵过程才能实现大批量生产。发酵的目的是使微生物分泌所需的产物。发酵周期一般可达4～5天，长的可达两周以上。在整个发酵过程中，需要不断通气和搅拌，控制糖、氮、pH、菌种浓度的合理变化。为了提高产量，通常发酵罐的体积很大，大的发酵罐可达100立方米以上，因此所需的搅拌浆和搅拌电机的功率也很大。发酵过程通常产生的副产物气体中含有大量的二氧化碳，因此发酵车间要注意通风，防止局部二氧化碳等气体浓度堆积过高，引起操作工人窒息而亡。

从发酵液中提取产品的方法是一般的化工单元操作过程，如萃取、离子交换、吸附、精馏等，它们的安全与化工单元操作的安全类似。

10.9.2 典型工艺过程危险性分析

生物化工由于产品不同，在生产上有一些差异，但大体上包括以下过程，如抗生素的生产。

菌种 → 孢子制备 → 种子制备 → 发酵 → 发酵液预处理 → 提取及精制 → 成品

菌种是从自然界土壤等来源中获得的微生物经过分离、纯化及选育出的有用的品种，是发酵工业的基础，孢子制备是发酵工序的开端，种子制备是使孢子发芽、繁殖和获得足够数量的菌丝，以备接种到发酵罐中去。这几个步骤通常都在实验室等专门的小房间内进行，主要考虑的安全问题除了与一般实验室相同的电气安全等，还要做好无菌工作，防止操作人员自身受到细菌的伤害。

通常工业上的发酵都在很大的发酵罐中进行，发酵过程需要不断通气和搅拌，控制糖、氮、pH、菌种浓度的操作条件，由于发酵罐的体积可达100立方米以上，而且发酵液的黏度也很大，因此为了达到良好的搅拌效果，搅拌桨的尺寸都很大，驱动搅拌桨的电机的功率也很大，需要在发酵过程中做好电力安全。同时，发酵过程会产生大量的二氧化碳气体，必须有合适的管子将发酵产生的二氧化碳引导至合适的位置排放，如果二氧化碳排放管道堵塞，则可能导致发酵罐压力上升，正常的发酵受到抑制，还有设备压力过大发生事故的可能。

发酵液的预处理和提取及精制是在发酵结束以后采用物理化学方法将发酵液中包含的产品提纯为合格的产品。发酵液预处理是将发酵液过滤，将菌丝和滤液分开，采用的设备包括板框压滤机、真空鼓式过滤机等液固分离设备。提取产品的方法则可能涉及化学工程中的各种分离方法，如萃取、离子交换、吸附和精馏等，因此安全风险与一般的单元操作类似。经过提取后的产品，由于纯度不够，可能需要进一步的精制，精制的方法也是化工单元操作的方法，如结晶、蒸发等，精制过程的安全风险类似于化工单元操作安全风险。

10.9.3 安全措施

生物化工过程的安全措施相对简单，根据典型的发酵过程的危险性，在灭菌环节，由于可能采用高温湿蒸汽灭菌，温度达到120℃以上，操作人员必须严格按照操作流程，做好防护措施，检查管路有无泄漏，防止高温烫伤。在菌种选择等发酵前处理步骤，要防止发生细菌对自身造成的生物性伤害，不能认为危险性不大而随意操作，不做好个人防护措施。发酵是生物化工的关键性步骤，发酵罐的体积很大，而且通常是密闭的，所以要经常检查电气设备，防止发生用电安全事故，要检查发酵罐的通气管，防止因通气管堵塞造成发酵罐压力升高导致发酵罐变形，严重的甚至发生发酵罐爆炸。在发酵产品的提取和精制环节，要做好与一般的化工单元操作相类似的安全措施。根据发酵产品的不同，有些发酵产品如乙醇、丙酮、丁醇等是易燃易爆物质，对这些发酵产品进行后处理时，还必须按照易燃易爆危险品来对待，所有设备都要有防爆措施，避免发生火灾爆炸等事故。

【事故案例及分析】氧化反应事故

1995年5月18日下午3点左右，江阴市某化工厂在生产对硝基苯甲酸过程中发生爆燃火灾事故，当场烧死2人，重伤5人，至19日上午又有2名伤员因抢救无效死亡，该厂320m²生产车间厂房屋顶和280m²的玻璃钢棚以及部分设备、原料被烧毁。

（1）事情经过

5月18日下午2点，当班生产副厂长王某组织8名工人接班工作，接班后氧化釜继续通氧氧化，当时釜内工作压力0.75MPa，温度160℃。不久工人发现氧化釜搅拌器传动轴密封填料处出现泄漏，当班长钟某在观察泄漏情况时，泄漏出的物料溅到了眼睛，钟某就离开了现场去冲洗眼睛。之后工人刘某、星某在副厂长王某的指派下，用扳手直接去紧搅拌轴密封填料的压盖螺丝来处理泄漏问题，当刘某、星某对螺母紧了几圈以后，物料继续泄漏，且螺栓已跟着转动，无法旋紧，经王某同意，刘某将手中的两只扳手交给现场的工人陈某，自己去修理车间取管子钳，当刘某离开操作平台约45秒，走到修理车间前时，操作平台上发生了爆燃，接着整个车间起火。当班工人除钟某、刘某离开生产车间之外，其余7人全部陷入火中，副厂长王某、工人李某当场烧死，陈某、星某在医院抢救过程中死亡，3人重伤。

（2）原因分析

1）直接原因。

经过调查取证、技术分析和专家论证，这起事故的发生是由于氧化釜搅拌器传动轴密封填料处发生泄漏，生产副厂长王某指挥工人处理不当，导致泄漏更加严重，釜内物料（其主要成分是乙酸）从泄漏处大量喷出，在釜体上部空间迅速与空气形成爆炸性混合气体，遇到金属撞击产生的火花即发生爆燃，并形成大火。因此事故的直接原因是氧化釜发生物料泄漏，泄漏后的处理方法不当，生产副厂长王某违章指挥，工人无知作业。

2）间接原因。

一是管理混乱，生产无章可循。该厂自生产对硝基苯甲酸以来，没有制定与生产工艺相适应的任何安全生产管理制度、工艺操作规程、设备使用管理制度，特别是北京某公司 3 月 1 日租赁该厂后，对工艺设备做了改造，操作工人全部更换，没有依法建立各项劳动安全卫生制度和工艺操作规程，整个企业生产无章可循，尤其是对生产过程中出现的异常情况，没有明确如何处理，也没有任何安全防范措施。二是工人未经培训，仓促上岗。该厂自租赁以来，生产操作工人全部重新招用外来劳动力，进厂最早的 1995 年 4 月，最迟的一批人 5 月 15 日下午刚刚从青海赶到工厂，仅当晚开会讲注意事项，第二天就上岗操作，因此工人没有起码的工业生产的常识，没有任何安全知识，不懂得安全操作规程，也不知道本企业生产的操作要求，根本没有认识到化工生产的危险性，对如何处理生产中出现的异常情况更是不懂。整个生产过程全由租赁方总经理和生产副厂长王某具体指挥每个工人如何做，工人自己不知道怎样做。三是生产没有依法办理任何报批手续，企业不具备安全生产的基本条件。该厂自 1994 年 5 月起生产对硝基苯甲酸，却未按规定向有关职能部门申报办理手续，生产车间的搬迁改造也未经消防部门批准，更没有进行劳动安全卫生的“三同时”审查验收。尤其是作为工艺过程中最危险的要害设备氧化釜，是 1994 年 5 月非法订购的无证制造厂家生产的压力容器，连设备资料都没有就违法使用。同时也发现该厂生产车间现场混乱，生产原材料与成品混放。可以说，整个企业不具备从事化工生产的安全生产基本条件。

拓展阅读 聚合反应事故案例及分析（请扫描右边二维码获取）

思考题

1. 煤气中氧含量升高的原因有哪些？如何预防？
2. 煤制合成气过程中有哪些危险因素？预防措施都有哪些？
3. 合成氨过程中产品液氨有哪些危险性？
4. 硫酸生产过程有哪些危险因素？如何预防？
5. 在纯碱生产过程中，哪些工段可能发生中毒危险？
6. 在石油裂解工艺中，有哪些危险因素？如何预防？
7. 简述氧化反应过程的危险因素和预防方法。
8. 危险性大的还原反应有哪些？如何预防？
9. 聚合反应有哪些危险因素，如何预防？
10. 如何预防生物化工过程中的生物性危险如细菌感染？

参考文献

[1] 赵劲松，陈网桦，鲁毅，等. 化工过程安全[M]. 北京：化学工业出版社，2015.

[2] 弗朗西斯・施特塞尔. 化工工艺的热安全：风险评估与工艺设计[M]. 北京：科学出版社，2009.

[3] 蔡凤英，谈宗山，孟赫，等. 化工安全工程[M]. 北京：科学出版社，2009.

[4] 程春生，秦福涛，魏振云. 化工安全生产与反应风险评估[M]. 北京：化学工业出版社，2011.

[5] 程春生，魏振云，秦福涛. 化工风险控制与安全生产[M]. 北京：化学工业出版社，2014.

[6] 克劳尔，卢瓦尔. 化工过程安全理论及应用[M]. 蒋军成，潘旭海，译. 北京：化学工业出版社，2006.

[7] 邓晓芒. 什么是艺术作品的本源？: 海德格尔与马克思美学思想的一个比较[J]. 哲学研究，2000，10(8)：58-64.

[8] 蒋军成. 化工安全[M]. 北京：机械工业出版社，2008.

[9] 焦宇，熊艳. 化工企业生产安全事故应急工作手册[M]. 北京：中国劳动社会保障出版社，2008.

[10] 李晋. 化工安全技术与典型事故剖析[M]. 四川：四川大学出版社，2012.

[11] 廖学品. 化工过程危险性分析[M]. 北京：化学工业出版社，2000.

[12] 中国石油化工股份有限公司青岛安全工程研究院.HAZOP 分析指南[M]. 北京：中国石化出版社，2008.

[13] 邵辉. 化工安全[M]. 北京：冶金工业出版社，2012.

[14] 危险化学品生产企业从业人员安全技术培训教材编委会. 石油化工生产安全操作技术（常减压、催化）[M]. 北京：气象出版社，2006.

[15] 吴重光. 危险与可操作性分析（HAZOP）应用指南[M]. 北京：中国石化出版社，2012.

[16] 徐玉朋，竺振宇，张红玉，等. 油气储运安全技术及管理[M]. 北京：海洋出版社，2016.

[17] 余志红. 化工工人安全生产知识[M]. 北京：中国工人出版社，2011.

[18] LUO Y R. Handbook of bond dissociation energies in organic compounds[M]. Boca Raton：CRC Press，2002.

学习总结

学习总结